Photoshop 实训教程

主　　编　向劲松　韩最蛟

参编人员　谢　林　毛熙君　李　兰　刘国彬
　　　　　胡耀文　滑　卫　向　青

西南财经大学出版社

图书在版编目(CIP)数据

Photoshop 实训教程/向劲松,韩最蛟主编.一成都:西南财经大学出版社,2011.2

ISBN 978-7-5504-0146-4

Ⅰ.①P… Ⅱ.①向…②韩… Ⅲ.①图形软件,Photoshop CS3-教材 Ⅳ.①TP391.41

中国版本图书馆 CIP 数据核字(2011)第013625号

Photoshop 实训教程

Photoshop Shixun Jiaocheng

主编:向劲松　韩最蛟

责任编辑:李　雪

封面设计:杨红鹰

责任印制:封俊川

出版发行	西南财经大学出版社(四川省成都市光华村街55号)
网　　址	http://www.bookcj.com
电子邮件	bookcj@foxmail.com
邮政编码	610074
电　　话	028-87353785　87352368
印　　刷	四川森林印务有限责任公司
成品尺寸	185mm×260mm
印　　张	20.75
字　　数	500千字
版　　次	2011年2月第1版
印　　次	2011年2月第1次印刷
印　　数	1—3000册
书　　号	ISBN 978-7-5504-0146-4
定　　价	39.80元

前　言

本教程内容主要包括：初识Photoshop、选择工具、绘图工具、图像的编辑、图像的修整、颜色模式与色彩调整、Photoshop图层解析、蒙板与通道解析、文字的编辑与修饰、Photoshop虑镜解析、其他工具11个部分。每一章都是由若干实训项目组成，每个实训项目既是实践指导也是对所学知识的提炼和拓展，还可以提高学生综合运用图像处理的基本知识和操作技能来设计与制作实用作品的能力。本教程的每个实训项目均由“实训目的与要求”、“实训预备知识”、“实训步骤”三部分内容构成一个相对完整的实践单元。每章结束前配以“本章小结”和“补充实训”，使学生对每个知识点都能够得到全面、系统的实践训练。实训的编排由浅入深、由易到难、步骤详实、可操作性强。

本教程将图像处理的思想方法和实践技能贯穿在每个具体、完整的实例之中，其目的是为学生从课堂训练走向“实战”提供一条便捷的途径。

本书主要有以下几个特点：

(1) 突出技能训练和提高动手能力。本书以“项目教学”和“任务驱动”的形式组织内容，先教授学生如何设计和制作一件好的作品的全过程，同时讲授设计思路、方法、流程，教授操作技能，激发学习兴趣，突出技能训练，培养提高学生动手能力。

(2) 以就业为导向、以实践为主体。注重与社会和企业的实际需求相结合，实用性强、趣味性强，能够激发学生自己动手的欲望。丰富的项目讲解，及时的模仿训练，独立的综合实训，把理论与实际应用、模仿与创造完美地结合起来，形成过硬的实用技能，为就业提前打好基础。

(3) 多年教学、实践、教改经验的总结。本书是数年来一线教学经验的积累和总结，实用性强。

(4) 易教易学。出版社网站提供素材和最终效果图，提供作业题，及时巩固所学知识，易教易学。

参与本教程编写的人员有向劲松、韩最蛟、谢林、毛熙君、李兰、刘国彬、胡耀文、滑卫、向青。全书由向劲松负责统稿。

在编写本书的过程中，参考了大量书籍，得到了许多同志的支持，在此向广大同仁和所有参考书籍的作者表示衷心的感谢。由于本教程的编写成员都是从事本课程教学工作的一线教师，教学、教改和科研任务繁重，时间有限，书中难免有差错和不足之处，衷心希望读者和同行给予批评指正。

作者

2011年1月

目录

目 录

目 录

目 录

第一章
初识 Photoshop

第一节　Photoshop 简介

Photoshop 是 Adobe 公司推出的跨越 PC 和 MAC 两界首屈一指的大型图像处理软件。它功能强大，操作界面友好，是平面图像处理业界的霸主，也得到了广大第三方开发厂家的支持，从而也赢得了众多的用户的青睐。

Photoshop 的诞生可以说掀起了图像出版业的革命。它最初的程序是由 Michigan 大学的研究生 Thomas 创建，后经 Knoll 兄弟以及 Adobe 公司程序员的努力使 Photoshop 产生巨大的转变，一举成为优秀的平面设计编辑软件。目前 Adobe Photoshop 最新版本为 CS5（12 版），它的每一个版本都增添新的功能，这使它获得越来越多的支持者，也使它在这诸多的图形图像处理软件中立于不败之地。

Adobe 产品的升级更新速度并不快，但每一次推出新版总会有令人惊喜的重大革新。Photoshop 从当年名噪一时的图形处理新秀，直到目前最新的 CS5 版，其功能越来越强大，处理领域也越来越宽广，逐渐建立了图像处理的霸主地位。

Photoshop 支持众多的图像格式，对图像的常见操作和变换做到了非常精细的程度，使得任何一款同类软件都无法望其项背，它拥有异常丰富的插件（在 Photoshop 中叫滤镜），熟练后您自然能体会到“只有想不到，没有做不到”的境界。

而这一切，Photoshop 都为我们提供了相当简捷和自由的操作环境，从而使我们的工作游刃有余。从某种程度上来讲，Photoshop 本身就是一件经过精心雕琢的艺术品，更像为您度身定做的衣服，刚开始使用不久就会觉得倍感亲切。

当然，简捷并不意味着傻瓜化，自由也并非随心所欲。Photoshop 仍然是一款大型处理软件，想要用好它更不会在朝夕之间，只有通过长时间的学习和实际操作我们才能充分贴近它。

第二节　Photoshop CS5 的系统要求

Photoshop CS5 比其前一版本 Photoshop CS4 需要有更好的系统条件，Photoshop CS5

和 Photoshop CS5 Extended 具有相同的系统要求。在 Windows 上运行 Photoshop CS5 软件，需要具备以下条件：

●处理器：Intel Pentium 4 或 AMD Athlon 64 处理器及以上；

●操作系统：Microsoft Windows XP（带有 Service Pack 3），Windows Vista Home Premium、Business、Ultimate 或 Enterprise（带有 Service Pack 1，推荐 Service Pack 2），或 Windows 7；

●内存：1GB 内存；

●硬盘剩余空间：1GB 可用硬盘空间用于安装，安装过程中需要额外的可用空间（无法安装在基于闪存的可移动存储设备上）；

●显示器：1024×768 屏幕（推荐 1280×800），配备符合条件的硬件加速 OpenGL 图形卡、16 位颜色和 256MB VRAM；

●显卡：某些 GPU 加速功能需要 Shader Model 3.0 和 OpenGL 2.0 图形支持；

●光驱：DVD-ROM 驱动器；

●多媒体软件：多媒体功能需要 QuickTime 7.6.2 软件；

●网络：在线服务需要宽带 Internet 连接。

要想充分享受 Photoshop 带来的乐趣，还须配备以下硬件：

●一台 PostScript 打印机；

●一台台式彩色打印机；

●一块图形书写板和一支压感光笔；

●一个三键光电鼠标；

●一部数码相机；

●一台扫描仪；

●一个光盘刻录机。

小提示：要提高处理图像的工作效率，建议配备大容量内存、24 位真彩色的显示器、有足够空余空间的高速硬盘的计算机。

第三节　Photoshop CS5 的新增功能

（1）自动镜头校正（Automatic lens corrections）。用户根据 Adobe 对各种相机与镜头的测量自动校正，可更轻易消除桶状和枕状变型（barrel and pincushion distortion）、相片周边暗角（vignetting），以及造成边缘出现彩色光晕的色像差（chromatic aberration）。此功能把先前必须手动调整的校正自动化。

（2）更新对高动态范围（high-dynamic range；HDR）摄影技术的支持。此功能可把曝光（exposures）程度不同的影像结合起来，产生想要的外观。Adobe 认为，Photoshop CS5 的 HDR Pro 功能已超越目前市面上最常用的同类工具——HDRsoft 的 Photomatix。Photoshop CS5 的 HDR Pro 可用来修补太亮或太暗的画面，也可用来营造阴森的、仿佛置身另一世界的景观。Photoshop CS5 可将好几张不同曝光的照片结合成单一高动态范围照片（HDR），并由用户自行微调最后结果。如图 1.1 所示。

（3）内容自动填补（Content-aware fill）。此功能能让你删除相片中某个区域（例

图 1.1

如不想要的物体），遗留的空白区块由 Photoshop 自动帮你填补，即使是复杂的背景也没问题。此功能也适用于填补相片四角的空白。如图 1.2 所示，内容自动填补功能让你可很快移除画面中的小船，并自动补上缺口，你只需选择范围，按下 del 键就行了。

图 1.2

（4）一个先进的智能选择工具，让你能更轻易把某些物件从背景中隔离出来。先前，Photoshop 使用者必须花费大量时间做这项繁琐的工作，有时还必须购买附加程序（plug-ins）来协助完成任务，所以任何自动化的改良功能都对用户大有帮助。如图 1.3 所示，CS5 新增智能去背景工具，可进行复杂图形的去背景。

（5）Puppet warp 功能。Puppet Warp 功能只要在一张图上建立网格，然后用“大头针”固定特定的位置后，其他的点就可以用简单的拖拉移动。

图 1.3

（6）在 Mac OS X 上支持 64 位。Photoshop CS4 自 2008 年 9 月推出以来，一直支持 Windows 环境，但现在 Mac 使用者也将受益。支持 64 位后，可处理极大的影像，且能充分利用存储容量超过 4GB 的电脑功能。

（7）全新笔刷系统。本次升级的笔刷系统将以画笔和染料的物理特性为依托，新增多个参数，实现较为强烈的真实感，包括墨水流量、笔刷形状以及混合效果。

（8）处理高端相机中的 RAW 文件。本次的优化主要是基于 Lightroom 3，在无损的条件下图片的降噪和锐化处理效果更加优化。如图 1.4 所示。

图 1.4

当然，新版软件还提供其他许多功能，只是不比上述功能抢眼。Photoshop 产品经理 Bryan O’Neil Hughes 表示，已顺应使用者的要求做了超过 36 项的改变。

第四节　图形图像的基本概念

一、图像分辨率

分辨率是指在单位长度内含有点（dot）或像素（pixel）的多少。分辨率的单位是"点/ 英寸"或"像素/ 英寸"，即 dpi（dots per inch）或 ppi（pixels per inch），意思是每英寸所包含的点的数量或每英寸所包含的像素数量。

1. 图像分辨率

图像分辨率的单位是 ppi（pixels per inch），即每英寸所包含的像素数量。单位长度内的像素越多，分辨率越高，图像效果就越好。相同尺寸的情况下，高分辨率的图像比低分辨率的图像包含更多的像素，能更细致地表现图像。300 像素/ 英寸的图像质量比 72 像素/ 英寸的图像质量要好许多。

小提示：分辨率的设置是影响输出品质的重要因素，分辨率越高，图像越清晰，图像文件也就越大，同时，处理图像的时间也就越长，对设备的要求也就越高。但并不是所有的图像都是分辨率越高越好，图像要使用何种大小的分辨率，应视图像的用途而定，不同用途的图像需要设置不同的分辨率。如果所设计的图像只是用于在屏幕上显示，那么图像的分辨率设为 72 像素/ 英寸即可；如果是用于打印，分辨率可以设为 150 像素/ 英寸；如果要用于印刷，则分辨率的设置一般不低于 300 像素/ 英寸。

2. 屏幕分辨率

屏幕分辨率即显示器上每单位长度显示的像素或点的数目，通常以"点/ 英寸（dpi）"为度量单位。屏幕分辨率取决于显示器大小及其像素设置。PC 显示器的常用分辨率约为 96dpi，Mac 显示器的常用分辨率为 72dpi。

小提示：理解显示器（屏幕）分辨率的概念有助于理解屏幕上的图像在显示器上显示的大小与其打印尺寸不同的原因。

3. 输出分辨率

输出分辨率是指输出设备在输出图像时每英寸所产生的油墨点数。输出分辨率以 dpi（dots per inch，即每英寸所含的点）为单位，是针对输出设备而言的。为获得最佳效果，文件中设置的图像分辨率应与打印机分辨率成正比（但不相同）。大多数激光打印机的输出分辨率为 300dpi 到 600dpi，当图像分辨率为 72dpi 到 150dpi 时，其打印效果较好。高档照排机能够以 1200dpi 或者更高精度打印，此时将图像分辨率设为 150dpi 到 350dpi 之间，容易获得较好的输出效果。

小提示：理解屏幕分辨率、输出分辨率及图像分辨率有助于我们理解图像的显示效果与输出效果。如果输出分辨率与显示分辨率低，即使具有很高分辨率的图像也很难产生好的显示效果或输出效果。

二、位图和矢量图

电脑处理的图像一般分为两种形式：位图图像（Bitmap）和矢量图像（Vector）。

1. 位图图像

位图图像又称光栅图，一般用于照片品质的图像处理，是由许多像小方块一样的像素组成的图形。由像素的位置与颜色值表示，能表现出颜色阴影的变化。

简单地说，位图就是以无数的色彩点组成的图案。当你无限放大位图时你会看到一块一块的像素色块，它是由每一个网格中的像素点的位置和色彩值来决定，每一点的色彩都是固定的，当我们在更高分辨率下观看图像时，效果会失真。位图图像常用于图片处理、影视婚纱效果图等，如常用的照片、扫描、数码照片等。位图图像的处理软件有 Photoshop 等。

把整幅图片分成若干个小方块，每一个小方块就是一个像素，比如一张图片的分辨率是 800 像素 ×600 像素，就是说这张图片的长是 800 个像素，宽是 600 个像素。

在处理位图的时候，编辑的是像素而不是对象或形状，也就是说编辑的是每一个点。

位图图像的优点：图象逼真，效果可以达到照片级别，可以很真实地表现真实生活中的任何事物。但是当我们将图像局部进行放大，大家就可以明显地看出位图是有像素构成的，如图 1. 5 和图 1. 6 所示。

图 1. 5

图 1. 6

现在流行的像素图，就是对每一个像素都进行上色，经过这样的处理而形成一幅完整的图像，如图 1. 7 和图 1. 8 所示。

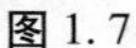

图 1.7

图 1.8

2. 矢量图像

矢量图使用线段和曲线描述图像，所以称为矢量，同时图形也包含了色彩和位置信息。

当进行矢量图形的编辑时，定义的是描述图形形状的线和曲线的属性，这些属性都将被记录下来。对矢量图形的操作，例如移动、重新定义尺寸、重新定义形状，或者改变矢量图形的色彩，都不会改变矢量图形的显示品质。您也可以通过矢量对象的交叠，使得图形的某一部分被隐藏，或者改变对象的透明度。矢量图形是"分辨率独立"的，这就是说，当您显示或输出图像时，图像的品质不受设备的分辨率的影响。矢量图像的处理软件有 CORELDRAW 、FLASH、Illustrator、FREEHAND 等。

这种图像最大的特点就是无论图片的大小如何变化，它的清晰度都保持不变，并且变换时保持图像光滑无锯齿（右面图画放大，图像清晰度保持不变化），如图 1.9 和图 1.10 所示。

图 1.9

图 1.10

第五节　常用文件格式

文件格式即文件的存储形式，它决定了文件存储时所能保留的文件信息及文件特征，也直接影响文件的大小与使用范围。设定图像的格式，一般在完成图像的编辑和修改后进行。用户可以根据需要选择不同的存储格式。下面介绍几种常用的文件存储格式。

小提示：Photoshop 所兼容的格式有二十余种，但并不是对任何格式的图像都能处理。所以在使用其他程序制作完图像后，需要将图像存储为 Photoshop 能处理的格式，如 TIFF、JPEG、GIF、EPS、BMP、PNG 等。

1. PSD

PSD 格式是 PS 中专用的文件格式，也是唯一可以存储所有 PS 特有的文件信息以及色彩模式等的格式，用这种格式存储的图像清晰度高，而且很好地保留了图片的制作过程，以便于以后修改。如果图像文件中包含图层、通道以及路径的记录，就必须以 PSD 格式进行存储。

2. GIF

这种格式的文件压缩比比较大，占用磁盘空间小，存储格式为 1 ~ 8bit，支持位图模式、灰度模式和索引颜色模式的图像。

3. PDF 格式

PDF 格式是 Adobe 公司开发的用于 Windows、MAC OS、UNIX 和 DOS 系统的一种电子出版软件的文档格式，适用于不同的平台。该格式基于 PostScript Level 2 语言，因此可以覆盖矢量图像和位图图像，并且支持超链接。

PDF 文件是由 Adobe Acrobat 软件生成的文件格式，该格式文件可以存储多页信息，其中包含图形和文件的查找与导航功能，因此是网络下载经常使用的文件格式。

PDF 格式除支持 RGB、Lab、CMYK、索引颜色、灰度、位图的颜色模式外，还支持通道、图层等数据信息。此外，PDF 格式还支持 JPEG 和 ZIP 的压缩格式（位图颜色模式不支持 ZIP 压缩格式保存），用户可在保存对话框中选择压缩方式，当选择 JPEG 压缩时，还可以选择不同的压缩比例来控制图像品质。若勾选保存透明区域（Save Transparency）复选项，则可以保存图像的透明属性。

4. PNG 格式

PNG 格式是 Netscape 公司开发出来的格式，可以用于网络图像，不同于 GIF 格式图像的是，它可以保存 24bit 的真彩色图像，并且支持透明背景和消除锯齿边缘的功能，可以在不失真的情况下压缩保存图像。但由于并不是所有的浏览器都支持 PNG 格式，所以该格式在网页中的使用远比 GIF 和 JPEG 格式的少。相信随着网络的发展和因特网传输速度的提高，PNG 格式将会是未来网页中使用的一种标准图像格式。

PNG 格式的文件在 RGB 和灰度模式下支持 Alpha 通道，但在索引颜色和位图模式下不支持 Alpha 通道。在保存 PNG 格式的图像时，屏幕上会弹出对话框，如果在对话框中选中 Interlaced（交错的）按钮，那么在用浏览器欣赏该图片时，图片将会以从模糊逐渐转为清晰的效果进行显示。

5. BMP 格式

这种格式也是 Photoshop 最常用的点阵图格式，此种格式的文件几乎不压缩，占用磁盘空间较大，存储格式可以为 1bit、4bit、8bit、24bit，支持 RGB、索引、灰度和位图色彩模式，但不支持 Alpha 通道。这是 Windows 环境下最不容易出问题的格式。

6. TIFF 格式

这是最常用的图像文件格式之一，它既能用于 MAC 也能用于 PC。它是 PSD 格式外唯一能存储多个通道的文件格式。

7. JPEG 格式

压缩比可大可小，支持 CMYK、RGB 和灰度的色彩模式，但不支持 Alpha 通道。此种格式可以用不同的压缩比对图像文件进行压缩，可根据需要设定图像的压缩比。

8. Photoshop CD 格式

Photoshop CD（PCD）格式是柯达（Kodak）照片光盘的文件格式，以只读的方式存储在 CD-ROM 中。因此，该格式只能在 Photoshop 中打开而不能在 Photoshop 中保存。打开 PCD 格式的文件时，屏幕上会出现提示对话框，从中可以选择不同的分辨率打开图像。此外，PCD 格式采用了柯达精确颜色管理系统 KPCMS（Kodak Precision Color Management System），能够有效地控制颜色模式和显示器模式。

9. Photoshop EPS 格式

EPS 格式为压缩的 PostScript 格式，是为在 PostScript 打印机上输出图像开发的格式。其最大优点在于可以在排版软件中以低分辨率预览，而在打印时以高分辨率输出。它不支持 Alpha 通道，可以支持裁切路径。

EPS 格式支持 Photoshop 所有颜色模式，可以用来存储位图图像和矢量图形，在存储位图图像时，还可以将图像的白色像素设置为透明的效果，它在位图模式下也支持透明。

第六节　了解 Photoshop 文件

Photoshop 文件是以 PSD 格式存储的点阵图图像文件，它具有尺寸、色彩模式及分辨率等属性。

为了更好地理解，可以将一个典型的 Photoshop 图像文件看做是多个图层（具有一定透明度的图片）的堆栈，如图 1.11 所示。用户在屏幕中看到的图像，就是俯视这个图层堆栈的结果。

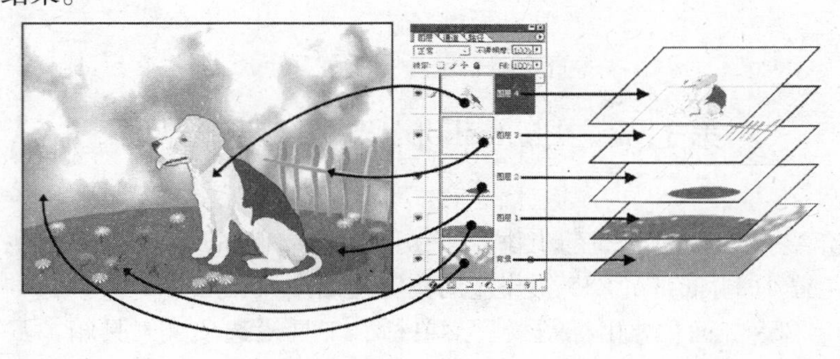

图 1.11

小提示：图层调板展示了一个图片中各个元素是如何堆放叠加的。图层在 Photoshop 的所有工作中都扮演着重要角色。

在图层堆栈里可以有以下几种图层：

●背景（Background）图层：位于图层堆栈底部，完全由像素填充。

●图像图层（Layer）：图像图层是创作各种合成效果的重要途径。可以将不同的图像放在不同的图层中进行独立操作，并且不影响其他图层中的图像。

●透明（Transparent）图层：也可以包含像素，但是这些图层中的有一些区域是完全或部分透明的，因此这些区域下面的任何像素都可以被显示出来。

●文字（Text）图层：文字图层用动态的方式编辑文字，以便在需要改变单词拼写、字符间距、文字的颜色、字体或文字的其他特性时，能够轻松地进行操作。

●形状（Shape）图层和填充（Fill）图层：它们都是动态的。形状图层由内置的矢量蒙版纯色填充而成；填充图层可以应用纯色、图案和渐变，它拥有一个内置的图层蒙版。

●调整（Adjustment）图层：调整图层可以在不改变原图像的基础上，改变图层像素的颜色和色调。调整图层的引入，解决了图像存储后无法恢复的难题。

除背景（Background）图层以外，每种图层都可以包含一个或两个蒙版，它们可以是基于像素的图层蒙版，也可以是基于指令的矢量蒙版，并且每个蒙版都能隐藏掉图层对整体图像文件的部分影响。

所有这些图层，除背景（Background）图层外都可以包含一个图层样式（Layer Style）。样式是一个指令"包"，涵盖了生成诸如阴影、发光、斜面，以及颜色、图案填充等特效的所有指令，并仿效图层内容的形状。

除了图层（包括蒙版和样式）和颜色通道以外，Photoshop 文件还包括路径（Paths）和 Alpha 通道，它们提供了两种不同的方式来存储信息，以便选择和再选择图像的工作区。

小提示：路径（Paths）调板存储用钢笔（Pen）和形状（Shape）工具生成的矢量轮廓。当前激活图层的矢量蒙版也出现在该调板中，工作路径（Work Path）是当前绘制但尚未存储的路径。由于矢量蒙版和工作路径都是暂时的，所以它们的名称都采用斜体。Alpha 通道在通道（Channels）调板的底部排列。它并非真正地与列于其上的颜色通道（原色通道和专色通道）相关联。相反，Alpha 通道主要用于存储那些选择不同区域图像的信息。为了方便，才把颜色通道和 Alpha 通道放在一起。当前激活的图层蒙是通道（Channels）调板的一个"临时住户"，仅仅在图层被激活时存在，显示的名称是斜体的。

第七节　Photoshop CS5 的工作界面

本节将介绍 Photoshop CS5 的工作界面，让初学者对 Photoshop CS5 有一个初步的了解，并对今后学习 Photoshop CS5 操作应用奠定基础。

Photoshop CS5 界面主要由标题栏、菜单栏、工具栏选项、工具箱、工作区、浮动面板等组成。如图 1.12 所示。

图 1.12

相比以往，Photoshop CS 标题栏发生了很大的变化，标题栏上不但有软件信息，还有 Bridge 启动按钮、缩放级别按钮、放大镜、旋转视图工具、屏幕模式等按钮。点击时可以选择“还原、移动、最小化、最大化、关闭”软件。直接双击可以直接关闭 Photoshop。

Bridge CS5 是一款功能强大、易于使用的媒体管理器，它可以让您轻松地管理、浏览、定位和查看创作资源。

工具选项栏用来设置所选工具相关属性，它会根据所选工具不同而发生改变。

图片选项卡可以通过点击选项卡上的标题来切换不同编辑区域，或者按 Ctrl + Tab 键进行切换。您可以单击并拖动某个选项卡，将其放置在其他选项卡前面或者后面。当打开较多选项卡时，而屏幕无法一一将这些选项卡直接显示出来的时候，您需要点击图片窗口标题栏上面的▶▶按钮，从下拉菜单中选择需要显示（编辑）的图片。若想将某个图像窗口独立出来只需单击该图像标题并保持往外拖曳，即可实现分离。

工具箱包含常用工具，如选框工具、移动工具等。如图 1.13 所示。

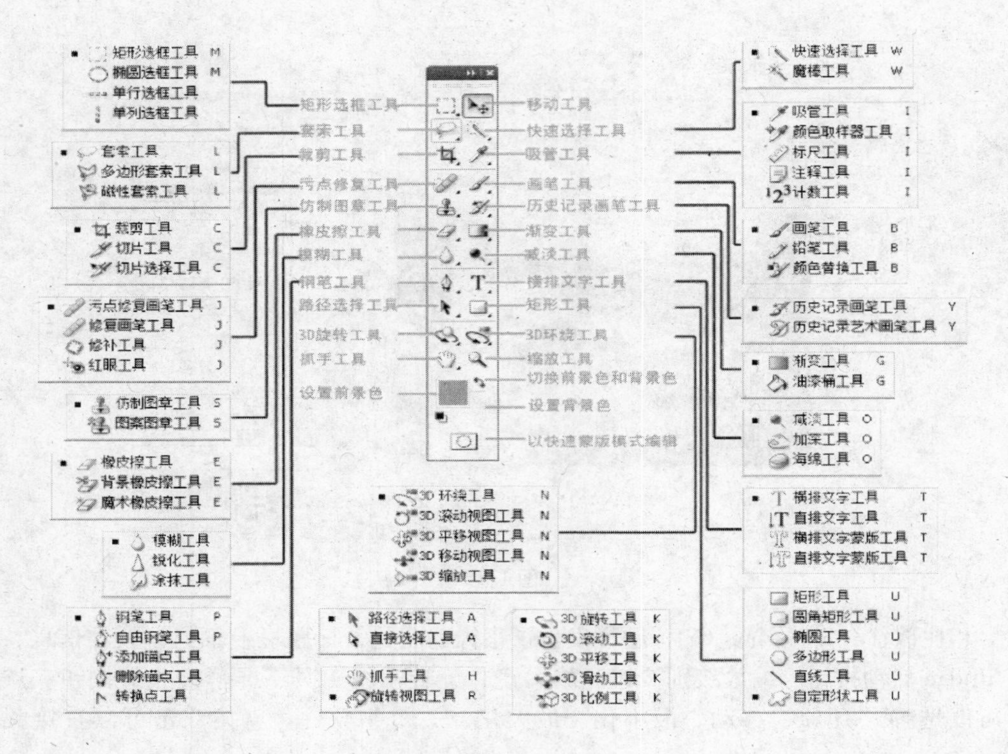

图 1.13

本章小结

通过对本章的学习，读者应了解 Photoshop 的应用范围，运行 Photoshop 对软件、硬件的要求，系统要求和新增功能，什么是 Photoshop 文件，什么是 Photoshop 的工作界面和工作流程；理解并掌握点阵图、分辨率、色彩模式、存储格式的概念，重点掌握点阵图图像的属性，为深入学习 Photoshop 打下坚实的基础。

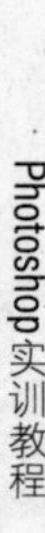

第二章
选择工具

实训1　使用选框工具创建工行标识

实训目的与要求

制作一个中国工商银行的标识。

通过本项目的实训与练习使学生掌握选取规则形状的范围编辑工具，主要了解矩形、椭圆与单行、单列选择工具的使用，并能够运用这些工具选取一定的图像范围。

实训预备知识

当需要用 Photoshop 中处理图像时，实际上需要面对的是图像中的特殊对象——像素，于是处理图像的问题就转化为如何在调整图像中部分像素的时候不会影响到其他像素，也就是如何选择的问题。因此，在 Photoshop 中，对图像的处理或操作主要是针对选取范围而言的，编辑图像时必须先选取一定的范围，用户发出的命令只在选取范围之内执行，而图像处理工具的功能也只在这一区域内发生作用。所以，在学习后面章节中的图像的编辑、图像的修整、通道、色彩调整、滤镜等高级应用功能之前，我们必须先熟悉对图像范围的选取方法和技术。

1. 选区的基本概念

选区分轮廓选区和范围选区。有明确边界的选区称为轮廓选区，在屏幕上表现为用一个闭合的不断闪烁的虚线（就像蚂蚁爬行的虚线，用来指示选区的轮廓，形象地称之为“蚁行线”）包围的区域，闭合区域内部表示被选择，闭合区域外部表示被保护。同样对于选择，我们不能只有选和不选的概念，还要有选多和选少的概念，也就是要选择，但只选一部分；比如要选择一幅图片中的灰色部分，或选择一片枫叶中偏红的部分，这就是范围选择，它没有清晰的轮廓边界。

对初学者来说，选区是指在对图像处理之前在图像上用选择工具选取的一定轮廓区域，在 Photoshop 中，选区表现为短的黑白相间的选段沿所选区域的边缘顺时针跳动，用户发出的命令只在选区内执行，对选区外的图像无影响。与选区有关的命令可在【选择】菜单中找到，如图 2. 1 所示。

其中，几个常用的选择命令的功能和操作如下：

（1）【全选】：此命令的功能是将图像全部选中，快捷键为 Ctrl + A。

（2）【取消选择】：此命令的功能是取消已选取的范围，快捷键为 Ctrl + D。

（3）【重新选择】：此命令用于重复上一次操作中的范围选取，快捷键为 Ctrl + Shift + D。

（4）【反选】：此命令用于将当前范围反转，快捷键为 Ctrl + Shift + I。

另外，还可以使用鼠标右键快捷菜单对选区进行操作，如图 2.2 所示。

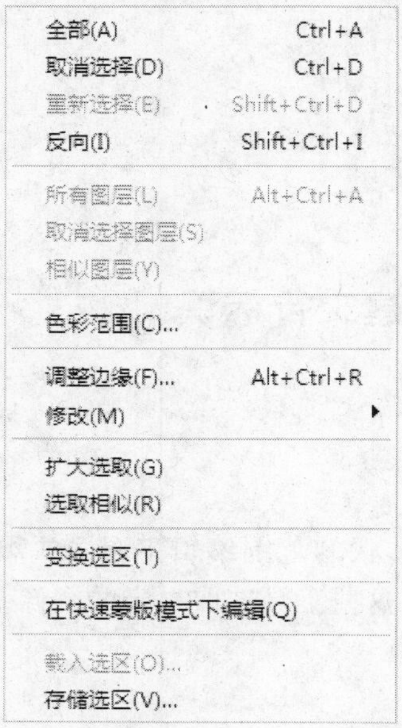

全部(A)	Ctrl+A
取消选择(D)	Ctrl+D
重新选择(E)	Shift+Ctrl+D
反向(I)	Shift+Ctrl+I
所有图层(L)	Alt+Ctrl+A
取消选择图层(S)	
相似图层(Y)	
色彩范围(C)...	
调整边缘(F)...	Alt+Ctrl+R
修改(M)	▸
扩大选取(G)	
选取相似(R)	
变换选区(T)	
在快速蒙版模式下编辑(Q)	
载入选区(O)...	
存储选区(V)...	

图 2.1

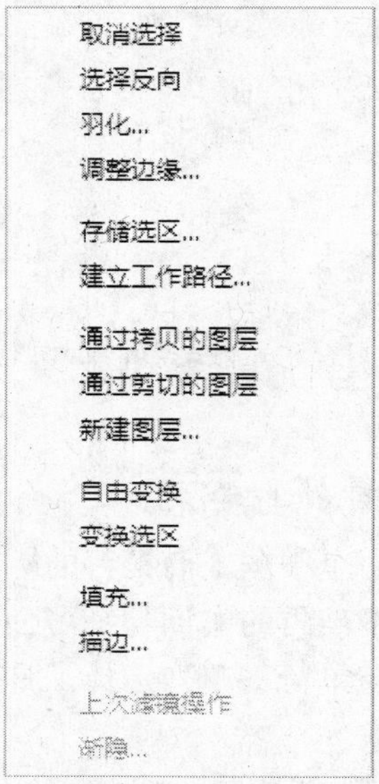

取消选择
选择反向
羽化...
调整边缘...
存储选区...
建立工作路径...
通过拷贝的图层
通过剪切的图层
新建图层...
自由变换
变换选区
填充...
描边...
上次滤镜操作
渐隐...

图 2.2

2. 矩形选框工具

【矩形选框工具】是选取规则范围的图像时最常用的工具，使用它可以选定一个一定长宽比的矩形范围，操作方法如下：

（1）在【工具箱】中选择【矩形选框工具】。

（2）在【工具选项栏】中设置该工具的各项参数。

（3）移动鼠标指针至图像窗口中拖动产生一个由顺时针移动的线段组成的矩形区域，如图 2.3 所示。

（4）若要选取正方形范围，可使用 Shift 键加鼠标拖动即可；若要选取一个以起点为中心的矩形范围，可使用 Alt 键加鼠标拖动；若要取消选择范围，可以执行【选择】—【取消选择】命令或者按 Ctrl + D 键。

矩形选框【工具选项栏】中的主要参数如下：

● 新选区：选中此按钮即可选取新的范围，通常此项为默认状态。

● 添加到选区：合并新选区和旧选区为一个选取范围。也可以在任何选取方式下，按住 Shift 键。

● 从选区中减去：分为两种情况：若新选区和旧选区无重叠部分，则选区无变化；若两者有重叠部分，则新生成的选区将减去两区域中重叠区域。也可以在任何选取方式下，按住 Alt 键。

● 与选区交叉：产生一个包含新选区和旧选区的重叠区域的选区。

●羽化：设置了该项功能后，会在选取范围的边缘产生渐变的柔和效果，取值范围为 0 像素 ~250 像素之间。

●消除锯齿：选中该项后，对选区范围内的图像作处理时，可使边缘较为平顺。

●样式：该选项用来设置矩形选取范围的长宽比。有三个选项：正常、固定长宽比、固定大小。

3. 圆形选框工具及选项

【圆形选框工具】用于选取圆形或椭圆形选区的工具，操作方法如下：

（1）在【工具箱】中选择【椭圆选框工具】。

（2）在【工具选项栏】中设置该工具的各项参数，与【矩形选框工具】相同。

（3）移动鼠标指针至图像窗口中拖动产生一个圆形区域，若要选择正圆形，则需按住 Shift 键再加鼠标拖动。

4. 单行、单列选择工具

【单行选择工具】和【单列选择工具】经常用于对齐图像或描边，只需在【工具箱】中选取【单行选择工具】或【单列选择工具】，然后在图像窗口单击就可以。主要参数有新选区、添加到选区、从选区中减去、与选区交叉、羽化等。该应用效果如图 2.4 所示。

图 2.3

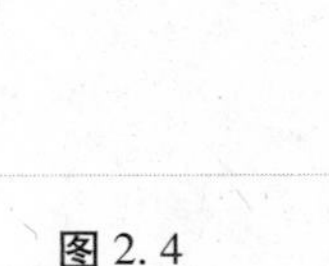

图 2.4

实训步骤

（1）按下 Ctrl + N 快捷键，新建一幅高度和宽度都为 400 像素，【背景内容】为白色的画布，将颜色模式选为 RGB 颜色，单击【确定】按钮。然后按下 Ctrl + R 快捷键打开标尺，分别在横向和纵向标尺上按下鼠标左键，并拖出相互垂直的两条参考线，如图 2.5 所示。

小提示：从水平标尺拖移以创建水平参考线；从垂直标尺拖动以创建垂直参考线；按住 Alt 键，然后从垂直标尺拖动以创建水平参考线；按住 Alt 键，然后从水平标尺拖动以创建垂直参考线；按住 Shift 键并从水平或垂直标尺拖动以创建与标尺刻度对齐的参考线；拖动参考线时，指针变为双箭头；参考线会自动吸附。

（2）在【工具箱】上选择【椭圆选框工具】，在工具选项栏中选中【新选区】按钮。然后将鼠标放到两条参考线的交叉点处，按下鼠标左键，再按下 Alt + Shift 键，在画布上拖出适当大小的圆形选框，如图 2.6 所示。

图 2.5　　图 2.6

小提示：按住 Shift 键时拖动可将选框限制为方形或圆形；要从选框的中心拖动它，请在开始拖动之后按住 Alt 键。

（3）在工具选项栏中选中【从选区中减去】按钮，然后将鼠标放到两条参考线的交叉点处，按下鼠标左键，再按下 Alt + Shift 键，在画布上拖出比刚才选框小一些的圆形选框，如图 2.7 所示。

（4）在【工具箱】上选择【矩形选框工具】，在工具选项栏中选中【添加到选区】按钮。然后将鼠标放到两条参考线的交叉点处，按下鼠标左键，再按下 Alt + Shift 键，在画布上拖出适当大小的矩形选框，如图 2.8 所示。

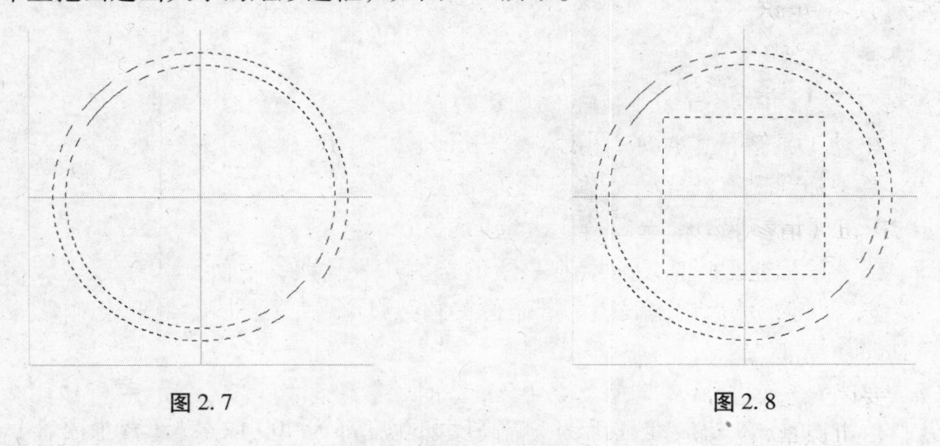

图 2.7　　图 2.8

（5）在工具选项栏中选中【从选区中减去】按钮，然后在矩形选框中减选出如图 2.9 所示的选框。

（6）在【工具箱】上点击【设置前景色】按钮，在打开的【拾色器】对话框中选择红色，最后按下 Alt + ←快捷键，将选区填充为红色。如图 2. 10 所示。

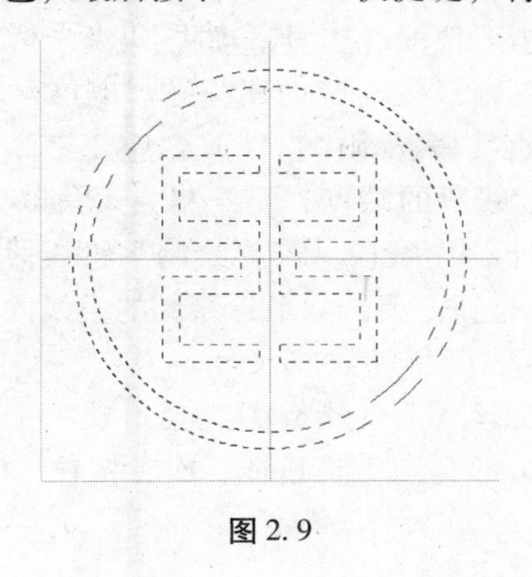

图 2. 9

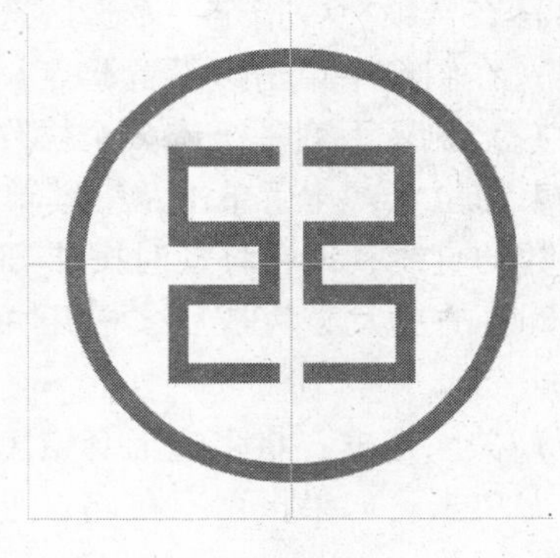

图 2. 10

小提示：要用前景色填充选区，请按 Alt + Backspace 组合键；要用背景色填充选区，请按 Ctrl + Backspace 组合键。要将前景色填充只应用于包含像素的区域，请按 Alt + Shift + Backspace 组合键，这将保留图层的透明区域。要将背景色填充只应用于包含像素的区域，请按 Ctrl + Shift + Backspace 组合键。

实训 2　用套索工具选择花瓣

实训目的与要求

从图片中选择出花瓣。

通过本项目的实训与练习使学生掌握选取不规则形状的范围编辑工具，主要了解套索、多边形套索和磁性套索工具的使用，并能够运用这些工具选取一定的图像范围。

实训预备知识

1. 套索工具

【套索工具】可以用于任意不规则形状的选取，具体操作过程如下：

（1）在【工具箱】中选择【套索工具】，然后在选项栏中设置羽化和消除锯齿。

（2）要添加到现有选区、从现有选区减去或与现有选区交叉，请单击【选项栏】中对应的按钮（请参照矩形选框【工具选项栏】）。

（3）按下鼠标左键，拖动以绘制手绘的选区边界。要在手绘线段与直边线段之间切换，请按 Alt 键，然后单击线段的起始位置和结束位置。（要抹除最近绘制的直线段，请按下 Delete 键。）

（4）要闭合选区边界，请在未按住 Alt 键时释放鼠标。

（5）还可以单击“调整边缘”进一步调整选区边界。

2. 多边形套索工具

【多边形套索工具】可以用来选择不规则形状的多边形图像选取，如三角形、五角星等，具体操作过程如下：

（1）在【工具箱】中选择【多边形套索工具】，然后在选项栏中设置相应的选项。

（2）在选项栏中指定一个选区选项（请参照矩形选框【工具选项栏】）。

（3）在图像中单击以设置起点。

（4）请执行下列一个或多个操作：若要绘制直线段，请将指针放到您要第一条直线段结束的位置，然后单击；继续单击，设置后续线段的端点。要绘制一条角度为 45 度的倍数的直线，请在移动时按住 Shift 键以单击下一个线段。若要绘制手绘线段，请按住 Alt 键 并拖动；完成后，松开 Alt 键以及鼠标按钮。要抹除最近绘制的直线段，请按 Delete 键。

（5）关闭选框：将多边形套索工具的指针放在起点上（指针旁边会出现一个闭合的圆）并单击。如果指针不在起点上，请双击多边形套索工具指针，或者按住 Ctrl 键并单击。

（6）还可以单击“调整边缘”进一步调整选区边界。

3. 磁性套索工具

【磁性套索工具】运用时能够根据鼠标指针经过的位置处不同像素值的差别，对边界进行分析，自动创建选区。磁性套索工具特别适用于快速选择与背景对比强烈且边缘复杂的对象。它的特点是可以方便、快捷、准确地选取较复杂的图像区域，具体操作过程如下。

（1）在【工具箱】中选择【磁性套索工具】，然后在选项栏中设置相应的选项。

（2）在选项栏中指定一个选区选项（请参照矩形选框【工具选项栏】）。

（3）设置下列任一选项：

●宽度：要指定检测宽度，请为【宽度】输入像素值。磁性套索工具只检测从指针开始指定距离以内的边缘。要更改套索指针以使其指明套索宽度，请按 Caps Lock 键。可以在已选定工具但未使用时更改指针。按右方括号键（]）可将磁性套索边缘宽度增大 1 像素；按左方括号键（[）可将宽度减小 1 像素。

●对比度：要指定套索对图像边缘的灵敏度，请在【对比度】中输入一个 1% 到 100% 之间的值。较高的数值将只检测与其周边对比鲜明的边缘，较低的数值将检测低对比度边缘。

●频率：若要指定套索以什么频度设置紧固点，请为【频率】输入 0 到 100 之间的数值。较高的数值会更快地固定选区边框。在边缘精确定义的图像上，可以试用更大的宽度和更高的边对比度，然后大致地跟踪边缘，在边缘较柔和的图像上，尝试使用较小的宽度和较低的边对比度，然后更精确地跟踪边框。

●光笔压力：如果您正在使用光笔绘图板，请选择或取消选择【光笔压力】选项。选中了该选项时，增大光笔压力将导致边缘宽度减小。

（4）在图像中单击，设置第一个紧固点。紧固点将选框固定住。

（5）释放鼠标按钮，或按住它不动，然后沿着您要跟踪的边缘移动指针。刚绘制的选框线段保持为现用状态。当移动指针时，现用线段与图像中对比度最强烈的边缘（基于选项栏中的检测宽度设置）对齐。磁性套索工具定期将紧固点添加到选区边框上，以固定前面的线段。

（6）如果边框没有与所需的边缘对齐，则单击一次以手动添加一个紧固点。继续跟踪边缘，并根据需要添加紧固点。如图 2.11 所示。

图 2.11

(7) 要临时切换到其他套索工具，请执行下列任一操作：要启动套索工具，请按住 Alt 键，并按住鼠标按钮进行拖动。要启动多边形套索工具，请按住 Alt 键并单击。

(8) 要抹除刚绘制的线段和紧固点，请按 Delete 键直到抹除了所需线段的紧固点。

(9) 关闭选框：要用磁性线段闭合边框，请双击或按 Enter 或 Return 键。(要手动关闭边界，请拖动回起点并单击。) 若要用直线段闭合边界，请按住 Alt 键并双击。

实训步骤

(1) 在【工具箱】中选择【磁性套索工具】。

(2) 将鼠标指针移动至工作区域。在图像中单击以设置选框的起点。如图 2.12 所示。

(3) 沿着要选取的物体边缘移动鼠标（不需要按住鼠标左键）。如图 2.13 所示。

图 2.12

图 2.13

(4) 当选取终点回到起点时，鼠标光标右下角会出现一个小圆圈，此时单击鼠标即可完成选取。如图 2.14 和图 2.15 所示。

图 2. 14

图 2. 15

（5）【宽度】选项的数字越大，寻找边缘的范围也越大，但可能会导致边缘的不准确。但如果数值太小，也可能会找到另外的边缘，导致不准确。图 2. 16 和图 2. 17 分别是【宽度】值设置为 20 和 5 时的选择情况。

图 2. 16

图 2. 17

（6）【频率】选项决定套索以什么间隔设置节点。图 2. 18 和图 2. 19 分别是【频率】值设置为 20 和 100 时的选择情况。

图 2. 18

图 2. 19

实训 3　魔棒工具自动定义颜色相近的区域

实训目的与要求

从图片中选择出人物。

通过本项目的实训与练习使学生掌握选取相近颜色范围的编辑工具，主要了解魔棒、快速选择工具的使用，并能够运用这些工具选取一定的图像范围。

实训预备知识

1. 快速选择工具

使用快速选择工具利用可调整的圆形画笔笔尖快速【绘制】选区。拖动时，选区会向外扩展并自动查找和跟随图像中定义的边缘。

（1）在【工具箱】中选择【快速选择工具】。

（2）在选项栏中，单击以下选择项之一：【新建】、【添加到】或【相减】。【新建】是在未选择任何选区的情况下的默认选项。创建初始选区后，此选项将自动更改为【添加到】。

（3）要更改画笔笔尖的大小，请单击选项栏中的【画笔】弹出菜单并键入像素大小或拖动滑块。使用【大小】弹出菜单选项，使画笔笔尖大小随钢笔压力或光笔轮而变化。在建立选区时，按右方括号键（]）可增大快速选择工具画笔笔尖的大小；按左方括号键（[）可减小快速选择工具画笔笔尖的大小。

（4）选择【快速选择选项】。

●对所有图层取样：基于所有图层（而不是仅基于当前选定图层）创建一个选区。

●自动增强：减少选区边界的粗糙度和块效应。【自动增强】自动将选区向图像边缘进一步流动并应用一些边缘调整，您也可以通过在【调整边缘】对话框中使用【对比度】和【半径】选项手动应用这些边缘调整。

（5）在要选择的图像部分中绘画。选区将随着绘画而增大。如果更新速度较慢，应继续拖动以留出时间来完成选区上的工作。在形状边缘的附近绘画时，选区会扩展以跟随形状边缘的等高线。如图 2. 20 所示。

图 2. 20

如果停止拖动，然后在附近区域内单击或拖动，选区将增大以包含新区域。

●要从选区中减去，请单击选项栏中的【相减】选项，然后拖过现有选区。

●要临时在添加模式和相减模式之间进行切换，请按住 Alt 键。

●要更改工具光标，请选择【编辑】>【首选项】>【光标】>【绘画光标】。【正常画笔笔尖】显示标准的快速选择光标，其中带有用于显示选区模式的加号或减号。

2. 魔棒工具

魔棒工具使您可以选择颜色一致的区域（例如，一朵红花），而不必跟踪其轮廓。指定相对于单击的原始颜色的选定色彩范围或容差。

（1）在【工具箱】中选择【魔棒工具】。

（2）在选项栏中指定一个选区选项。魔棒工具的指针会随选中的选项而变化。

（3）在选项栏中，指定以下任意选项：

●容差：确定所选像素的色彩范围。以像素为单位输入一个值，范围介于 0 到 255 之间。如果值较低，则会选择与所单击像素非常相似的少数几种颜色。如果值较高，则会选择范围更广的颜色。

●消除锯齿：创建较平滑边缘选区。

●连续：只选择使用相同颜色的邻近区域。否则，将会选择整个图像中使用相同颜色的所有像素。

●对所有图层取样：使用所有可见图层中的数据选择颜色。否则，魔棒工具将只从现用图层中选择颜色。

（4）在图像中，单击要选择的颜色。如果【连续】已选中，则容差范围内的所有相邻像素都被选中。否则，将选中容差范围内的所有像素。

实训步骤

（1）在【工具箱】中选择【魔棒工具】。

（2）在选项栏中点击【添加到选区】选项。选中【消除锯齿】和【连续】复选框。

（3）在图片中蓝天部分点击鼠标左键。如图 2. 21 所示。

（4）再点击其他未被选中的蓝天区域，直到整个蓝天均被选中。如图 2. 22 所示。

图 2. 21

图 2. 22

小提示：按住 Shift 键时，可以使用【魔棒工具】多次单击来扩大选区。

（5）按下 Ctrl + Shift + I，反向选中人物。如图 2. 23 所示。

（6）按下 Ctrl + X，剪掉人物，即可制作一个人物剪影。如图 2. 24 所示。

图 2. 23

图 2. 24

实训 4　使用色彩范围命令选择需要的色彩

实训目的与要求

将图片中的黄色花朵改为红色花朵。

在图像处理过程中，我们除了对规则或是不规则形状范围的选取之外，经常还会使用到对相同或相近颜色的区域进行选取，除了【魔棒工具】外，【色彩范围】命令也可以实现这种范围选择。通过本项目的实训与练习要求学生掌握【色彩范围】命令对图像中的相似颜色进行选取，并对图像作相应的处理。

实训预备知识

1.【色彩范围】命令

有时需要选择图像中的暗调区域，没有明确的轮廓，这时可以使用【选择】菜单中的【色彩范围】命令来实现。

（1）【色彩范围】命令是个很实用的选择工具，显示为如图 2. 25 所示的对话框。该命令是 Photoshop 中最强大的选择工具之一，但在特别复杂的选择场合，它有时还是力不从心。【色彩范围】命令是一个多功能的选择工具，有多种选择方法可供选择，如图 2. 26 所示为其选择类型。

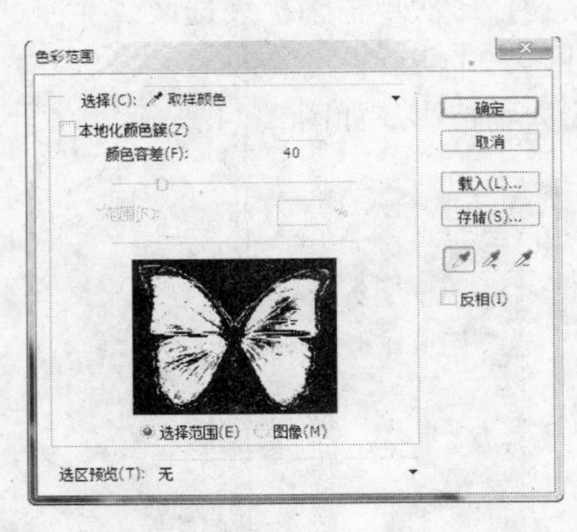

图 2.25

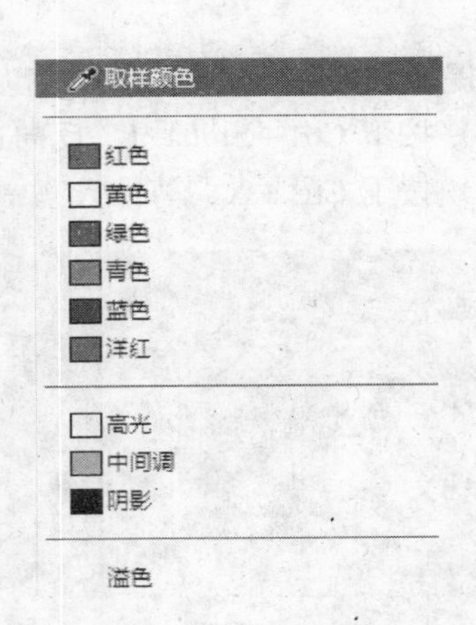

图 2.26

选择类型可分为 4 种：取样、色调、亮度和溢色。其中溢色的用途比较单一，可以将一些无法印刷出来的颜色选出来，但只可以用于 RGB 色彩模式。取样颜色的方式有些类似于【魔棒工具】，都是选定一个取样点，围绕这个取样点设置一个容差范围，范围越大，选择范围越宽，相应的选择的精确度越差。

小提示：【魔棒工具】和【色彩范围】命令都有一个容差范围，【魔棒工具】的容差范围是 0 ~ 255，而【色彩范围】命令的颜色容差范围是 0 ~ 200。但【色彩范围】命令的取样颜色提供了更多的选项，从而可以使用户对选区进行更加精确的控制。

（2）【色彩范围】命令的对话框右侧有三个吸管工具，选择左侧的吸管工具，在预览区的图像的蝴蝶身体处点一下，然后将【颜色容差】滑块拖移到最右边。预览区里，缺省的是【选择范围】选项，预览图是一个灰度图像，就像在通道里看到的一样，如图 2.27 所示。

选择中间的带“ + ”号的吸管工具，这是【添加到取样】吸管，在蝴蝶的蓝色翅膀上点击，可以看到，除了很少的一些部位，与身体取样点类似的区域都被添加到选区中了（注意：添加和减少取样与容差无关）。如图 2.28 所示。

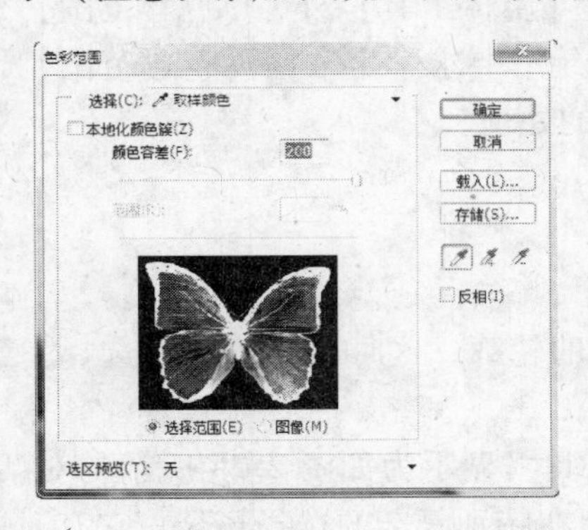

图 2.27

图 2.28

小提示：如果读者没有把握分辨出蝴蝶身体的位置，可以按住 Ctrl 键，在【选择范围】和【图像】两种预览模式之间临时切换。

再次点击蝴蝶的其他部位，选区就成了一个蝴蝶的轮廓，如图 2.29 所示。如果想从选区里剔除某些区域，可以选择最右边的带“－”号的吸管工具，即【从取样中减去】吸管，如图 2. 30 所示。

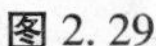
图 2. 29

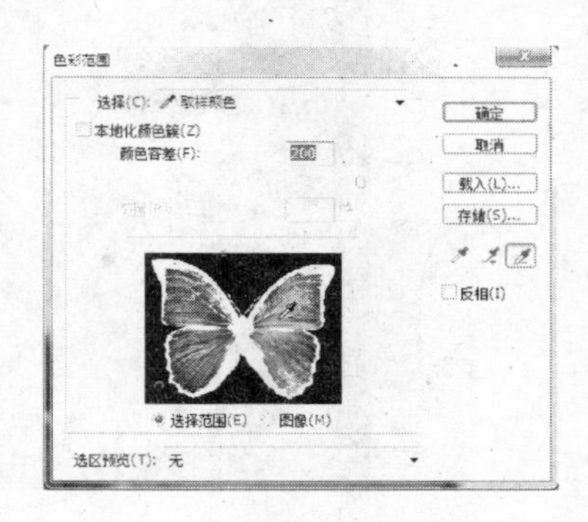

图 2. 30

小提示：【从取样中减去】吸管并不是【添加到取样】吸管的反向操作。这不是简单的反复，不能再回到上一步的选区状态，就是在这种增增减减中，我们得到了希望得到的选区——暗调选区。大家可以比较一下，轮廓选区和暗调选区，哪一个包含的选择信息更多，如图 2. 31 所示。

图 2. 31

实训步骤

（1）在【选择】菜单中选择【色彩范围】命令。

（2）选中【图像】单选按钮，在图像中黄色花朵处点击鼠标，再选中【选择范围】单选按钮，查看选择范围。

小提示：如果选中【选择范围】单选按钮，图像预览框中显示的是选取的范围，其中白色为选中区域，黑色为未选中区域；如果未选取，在图像预览框中为全黑色。如果选中【图像】单选按钮，在图像预览框中将显示原始图像。

（3）选择【选区预览】中的选项控制图像窗口对所创建的选区进行观察。在下拉列表框中包含五个选项。

● 【无】：不在图像窗口中显示选区预览。

● 【灰度】：表示在图像窗口中按选区在灰度通道中的外观显示选区，如图 2. 32 所示。

图 2. 32

● 【黑色杂边】：表示在黑色背景上用彩色显示选区，如图 2. 33 所示。

图 2. 33

● 【白色杂边】：在白色背景上用彩色显示选区，如图 2. 34 所示。

图 2. 34

● 【快速蒙版】：使用当前的快速蒙版设置显示选区，如图 2. 35 所示。

图 2. 35

（4）拖动滑块或在【颜色容差】文本框中输入一个数值即可调整颜色范围。设置越小，选取的颜色范围越少，反之越多。如图 2. 36 所示。

（5）单击【存储】按钮，可以打开如图 2. 37 所示的对话框。在该对话框中可以保存色彩范围设置，保存的文件名后缀为＊. AXT。

图 2. 36

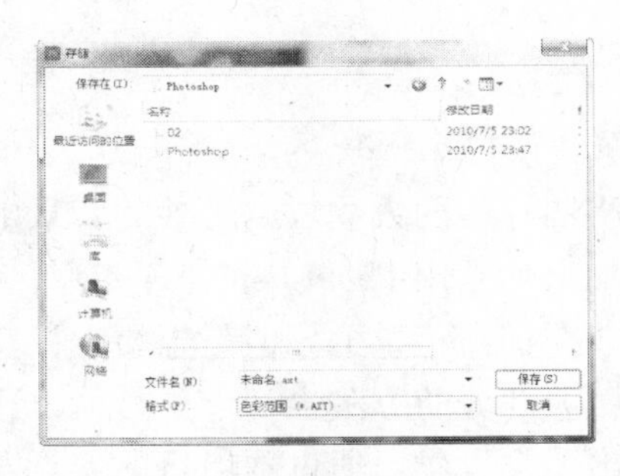

图 2. 37

（6）在【图像】—【调整】菜单中选择【色相/饱和度】命令，弹出如图 2. 38 所示的对话框，然后拖动【色相】滑块到合适的位置，单击确定按钮即可。如图 2. 39 所示。

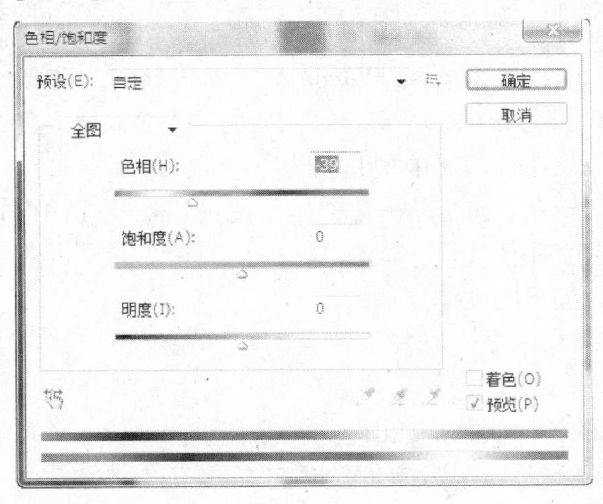

图 2. 38

图 2.39

实训 5　使用抽出等滤镜实现精细人物抠图

实训目的与要求

将图片中的人物放到另外的背景中，要求做到精细。

如果你常用 Photoshop 处理图片，那么抠图绝对是常常用到的操作，可以把抠出的图片放在任何背景上。但是想要抠出美女那细小的发丝或者其余细节的东西是很麻烦的事，大部分的方法也都十分繁琐，这里介绍用 Photoshop 的抽出滤镜和 Mask Pro 滤镜来抠出美女发丝。通过本项目的实训与练习要求学生掌握【抽出】滤镜和其他抠图滤镜对图像中的细节进行选取，并对图像作相应的处理。

实训预备知识

1.【抽出】滤镜

从 Photoshop CS4 开始，安装盘里不包括该滤镜，如果需要可以从 Adobe 的官方网站下载该安装包（PSCS5OptionalPlugins _ Win _ en _ US. zip），并将文件 "ExtractPlus. 8BF" 解压到 Photoshop 安装文件夹的 "\ Plug-ins \ Filters" 文件夹中，重新启动 Photoshop 即可从滤镜菜单中找到该选项。

（1）打开图像，选择【滤镜】—【抽出】滤镜，打开【抽出】滤镜对话框。

（2）在【抽出】对话框左上角选择边沿高光工具（一支半透明的绿色笔，色彩可选择），并用它钩出要抠出的主体。

理解并记住这句话：未被高光彩笔覆盖的主体完全保留，未被高光彩笔覆盖的主体以外的部分完全删除，而高光彩笔覆盖的部分则由软件分析：与主体色彩相同或相近的画面保留，不同的画面删除。如图 2.40 所示。

小提示：使用高光笔时，一定要使绿色线条覆盖主体的边沿，否则会留下黑边。但也不能覆盖太多，以免软件误判。总之要记住，绿色彩条两侧的颜色差是决定彩条

图 2. 40

内的图像是否取舍的依据。

（3）绿色彩条是可以用橡皮擦工具擦掉重画的。高光笔的粗细也可以选取。如图 2. 41 所示。

图 2. 41

小提示： 照片可以用缩放工具放大（双击抓手工具还原），再用抓手工具移动。遇到头发，一定要用高光笔覆盖完。

（4）然后选择【抽出】对话框左上角【油漆桶】填充工具，在要保留的主体内点击，主体被蓝色填充（色彩可选择）。如图 2. 42 和图 2. 43 所示。

图 2.42

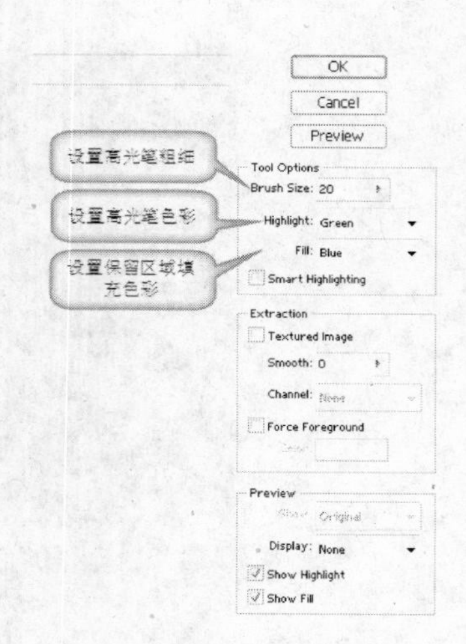

图 2.43

（5）最后点击【抽出】对话框右侧的预览按钮，主体便被抠出！棋盘格背景表示透明。如图 2.44 所示。

小提示：棋盘格使主体不够清晰，可以在右侧预览对话框里“显示白色”，主体在白色背景下会清楚得多。

（6）这时的抠图并不完美，这是因为有的地方主体与背景色彩相近。可以放大后用高光笔、橡皮擦调整，更有必要使用清除工具擦净背景，使用边沿修饰工具修饰主体边沿。这些工具都在抽出界面的左侧。如图 2.45 所示。

图 2.44

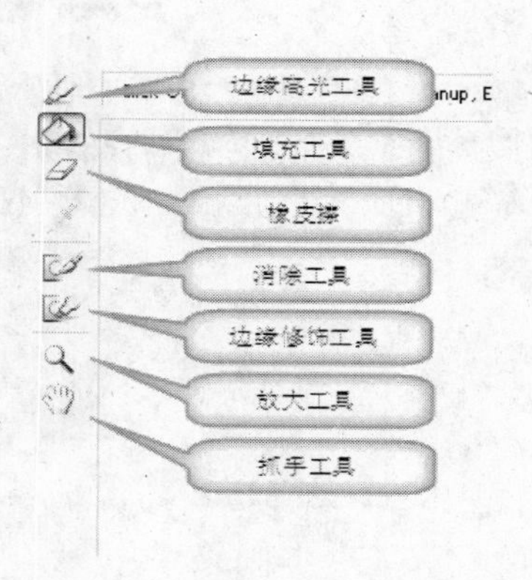

图 2.45

（6）只有当你满意时，才能点击确定按钮，抠图便告结束。点击确定后，即使不满意也无法再更改，只能重来。最后，将抠出来的图像放到另外一幅背景图片中，如图 2.46 所示。

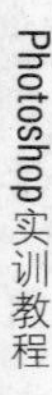

图 2. 46

2.【Mask Pro 】滤镜

Mask Pro 是另一款抠图利器。该滤镜是第三方滤镜，由位于美国俄勒冈州波特兰市的 Ononesoftware 公司出品。目前官方公布的最新版本为 4. 1. 8（Windows 操作系统），可以到官方网站（http：//www. ononesoftware. com/）下载 30 天免费试用版。

Mask Pro 的安装方法和其他滤镜的安装方法一样，这里不再介绍了。在正确安装完 Mask Pro 以后，在 Photoshop 的【滤镜】菜单下会多出一个【onOne】菜单选项，Mask Pro 就位于此选项下。

小提示：在使用 Mask Pro 抠图之前，必须要将图片复制为一个新的副本图层或者将锁定的背景图层转化为普通图层，因为默认情况下打开的图片作为一个锁定的背景图层存在，Mask Pro 不能对锁定的图层进行编辑。

保证当前所操作的图层为需要抠图的图层，然后执行【滤镜/onOne/Mask Pro 4. 1】命令菜单，即可启动 Mask Pro 了，它的操作界面如图 2. 47 所示。

图 2. 47

Mask Pro 的界面可以分为菜单栏、工具栏、工具参数设置、保留颜色面板、丢弃颜色面板和工作区几部分。菜单栏中所包括的命令为一些常见的命令，比如保存、还原、查看和编辑等。

在软件界面的左侧为 Mask Pro 的工具栏，共包括 16 个工具，如图 2.48 所示。我们按由上到下从左到右的顺序介绍各个工具，分别为保留颜色吸管工具、丢弃颜色吸管工具、保留色工具、丢弃色工具、魔术笔刷工具、笔刷工具、魔术填充工具、填充工具、魔术棒工具、喷枪工具、凿子工具、模糊工具、魔术钢笔工具、钢笔工具、手抓工具和缩放工具。

Mask Pro 抠图的两个重要概念就是保留色和丢弃色，通过我们设定的保留颜色和丢弃颜色，软件会自动抠取对象。保留颜色吸管工具和丢弃颜色吸管工具就是用来吸取图片中的不同颜色来确定要保留或丢弃的颜色，当使用它们在图片上单击吸取颜色以后，会在相应的保留颜色面板或丢弃颜色面板中显示该颜色，如图 2.49 所示。

小提示：保留颜色吸管工具不仅可以点击，还可以按住鼠标键涂抹，所涂抹过的区域会取一个平均值作为取样颜色。

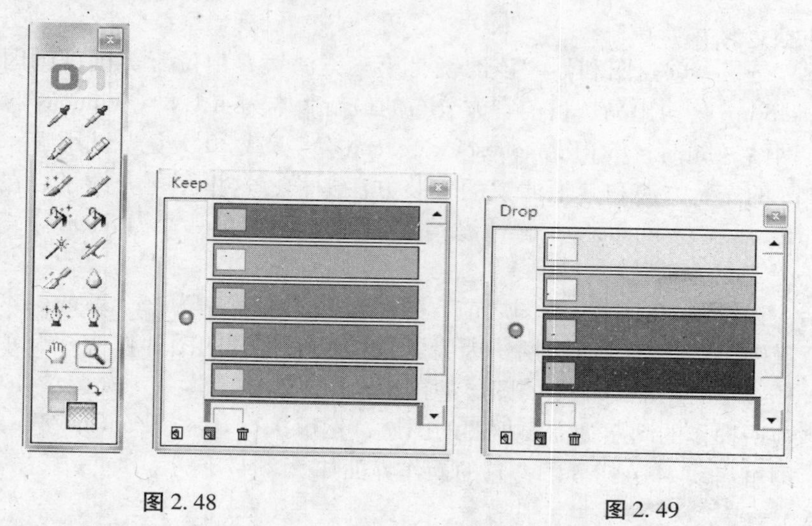

图 2.48　　图 2.49

保留色工具和丢弃色工具，使用这两个工具可以分别在图像中绘制要保留或要丢弃的颜色区域，当选中工具以后，会在工具参数面板中显示设置笔刷大小的选项，如图 2.50 所示。

小提示：如果刷错了，没关系。Mask pro 允许你无数次 Undo，只要按 Ctrl + Z 就可以撤销操作。

选好保留色和丢弃色之后，双击工具箱中的【魔术笔刷工具】，即可得到选择效果，如图 2.51 所示。但是效果不大好，下面我们用另一种方式来抠图。

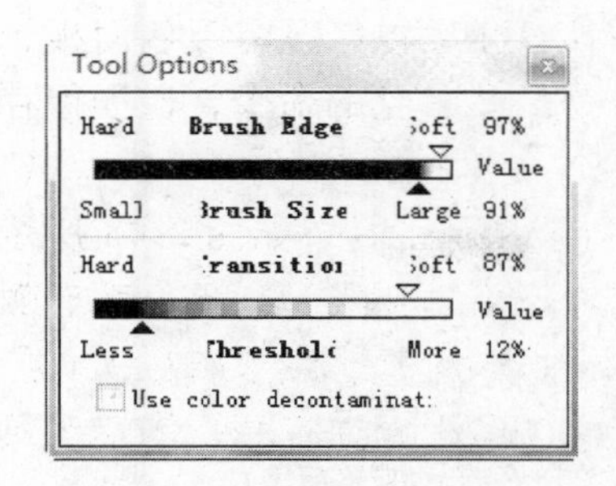

图 2. 50

图 2. 51

实训步骤

(1) 打开图像文件，并将背景图层转化为普通图层或创建背景副本，并选中该图层。

(2) 点击【滤镜】—【onOne】—【Mask Pro 4. 1】命令菜单，打开 MaskPro 程序窗口。如图 2. 52 所示。

图 2. 52

(3) 选择工具栏中的保留色工具，在工具参数设置面板中设置笔刷为适当的大小，然后在图片中人物的内侧边缘勾画出大致轮廓，如图 2. 53 所示。

图 2. 53

小提示：勾画轮廓的时候不要画到人物的外侧，如果有绘制错误的地方，可以按住 Alt 键切换保留色工具为擦除模式，然后擦掉错误的部分。

（4）绘制完成轮廓以后，按住 Ctrl 键，切换保留色工具为填充模式，在轮廓中单击即可填充整个轮廓，如图 2. 54 所示。

图 2. 54

（5）选择工具栏中的丢弃色工具，在工具参数面板中设置适当的笔刷大小，然后沿人物的外部绘制大致轮廓，如图 2. 55 所示。同样，在绘制的过程中，不要碰到人物的边缘，如果有绘制错误的地方，可以按住 Alt 键擦去这些错误的部分。

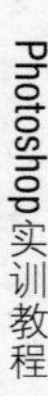

图 2. 55

（6）绘制完成外部轮廓以后，按住 Ctrl 键切换丢弃色工具为填充模式，在外部的其他部分单击即可填充，如图 2. 56 所示。

图 2. 56

（7）现在已经确定了保留色和丢弃色的范围，下面开始让软件自动抠取对象。先选中【魔术笔刷】工具，然后执行【Edit】—【Apply tool To All】菜单命令（快捷键为 Ctrl + A），或者双击工具栏中的魔术笔刷工具，Mask Pro 就会开始按照我们设定的颜色抠图，如图 2. 57 所示。

图 2.57

(8) 执行【View】—【Highlighters】—【Hide Highlighters】菜单命令，就可以看到抠图以后的效果了，如图 2.58 所示。

图 2.58

小提示：为更清晰的查看效果，也可将左下角的 opactity 向左移动到 0% 。
(9) 然后替换一张背景图，查看抠图后的效果，如图 2.59 所示。

图 2.59

小提示：这里只为大家介绍了 Mask Pro 的界面组成和部分工具，并使用保留色工具和丢弃色工具制作了一个抠图实例，这只是 Mask Pro 的一种最简单的抠图方法；其他工具的使用方法以及更多的抠图方法的学习请看 Mask Pro 的帮助系统。

实训 6　选区的编辑和调整

实训目的与要求

更换窗户外的风景。

在 Photoshop 中，要对图像的局部进行编辑，需要通过选区的编辑对局部图像进行处理，例如在照片处理中制作景深。通过本项目的实训与练习要求学生掌握选区的编辑和调整的各种方法，并对图像进行相应的处理。

实训预备知识

1. 移动、隐藏选区或使选区反相

使用任何选区工具，从选项栏中选择【新选区】，然后将指针放在选区边界内。指针将发生变化，指明您可以移动选区，如图 2.60 所示。

拖动边框围住图像的不同区域，如图 2.61 所示。可以将选区边框局部移动到画布边界之外。当您将选区边框拖动回来时，原来的边框以原样再现。还可以将选区边框拖动到另一个图像窗口。

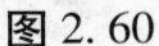

图 2.60

图 2.61

●要将方向限制为 45°的倍数，然后开始拖动，在继续拖动时按住 Shift 键。

●要以 1 个像素的增量移动选区，请使用箭头键。

●要以 10 个像素的增量移动选区，请按住 Shift 键并使用箭头键。

小提示：要移动选区本身，而不是移动选区边界，请使用移动工具。您可以应用几何变换来更改选区边界的形状。

隐藏或显示选区边缘，执行下列操作之一：

●选取【视图】—【显示额外内容】。此命令显示或隐藏选区边缘、网格、参考线、目标路径、切片、注释、图层边框、计数以及智能参考线。

●选取【视图】—【显示】—【选区边缘】。这将切换选区边缘的视图并且只影响当前选区。在建立另一个选区时，选区边框将重现。

小提示：反向选择请选取【选择】—【反向】菜单项或按下 Ctrl + Shift + I。

2. 按特定数量的像素扩展或收缩选区

（1）使用选区工具建立选区。

（2）选取【选择】—【修改】—【扩展】或【收缩】。

（3）对于【扩展量】或【收缩量】，输入一个 1 到 100 之间的像素值，然后单击【确定】。边框按指定数量的像素扩大或缩小。（选区边界中沿画布边缘分布的任何部分不受扩展命令影响。）

3. 在选区边界周围创建一个选区

【边界】命令可让您选择在现有选区边界的内部和外部的像素的宽度。当要选择图像区域周围的边界或像素带，而不是该区域本身时（例如清除粘贴的对象周围的光晕效果），此命令将很有用。

（1）使用选区工具建立选区。

（2）选取【选择】—【修改】—【边界】。

（3）为新选区边界宽度输入一个 1 到 200 之间的像素值，然后单击【确定】。

新选区将为原始选定区域创建框架，如图 2.62 所示，此框架位于原始选区边界的中间。例如，若边框宽度设置为 20 像素，则会创建一个新的柔和边缘选区，该选区将在原始选区边界的内外分别扩展 10 像素，如图 2. 63 所示。

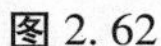

图 2. 62

图 2. 63

4. 调整选区边缘

【调整边缘】选项可以提高选区边缘的品质，从而允许您以不同的背景查看选区以便于编辑。还可以使用【调整边缘】选项来调整图层蒙版。

（1）使用任一选择工具创建选区。

（2）单击选项栏中的【调整边缘】，或选取【选择】—【调整边缘】。然后设置以下选项：

●视图模式：从弹出式菜单中，选择一个模式以更改选区的显示方式。有关每种模式的信息，请将指针悬停在该模式上，直至出现工具提示。【显示原稿】显示原始选区以进行比较。【显示半径】在发生边缘调整的位置显示选区边框。

●调整半径工具和抹除调整工具：使用这两种工具可以精确调整发生边缘的边界区域。若要快速从一种工具切换为另一种，请按 Alt 键；若要更改画笔大小，请按括号键。

小提示：刷过柔化区域（例如头发或毛皮）以向选区中加入精妙的细节。

●智能半径：自动调整边界区域中发现的硬边缘和柔化边缘的半径。如果边框一律是硬边缘或柔化边缘，或者您要控制半径设置并且更精确地调整画笔，则取消选择此选项。

●半径：确定发生边缘调整的选区边界的大小。对锐边使用较小的半径，对较柔和的边缘使用较大的半径。

●平滑：减少选区边界中的不规则区域（“山峰和低谷”）以创建较平滑的轮廓。

●羽化：模糊选区与周围的像素之间的过渡效果。

●对比度：增大时，沿选区边框的柔和边缘的过渡会变得不连贯。通常情况下，使用【智能半径】选项和调整工具效果会更好。

●移动边缘：使用负值向内移动柔化边缘的边框，或使用正值向外移动这些边框。向内移动这些边框有助于从选区边缘移去不想要的背景颜色。

●净化颜色：将彩色边替换为附近完全选中的像素的颜色。颜色替换的强度与选区边缘的软化度是成比例的。

小提示：由于此选项更改了像素颜色，因此它需要输出到新图层或文档。保留原始图层，这样您就可以在需要时恢复到原始状态。（为了方便查看像素颜色中发生的变化，请选择【显示图层】视图模式。）

●数量：更改净化和彩色边替换的程度。

●输出到：决定调整后的选区是变为当前图层上的选区或蒙版，还是生成一个新图层或文档。

5. 柔化选区边缘

可以通过消除锯齿和通过羽化来平滑硬边缘。

消除锯齿：通过软化边缘像素与背景像素之间的颜色过渡效果，使选区的锯齿状边缘平滑。由于只有边缘像素发生变化，因此不会丢失细节。消除锯齿在剪切、拷贝和粘贴选区以创建复合图像时非常有用。消除锯齿适用于套索工具、多边形套索工具、磁性套索工具、椭圆选框工具和魔棒工具。(选择工具可显示该工具的选项栏。)

小提示：使用这些工具之前必须指定该选项。建立了选区后，您无法添加消除锯齿功能。

羽化：通过建立选区和选区周围像素之间的转换边界来模糊边缘。该模糊边缘将丢失选区边缘的一些细节。可以在使用工具时为选框工具、套索工具、多边形套索工具或磁性套索工具定义羽化，也可以向现有的选区中添加羽化。

小提示：仅在移动、剪切、拷贝或填充选区后，羽化效果很明显。羽化边缘的宽度，范围可以是 0 到 250 像素之间。

不带羽化和带羽化的选区，使用同一图案填充这两个选区，如图 2. 64 和图 2. 65 所示。

图 2. 64

图 2. 65

6. 从选区中移去边缘像素

当移动或粘贴消除锯齿选区时，选区边框周围的一些像素也包含在选区内。这会在粘贴选区的边缘周围产生边缘或晕圈。【图层】—【修边】命令使您可以编辑不想要的边缘像素：

●颜色净化将边像素中的背景色替换为附近完全选中的像素的颜色。

●【去边】命令将边像素的颜色替换为距离不包含背景色的选区的边缘较远的像素的颜色。

●如果以黑色或白色背景为对照来消除选区的锯齿，并且您想要将该选区粘贴到不同的背景，【移去黑色杂边】和【移去白色杂边】将十分有用。例如，在白色背景上消除了锯齿的黑色文本的边缘会有灰色像素，在彩色背景上将可以看见这些像素。

小提示：您也可以通过使用【图层样式】对话框中的【高级混合】滑块移去边缘区域，从图层中移去区域或使区域变得透明。这将使黑色或白色区域透明。按住 Alt 键并单击滑块以将其分开；分开滑块使您可以移去边缘像素并使边缘保持平滑。

7. 移动选区

（1）选择移动工具。

（2）在选区边框内移动指针，并将选区拖动到新位置。如果选择了多个区域，则在拖动时将移动所有区域。如图 2. 66 和图 2. 67 所示。

图 2. 66

图 2. 67

8. 拷贝选区

在图像内或图像间拖动选区时，您可以使用移动工具拷贝选区，或者使用【拷贝】、【合并拷贝】、【剪切】和【粘贴】命令来拷贝和移动选区。使用【移动】工具进行拖动可以节省内存，因为此过程没有用到剪贴板。

在不同分辨率的图像中粘贴选区或图层时，粘贴的数据将保持其像素尺寸。这可能会使粘贴的部分与新图像不成比例。在拷贝和粘贴图像之前，使用【图像大小】命令可以使源图像和目标图像的分辨率相同；也可以使用【自由变换】命令调整粘贴内容的大小。

●拷贝：拷贝现用图层上的选中区域。

●合并拷贝：建立选中区域中所有可见图层的合并副本。

●粘贴：将拷贝的选区粘贴到图像的另一部分中，或将其作为新图层粘贴到其他图像中。如果您有一个选区，则【粘贴】命令将拷贝的选区放到当前的选区上。如果没有现用选区，则【粘贴】命令会将拷贝的选区放到视图区域的中央。

●原位粘贴：如果剪贴板包含从其他 Photoshop 文档拷贝的像素，请将选区粘贴到目标文档中与其在源文档中所处位置相同的相对位置中。

●贴入或外部粘贴：将拷贝的选区粘贴到任意图像中的其他选区之中或之外。源选区粘贴到新图层，而目标选区边框将转换为图层蒙版。

拖动时拷贝选区的方法如下：

（1）选择移动工具，或按住 Ctrl 键以启动移动工具。

（2）按住 Alt 键，并拖动要拷贝和移动的选区。当在图像之间拷贝时，将选区从现用图像窗口拖动到目标图像窗口。如果未选择任何内容，则将拷贝整个现有图层。

在将选区拖动过另一个图像窗口时，如果可以将选区放入该窗口，则有一个边框高光显示该窗口。

在图像中创建选区的多个副本的方法如下：

（1）选择移动工具，或按住 Ctrl 键以启动移动工具。

（2）拷贝选区：

●按住 Alt 键，并拖动选区。

●若要拷贝选区并以 1 像素位移副本，请按住 Alt 键，然后按箭头键。

●若要拷贝选区并以 10 像素位移副本，请按 Alt + Shift 组合键，然后按箭头键。

小提示：只要按住 Alt 键，每按一次箭头键都会创建选区的一个副本，并将该副本从上一个副本起移动指定的距离。在这种情况下，将在相同的图层上建立副本。

实训步骤

（1）剪切或拷贝想要粘贴的图像。如图 2.68 所示。

图 2.68

（2）在同一图像或其他图像中，选择要进行贴入或外部粘贴的区域。如图 2.69 所示。

小提示：如果要进行外部粘贴，请选择一个小于拷贝选区的区域。

图 2.69

（3）执行以下任一操作：

●选择【编辑】—【选择性粘贴】—【贴入】。源选区的内容在目标选区内显示。如图 2. 70 所示。

●选择【编辑】—【选择性粘贴】—【外部粘贴】。源选区的内容在目标选区周围显示。

图 2. 70

小提示：【贴入】或【外部粘贴】命令会向图像添加一个图层和图层蒙版。在【图层】面板中，新图层包含一个对应于粘贴选区的图层缩览图，该缩览图位于图层蒙版缩览图的旁边。图层蒙版基于贴入的选区：选区不使用蒙版（白色）；图层的其余部分使用蒙版（黑色）。图层和图层蒙版之间没有链接——也就是说，可以单独移动其中的每一个。

（4）选择移动工具，或按住 Ctrl 键以启动移动工具。然后拖动源内容，直到想要的部分被蒙版覆盖。如图 2. 71 所示。

图 2. 71

（5）要指定底层图像的显示通透程度，请在【图层】面板中单击图层蒙版缩览图，选择一种绘画工具，然后编辑蒙版：

●若要隐藏图层下面的多一些图像，请用黑色绘制蒙版。

●若要显示图层下面的多一些图像，请用白色绘制蒙版。

●若要部分显示图层下面的图像，请用灰色绘制蒙版。

（6）如果对结果满意，可以选取【图层】—【向下合并】将新图层和有下层图层的图层蒙版合并，使之成为永久性的更改。

本章小结

本章从选区的概念、各类选择工具的使用方法及对选区修改命令的使用出发，比较全面地介绍了选择技术的基本知识，讲述了对不同形状的图形选择的操作方法和对选区的修改技巧，重点解决了选择技术在图像处理实际操作过程中的应用方法。因为图像处理过程中对选区的处理是非常关键的，所以希望读者多加练习，熟悉选择技术，这样才能在处理过程中快速准确地对图像进行制作。

补充实训

1. 请创建一段电影胶片，并填充为黑色。
2. 绘制圆柱、圆锥、球。
3. 请选择出公园照片中的枫叶，并试着将其变绿。
4. 请将婚纱照中的女主角抠出来，并放到另外一幅背景中。

第三章
绘图工具

实训 1　使用路径工具创建医院标识

实训目的和要求

制作一个医院的标识。

通过本项目的实训和练习使学生掌握使用路径工具绘制路径，主要了解矩形、圆角矩形工具与钢笔工具的使用并能使用这些工具绘制一些基本的图形。

实训预备知识

Photoshop 提供了强大的路径功能，包括如何绘制路径、编辑路径、将路径转化为选区轮廓，以及如何用绘图或编辑工具绘制路径。路径可以进行逐点编辑，可以将编辑好的路径转换为标准的选区轮廓，由此可以得到更为精确的选区。

1. 路径概述

路径由可以在锚点间拉伸的路径段组成。路径的类型包括直线型路径、曲线型路径和混合型路径。路径的类型由其所具有的锚点所决定，直线型路径的锚点没有控制手柄。曲线型路径的锚点有两种（如图 3－1 所示）：一种是平滑点，它有两条方向手柄，可以连续地绕平滑点旋转，移动方向线的一端时，另一端也会同时移动，并且路径段同时发生相应的变化；另一种为拐角点，它也有两条控制手柄，但它们不在同一直线上，可以分别进行移动，因此，拐角点两边的路径段可以有不同的方向和曲率。

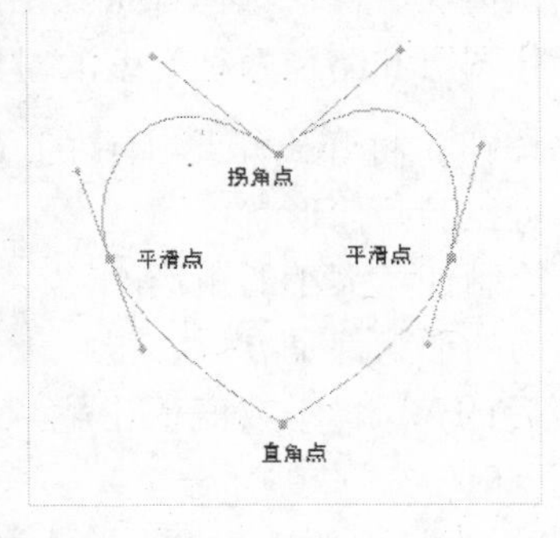

图 3. 1

在 Photoshop 中，可以使用各种钢笔工具和形状工具可以创建各种路径。钢笔工具可以创建任意形状的路径。使用普通钢笔工具绘制路径时，是通过创建独立的锚点建立路径，Photoshop 自动用线段将这些点链接起来。用形状工作可以创建简单的几何路径，在绘制时，Photoshop 自动添加需要的锚点。

在【工具箱】中选择钢笔工具或形状工具后，在【工具选项栏】上单击【路径】按钮，选择路径模式，即可进行路径的绘制。绘制路径时，通过单击【工具选项栏】上单击不同的【运算按钮】，为路径选择不同的运算模式，即可得到更丰富更复杂的路径。

创建路径后，可以利用【路径选择工具】和弹出菜单中的【直接选择工具】选择或编辑路径。

2. 矩形工具

使用【矩形工具】，配合快捷键或在【工具选项栏】中设置参数，可以绘制任意大小的矩形、正方形、固定比例或大小的矩形，具体操作方法如下：

（1）在【工具箱】中选择【矩形工具】。

（2）在【工具选项栏】中设置该工具的各项参数。

（3）移动鼠标指针至图像窗口中拖动产生一个由顺时针移动的线段组成的矩形。

（4）若要绘制正方形，则在按住 Shift 键的同时拖动鼠标；若要绘制一个起点为中心的矩形，按住 Alt 键拖动鼠标；按住 Shift + Alt 组合键，则由中心向四周呈放射性地绘制正方形。

矩形工具绘制路径时其【工具选项栏】如图 3.2 所示其主要参数如下：

工作区▾

图 3.2

形状图层：单击此按钮，将创建一个形状图层。

路径：单击此按钮，将绘制路径。

填充像素：单击此按钮，将绘制填充有前景色的图像。

小提示：利用形状工具绘图可以得到三种类型的对象：第一种是形状图层，即得到一个单独的新的带矢量蒙版的图层；第二种是路径，即具有规则几何外形的路径；第三种是得到填充有前景色的几何图像。选择任何一种形状工具后，可以在工具选项栏里选择需要绘制的类型，默认情况下自动选择【形状图层】模式。

使用钢笔工具只能绘制形状图层和路径两种类型的对象。

设置形状选项：单击此按钮，将弹出矩形工具的【矩形选项】调板，如图 3.3 所示，设置选项框中的参数即可控制几何形状。

不受约束：选择此项，可绘制任意大小的矩形。

方形：选择此项，所绘制的的形状都是方形。

固定：选择此项，并在其后的 W 和 H 数值框中输入数值，可指定矩形的宽度和高度。

比例：选择此项，并在其后的 W 和 H 数值框中输入数值，可指定矩形宽度和高度

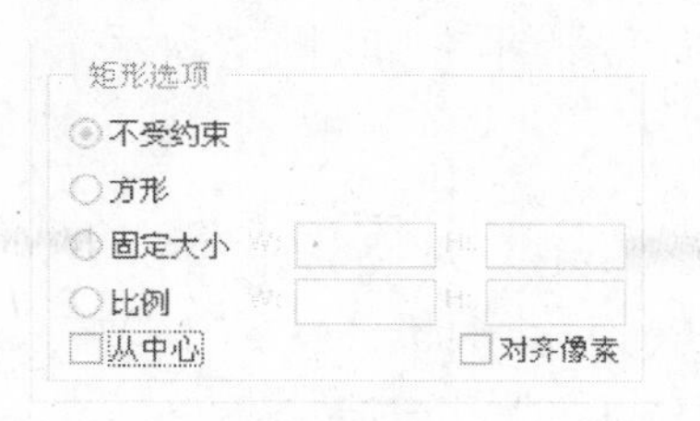

图 3.3

值的比例。

从中心：选择此项，从中心向四周放射性地绘制矩形。

对齐像素：选择此项，可使矩形边缘的像素对齐。

小提示：选择任意一种形状工具，在【工具选项栏】中单击设置形状选项三角按钮，会弹出该工具的选项框，设置选项框中的参数即可控制几何形状。

添加到路径区域：单击此按钮，在当前路径中添加再次绘制的/加到路径区域：单击此按钮，在当前形状图了解矩形、圆角矩形工具与路径。

从路径区域减去：单击此按钮，在当前路径中减去再次绘制的路径。

交叉路径区域：单击此按钮，只保留再次绘制的路径与原路径相交的区域。

重叠路径区域除外：单击此按钮，只保留再次绘制的路径与原路径相交以外的区域。

小提示：形状工具和钢笔路径在绘制形状图层和路径时，分别有几种运算模式，单击不同的【运算按钮】，以不同的运算模式将要绘制的形状/路径与之前的形状/路径进行不同方式的运算，得到不同的运算效果。

3. 圆角矩形工具

【圆角矩形工具】的操作方法如下：

（1）在【工具箱】中选择【圆角矩形工具】。

（2）在【工具选项栏】中设置该工具的各项参数，其【圆角矩形选项】与【矩形选项】调板相同。

（3）移动鼠标指针至图像窗口中拖动产生一个圆角矩形，若要绘制正圆角矩形，则需按住 Shift 键再加鼠标拖动；按住 Alt 键，绘制一个以起点为中心的圆角矩形；按住 Shift + Alt 组合键，则由中心向四周呈放射性地绘制正圆角矩形。

用圆角矩形工具绘制路径时其【工具选项栏】分别如图 3.4，其主要参数如下：

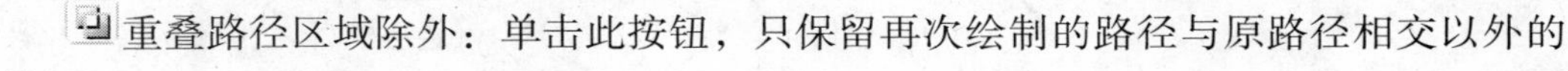

图 3.4

小提示：在选择圆角矩形工具后，在【工具选项栏】中会显示【半径】选项，该数值框中的数值用于设置圆角的大小，数值越大，圆角越大。

4. 钢笔工具

【钢笔工具】可以创建任意形状的路径。它通过逐点的方式绘制路径，通过控制锚点及其控制手柄可以精确绘制路径，因此，它是创建路径最常用的工具。使用

【钢笔工具】创建路径时，其工具选项栏如图 3.5 所示。

图 3.5

【钢笔工具】的操作方法如下：

（1）在【工具箱】中选择【钢笔工具】。

（2）在【工具选项栏】中设置该工具的各项参数。

（3）单击即可获得一个直角锚点，再次单击将再两个锚点之间形成一条线段。在单击确定第二个锚点时按住按住 Shift 键，可以绘制水平、垂直或 45°角的直线路径。单击并拖动鼠标，即可得到一个曲线点。

在【工具选项栏】中单击工具选项板面板的下拉按钮，弹出【钢笔选项】，如图 3.6 所示。选中【橡皮带】选项，绘制路径时可以依据节点与钢笔光标间的线段，标识出下一段路径线的走向。

小提示：选择【钢笔工具】后，在【工具选项栏】中勾选【自动添加/删除】选项，就可以使用钢笔工具添加/删除并转换锚点。

钢笔选项

□橡皮带

图 3.6

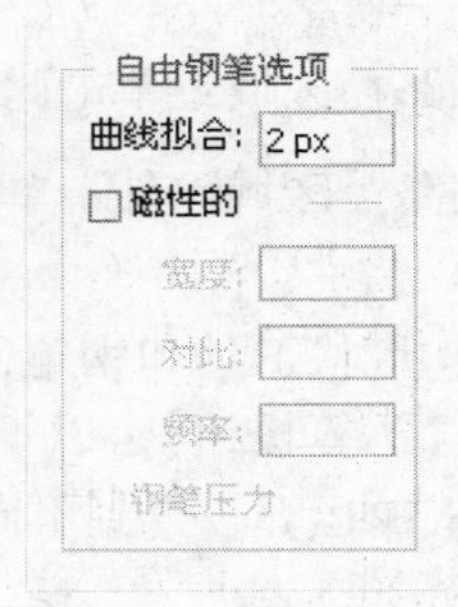

图 3.7

5. 自由钢笔工具

使用【自由钢笔工具】 将创建自动跟踪拖动轨迹的路径，其操作方法如下：

（1）在【工具箱】中选择【自由钢笔工具】。

（2）在【工具选项栏】中设置该工具的各项参数。

（3）单击并拖动鼠标即可创建自动跟踪运动轨迹的路径，Photoshop 会自动添加锚点。若要得到闭合路径，将钢笔光标放在起点上，当光标下面显示一个小圆 时单击即可。

自由钢笔工具的【自由钢笔选项】调板如图 3.7 所示，其主要参数如下：

曲线拟合：该选项控制绘制路径时对鼠标移动的敏感性。数值越高，所创建的路径锚点越少，路径越平滑。

磁性的：选择该选项，激活【磁性钢笔工具】 ，【磁性钢笔工具】以捕捉图像边缘进行绘制。此时，【磁性的】选项区中的参数将被激活，磁性选项用来控制磁性钢笔工具对图象边缘捕捉的敏感度。

宽度：在数值框中输入一个像素值，指定磁性钢笔探测的距离。数值越大，则探测的距离越大。

对比：在数值框中输入一个百分比，以定义像素边缘间的对比度。

频率：在数值框中输入一个数值，指定在绘制路径时设置锚点的密度。数值越大，则得到的路径的锚点数量越多。

6. 添加锚点工具

使用【添加锚点工具】，可以在路径上增加锚点，操作方法如下：

（1）在【工具箱】中选择【添加锚点工具】。

（2）在路径上单击，即可向已有的路径上添加锚点。

7. 删除锚点工具

使用【删除锚点工具】，可以将锚点从路径中删除，操作方法如下：

（1）在【工具箱】中选择【删除锚点工具】。

（2）在当前选择的路径的锚点上单击，即可在不中断路径轮廓的前提下删除锚点。

8. 转换点工具

使用【转换点工具】可以将直角点、平滑点和拐角点进行互相转换，操作方法如下：

（1）在【工具箱】中选择【删除锚点工具】。

（2）若要将平滑点转换为直角点，用【转换点工具】直接单击平滑点即可；若要将直角点转换为平滑点，将【转换点工具】在需要更改的锚点单击并拖动；若要将平滑点转换为拐角点，则用【转换点工具】拖动要改动的锚点两侧的控制手柄，即可分别控制这两个控制手柄。

9. 路径选择工具

在 Photoshop 中，对创建的路径可以像编辑选区一样对其进行变换操作，以调整它们的位置、比例、方向等。而选择路径是进行编辑路径的第一步，只有正确地选择路径，才能够进行合适的编辑调整工作。【路径选择工具】的操作方法如下：

（1）在【工具箱】中选择【路径选择工具】。

（2）用【路径选择工具】直接单击路径，即可选择路径；按住 Shift 键单击，可以增加或减少选择路径；用【路径选择工具】单击并拖动矩形框，则矩形框内的所有路径都被选中。

9. 直接选择工具

使用【直接选择工具】可以选择并编辑锚点和路径。【直接选择工具】的操作方法如下：

（1）在【工具箱】中选择【直接选择工具】。

（2）若要选择锚点，用【直接选择工具】单击锚点即可。如果选择的是曲线点，即可拖动曲线点的控制手柄，从而编辑曲线路径；按住 Alt 键拖动控制手柄，可以使曲线点的两条控制手柄的移动互不影响；按住 Shift 键单击锚点，可以增加或减少选择锚点；若要选择路径，用【直接选择工具】单击路径段即可；选择路径后，即可拖动编辑路径。

实训步骤

（1）按下 Ctrl + N 快捷键，新建一幅高度和宽度都为 400 像素，【背景内容】为白色的画布，将颜色模式选为 RGB 颜色，单击【确定】按钮。然后按下 Ctrl + R 快捷键打开标尺，分别在横向和纵向标尺上按下鼠标左键，并拖出相互垂直的两条参考线，如图 3. 8 所示。

（2）在【工具箱】上选择【圆角矩形工具】，在【工具选项栏】上单击【绘制路径】和【添加到路径区域】按钮，在【半径】中指定圆角矩形的半径为 20px。单击【设置形状选项】小三角，在弹出的【圆角矩形选项板】中选择【方形】选项，选取【从中心】选项。然后将鼠标放到两条参考线的交叉点处，按下鼠标左键，在画布上拖出适当大小的圆角矩形，如图 3. 9 所示。

图 3. 8　　　　图 3. 9

（3）按下 Ctrl + T 组合键，打开圆角矩形的变换框，在【工具选项栏】的 中指定将圆角矩形旋转 45°，单击 Enter 键，效果如图 3. 10 所示。

小提示：用钢笔工具和形状工具绘制路径和形状图层后，按下 Ctrl + T 键，即调出图形变换框，在【工具选项栏】的各选项中输入相应数值即可对图形进行位移、旋转、缩放等变换操作。

（4）在【工具箱】中选择【添加锚点工具】，在圆角矩形的其中一个圆角中点添加一个锚点，如图 3. 11。

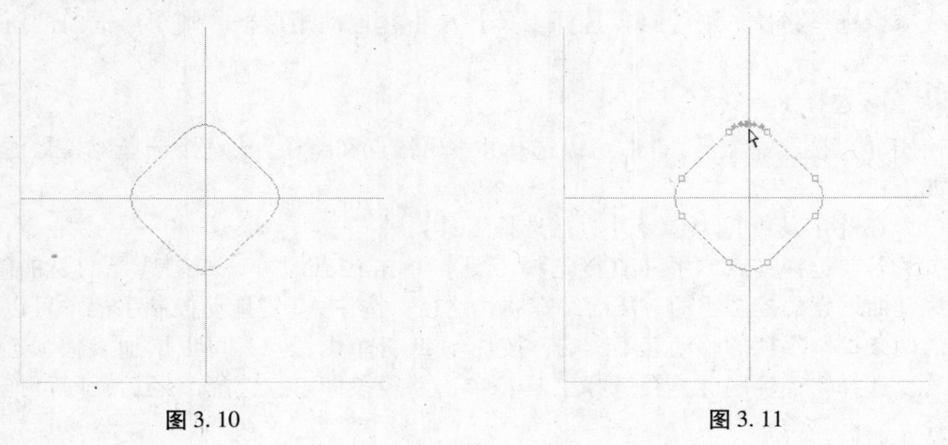

图 3. 10　　　　图 3. 11

（5）将新添加的锚点沿着参考线向下拖动到合适的位置，再在【工具箱】中选择【转换锚点工具】，分别拖动新锚点的两个方向手柄，效果如图 3. 12。

（6）在【工具箱】中选择【路径选择工具】，选择圆角矩形，按下 Ctrl + C 键和 Ctrl + V 键，将圆角矩形进行复制、粘贴，复制后的圆角矩形覆盖于原圆角矩形之上。

（7）用【路径选择工具】选择复制得到的圆角矩形，按住 Shift 键将其向下拖动到合适的位置，按下 Ctrl + T 键，打开圆角矩形的变换框，在【工具选项栏】的中指定将其旋转 180° △ 180 度，单击 Enter 键，如图 3.13 所示。

小提示：用【路径选择工具】移动对象时，按住 Shift 键可以控制其在水平或垂直方向上进行移动。

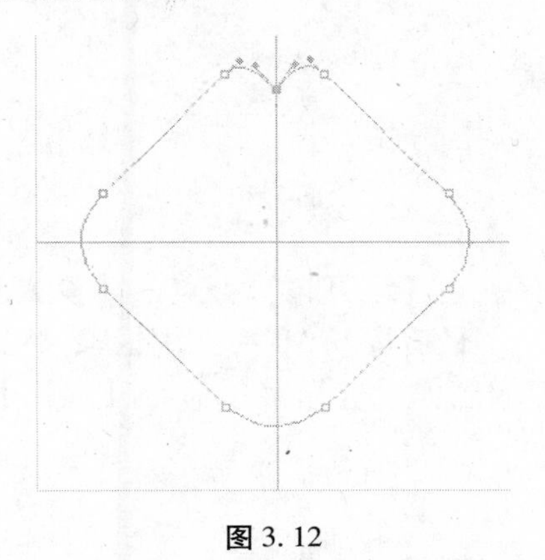

图 3.12

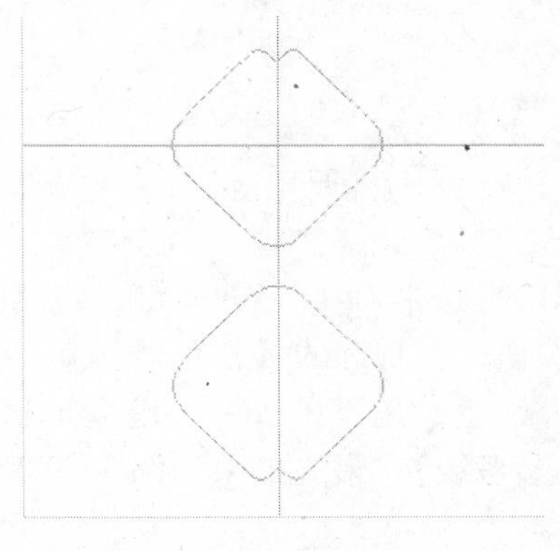

图 3.13

（8）在【工具箱】中选择【路径选择工具】，单击并拖动以框选两个圆角矩形。重复步骤（6）的操作进行复制。再将复制的两个圆角矩形旋转 90°，效果如图 3.14 所示。

（9）拖动一条通过水平方向上的圆角矩形中心点的参考线。

（10）在【工具箱】中选择【矩形工具】，在【工具选项栏】中单击【绘制路径】和【从路径区域减去】按钮，然后将鼠标放到下方两条参考线的交叉点处，按住 Alt 键单击鼠标左键，在画布上拖出适当大小的矩形，如图 3.15 所示。

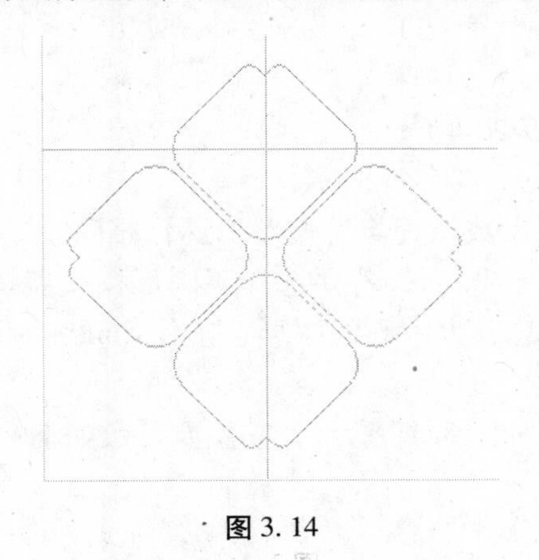

图 3.14

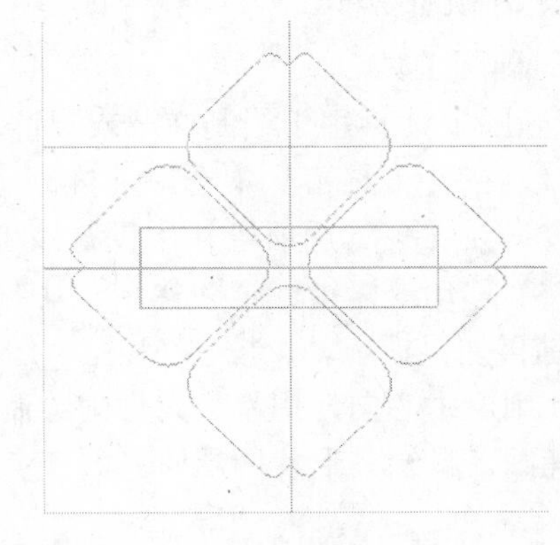

图 3.15

（11）重复步骤（6）的操作，得到一个新的矩形，按下 Ctrl + T 键，打开矩形的变换框，在【工具选项栏】的 中指定将矩形旋转 90°，单击 Enter 键。单击【工具选项栏】中的【组合】键，得到医院标识图形，如图 3.16 所示。

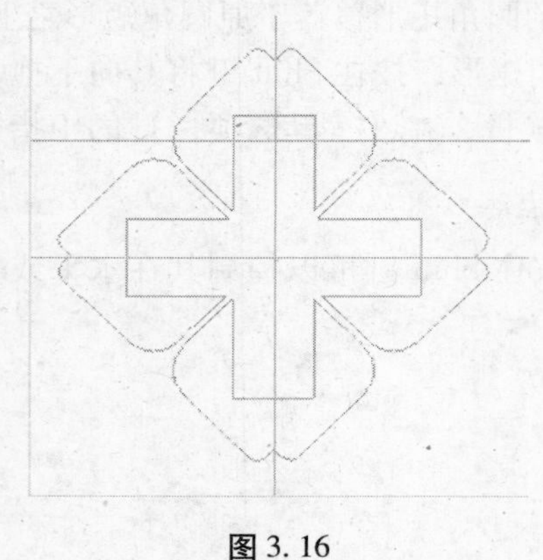

图 3.16

图 3.17

（12）按下 Ctrl + Enter 键，将路径转换为选区。在【工具箱】上点击【设置前景色】按钮，在打开的【拾色器】对话框中选择红色，最后按下 Alt + ←快捷键，将选区填充为红色，按下 Ctrl + D 键取消选取，完成图例制作。选择菜单命令【视图】—【清除参考线】，最终效果如图 3.17 所示。

实训 2　创建太阳卡通图形

实训目的和要求

制作一个太阳卡通图形

通过本项目的实训和练习使学生掌握使用形状工具和钢笔工具绘制形状图层，主要了解多边形、圆形工具与钢笔工具的使用并能使用这些工具绘制一些基本的图形。

实训预备知识

1. 椭圆工具

【椭圆工具】用于绘制椭圆或圆形，其操作方法如下：

（1）在【工具箱】中选择【椭圆工具】。

（2）在【工具选项栏】中设置该工具的各项参数。其与【矩形工具】相同。

（3）移动鼠标指针至图像窗口中拖动产生一个圆形；若要选择正圆形，则需按住 Shift 键再加鼠标拖动；按住 Alt 键，绘制一个以起点为中心的圆形；按住 Shift + Alt 组合键，则由中心向四周呈放射性地绘制正圆形。

椭圆工具绘制形状图层时其【工具选项栏】如图 3.18 所示，其主要参数如下：

图 3.18

创建新的形状图层：单击此按钮，将创建一个新的形状图层。

添加到形状区域：单击此按钮，在当前形状中添加再次绘制的路径。

从形状区域减去：单击此按钮，在当前形状中减去再次绘制的形状。

交叉形状区域：单击此按钮，只保留再次绘制的形状与原形状相交的区域。

重叠形状区域除外：单击此按钮，只保留再次绘制的形状与原形状相交以外的区域。

样式：单击此按钮，可以为形状图层添加图层颜色。

颜色：单击此按钮，为形状图层指定颜色。

2. 多边形工具

【多边形工具】用于绘制多边形和星形，与其他几何工具不同，多边形工具是由中心向外绘制，其操作方法如下：

（1）在【工具箱】中选择【椭圆工具】。

（2）在【工具选项栏】中设置该工具的各项参数。

（3）移动鼠标指针至图像窗口中拖动产生一个多边形；按住 Shift 键拖动鼠标，则将多边形相对于画板摆正，如图 3. 19 所示。

小提示： 在【工具选项栏】中的【边数】数值框中输入数值，可以为将要绘制的多边形指定边数，范围在 3 ~ 100 之间的整数，数值越大，所绘制的图形越接近于圆形。

多边形工具的【设置形状选项】与其他几何形状工具有所不同。多边形工具的【多边形选项】调板，如图 3. 20 所示，其主要参数如下：

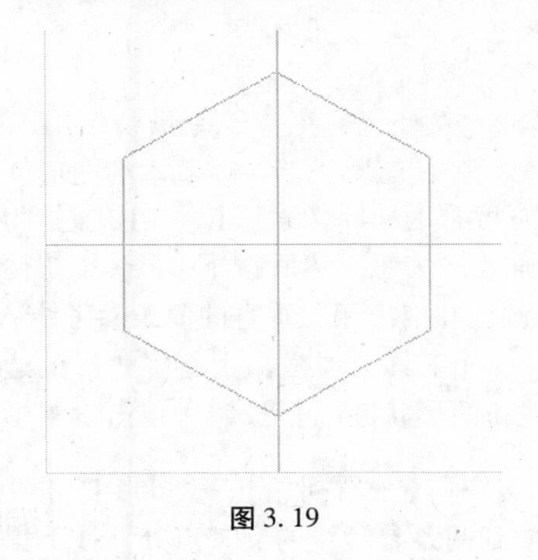

图 3. 19

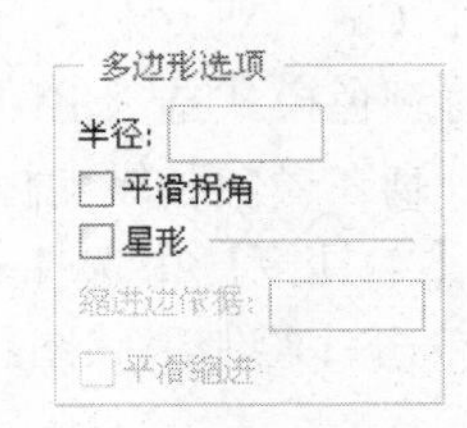

图 3. 20

半径：在数值框中输入数值，可以指定多边形的半径值。

平滑拐角：选中此选项，可以使多边形的拐角变得平滑。

星形：选中此选项，将绘制星形。图 3. 21 是选中【星形】选项，将多边形的边数指定为 5 时得到的到五角星；图 3. 22 是选中【平滑拐角】选项后得到的五角星的形状。

缩进边依据：在数值框中输入数值，可以指定星形的缩进量，数值越大星形的内缩效果越明显，范围在 1% ~99% 之间的整数。数值为 50% 时的效果如图 3. 21，数值为 90% 时的效果如图 3. 23 所示。

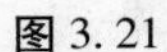

图 3.21

图 3.22

图 3.23

平滑缩进：选择此选项，可使星形的角度非常圆滑。未选中此选项所绘制的四角星如图 3.24 所示，选中此选项所绘制的四角星如图 3.25 所示。

小提示：【缩进边依据】和【平滑缩进】选项只针对选中【星形】选项后才可用。

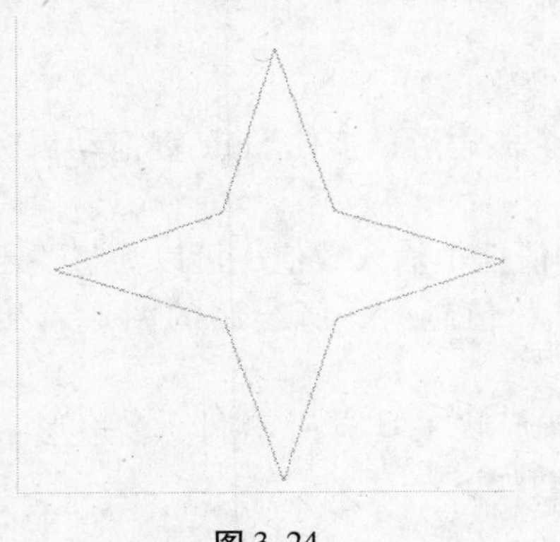

图 3.24

图 3.25

实训步骤

（1）按下 Ctrl + N 快捷键，新建一幅高度和宽度都为 400 像素，【背景内容】为白色的画布，将颜色模式选为 RGB 颜色，单击【确定】按钮。然后按下 Ctrl + R 快捷键打开标尺，分别在横向和纵向标尺上按下鼠标左键，并拖出相互垂直的两条参考线。

（2）在【工具箱】中选择【多边形工具】，在【工具选项栏】上将多边形的边数设置为 20，单击【绘制形状图层】按钮和【创建新的形状图层】按钮，单击设置形状选项按钮，在弹出的【多边形选项】调板中，选择【平滑拐角】、【星形】和【平滑缩进】，【缩进边依据】为 50%，然后将鼠标放到两条参考线的交叉点处，按下鼠标左键，在画布上拖出适当大小的星形，如图 3.26 所示。

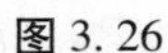
图 3. 26

图 3. 27

（3）在【工具箱】上选择【椭圆工具】，在【工具选项栏】上单击【绘制形状图层】按钮和【从形状区域减去】按钮，然后将鼠标放到两条参考线的交叉点处，按下鼠标左键，再按下 Alt + Shift 键，在画布上拖出适当大小的正圆形，单击【工具选项栏】中的【组合】按钮，效果如图 3. 27 所示。

（4）在【工具箱】中选择【椭圆工具】，在【工具选项栏】上单击【绘制形状图层】按钮和【创建新的形状图层】按钮，按下鼠标左键，在画布上拖出适当大小的椭圆形，如图 3. 28 所示。

图 3. 28

图 3. 29

（5）在【工具箱】上选择【路径选择工具】，选择椭圆，按下 Shift + Alt 组合键，向下拖动鼠标，在垂直方向上复制一个椭圆，如图 3. 29 所示。在【工具选项栏】中单击【从形状区域减去】按钮，再单击【组合】按钮，得到眼睛图形，如图 3. 30 所示。

图 3. 30

图 3. 31

（6）在【工具箱】中选择【路径选择工具】，选择眼睛图形，按下 Shift + Alt 组合键，在水平方向拖动鼠标复制得到另一个眼睛图形，如图 3. 31 所示。

（7）重复步骤（4）的操作，绘制一个较大的椭圆，重复步骤（5）的操作，垂直向上拖动鼠标在垂直方向复制圆形，运用相减运算绘制嘴巴图形，如图 3. 32 所示。

图 3. 32　　图 3. 33

（8）在【工具箱】中选择【钢笔工具】，在【工具选项栏】中单击【绘制形状图层】按钮和【添加到形状区域按钮】，使用【钢笔工具】在嘴角绘制如图 3. 33 所示的形状。

（9）重复步骤（6）的操作，在另一嘴角复制一个步骤（8）中绘制的图形。按下 Ctrl + T 键，打开变换框，将新复制的图形旋转至合适的位置，完成绘制。选择菜单命令【视图】—【清除参考线】。最终效果如图 3. 34 所示。

图 3. 34

实训 3　创建一箭穿心图形

实训目的和要求

制作一个太阳卡通图形。

通过本项目的练习使学生掌握使用路径工具绘制和编辑路径，主要了解使用直线工具和自定形状工具绘制图形，使用路径选择工具和直接选择工具编辑路径，以及使用路径面板管理和编辑路径。

实训预备知识

1. 直线工具

直线工具的操作方法如下：

（1）在【工具箱】中选择【直线工具】。

（2）在【工具选项栏】中设置该工具的各项参数。

（3）移动鼠标指针至图像窗口中拖动产生一条直线；按住 Shift 键拖动鼠标，可以将直线的角度限制为0°、45°、90°等。

小提示：在【工具选项栏】中的【粗细】数值框中输入数值，可以指定所要绘制的直线的粗细程度。

直线工具的【箭头】选项板，如图 3. 35 所示。

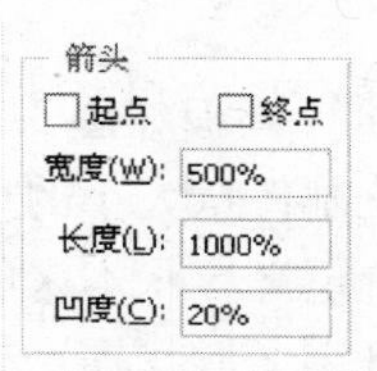

图 3. 35

其主要参数如下：

起点：选择此选项，可以在直线的起点添加箭头。

终点：选择此选项，可以在直线的终点添加箭头。

宽度：此数值框中的数值控制箭头的宽度比例。

长度：此数值框中的数值控制箭头的长度比例。

凹度：此数值框中的数值控制箭头的凹陷值。数值为 0% 时的效果如图 3. 36 所示，数值为 50% 时的效果如图 3. 37 所示。

图 3. 36

图 3. 37

2. 自定形状工具

自定形状工具的操作方法如下：

(1) 在【工具箱】中选择【自定形状工具】。

(2) 在【工具选项栏】中选择将要绘制的形状，并设置该工具的其他各项参数。

(3) 移动鼠标指针至图像窗口中拖动绘制所选择的形状；按住 Alt 键拖动鼠标即从中心绘制图形。

选中自定形状工具后，工具选项栏中出现【形状】选项 形状: ♪ ，单击小三角，打开其下拉列表，可以从中选择系统自带的形状，如图 3. 38 所示。

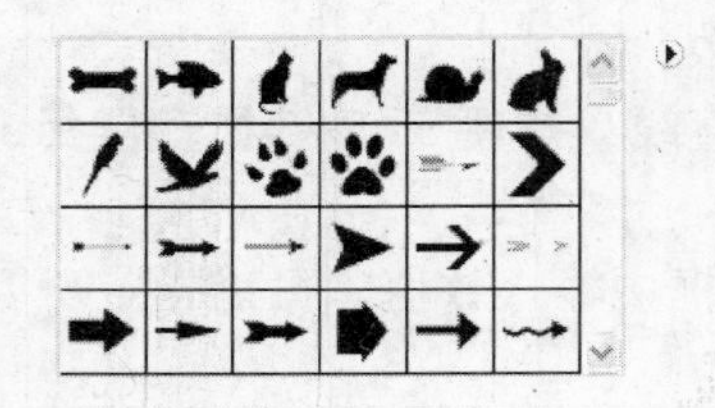

图 3. 38

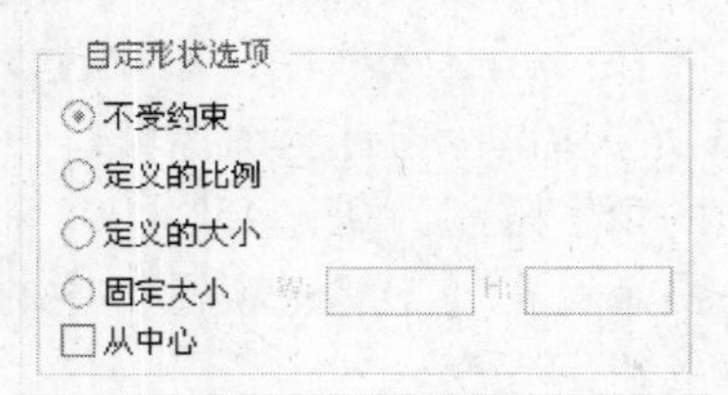

图 3. 39

自定形状工具的【自定形状选项】调板如图 3. 39 所示，其主要参数如下：

不受限制：选择此选项，可以绘制任意大小的形状。

定义的比例：选择此选项，按自定义形状本来的大小比例进行绘制。

定义的大小：选择此选项，按自定义形状本来的大小进行绘制。

3. 路径面板

创建路径后，路径会显示在【路径面板】中，如图 3. 40 所示。使用【路径面板】可以将路径转换为选区、对路径进行填充和描边、保存和删除路径。

单击【路径面板】的菜单按钮 ，打开路径菜单，如图 3. 41 所示。利用路径菜单命令可以对路径进行管理以及调整路径面板。

图 3. 40

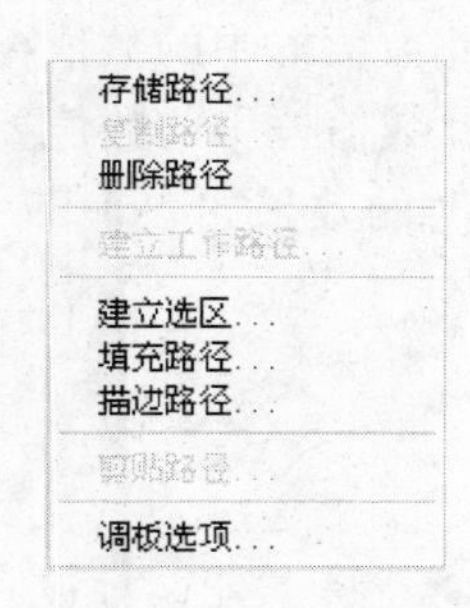

图 3. 41

用前景色填充路径：单击此按钮，将用前景色对路径进行填充。

用画笔描边路径：单击此按钮，用画笔对路径进行描边。

将路径作为选区载入：单击此按钮，将路径转换为选区。

从选区生成工作路径：单击此按钮，将选区转换为路径。

创建新路径：单击此按钮，创建新的工作路径。

删除当前路径：单击此按钮，删除路径面板中当前选择的路径。

小提示：在【路径面板】的空白处单击即可在图像中隐藏路径，如果此时在图像中绘制新的路径，之前没有储存的路径就会消失。因此，绘制好路径后应注意在【路径面板】中将其保存。在【路径面板】中单击菜单按钮，打开菜单命令，选择【存储路径】，打开【存储路径】对话框，为路径命名，单击【确定】即可。

实训步骤

（1）按下 Ctrl + N 快捷键，新建一幅高度和宽度都为 400 像素，【背景内容】为白色的画布，将颜色模式选为 RGB 颜色，单击【确定】按钮。

（2）在【工具箱】中选择【自定形状工具】，在【工具选项栏】中单击【绘制路径】和【添加到路径区域】按钮，在【形状】下拉列表中选择“红桃”形，保持【自定形状工具】的【自定形状选项】调板中【不受约束】的默认选项，在画布中单击拖动一个适当大小的心形，如图 3.42。

图 3.42

图 3.43

（3）在【工具箱】中选择【路径选择工具】，选择心形，按下 Ctrl + C 和 Ctrl + V 组合键，复制粘贴一个心形，再将复制所得的心形移动到合适的位置，如图 3.43。

（4）在复制所得的心形保持选定的情况下，按下 Ctrl + C 组合键，将复制所得的心形路径复制一个以备后面使用。单击【工具选项栏】中的【组合】按钮，得到如图 3.44 所示的效果。

图 3.44

图 3.45

（4）单击【路径面板】的菜单按钮，在菜单命令中选择【存储路径】，将路径保存为【路径 1】。在【路径面板】底部单击【将路径作为选区载入】按钮，将所绘制的路径转化为选区。在【工具箱】中将前景色设置为红色，按下 Alt + Delete 组合键，将选区填充为红色，如图 3.45。

(5) 在【路径面板】底部单击【创建新路径】按钮，按下 Ctrl + V 组合键，将步骤 (4) 中复制的路径粘贴到画布中，如图 3.46。

图 3.46

图 3.47

(6) 在【工具箱】中设置前景色为白色，选择【画笔工具】，在【工具选项栏】中设置画笔为【柔角 9 像素】。模式为【正常】，在【路径面板】底部单击【为路径描边】按钮，为路径进行画笔描边，如图 3.47。

小提示： 绘制路径后，单击鼠标右键，在弹出的快捷菜单命令中选择【描边路径】命令，在弹出的【描边路径】调板中设置为路径描边的类型，单击【确定】，即可完成对路径进行各种描边。

(7) 在【路径面板】底部单击【创建新路径】按钮，在【工具箱】中选择【直线工具】，在【工具选项栏】中单击【绘制路径】和【添加到路径区域】按钮，设置粗细为 5px，单击【几何选项】按钮，在弹出的【箭头】调板中，勾选【终点】，宽度为 500%，长度为 1000%，凹度为 20%，单击拖动鼠标绘制直线箭头，如图 3.48。

(8) 取消【钢笔工具】的【箭头】调板的【终点】的选择，再绘制一条直线，如图 3.49。

图 3.48

图 3.49

(9) 在【工具箱】中选择【钢笔工具】，在【工具选项栏】中单击【绘制路径】和【添加到路径区域】按钮，在画布上单击鼠标为箭绘制一个剑柄，如图 3.50。

（10）单击【工具选项栏】中的【组合】按钮，得到整支箭的形状，如图 3. 51。

图 3. 50

图 3. 51

（11）在【工具箱】中将前景色设置为黑色，在【路径面板】底部单击【用前景色填充路径】按钮，将箭填充为黑色，完成本例的制作，如图 3. 52。

图 3. 52

本章小结

本章从路径的概念、各类路径工具的使用方法及对路径的创建和编辑出发，比较全面地介绍了路径的基本知识，讲述了路径工具的操作方法和对路径的编辑以及路径与选区的相互转换，重点解决了路径工具实际操作过程中创建路径和形状图层的应用方法。

补充实训

1. 绘制中国银行的标志，并填充颜色。
2. 绘制上海世博会吉祥物——海宝，并填充颜色。

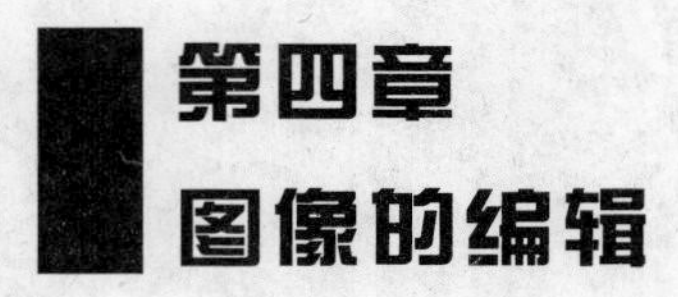

第四章 图像的编辑

实训1　几个辅助工具的实际使用

实训目的与要求

熟悉标尺、附注、抓手、缩放工具的使用，熟悉设置图像和画布大小。

通过本项目的实训与练习，使学生掌握这些基本工具的功能和使用，以便为后面学习 Photoshop 做准备。

实训预备知识

用 Photoshop 制作或处理图像时，都需要预先设置好图幅界限，在工作过程中，还经常把图像放大若干倍来观察或精确修改，这些工作往往都离不开设置图像和画布大小，离不开标尺、附注、抓手、缩放等工具，下面就对这些工具进行分别介绍。

1. 设置图像大小

设置图像大小，必需要在打开或新建有当前文件的前提下才能进行。要修改图像大小，单击【图像】菜单，选择【图像大小】命令，或者执行 Ctrl + Alt + I 组合命令，打开图像大小对话框，如图 4. 1 所示。

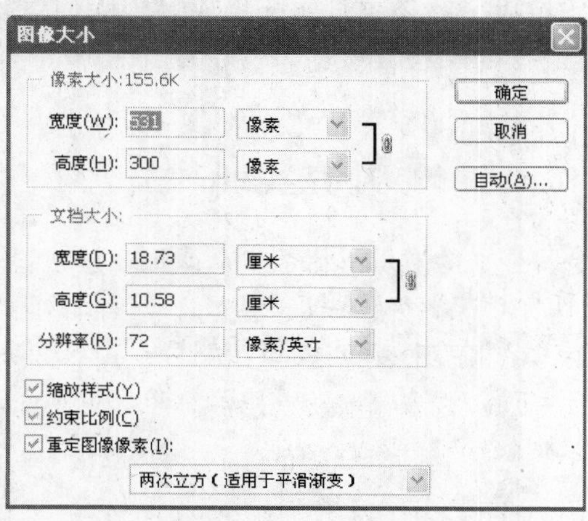

图 4. 1　【图像大小】命令对话框

在图像大小对话框中，先设置好单位，然后通过修改像素大小或文档大小中的宽度、高度来重新设置原图的大小，若需要改变分辨率时可以在分辨率参数框中按需输入设置。

这里，有几个选项的功能和操作如下：

(1)【缩放样式】：图像中的样式是否随着被同步缩放。

(2)【约束比例】：图像在长宽两个方向上按 1：1 等比例放大。

(3)【重定图像像素】：对经缩放处理后的图像像素进行重新定位。

2. 设置画布大小

设置画布大小同样需要在打开或新建有当前文件的前提下才能进行。要改变画布大小，单击【图像】菜单，选择【画布大小】命令，或者执行 Ctrl + Alt + C 组合命令，打开画布大小对话框，如图 4. 2 所示。

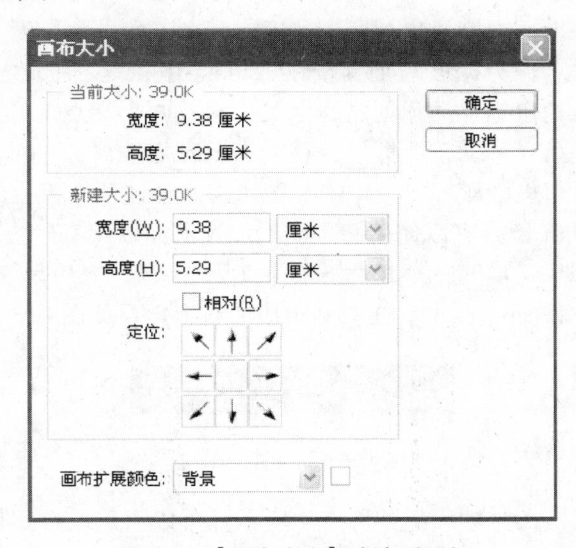

图 4. 2　【画布大小】命令对话框

在新建大小框中，先根据需要设置好单位，一般情况下，可以使用默认设置，不用修改。然后再修改宽度和高度参数。在定位选项中各项的含义为：

↖：修改画布大小后，原来的图像重新定位在修改后画布的左上角。

←：修改画布大小后，原来的图像重新定位在修改后画布的左侧，同时上下居中。

↙：修改画布大小后，原来的图像重新定位在修改后画布的左下角。

↑：修改画布大小后，原来的图像重新定位在修改后画布的上方，并且水平居中。

□：系统默认值，修改画布大小后，原来的图像重新定位在修改后画布的正中。

↓：修改画布大小后，原来的图像重新定位在修改后画布的下方，并且水平居中。

↗：修改画布大小后，原来的图像重新定位在修改后画布的右上角。

→：修改画布大小后，原来的图像重新定位在修改后画布的右侧，同时上下居中。

↘：修改画布大小后，原来的图像重新定位在修改后画布的右下角。

另外，扩展画布大小后，产生的空白处的颜色由 画布扩展颜色: 背景 □设置。

3. 标尺

Photoshop 中，有图像文档窗口标尺和工具箱中的标尺两种。

（1）图像文档窗口标尺

有时候需要用标尺来辅助制图，比如查看局部区域的大小、使用参考线等。要使用标尺，首先需要执行【视图】菜单下【标尺】命令，或者执行 Ctrl + R 组合命令，显示出标尺，若要隐藏标尺，只需再次执行【视图】菜单下【标尺】命令即可。显示出标尺后，将鼠标指针悬停在标尺上，然后按住左键不放向图像窗口拖动，即可创建一条参考线，每拖动一次就创建一条参考线，从水平标尺上拖动创建水平方向参考线，从垂直标尺上拖动创建垂直方向参考线。在工具箱中取移动工具，移动到参考线上，待鼠标指针变为形如的双箭头指向时，按住左键拖动可以移动参考线的位置，拖离窗口即可删除参考线。在标尺上单击鼠标右键，在弹出的快捷菜单中选择相应单位即可改变标尺的单位。

（2）工具箱中的标尺

作用：它可以帮助用户度量出坐标、宽度、高度、角度和长度。

在工具箱中单击名称为标尺的工具按钮即可使用标尺工具，之后单击并拖动就可以创建标尺，然后再把鼠标移动到创建的标尺中间或两个端点上，指针会变形为形状，在中间时拖动鼠标，可以移动整个标尺，在端点上时拖动鼠标，可以移动标尺的端点。切换为其他工具时，可以隐藏标尺，单击如图 4.4 所示选项面板上的 清除 按钮，可以清除标尺。配合 shift 键，可以使用标尺的附加选项如以 45°角为等差创建标尺。

借助文档窗口标尺，填充一个长为 8cm 的矩形区域，之后单击标尺工具，在矩形的左上角单击，并按住 shift 键水平拖动到矩形的右上角，如图 4.3 所示。

图 4.3　测量矩形长度

此时标尺工具对应的选项面板如图 4.4 所示。可以清楚地看到长度为 8cm。

图 4.4　标尺工具对应的选项面板

4. 附注

作用：附注工具就是把一些说明性的文本信息存储在图像文件中，起备注作用。

单击工具箱中的附注工具按钮，然后移动鼠标到文档窗口，此时鼠标会变形为图标，在需要标注的地方单击，会产生一个附注图标，同时系统会自动打开附注悬浮窗等待用户键入附注信息。若将鼠标移动到该图标上方待其变形为箭头时，可以按住鼠标左键不放拖动图标到适合的位置。单击附注工具后，附注工具的选项面板如图 4.5 所示。

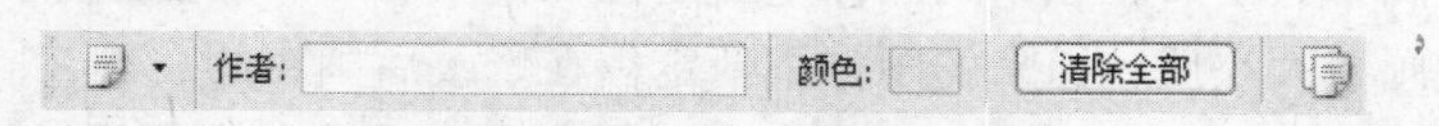

图 4.5　附注工具的选项面板

面板中各项的功能如下：

：单击可以打开该工具的预设选取器。

作者：：批注作者的姓名。

颜色：：批注的颜色。

清除全部：清除文档中的所有批注。

：显示或隐藏批注面板。

5. 缩放

作用：将打开的图像放大或缩小显示，便于用户观察图像的细节。

单击工具箱中的缩放工具按钮后，鼠标的形状有如下两种：

：此时单击，图像将会放大显示。

：此时单击，图像将会缩小显示。

这两种鼠标形状可以在缩放工具的选项面板上进行切换，当为放大按钮时，按住 Alt 键不放单击，将会缩小图像。要实现图像的缩放操作，还可以：

（1）【视图】菜单下单击【放大】或【缩小】命令。

（2）Ctrl + + 或 Ctrl + - 实现放大或缩小。

（3）【窗口】菜单下选择【导航器】命令，打开导航器面板，拖动面板上的缩放滑块或在面板左下角的参数输入框中输入参数也可以实现图像的缩放。参数范围为 0.67% ~3200%。

（4）直接在图像文档窗口左下角的参数输入框中输入参数实现图像的缩放。

6. 抓手

作用：图像被放大以后，窗口中不能完整显示出原始图像，此时使用抓手工具可以查看图像的各个部分。

单击工具箱中的抓手工具按钮，在放大后的图像窗口中按住左键不放拖动鼠标，即可查看图像。在使用其他工具时，随时按住空格键不放，然后再在图像窗口中按住左键不放拖动鼠标，也可以实现抓手工具的查看图像功能。

实训步骤

（1）打开 4 章实训 1. jpg 文件。

（2）使用放大工具将图像放大到原始图像的 200% 倍，再用抓手工具观察图像中五个环的交叠部分是否完好。如图 4. 6 所示。

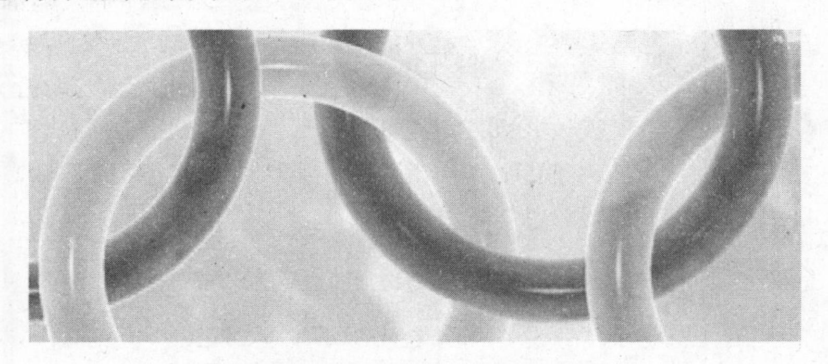

图 4. 6　观察图像中五个环的交叠部分是否完好

（3）恢复图像为 66% 的缩放比例显示，然后单击【图像】菜单下【画布大小】命令，在打开的对话框中进行如图 4.7 所示设置，将原图的宽度、高度分别增加 2 英寸。

（4）单击工具箱中的标尺工具，测量图像增加的边缘距离（这里测量的是图像上方至文件窗口边缘的距离），如图 4.8 所示。

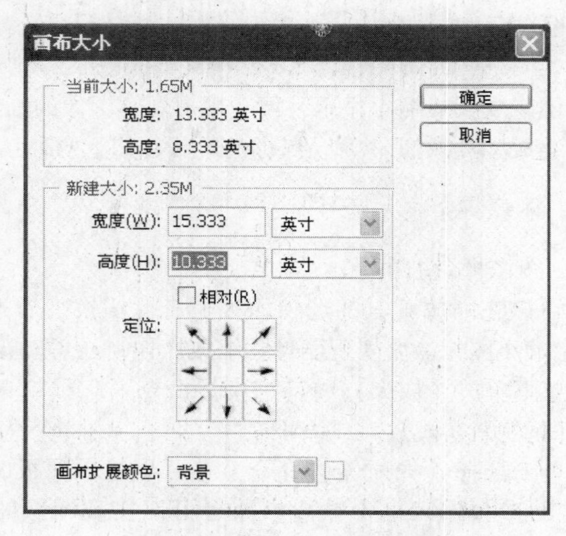

图 4.7 【画布大小】命令设置

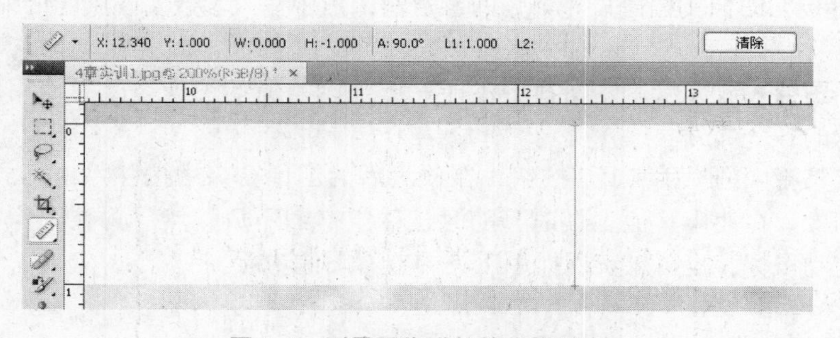

图 4.8 测量图像增加的边缘距离

（5）用附注工具对增加的边距进行批注，内容为“增加边距 1 英寸”。如图 4.9 所示。

图 4.9 用附注工具对增加的边距进行注释

实训2　创建装裱画

实训目的与要求

制作一幅装裱画。

通过本实训使学生掌握并熟悉裁剪及裁切图像、移动、剪切、复制、删除图像、图像变换和旋转图像操作，为以后在实际工作中能够基本独立运用这些技术解决实际问题打下基础。

实训预备知识

使用Photoshop编辑图像时，往往需要对原始图像进行裁剪与大小调整，很多时候还需要对整个图像或图像的某些部分进行移动、剪切、复制、删除、变换和旋转等，这些操作可能发生在图像画面本身上，也可能在某一个通道、图层或某一个通道、图层的某一个局部，结合Photoshop的色彩校正、滤镜技术，Photoshop将会为用户提供强大的图形图像制作与处理功能。下面就对这些图像编辑工具进行分别介绍。

1. 裁剪图像

裁剪工具可以将图像中用户认为不需要的图像部分剪裁掉，保留用户认为有用的部分。它可以按照预设尺寸剪裁，也可以自定义尺寸任意剪裁。在工具箱中单击裁剪工具按钮后，裁剪工具的选项面板如下图4.10所示。

图4.10　裁剪工具的选项面板

面板上从左至右各项的名称和功能如下：

：工具预设，单击右侧向下的小三角形按钮，可以打开如图4.11所示的剪裁工具预设尺寸窗口。

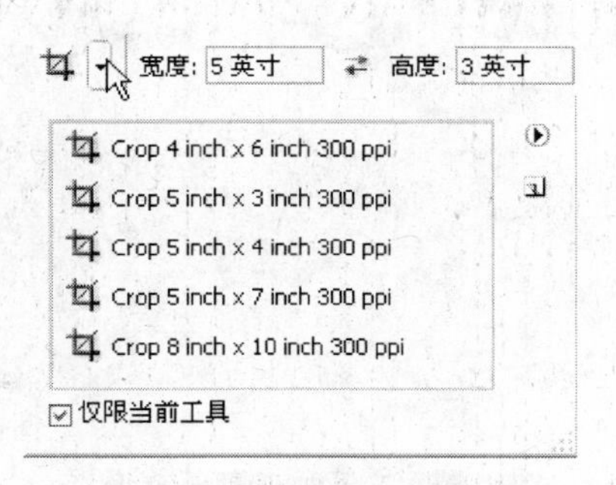

图4.11　剪裁工具预设尺寸

单击图4.11窗口右上角的向右小三角形按钮，将打开面板菜单，还可以进行更多的操作。

裁剪工具选项面板上接下来的项目依次是设置剪裁宽度、高度、分辨率及其单位等。

下面举一个实例看看剪裁工具的实际使用，首先打开“4 章剪裁用图片 . jpg” 文件，如图 4. 12 所示。

图 4. 12　4 章剪裁用图片

然后单击工具箱中裁剪工具按钮后，单击按钮清除工具预设以便以任意尺寸剪裁图像，在图像中拖动鼠标设置剪裁框的大小，将鼠标指针放置在剪裁框的 8 个控制方块上，可以任意改变剪裁框的尺寸大小，配合 Alt 键可以对称调整，将鼠标置于剪裁框内，待鼠标变为 清除 图标时，拖动鼠标可以移动剪裁框到合适位置。剪裁框内的图像将被保留，剪裁框外的图像将被剪掉。本实例的剪裁框设置如图 4. 13 所示。

图 4. 13　本实例的剪裁框设置

在剪裁框内双击鼠标左键或敲回车键后，图像剪裁效果如图 4. 14 所示。

2. 移动、剪切、复制与删除图像

在用 Photoshop 编辑图像时，往往都会对图像进行移动、剪切、复制与删除，它们

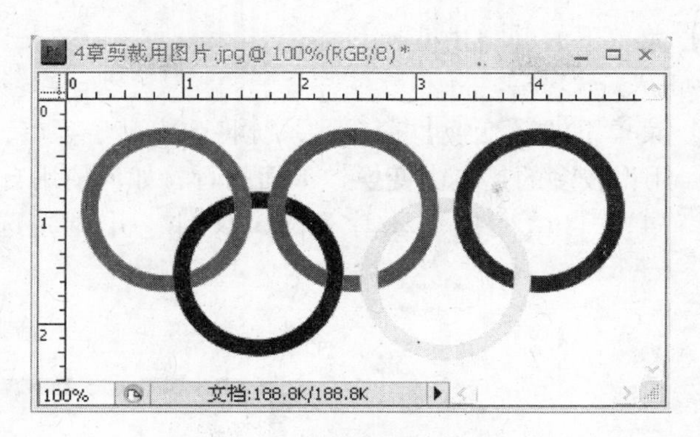

图 4.14　图像剪裁效果

的含义与功能同其他应用软件中的移动、剪切、复制与删除类似，此处不再讲解。下面就分别介绍这些操作。

（1）移动。要移动图像或图像的某一部分，首先需要选择图像或图像的某一部分，然后可以有下面几种方法来实现。

●使用工具箱中的移动工具 ，快捷键为 V。

●按住 Ctrl 键不放，将鼠标放在选择区内拖动。

当然，要实现移动操作还有一些其他方法，在此不再介绍。

（2）剪切。要剪切图像，首先需要选择要剪切的图像部分，然后可以有下面几种方法来实现。

●单击【编辑】菜单下的【剪切】命令。

●快捷键 Ctrl + X。

（3）复制。复制往往和粘贴配合使用。对于复制的图像数据，同剪切一样，系统将它暂存在剪贴板中，粘贴可以在同一个文件中进行，也可以在不同文件窗口中进行。实现复制操作有以下方法：

●单击【编辑】菜单下的【拷贝】命令。

●快捷键 Ctrl + C。

●按住 Ctrl + Alt 键不放拖动鼠标。

将复制到剪贴板的数据粘贴到其他地方，有这样一些方法：

●单击【编辑】菜单下的【粘贴】命令。

●快捷键 Ctrl + V。

（4）删除。对于不需要的图像，用删除命令将它们删除，有以下方法：

●单击【编辑】菜单下的【清除】命令。

●Delete 删除键。

其实，要实现移动、剪切、复制与删除操作的方法很多，在后面的学习中，将会陆续讲到，这里不再叙述。

3. 图像变换和旋转图像

该功能能够使图像进行缩放、旋转、斜切、扭曲、透视、变形、翻转等操作。Photoshop 中的图像变换有自由变换和单一功能变换两种。以下方法可以执行图像变换命令：

●单击【编辑】菜单下的【自由变换】命令。

●快捷键 Ctrl + T。

●单击【编辑】菜单下的【变换】命令，系统将弹出其子菜单，如图 4.15 所示。

在变换操作中，用得较多的是自由变换，下面就看看如何使用自由变换。

（1）首先打开“4 章自由变换用图片 .jpg”文件，并建立选择区，如图 4.16 所示。

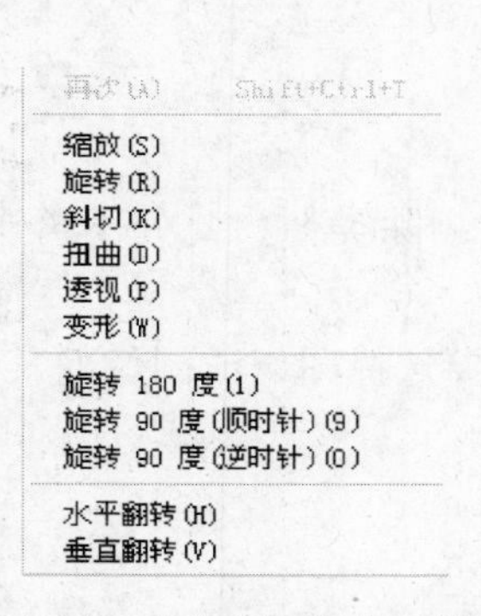

图 4.15 【变换】命令子菜单

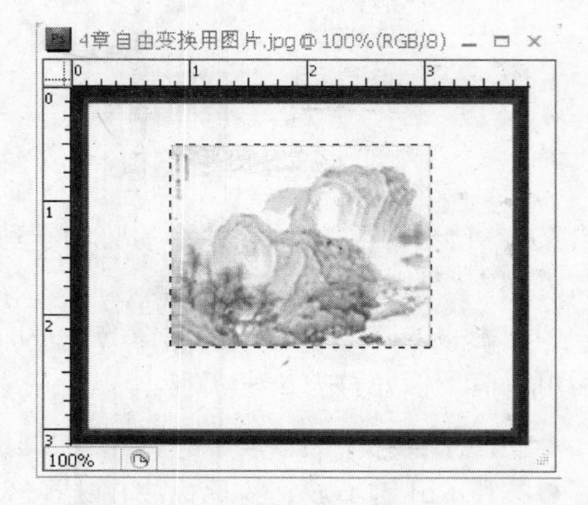

图 4.16 打开“4 章自由变换用图片 .jpg”文件

（2）按 Ctrl + T 组合键，执行自由变换命令，如图 4.17 所示。

（3）把鼠标放在选择区内，待它变形为▶图标时，按住鼠标左键不放拖动鼠标，可以移动图像。

（4）把鼠标指针放在 8 个控制块的任一个上，待它变形为↔、↕、⤢或⤡图标时，按住鼠标左键不放拖动鼠标，可以调整图像大小，如图 4.18 所示。

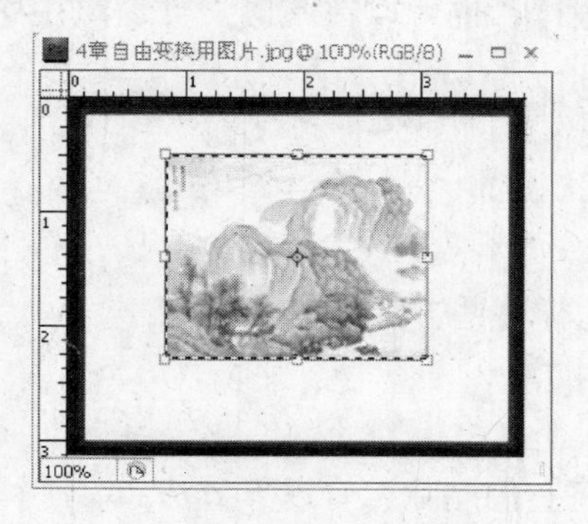

图 4.17 执行自由变换

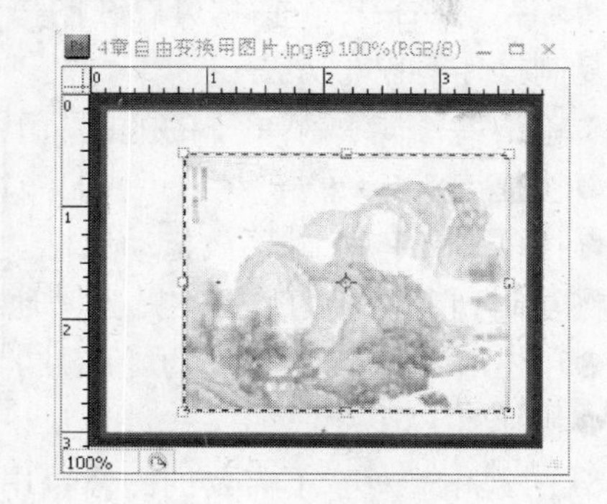

图 4.18 调整图像大小

（5）若是配合键盘上的 Alt、Shift、Ctrl 键，还可以完成一些特定的操作：

●Alt：对称变化。

●Shift：在 4 条边的中点上单方向缩放，在 4 个顶点上按 1∶1 缩放。

●Ctrl：在 4 条边的中点上斜切变换，如图 4.19 所示，在 4 个顶点上任意变换，如图 4.20 所示。

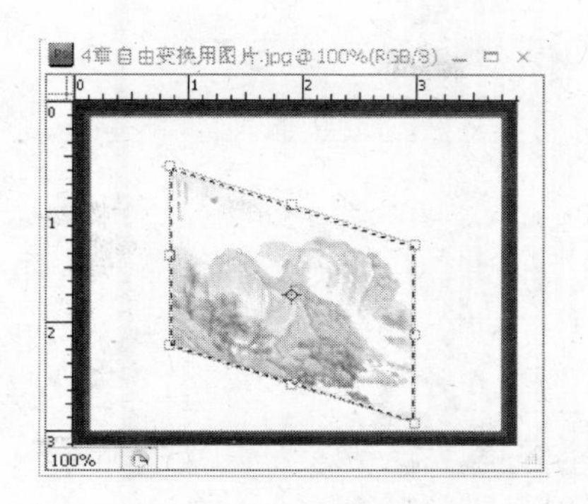

图 4.19　中点上斜切变换

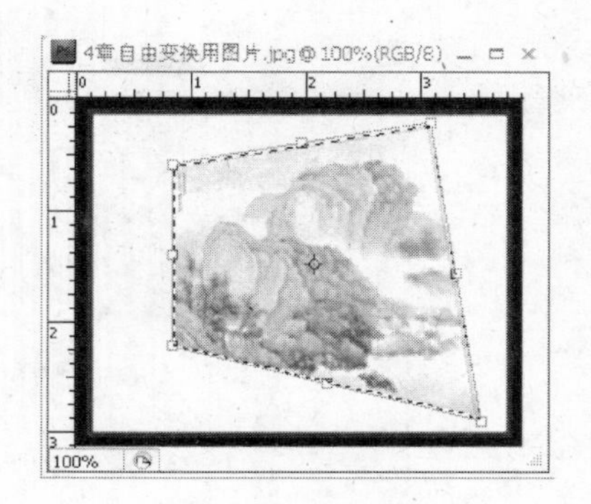

图 4.20　顶点上任意变换

●Alt + Shift：以中点为中心等比例缩放。

●Ctrl + Alt：以中点为中心对称斜切变换。

●Ctrl + Shift：单一斜切变换。

●Ctrl + Alt + Shift：把 4 个顶点在某一条边上，以中点为中心对称变换。如图 4.21 所示。

（6）把鼠标指针放在 4 个顶点上，待它变形为、、、图标时，按住鼠标左键不放拖动鼠标，可以旋转图像，如图 4.22 所示。

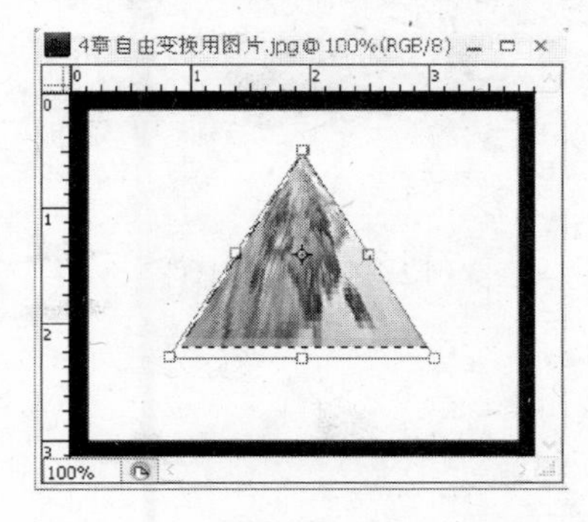

图 4.21　以中点为中心对称变换

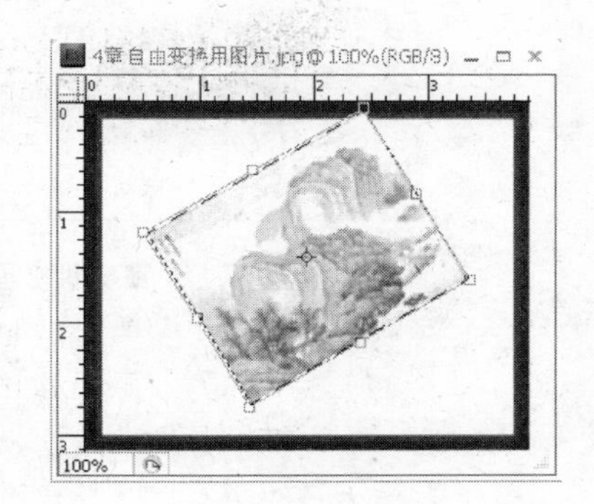

图 4.22　旋转图像

实训步骤

（1）打开“4 章实训 2 画框 . jpg”和“4 章实训 2 画 . jpg”文件。如图 4.23 所示。

（2）单击工具箱中标尺工具，分别测量画框中空白部分的宽度大约为 1.35 英寸，高度大约为 5.15 英寸（1 英寸 =2.54 厘米）。

（3）单击工具箱中剪裁工具，单击清除按钮，清除以前的设置。

（4）按照如图 4.24 所示设置剪裁工具。

（5）使用剪裁工具在“4 章实训 2 画 . jpg”中剪裁图像，剪裁框的大小和位置如图 4.25 所示。然后在框内双击鼠标左键，完成素材剪裁。

（6）单击工具箱中的移动工具，在“4 章实训 2 画 . jpg”中单击，然后按住鼠标左键不放拖动鼠标到“4 章实训 2 画框 . jpg”窗口中，鼠标会变形为图标，将第（5）步剪裁的素材复制到“4 章实训 2 画框 . jpg”中，用移动工具调整其位置，必要

图 4.23　打开“4 章实训 2 画框 . jpg”和“4 章实训 2 画 . jpg”文件

图 4.24　设置剪裁工具

时可以用键盘上 4 个方向键微调至如图 4. 26 所示效果。

（7）按快捷键 Ctrl + T，再按住键盘上 Alt + Shift 键不放，将鼠标指针移动到变形框的右上角控制块上，按住鼠标左键不放，以中点为变换中心进行 1∶ 1 等比例缩小至如图 4. 27 所示。

（8）回车或在变形框内双击鼠标左键完成变形操作，最终效果如图 4. 28 所示。

图 4. 25　剪裁图像

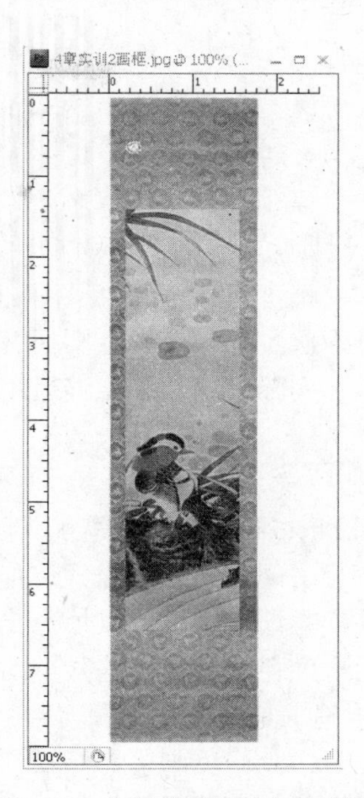

图 4. 26　复制剪裁的素材到画框

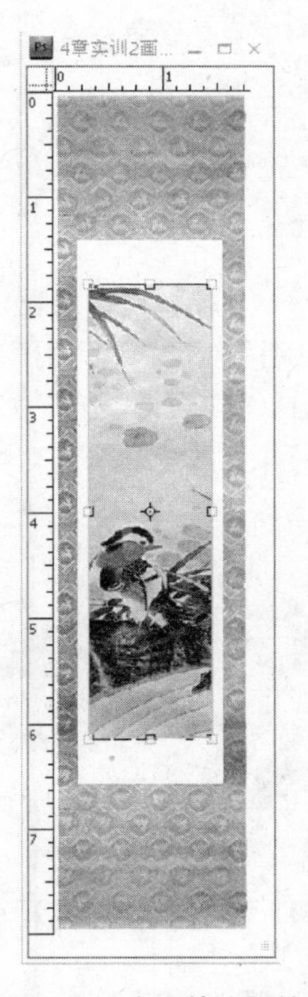

图 4. 27　以中心等比例缩小

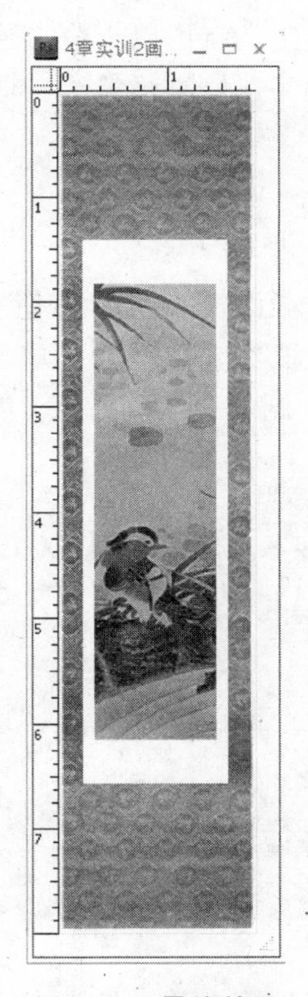

图 4. 28　最终效果

实训3　制作房间一角

实训目的与要求

制作一幅房间一角的效果图。

通过本次实训，使学生掌握并熟悉画笔工具、渐变工具和油漆桶工具的基本设置与使用。在实际应用中，能够运用这些工具进行绘图和填充工作。

实训预备知识

使用 Photoshop 中的画笔工具可以像生活中的毛笔一样写字或徒手绘画，通过调整画笔的直径、硬度和预设样式，能够绘制出十分丰富的各种图案。渐变工具同油漆桶工具不一样，渐变工具可以填充出过渡十分自然的各种渐变填色效果，而油漆桶填充的则是标准纯色或图案。这几个工具在 Photoshop 中使用比较频繁，应该认真掌握。

1. 画笔工具

画笔有污点修复画笔、修复画笔、画笔、历史记录画笔、历史记录艺术画笔几种。下面主要介绍前 3 种画笔工具。

（1）污点修复画笔。图像中有时候会出现一些污点，很是影响作品效果，使用污点修复画笔工具就可以十分方便地修复受损画面。要使用污点修复画笔，只需要单击工具箱中的污点修复画笔工具按钮。其选项面板如图 4. 29 所示。

图 4. 29　污点修复画笔选项面板

单击选项面板上的按钮右侧的小三角形按钮，打开【画笔】选取器，如图 4. 30 所示。在选取器上可以为画笔设置修复直径、硬度、间距等参数。下面图像中，如图 4. 31 所示。画面有几个污点，看看使用污点修复画笔工具怎样去修复它。

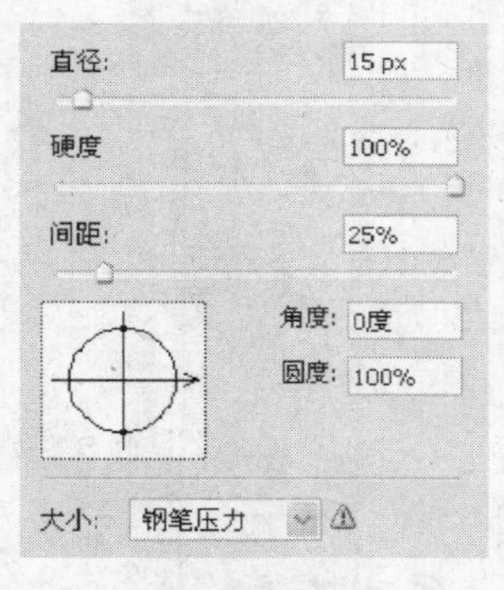

图 4. 30　【画笔】选取器

图 4. 31　画面有几个黑点

单击工具箱中的污点修复画笔工具按钮，设置直径为 12px，移动鼠标到画面中，圈住右下角最小一个污点，然后按住鼠标左键不放拖动鼠标，污点即可修复。如

图4.32所示。按照类似方法，修改直径参数大小到能够圈住污点即可，修复掉画面上所有污点，如图4.33所示。

图4.32　修复右下角污点

图4.33　修复掉画面上所有污点

（2）修复画笔。工具箱中的修复画笔工具有些类似仿制图章工具，它需要图像修复源数据来修复受损图像，在使用修复画笔修复图像时，需要先定义用来修复图像的源点，否则系统将会弹出如图4.34所示的警示框。按住Alt键不放，在图像中适当的位置单击鼠标左键，定义图像修复源点，然后松开Alt键，根据在【画笔】选取器中设置的直径和其他参数，在受损图像上单击鼠标或按住鼠标左键不放在损坏的图像上拖动鼠标即可，修复画笔工具在修复受损图像时的外观如图4.35所示。

图4.34　提示定义用来修复图像的源点

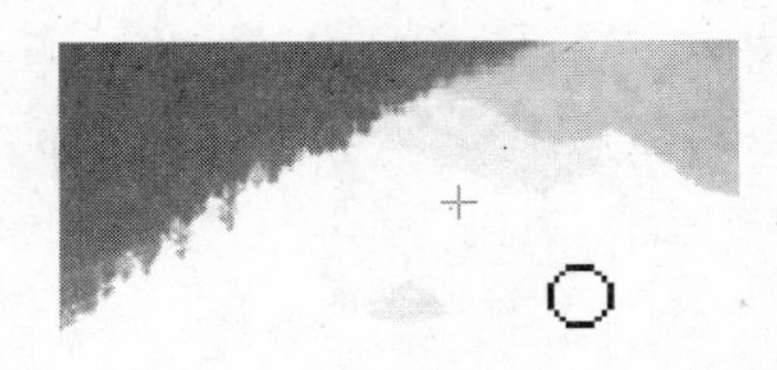

图4.35　修复画笔工具修复受损图像

（3）画笔。画笔工具同前面的污点修复画笔、修复画笔不同，画笔工具主要是用于创作和绘图用的。单击工具箱中的画笔工具按钮可以使用画笔工具，其选项面板如图4.36所示。

图4.36　画笔工具选项面板

单击选项面板【画笔】右侧的下三角形按钮，即可打开【画笔预设】选取器，如图4.37所示。在选取器上，可以设置画笔的主直径、硬度、预设画笔样式，也可以新建、重命名、删除、复位、载入、存储、替换画笔，还可以对预设进行管理。

使用画笔工具时，先单击工具箱中的画笔工具按钮，然后再【画笔预设】选取器上选择适合的画笔，设置好参数以后就可以直接使用了。

2. 渐变工具

渐变工具能将多种颜色进行较为自然的过渡填充。单击工具箱中的渐变工具按钮，即可使用渐变工具，渐变工具的选项面板如图4.38所示。

选项面板上一些主要功能按钮介绍如下：

：单击右侧的下三角形按钮，可以打开【渐变】拾色器，如图4.39所示。

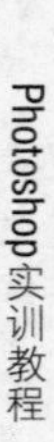

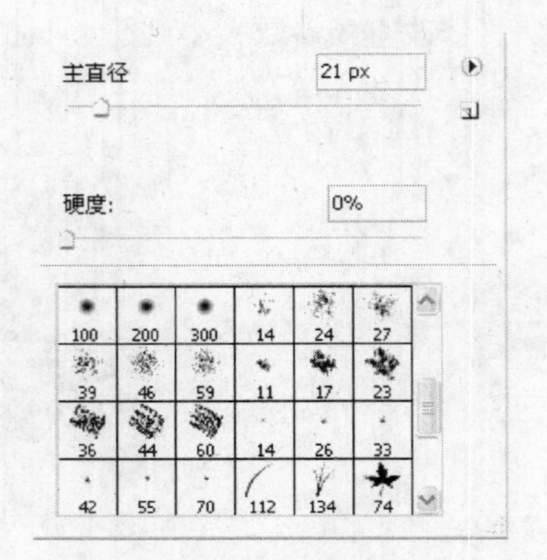

图 4.37 【画笔预设】选取器

图 4.38 渐变工具选项面板

如果单击图 4.39 所示【渐变】拾色器右上角的小三角形按钮，则会打开如图 4.40 所示的面板菜单。在这里可以进行新建、复位、载入、存储和替换渐变等操作。

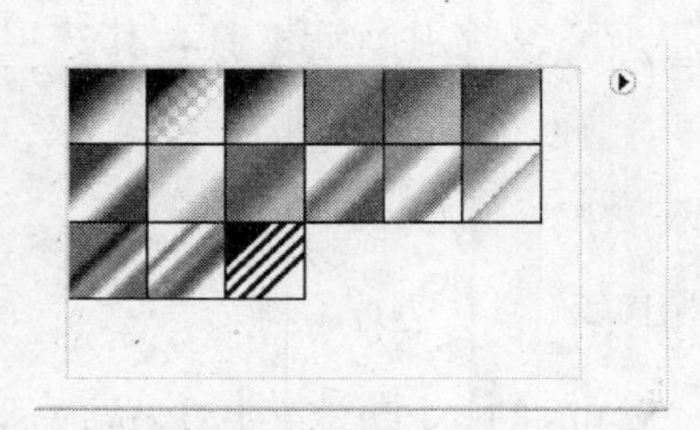

图 4.39 【渐变】拾色器

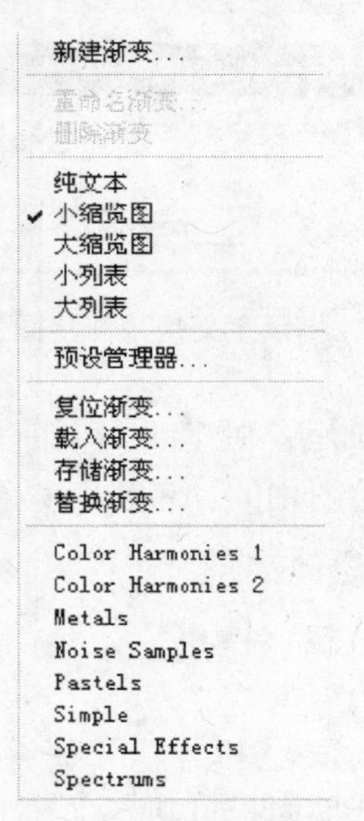

图 4.40 面板菜单

如果直接单击按钮，Photoshop 将打开【渐变编辑器】，如图 4.41 所示，在【渐变编辑器】中可以新建渐变，将已经定义好的渐变存储，或者载入已经存储的渐变，还可以对渐变的颜色进行增加、删除、调整位置、设置渐变中的某种具体颜色等。将鼠标指针移到【渐变编辑器】上的色带上，当鼠标变形为形状时，如图 4.42 所示，单击鼠标左键即可增加一个色标，双击色标图标或单击【色标】容器中的颜色块，即可为当前色标指定颜色。如果要把某一个多余的色标删除，只需把鼠标指针移动到这个色标上，然后按住鼠标左键不放把这个色标拖离色带即可。

图 4.41　渐变编辑器

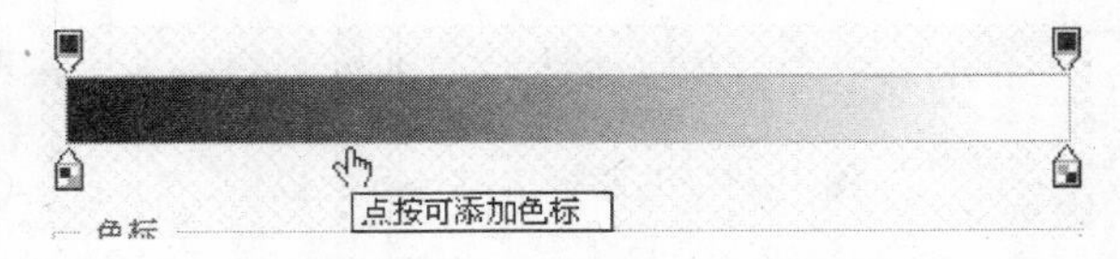

图 4.42　增加色标

：线性渐变，产生直线方向的过渡渐变效果。如图 4.43 所示。

：径向渐变，产生类似同心圆的过渡渐变效果。如图 4.44 所示。

图 4.43　线性渐变效果

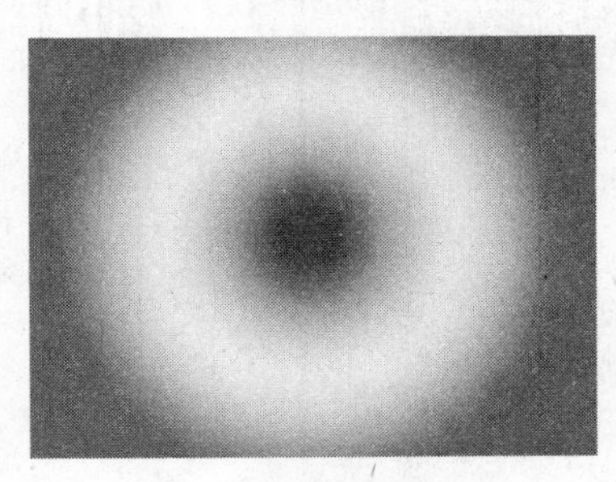

图 4.44　径向渐变效果

：角度渐变，产生有一定角度的过渡渐变效果。如图 4.45 所示。

：对称渐变，产生具有对称效果的过渡渐变效果。如图 4.46 所示。

图 4.45　角度渐变效果

图 4.46　对称渐变效果

：菱形渐变，产生具有菱形形状的过渡渐变效果。如图 4.47 所示。

图 4.47　菱形渐变效果

3. 油漆桶工具

油漆桶工具填充的是系统前景颜色或图案。单击工具箱中的油漆桶工具按钮，即可使用油漆桶工具，油漆桶工具的选项面板如图 4.48 所示。

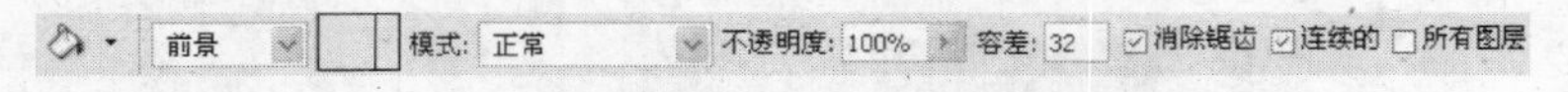

图 4.48　油漆桶工具选项面板

面板上几个主要选项介绍如下：

前景：设置填充区域的源。如果选择【前景】，填充的就是系统前景颜色；如果选择【图案】，则紧随其后的【图案拾色器】被激活可以使用，单击它右侧的下三角形按钮，打开如图 4.49 所示的面板，在这里可以选择合适的图案进行填充。如果单击面板右上角的三角形按钮，打开如图 4.50 所示的面板菜单。

图 4.49　拾色器面板

图 4.50　拾色器面板菜单

模式: 正常：色彩合成模式。

不透明度: 100%：填充效果的不透明度。

容差: 32 ：色彩误差。

实训步骤

（1）新建一个图像文件，命名为“4 章房间一角”，新建对话框设置如图 4.51 所示，设置好后单击【确定】按钮，然后敲“F7”功能键，打开图层面板，单击面板底部的【创建新图层】命令按钮创建一个新图层“图层 1”。

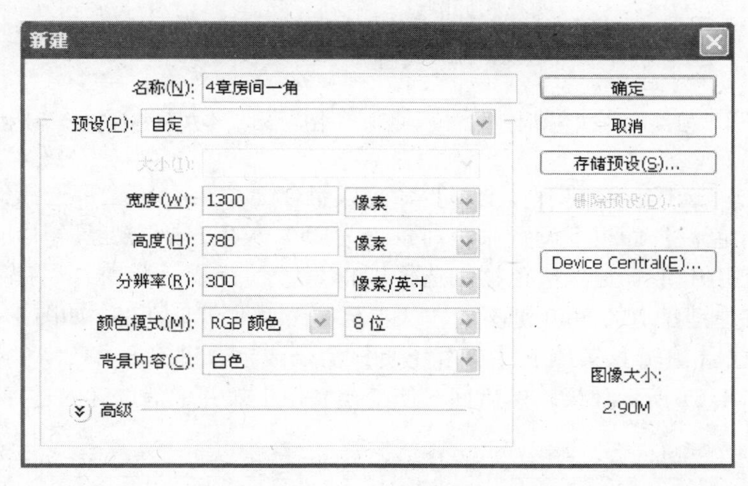

图 4.51　新建文件

（2）单击【视图】菜单下【显示】命令，然后选择【网格】子命令。打开网格显示。

（3）单击工具箱单行按钮，按住键盘上 Shift 键，在每一条水平网格线上逐一单击。如图 4.52 所示。

（4）单击工具箱单行按钮，按住键盘上 Shift 键，在每一条竖直网格线上逐一单击。如图 4.53 所示。

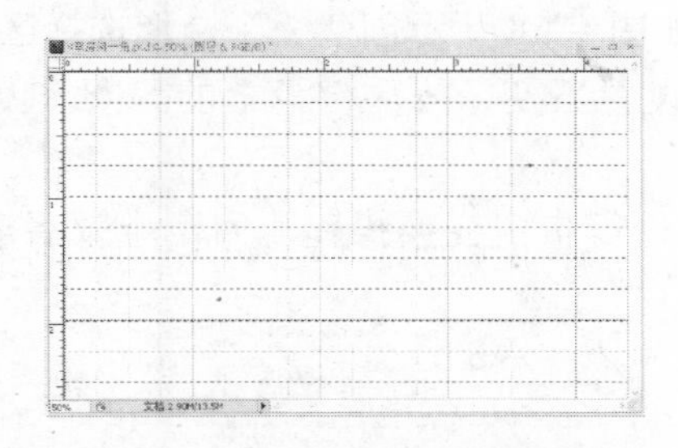

图 4.52　创建多个水平单行选择区

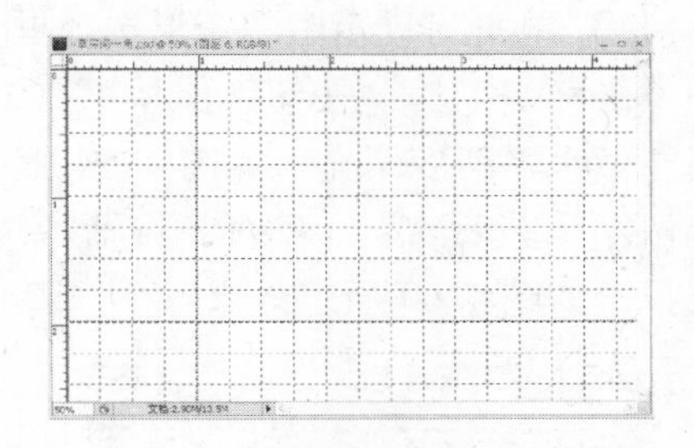

图 4.53　创建多个竖直单行选择区

（5）在【色板】上设置前景色为 40% 灰色，填充前景色，取消选择，再次单击【视图】菜单下【显示】命令，然后选择【网格】子命令，隐藏网格显示。效果如图 4.54 所示。

（6）单击【编辑】菜单下【自由变换】命令或组合键 Ctrl + T，将灰色格线变换为如图 4.55 所示类似地板格线效果。

（7）单击图层面板上“图层 1”前面的【指示图层可见性】按钮，关闭地板格线的显示。然后再次单击图层面板底部的【创建新图层】命令按钮再创建一个新图层——“图层 2”。

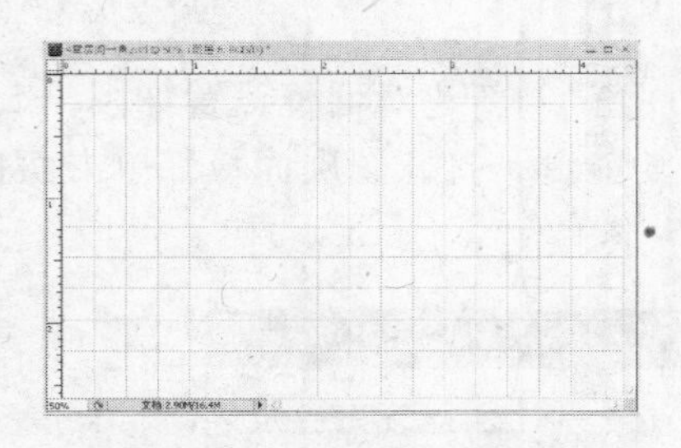

图 4.54　创建 40% 灰色格线

图 4.55　将灰色格线变换为地板格线效果

（8）单击【选择】菜单下【全部】命令或组合键 Ctrl + A，全部选择整个画面。

（9）在【色板】面板上设置系统前景色为 25% 灰色，单击工具箱中渐变工具，在选项面板上打开【渐变】拾色器，选择“前景色到背景色渐变”，将渐变类型设为线性渐变，按住键盘上的 Shift 键不放，从左至右做水平渐变填充。如图 4.56 所示。

（10）单击【编辑】菜单下【自由变换】命令或组合键 Ctrl + T，将渐变填充的选区变形为如图 4.57 所示效果。然后回车使变换操作生效并取消选区的选择。

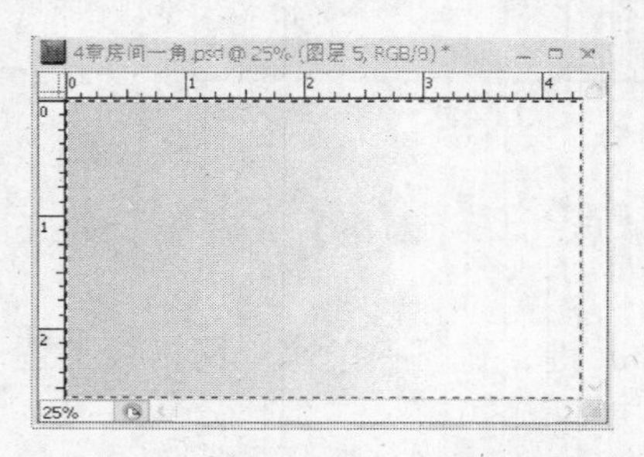

图 4.56　从左至右水平渐变填充

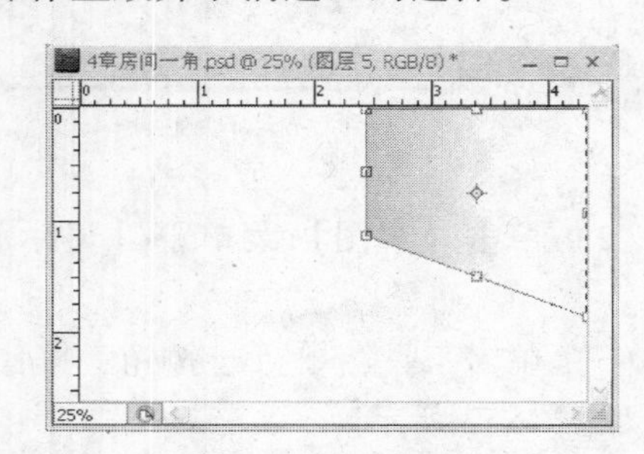

图 4.57　自由变换

（11）单击工具箱中的矩形选择框按钮，如图 4.58 所示创建一个矩形选择区。

单击渐变工具按钮，保持第（3）步骤的设置不变，按住键盘上的 Shift 键，从右至左做水平渐变填充。如图 4.59 所示。

（12）敲组合键 Ctrl + T，将渐变填充的选区进行自由变换操作，回车生效后取消其选择，如图 4.60 所示效果。

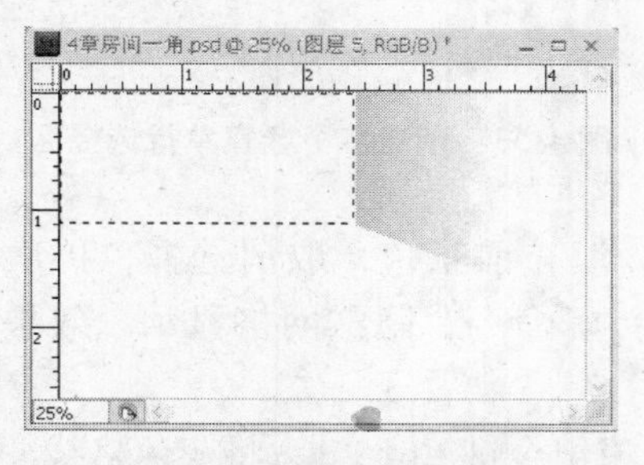

图 4.58　创建矩形选择区

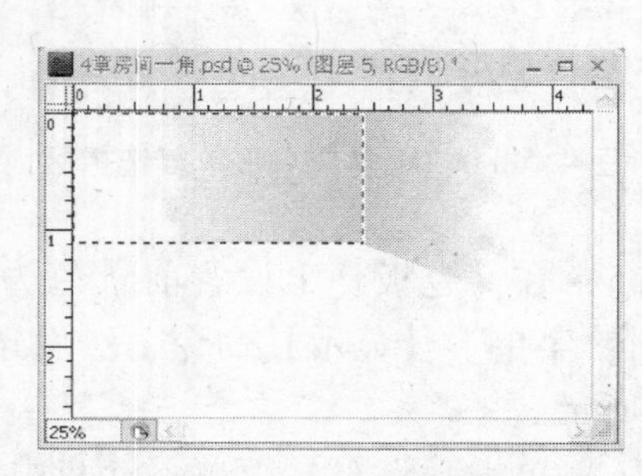

图 4.59　从右至左水平渐变填充

（13）单击图层面板上“图层1”前面的【指示图层可见性】 按钮，恢复图标的显示，重新让地板格线显示。如图4.61所示。

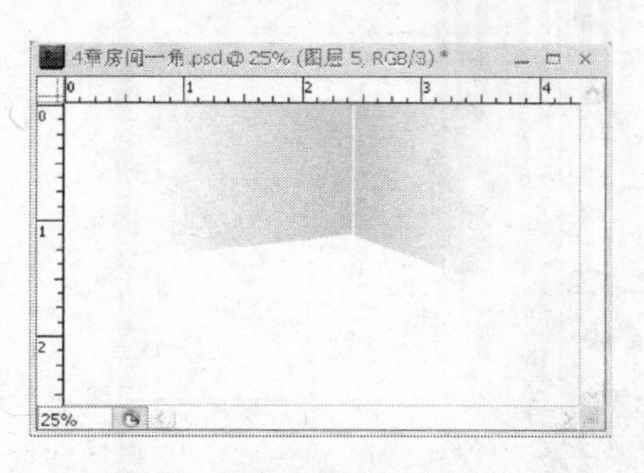

图4.60　自由变换后的效果

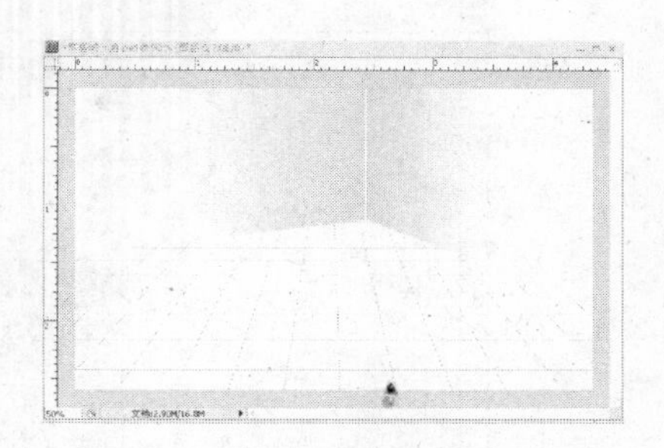

图4.61　显示地板格线

（14）房间一角场景制作至此结束，下面我们接着来为这个场景制作一个长方体状的盒子放在地上的效果。第三次单击图层面板底部的【创建新图层】命令按钮创建一个新图层“图层3”。

（15）使用矩形选择框工具，创建一个矩形选择区，设置前景色为R = 248，G = 148，B = 29，填充该矩形选择区。如图4.62所示。

（16）按Ctrl + T组合键，然后按住键盘上Ctrl键，拖动矩形右边中间控制块，把矩形变型为如图4.63所示形状时回车并取消选择。

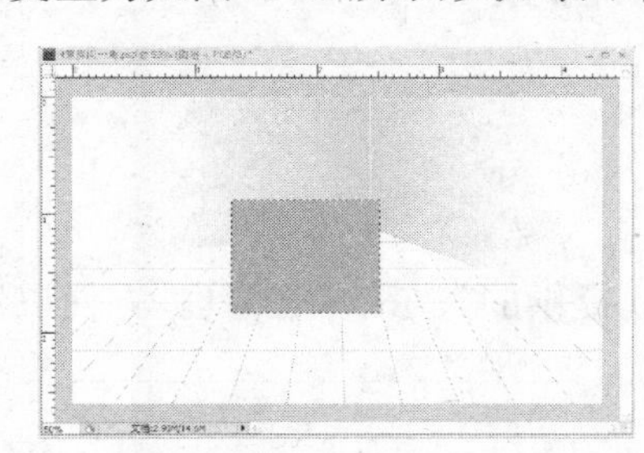

图4.62　填充矩形选择区

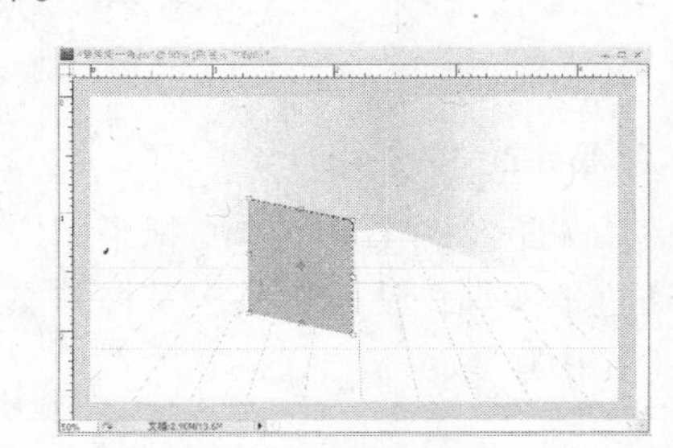

图4.63　自由变换矩形选择区

（17）继续创建矩形选择区，填充颜色为R = 244，G = 9，B = 9，然后自由变换为如图4.64所示形状时回车并取消选择，完成长方体右边立面的制作。

（18）继续创建矩形选择区，位置一定不能和前面两个立面重叠，填充颜色为R = 249，G = 96，B = 101，进行自由变换操作，配合键盘上Ctrl键，把矩形变换为如图4.65所示形状时回车并取消选择，完成长方体上面的制作。

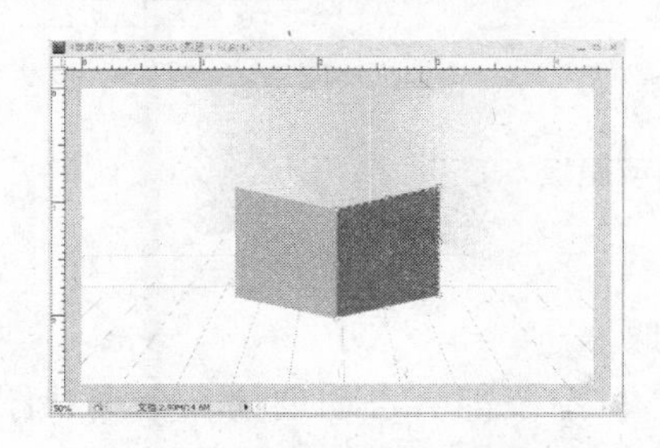

图4.64　长方体右边立面的制作

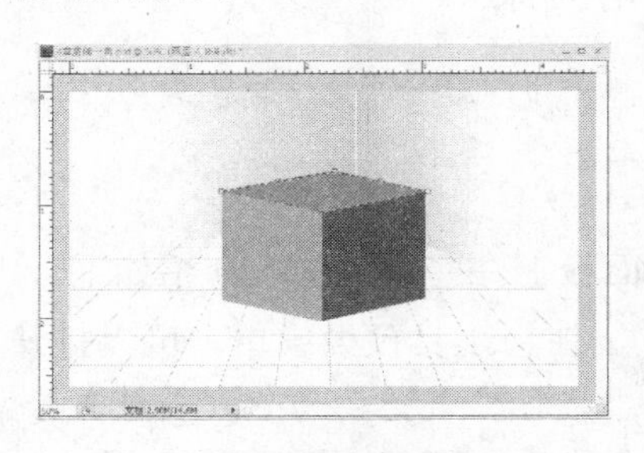

图4.65　长方体上面的制作

(19) 最终效果如图 4. 66 所示。

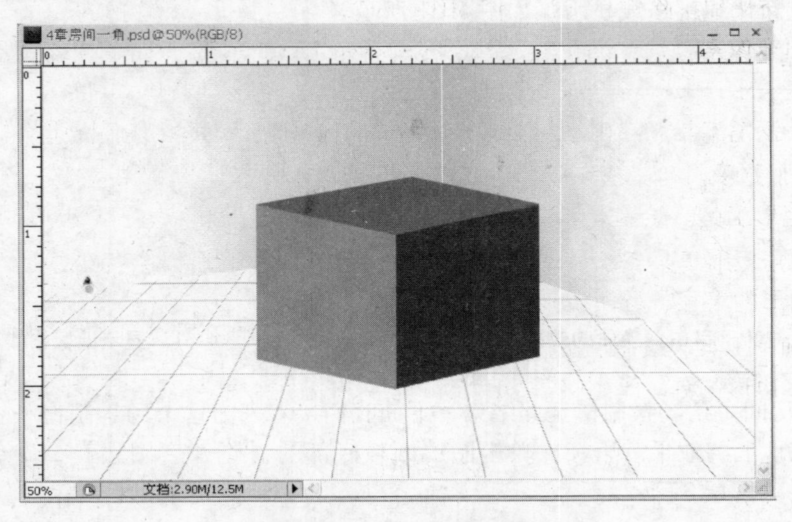

图 4. 66 房间一角最终效果

实训 4 制作形状图案

实训目的与要求

使用矢量绘图工具创作一幅平面广告宣传作品。

通过本实训，让学生基本掌握并熟悉 Photoshop 提供的矢量绘图工具。方便以后在实际工作中运用。

实训预备知识

如果用户能够熟悉 Photoshop 所提供的系列矢量绘图工具，在创作作品的过程中，要是遇上需要绘制诸如矩形、圆角矩形、椭圆、多边形、直线和十分丰富的自定义形状时，将会很方便，而且快速。要完成本次实训，也需要熟悉这些矢量绘图工具。

1. 形状工具

矩形工具绘制矩形形状。单击工具箱中的矩形工具命令按钮，对应选项面板如图 4. 67 所示。

图 4. 67 矩形工具选项面板

面板上一些主要选项介绍如下：

：工具预设。单击可以打开工具预设选取器。

：形状图层。选中该项时，每创建一个矩形，系统都会自动创建一个形状图层，图层名称为“形状 1”、“形状 2”……，并把创建的矩形分别放在对应形状图层中。

：路径。选中该项时，当创建矩形时，系统将会自动产生临时工作路径。同时在选项面板的后面会对应地出现四个选项，它们分别可以使路径之间进行添加、减去、交叉和排除重叠路径区域操作。

：填充像素。选中该项时，创建的所有矩形，都是位于同一当前图层上的点阵图像。

：钢笔工具和自由钢笔工具。选中它们时，选项面板的后面也会对应地出现四个选项。

：矩形工具。绘制矩形形状。

：圆角矩形工具。绘制圆角矩形形状。选项面板的后面会出现半径: 30 px，在此设置圆角矩形的半径，从而控制圆角矩形的圆角化程度。

：椭圆工具。绘制椭圆形状。

：多边形工具。绘制多边形形状。选项面板的后面会出现边: 5，在此设置多边形的边数。

：直线工具。绘制直线形状。选项面板的后面会出现粗细: 2 px，在此设置直线的粗细。

：自定形状工具。单击右侧的下三角形按钮，打开【几何选项】，如图 4. 68 所示。选项面板的后面会出现形状:，单击打开形状选项，如图 4. 69 所示。

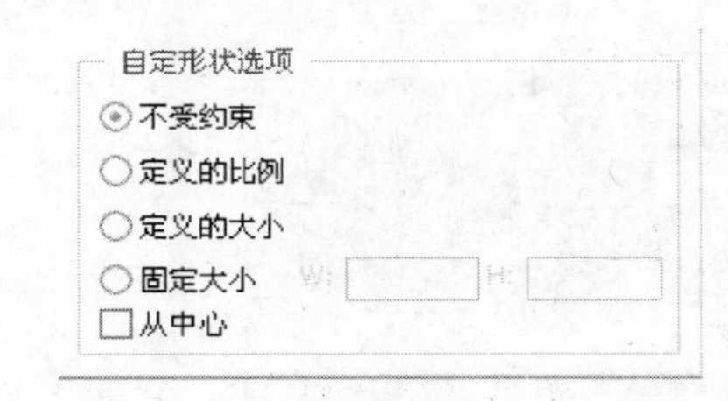

图 4. 68　自定形状工具的【几何选项】

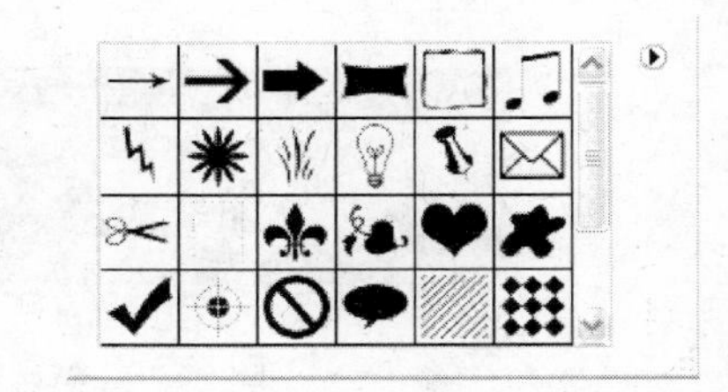

图 4. 69　形状选项

2. 横排文字工具

横排文字工具可以为图像文件增加文字对象。单击工具箱中的横排文字工具按钮，再在文档窗口中适当位置单击，产生一个插入点即可输入文字。横排文字工具的选项面板如图 4. 70 所示。

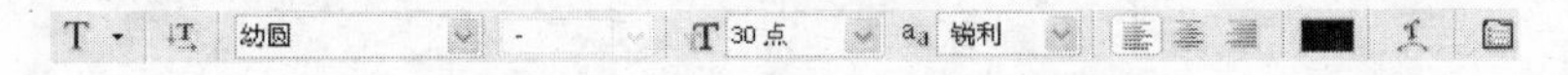

图 4. 70　横排文字工具的选项面板

面板上各项的功能和使用与其他文字类软件类似，此处不再叙述。

实训步骤

（1）新建一个图像文件，命名为“4 章形状图案”，设置宽度为 709 像素，高度为 170 像素，分辨率为 72 像素/英寸，RGB 色彩模式，白色背景。

（2）单击工具箱中圆角矩形按钮，在选项面板上设置半径为 30 像素，前景色为 45% 灰色。创建一个圆角矩形。如图 4. 71 所示。

图 4.71　创建一个圆角矩形

（3）单击【从形状区域减去】按钮，然后再创建一个半径为 30 像素，前景色为白色的圆角矩形。大小、位置如图 4.72 所示。减去后的效果如图 4.73 所示。

图 4.72　用一个圆角矩形减去一部分图　　图 4.73　从形状区域减去的效果

（4）设置前景色 R=26，G=167，B=3，在如图 4.74 位置所示绘制一个半径为 30 像素的圆角矩形。然后单击矩形工具，单击选项面板【从形状区域减去】按钮，在绿色圆角矩形上方创建一个矩形以减去绿色圆角矩形的上面部分。效果如图 4.74 所示。

图 4.74　绘制绿色圆角矩形并减去上部

（5）单击【编辑】菜单下【自由变换路径】命令，将绿色圆角矩形变换为如图 4.75 所示效果。

图 4.75　自由变换绿色圆角矩形

（6）设置前景色 R=16，G=115，B=2，单击椭圆工具，创建一个椭圆，然后再用矩形工具在椭圆上下各减去一部分，如图 4.76 所示。

图 4.76　创建椭圆

（7）设置前景色 R=242，G=101，B=34，单击椭圆工具，创建一个椭圆，然后再用矩形工具将椭圆下面多出绿色圆角矩形的部分减去，上面多出部分可以不用减去。如图 4.77 所示。

图 4.77　创建椭圆并减去下部

（8）设置前景色 R=G=B=255，单击椭圆工具，创建一个椭圆。如图 4.78 所示。

图 4.78　创建白色椭圆

（9）设置前景色 R=G=B=180，单击椭圆工具，创建一个灰色椭圆。如图 4.79 所示。

图 4.79　创建灰色椭圆

（10）单击文字工具 T 按钮，输入文字“智慧”，设置前景色 R=G=B=142，“幼圆”字体，30 点大小。如图 4.80 所示。

图 4.80　输入“智慧”文字

（11）单击自定形状工具按钮，在选项面板上打开【自定形状拾色器】，选择圆框，在文字“智慧”的右上角创建一个小圆圈。如图 4.81 所示。

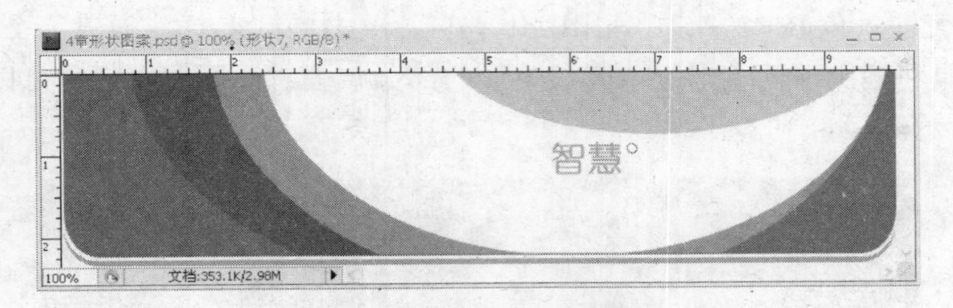

图 4.81　创建一个小圆圈

（12）单击文字T工具按钮，输入“Humorous”字符，设置前景色 R = 121，G = B = 0，“Arial”字体，39 点大小。如图 4.82 所示。

图 4.82　输入“Humorous”字符

（13）再用文字工具输入文字“幽默”，设置前景色 R = G = B = 0，“华文中宋”字体，48 点大小。最终效果如图 4.83 所示。

图 4.83　最终效果

本章小结

本章以实例制作的形式，重点介绍了图像编辑工作中，经常遇到的各种图像编辑技术，包括它们的使用方法与技巧，同时也对一些辅助编辑工具做了适当的介绍。图像编辑在图像应用领域有着举足轻重的地位和作用，读者应该认真学习和领会，为后面继续学习做好知识储备。

补充实训

1. 制作一个类似 Excell 的分离型三维饼图。示例如图 4.84 所示。

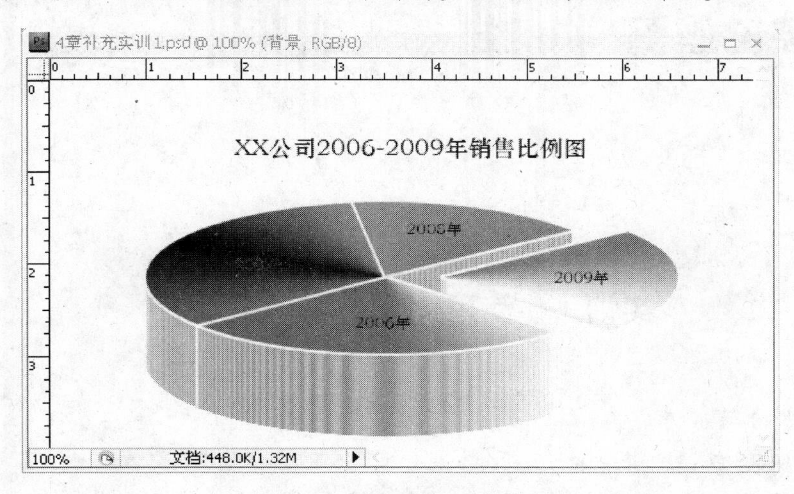

图 4.84　分离型三维饼图

2. 使用形状工具制作奥运五环。示例如图 4.85 所示。

图 4.85　奥运五环

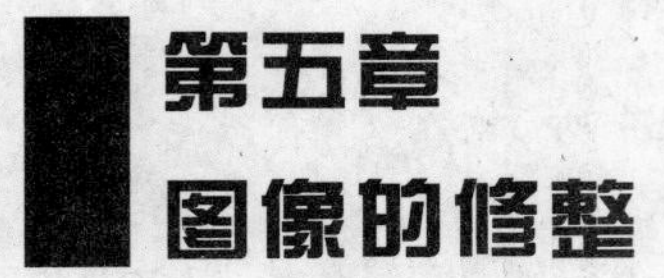

第五章 图像的修整

实训1　使用擦除图像工具抠图

实训目的与要求

使用擦除图像工具抠出图像。

熟悉橡皮擦工具、背景橡皮擦工具、魔术橡皮擦工具的基本功能和使用。

通过本次实训与练习，使学生基本掌握并能应用橡皮擦工具、背景橡皮擦工具、魔术橡皮擦工具解决实际工作中相关问题。

实训预备知识

高版本的Photoshop中，用于擦除图像的工具有橡皮擦、背景橡皮擦、魔术橡皮擦等工具，下面就对这些工具进行分别介绍。

1. 橡皮擦工具

橡皮擦工具用于擦除图像。单击工具箱中的橡皮擦工具按钮，即可使用橡皮擦工具，橡皮擦工具的选项面板如图5.1所示。

图5.1　橡皮擦工具的选项面板

面板上主要项目介绍如下：

（1）在选项面板上，单击【画笔】右侧的下三角形按钮，打开【画笔预设】选取器，如图5.2所示。

在【画笔预设】选取器面板上，用户通过更改“主直径”参数，可以设置橡皮擦擦除图像时笔触的大小，修改“硬度”参数，可以设置橡皮擦擦除图像时笔触边缘的柔和效果。如图5.3所示，“主直径”参数为20，“硬度”参数分别为100%和0%时的效果。

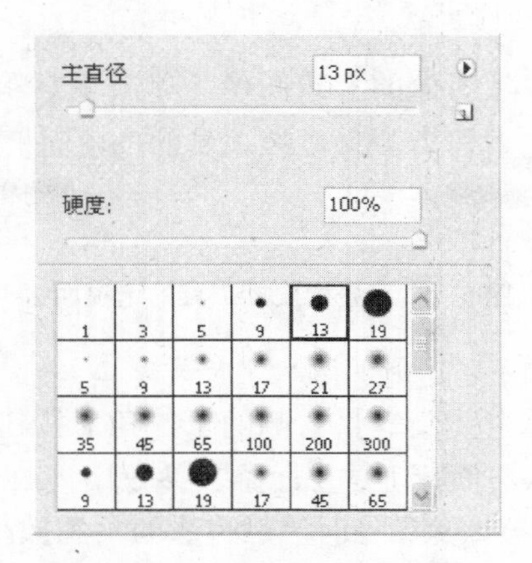

图 5.2　【画笔预设】选取器

(2)【模式】: 有画笔、铅笔和块三种。默认为画笔模式; 铅笔的边缘有锯齿状, 没有画笔平滑; 块的大小固定, 为一正方形状。如图 5.4 所示分别为画笔、铅笔和块三种模式下的效果。

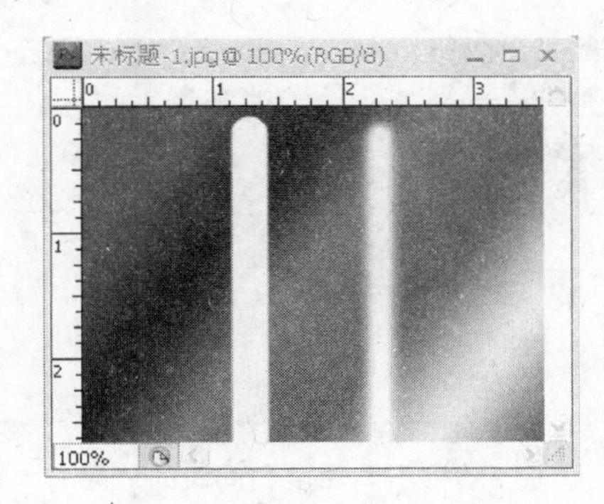

图 5.3　【硬度】参数为 100% 和 0%

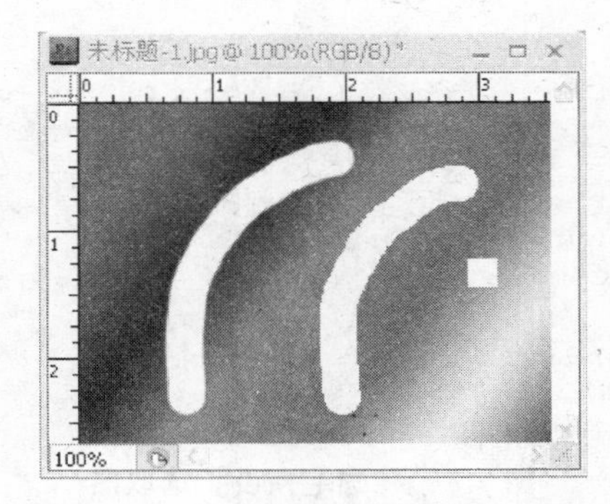

图 5.4　画笔、铅笔和块三种模式

(3)【不透明度】: 设置橡皮擦擦除图像时的强度。如图 5.5 所示【不透明度】分别为 100% 和 50% 的效果。

(4)【流量】: 设置橡皮擦擦除图像时的间隔距离。如图 5.6 所示【流量】分别为 100% 和 30% 的效果。

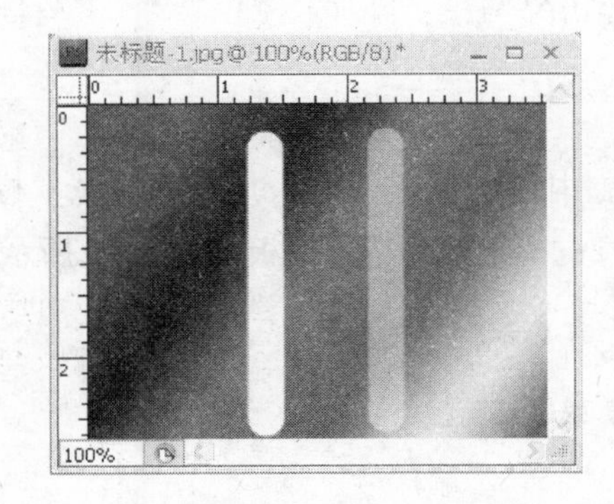

图 5.5　【不透明度】为 100% 和 50%

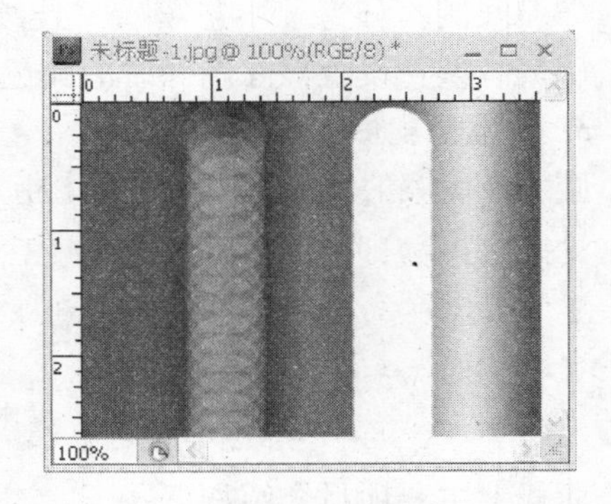

图 5.6　【流量】分别为 30% 和 100%

2. 背景橡皮擦工具

背景橡皮擦工具用于擦除图像的背景图像。单击工具箱中的背景橡皮擦工具按钮，即可使用背景橡皮擦工具，背景橡皮擦工具的选项面板如图 5.7 所示。

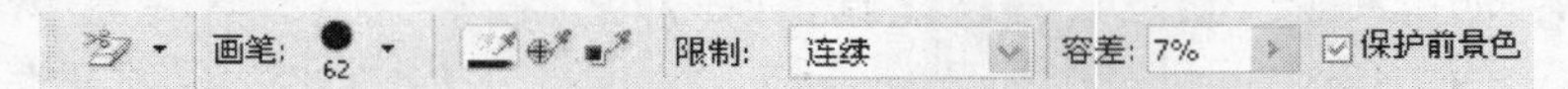

图 5.7 背景橡皮擦工具的选项面板

面板上主要项目介绍如下：

(1) 在选项面板上，单击【画笔】右侧的下三角形按钮，打开【画笔预设】选取器，如图 5.8 所示。在选取器面板上，“直径”参数用于改变擦除图像时笔触的大小；“硬度”参数用于设置橡皮擦擦除图像时笔触边缘的柔和效果；“间距”参数可以改变擦除图像时笔触的间隔距离。图 5.9 所示为不同硬度和间距的效果。

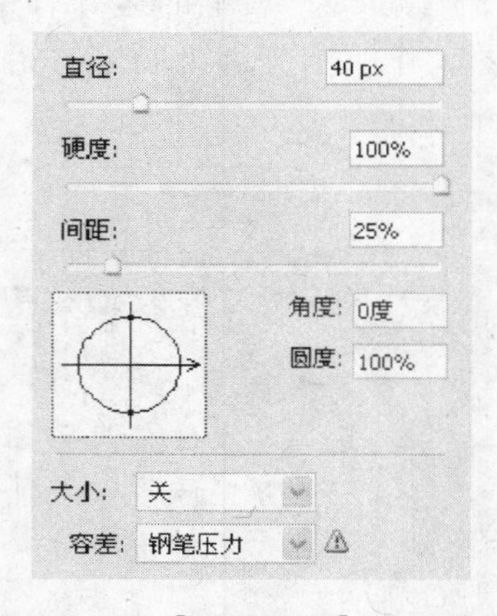

图 5.8 【画笔预设】选取器

图 5.9 不同硬度和间距的效果

(2) 取样：

● ：连续取样。

● ：一次取样。

● ：背景色板取样。

(3) 限制：分为“不连续”、“连续”、“查找边缘”。

(4) 容差：设置擦除图像时的颜色误差。

3. 魔术橡皮擦工具

魔术橡皮擦工具用于擦除图像中指定容差范围内的图像。单击工具箱中的魔术橡皮擦工具按钮，即可使用魔术橡皮擦工具，魔术橡皮擦工具的选项面板如图 5.10 所示。

图 5.10 魔术橡皮擦工具的选项面板

面板上主要项目介绍如下：

(1) 容差：设置魔术橡皮擦工具在擦除图像时的颜色误差范围。值越小，容差范围越小；值越大，容差范围越大。

（2）消除锯齿：消除笔触边缘锯齿，让边缘平滑。

（3）对所有图层取样：跨图层取样。

（4）不透明度：设置魔术橡皮擦工具擦除图像时的不透明度。用魔术橡皮擦工具在图像上部中间位置单击，如图 5. 11 所示为不透明度为 100% 时的效果；图 5. 12 所示为不透明度为 20% 时的效果。

图 5. 11　不透明度为 100%

图 5. 12　不透明度为 20%

实训步骤

（1）打开“5 章实训 1. JPG”文件，如图 5. 13 所示。接下来的工作就是把图片中央的花朵抠出来。

图 5. 13　5 章实训 1. JPG

（2）单击工具箱中的背景橡皮擦工具按钮，在【画笔预设】选取器上参照如图 5. 14 所示进行设置。

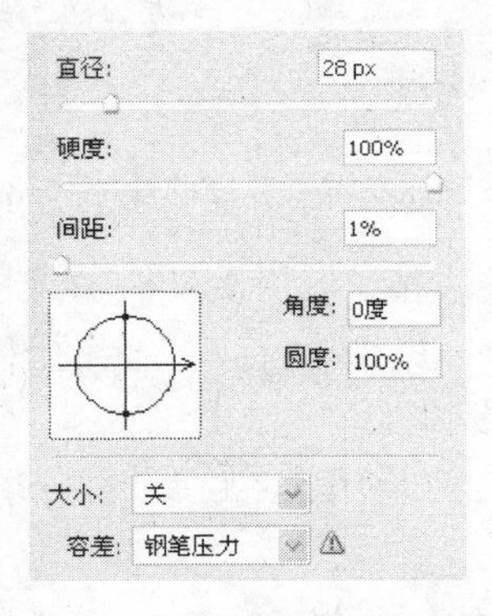

图 5. 14　【画笔预设】参数设置

（3）背景橡皮擦工具选项面板上其他参数设置如图 5. 15 所示。

图 5. 15　背景橡皮擦选项面板上的设置

（4）将鼠标移动到花朵的边缘，注意背景橡皮擦工具中央的十字形光标位置。如图 5. 16 所示。

图 5. 16　擦除工具开始位置

（5）按住鼠标左键不放，保持让背景橡皮擦工具中央的十字形光标在花朵的边缘移动，先擦除掉花朵边缘的图像。如图 5. 17 所示。

图 5. 17　按住鼠标左键不放拖动，擦除花朵边缘的图像

（6）使用第（5）步骤的方法，继续沿着花朵边缘进行擦除，结果如图 5. 18 所示。

（7）继续使用上述方法，把花朵中间有些多余的图案擦除掉。如图 5. 19 所示。

（8）调整直径参数为 75，把花朵周围的图像擦除掉一部分。如图 5. 20 所示。

（9）使用【矩形选框工具】和【套索工具】，选取花朵周围的图像，将其删除。删除后的效果和最终效果如图 5. 21 所示。

图 5.18　擦除花朵边缘

图 5.19　擦除花朵中间多余的图案

图 5.20　把花朵周围的图像擦除掉一部分

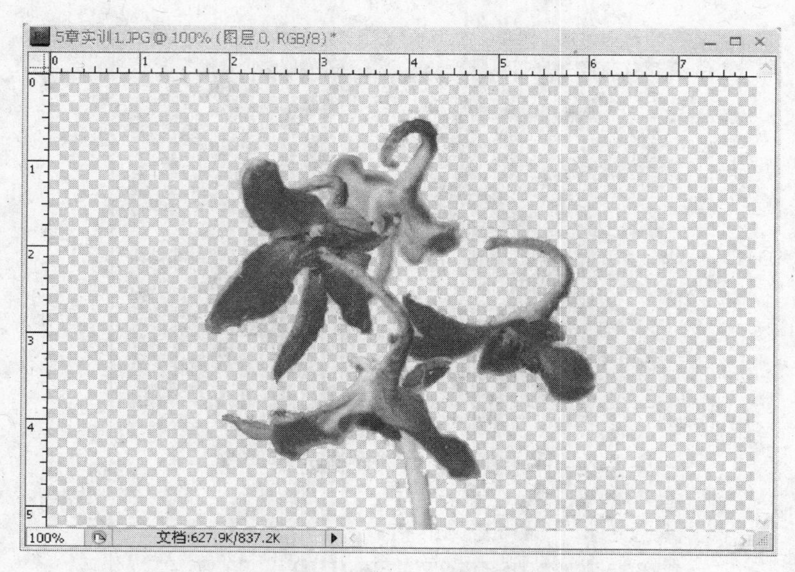

图 5.21　删除后的最终效果

实训 2　将给定的素材处理成背景虚化效果

实训目的与要求

将给定的素材处理成背景虚化效果。

熟悉模糊、锐化、涂抹、减淡、加深与海绵工具。

通过本次实训与练习，让学生基本掌握并能应用模糊工具、锐化工具、涂抹工具、减淡工具、加深工具与海绵工具。

实训预备知识

Photoshop 中，模糊工具、锐化工具、涂抹工具一般用于图像处理；减淡工具、加深工具与海绵工具一般用于色彩处理。下面就对这些工具进行分别介绍。

1. 模糊工具

模糊工具用于将图像模糊化处理。单击工具箱中的模糊工具按钮，可以使用模糊工具，模糊工具的选项面板如图 5.22 所示。

图 5.22　模糊工具的选项面板

面板上主要项目介绍如下：

（1）在选项面板上，单击【画笔】右侧的下三角形按钮，打开【画笔预设】选取器，如图 5.23 所示。在选取器上可以设置模糊工具的笔触主直径和硬度。

（2）模式：绘画模式。Photoshop 提供有如图 5.24 所示的所有绘画模式。

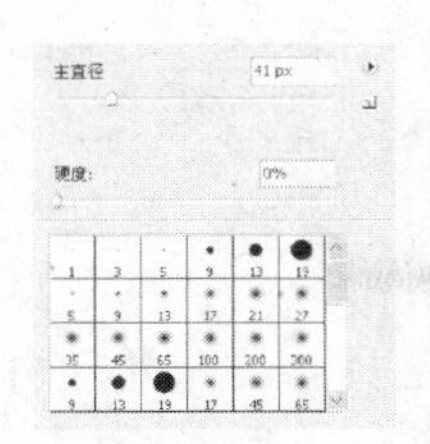

图 5. 23　【画笔预设】选取器

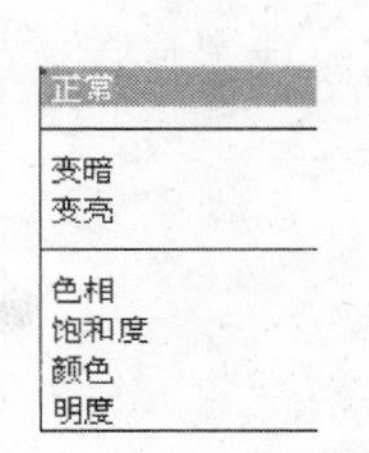

图 5. 24　绘画模式

（3）强度：设置模糊工具模糊图像时的强弱程度。使用模糊工具时，只需按住鼠标左键不放，在需要模糊的图像上来回拖动鼠标即可。用模糊工具对图中花朵进行模糊处理前后对比如图 5. 25、5. 26 所示。

图 5. 25　模糊前

图 5. 26　模糊后

2. 锐化工具

锐化工具正好与模糊工具相反，用于使图像变得清晰。单击工具箱中的锐化工具按钮 ，可以使用锐化工具，锐化工具的选项面板如图 5. 27 所示。

图 5. 27　锐化工具的选项面板

面板上主要项目与模糊工具十分相似，包括“画笔预设”、“绘画模式”等。使用锐化工具时，就像模糊工具一样，只需在要锐化的图像上拖动鼠标即可。下面是对图中的花朵进行锐化处理前后的效果对比，如图 5. 28 和图 5. 29 所示。

图 5. 28　锐化前

图 5. 29　锐化后

3. 涂抹工具

涂抹工具类似于把手指当做画笔，在画面上作画。单击工具箱中的涂抹工具按钮，可以使用涂抹工具，涂抹工具的选项面板如图 5. 30 所示。

画笔： 13 模式： 正常 强度： 50% □对所有图层取样 □手指绘画

图 5. 30　涂抹工具的选项面板

不难看出，涂抹工具的选项面板同模糊工具、锐化工具相比，基本相似。只是多出了一项【手指绘画】，这个选项比较重要，如果没有选择【手指绘画】项，涂抹工具在涂抹图像时，将会以涂抹在图像当前位置上的颜色作为涂抹工具的涂抹颜色。比如打开“5 章实训 2. JPG”文件，如图 5. 31 所示。单击工具箱中的涂抹工具按钮，把鼠标移动到花朵的黄色花蕊上，然后按住鼠标左键不放，向下以一个“S”型轨迹拖动鼠标，可以看到 Photoshop 以花蕊的黄色为当前颜色，涂抹出了一道黄色的轨迹，如图 5. 32 所示。

图 5. 31　打开“5 章实训 2. JPG”文件

图 5. 32　涂抹出“S”型轨迹

如果选择【手指绘画】项，涂抹工具在涂抹图像时，将会以系统当前前景色作为涂抹工具的涂抹颜色。比如在“5 章实训 2. JPG”文件中，设置系统前景色为红色，还是用涂抹工具在花朵的黄色花蕊上，按住鼠标左键不放，向下以一个“S”型轨迹拖动鼠标，可以看到 Photoshop 这时候并没有用花蕊的黄色，而是用系统的前景红色为当前颜色，涂抹出了一道红色的轨迹，如图 5. 33 所示。

图 5. 33　涂抹工具用前景红色涂抹出“S”型轨迹

4. 减淡工具

减淡工具用于对图像颜色进行淡化处理。单击工具箱中的减淡工具按钮，可以使用减淡工具，减淡工具的选项面板如图 5. 34 所示。

图 5. 34　减淡工具的选项面板

减淡工具选项面板上的主要选项介绍：

(1)【画笔】：这个选项与模糊工具、锐化工具、涂抹工具都十分类似。有“主直径”和“硬度”两个设置选项。

(2)【范围】：有“阴影”、“中间调”、“高光”三个设置项，用于设置减淡工具主要调整的色彩范围。

减淡工具的使用方法是单击工具箱中的减淡工具按钮，在选项面板上根据需要设置后，移动鼠标到图像中需要进行减淡处理的位置，按住鼠标左键不放拖动鼠标。下面是对同一幅图进行“中间调”范围和 100% 曝光度设置减淡处理前后的效果对比，如图 5. 35 和图 5. 36 所示。

图 5. 35　减淡处理前

图 5. 36　减淡处理后

5. 加深工具

加深工具用于对图像颜色进行加深处理。单击工具箱中的加深工具按钮，可以使用加深工具，加深工具的选项面板如图 5. 37 所示。

图 5. 37　加深工具的选项面板

加深工具选项面板上的选项与减淡工具选项面板上的选项内容和含义几乎相同，不再叙述。

加深工具的使用方法是单击工具箱中的加深工具按钮，在选项面板上根据需要设置后，移动鼠标到图像中需要进行加深处理的位置，按住鼠标左键不放拖动鼠标。下面也是对同一幅图像文件进行“中间调”范围和 100% 曝光度设置加深处理前后的效果对比，如图 5. 39 和图 5. 40 所示。

6. 海绵工具

海绵工具用于对图像颜色进行加色或去色处理。单击工具箱中的海绵工具按钮，可以使用海绵工具，海绵工具的选项面板如图 5. 38 所示。

海绵工具选项面板上的主要选项介绍：

(1)【画笔】：同减淡工具一样。

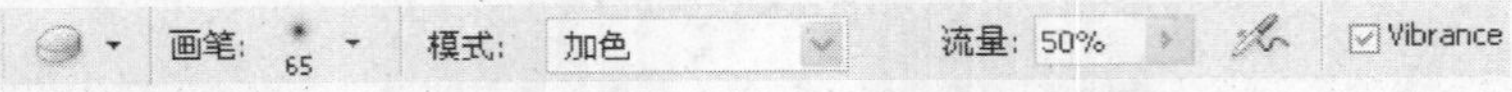

画笔: 65 模式: 加色 流量: 50% Vibrance

图 5.38 海绵工具的选项面板

（2）【模式】：可以设置为“加色”或“去色”。

（3）【流量】：设置海绵工具“加色”或“去色”的强弱程度。

海绵工具的使用方法同样是单击工具箱中的海绵工具按钮，在选项面板上根据需要设置后，移动鼠标到图像中需要进行海绵工具处理的位置，按住鼠标左键不放拖动鼠标。下面是对同一幅图像文件进行“加色”和“去色”，100% 流量设置，经海绵工具处理的效果，如图 5.39、图 5.40 和图 5.41 所示。

图 5.39 海绵工具处理前的原图

图 5.40 “加色”100% 流量海绵处理

图 5.41 “去色”100% 流量海绵处理

实训步骤

（1）打开“5 章实训 2 绿色植物素材 . JPG”文件。如图 5.42 所示。

（2）单击工具箱中的剪裁工具按钮，在图中进行如图 5.43 所示的剪裁框设置，然后回车。将文件另存为“5 章实训 2 绿色植物 . JPG”文件。

（3）打开“5 章实训 2 绿色植物 . JPG”文件。如图 5.44 所示。

（4）单击工具箱中的模糊工具按钮，设置“主直径”参数为“200 像素”，“模式”为“正常”，“强度”为“100%”。对“5 章实训 2 绿色植物 . JPG”图像进行模糊处理。如图 5.45 所示。

图 5.42　5 章实训 2 绿色植物素材文件

图 5.43　剪裁框设置

图 5.44　打开 5 章实训 2 绿色植物文件

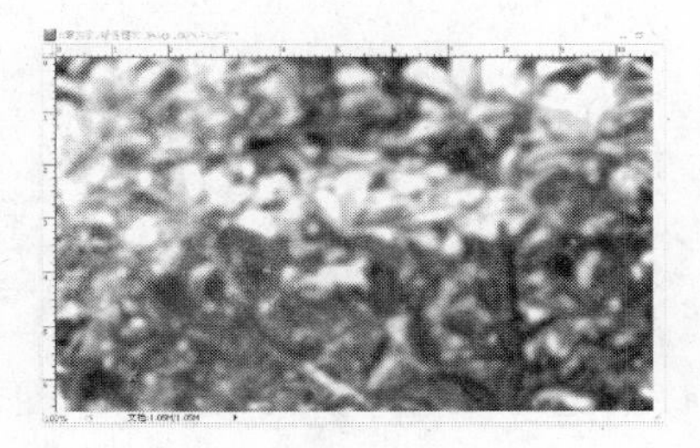

图 5.45　模糊处理

（5）打开“5 章实训 2 花朵 . jpg”文件，如图 5.46 所示。

（6）单击工具箱背景橡皮擦按钮，抠出如图 5.47 所示图像。

（7）单击工具箱移动工具按钮，在图 5.47 所示图形文件窗口中按住鼠标左键不放，拖动到“5 章实训 2 绿色植物 . JPG”文件窗口中。如图 5.48 所示。

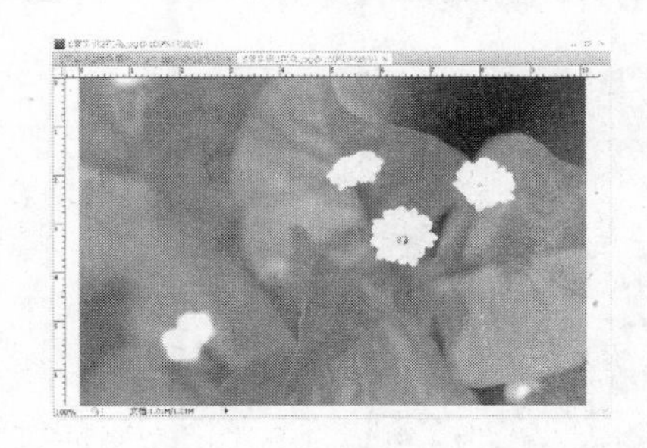

图 5.46　5 章实训 2 花朵 . jpg 文件

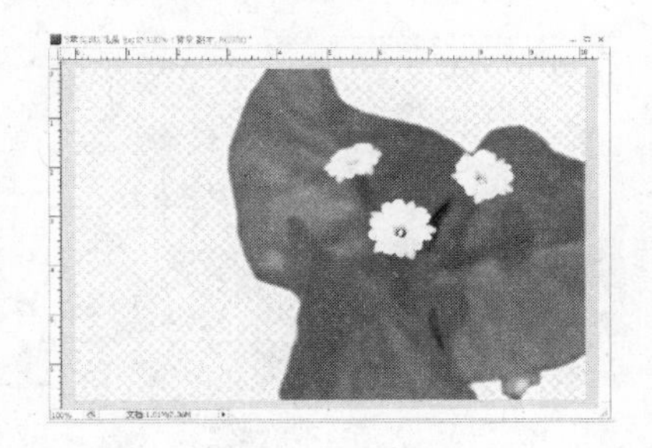

图 5.47　抠出图形

（8）单击工具箱中的模糊工具按钮，设置“主直径”参数为“60 像素”，“模式”为“正常”，“强度”为“100%”。对花朵除左下角图像边缘外的花朵边缘进行模糊处理。如图 5.49 所示。

图 5.48 拖动抠出图像到绿色植物文件中

图 5.49 对花朵边缘模糊处理

（9）在图层面板上，单击绿色植物对应的层，用模糊工具再次对绿色植物进行适当的模糊处理，达到虚化背景的效果。如图 5.50 所示。

图 5.50 虚化背景

（10）单击工具箱中的海绵工具按钮，设置“主直径”为 110 像素，“模式”为加色，“流量”为 50%，对绿色植物进行加色处理。

（11）单击图层面板上花朵所在的图层，单击工具箱加深工具按钮，对花朵进行“中间调”、“曝光度”为 55% 的色彩加深处理。最终效果如图 5.51 所示。

图 5.51 最终效果

实训 3　修复图像画面瑕疵

实训目的与要求

对一幅选定的图像进行画面瑕疵修复。

熟悉污点修复画笔工具、修复画笔工具、修补工具、红眼工具、仿制图章工具和图案图章工具。

通过这个实训与练习，让学生基本掌握并能应用污点修复画笔工具、修复画笔工具、修补工具、红眼工具、仿制图章工具和图案图章工具。

实训预备知识

在 Photoshop 中，污点修复画笔工具、修复画笔工具、修补工具、红眼工具、仿制图章工具和图案图章工具一般都是用于图像的修饰与处理。下面就对这些工具进行分别介绍。

1. 污点修复画笔工具和修复画笔工具

污点修复画笔和修复画笔工具在前面“第 4 章实训 3 制作一幅房间一角效果图”中已经讲过，此处就不再叙述。

2. 修补工具

修补工具能够修复画面上的污点或补全画面的缺损。单击工具箱中的修补工具按钮，可以使用修补工具，修补工具的选项面板如图 5.52 所示。

图 5.52　修补工具的选项面板

修补工具选项面板上的主要选项介绍：

（1）：新选区。选中该项时，修补工具的鼠标图标如图 5.53 所示。修补工具只能创建一个修补选择区域，在已经创建的修补区域外单击鼠标左键时，原来的选区将丢失。

（2）：添加到选区。选中该项时，修补工具的鼠标图标右下角会带一个“+”号，如图 5.54 所示。修补工具可以连续创建多个修补选择区域，在已经创建的修补区域外单击鼠标左键时，原来的选区将不会丢失。在任何一个修补选择区外拖动鼠标，都将创建新修补选区，在任何一个修补选择区内拖动鼠标，都将被执行修补操作。

图 5.53　新选区时的修补工具图标

图 5.54　添加到选区时的修补工具图标

（3）：从选区减去。选中该项时，修补工具的鼠标图标右下角会带一个“-”号，如图 5.55 所示。修补工具将从已经创建的选择区域中减去一部分区域。此时，修补工具创建的选区必需和已有选区有公共叠加部分，否则不能创建。在已经创建的修补区域外单击鼠标左键，原来的选区不会丢失。在修补选择区内拖动鼠标，将被执行修补操作。

（4）：与选区交叉。选中该项时，修补工具的鼠标图标右下角会带一个“×”号，如图 5.56 所示。此时，使用修补工具得到的选区是修补工具新创建的选区和原来选区的公共交叉部分。修补工具创建的选区必需和已有选区有公共部分，否则不能创建。在已经创建的修补区域外单击鼠标左键，原来的选区将会丢失。在修补选择区内拖动鼠标，将被执行修补操作。

图 5.55　从选区减去时的修补工具图标

图 5.56　与选区交叉时的修补工具图标

（5）修补：有“源”和“目标”两个选项。

●【源】：设置为“源”时，修补工具把修补选择框被拖动的最终位置框选的图像作为修补源图像。如图 5.57 是修补工具创建的原始选择框位置，图 5.58 是修补选框被拖动到花蕊上的情形，图 5.59 是选框被拖动到花蕊上后松开鼠标左键的最终情形。

图 5.57　原始选择框位置

图 5.58　修补选框被拖动到花蕊上

图 5.59　以花蕊为源的最终修补情形

●【目标】：设置为【目标】时，修补工具把修补选择框选择的图像作为源图像进项复制，并且和背景图像很好融合。如图 5.60 是修补工具创建的原始选择框位置，图 5.61 是修补选框被拖动到右上角叶面，然后松开鼠标左键的最终结果。

图 5.60　原始选择框位置

图 5.61　以选框为目标的最终修补结果

3. 红眼工具

红眼工具能够修复画面上人物的红眼。单击工具箱中的红眼工具按钮，可以使用红眼工具，红眼工具的选项面板如图 5.62 所示。

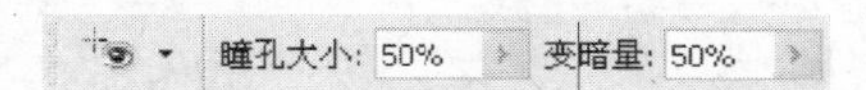

图 5.62　红眼工具的选项面板

红眼工具选项面板上的主要选项介绍：

瞳孔大小: 50%：设置红眼工具消除人物红眼时瞳孔的缩放量。

变暗量: 50%：设置红眼工具消除人物红眼时眼睛的明暗程度。

红眼工具的使用方法是在人物眼睛上拖动鼠标，框出一个矩形区域即可。

4. 仿制图章工具

仿制图章工具能够将用户定义的源图像进行复制。单击工具箱中仿制图章工具按钮，可以使用仿制图章工具，仿制图章工具的选项面板如图 5.63 所示。

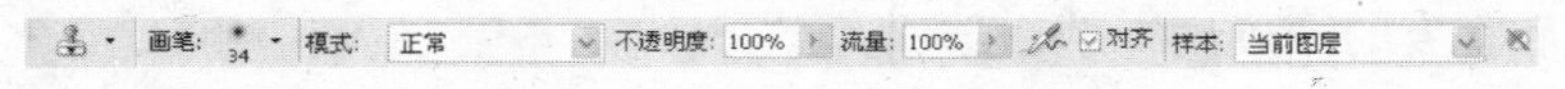

图 5.63　仿制图章工具的选项面板

仿制图章工具选项面板上的主要选项介绍：

(1)【画笔】：该选项有控制笔触宽度的“主直径”和控制笔触边缘柔和程度的

"硬度"两个选项。

(2)【模式】:色彩模式。仿制图章工具复制图像时使用的多种色彩合成模式。

(3)【样本】:可以选择"当前图层"、"当前和下方图层"、"所有图层"。

使用仿制图章工具时,不能直接进行复制操作,否则 Photoshop 会弹出如图 5.64 所示提示窗口。

图 5.64 提示窗口

正确的使用方法是:先按住 Alt 键不放,在需要的源图像上单击鼠标左键进行采样,然后松开左键,在需要复制图像的合适位置,按下鼠标左键不放来回拖动鼠标即可进行复制。如图 5.65 所示图像,使用仿制图章工具将图像中的花蕊进行复制,具体方法是:先按住 Alt 键不放,在花蕊上单击左键取样,然后移动鼠标到另一位置,按住左键不放来回拖动鼠标,在如图 5.66 所示图像中可以看到,此时图像采样点的十字形"+"光标会出现在采样点处,圆圈型光标位置正是复制图像的位置,这里,花蕊被复制了一次。

图 5.65 原始图像

图 5.66 按住左键不放进行复制

5. 图案图章工具

图案图章工具可以将用户定义的图案进行复制。单击工具箱中图案图章工具按钮,可以使用图案图章工具,图案图章工具的选项面板如图 5.67 所示。

图 5.67 图案图章工具的选项面板

仿制图章工具选项面板上的主要选项介绍:

(1)【画笔】:同仿制图章工具一样,该选项有控制笔触宽度的"主直径"和控制笔触边缘柔和程度的"硬度"两个选项。

(2)【模式】:色彩模式。同仿制图章工具一样,图案图章工具复制图像时使用的多种色彩合成模式。如图 5.68 所示。

(3) :图案拾色器。单击右侧的下三角形按钮,打开图案拾色器,如图

5.69 所示。在图案拾色器面板上，已经定义的图案都会以缩略图的形式排列在图案拾色器面板上，用户只需要单击选择所需要的图案后，就可以进行复制。如果这里没有需要的图案，可以单击面板右上角的右三角形按钮，打开面板菜单，如图 5.70 所示，在菜单中选择【新建图案】或【载入图案】命令新建或载入外部图像，作为图案图章工具复制的图案。除此之外，使用面板菜单，还可以更改图案在面板上的显示方式，重命名或删除图案，还可以复位、存储、替换图案等操作。

（4）【对齐】：图案图章工具复制图像时，会以对齐方式进行。

（5）【映像派效果】：选中该项，图案图章工具将会以映像派的风格进行图案复制。如图 5.71 所示是没有启用【映像派效果】项时的效果，图 5.72 所示是启用了【映像派效果】项时的效果。

使用图案图章工具复制图案时，必需先在【图案拾色器】上定义好图案，如果【图案拾色器】上没有合适的图案时，用户还可以自己定义图案。方法如下：

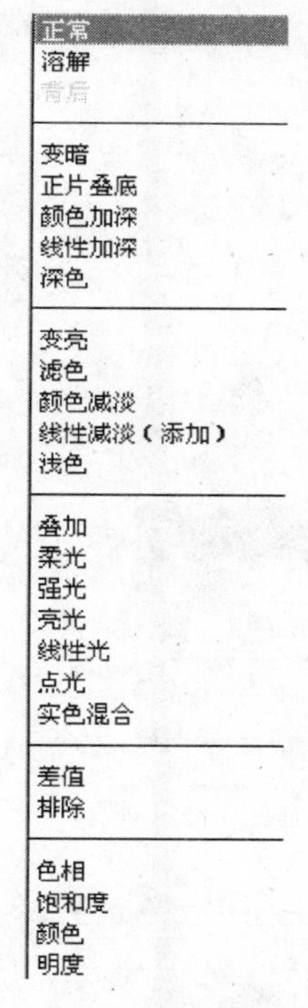

图 5.68　色彩模式

图 5.69　图案拾色器

图 5.70　面板菜单

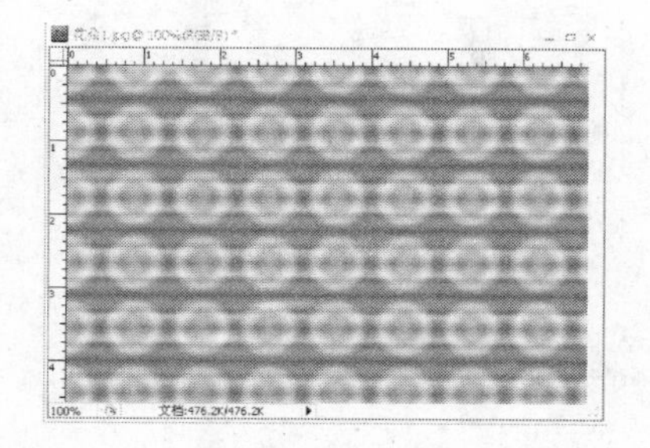

图 5.71　没有启用【映像派效果】

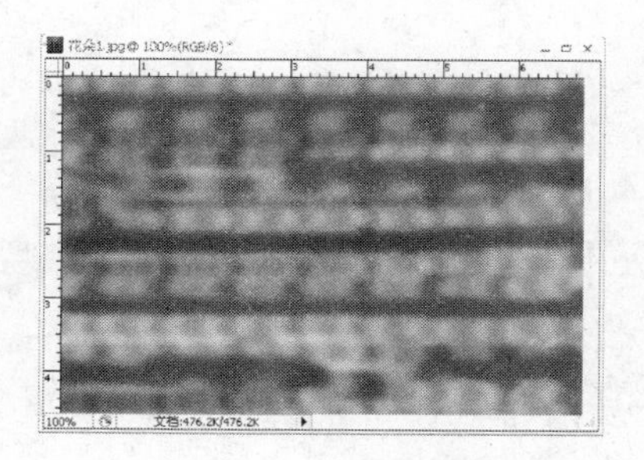

图 5.72　启用了【映像派效果】

第一步：在工具箱中选择【矩形选框工具】，在要定义的图像上做矩形框选。注意：选择图像时，选择框必需是【矩形选框】，且不能有羽化设置。如图 5.73 所示。

第二步：单击【编辑】菜单下【定义图案】子命令。打开【图案名称】对话框，如图 5.74 所示。在【图案名称】对话框中输入图案名称“花蕊”后单击确定。在工具箱中切换为图案图章工具，打开选项面板上【图案拾色器】，即可看到定义完成的“花蕊”图案。如图 5.75 所示，完成图案定义。

接下来，介绍图案图章工具使用定义的图案进行复制的操作：

第三步：单击工具箱中图案图章工具按钮，打开图案图章工具选项面板上【图案拾色器】，在缩略图中选择刚刚定义的“花蕊”图案。

第四步：就在原来图像文件窗口或新建一个图像文件，单击工具箱中图案图章工具按钮，在窗口中按住鼠标左键不放拖动，完成图案复制。如图 5.76 所示。

图 5.73　定义图案

图 5.74　【图案名称】对话框

图 5.75　【图案拾色器】中的“花蕊”图案

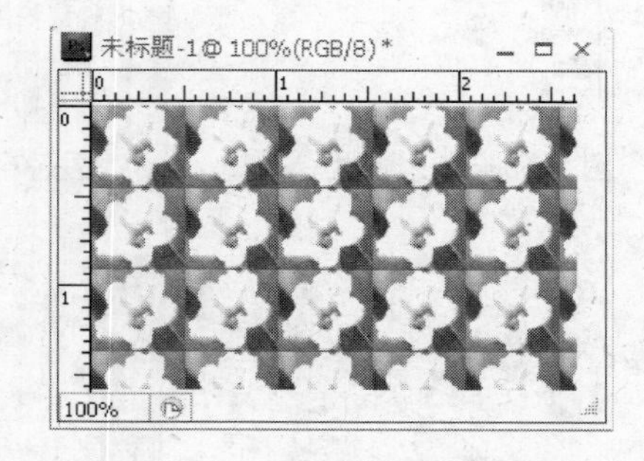

图 5.76　“花蕊”图案复制

实训步骤

(1) 打开“5 章实训 3 素材 . JPG”文件。如图 5.77 所示。

图 5.77　5 章实训 3 素材文件

（2）单击工具箱中污点修复画笔工具，设置【画笔】直径参数为 15，圈住叶片上的小黑点。如图 5.78 所示。

（3）按住鼠标左键不放向右下方拖动鼠标，如图 5.79 所示。

图 5.78　圈住叶片上的小黑点

图 5.79　向右下方拖动鼠标

（4）污点修复画笔工具修复后的效果如图 5.80 所示。

（5）单击工具箱中磁性套索工具，选择如图 5.81 所示区域。

图 5.80　污点修复效果

图 5.81　磁性套索选择区域

（6）单击工具箱中修复画笔工具，在叶片受损周围按住 Alt 键采样，然后在受损的地方按住左键拖动进行修复，如图 5.82 所示，修复后的效果如图 5.83 所示。

图 5.82　按住左键拖动修复

图 5.83　修复后的效果

（7）单击工具箱中修补工具，在左边叶片上受损图像的旁边仔细圈选一个和受损图像区域形似的选区，如图 5.84 所示。

（8）把鼠标图标移动到选择框内，然后按住左键不放拖动鼠标修复图像，效果如图 5.85 所示。

图 5.84　在受损图像旁圈选

图 5.85　修复后的效果

（9）继续用修补工具，仿照上面第（7）、（8）两步的方法，修复图中花蕊正下方的受损图像。效果如图 5.86 所示。

（10）单击工具箱中仿制图章工具，设置“主直径”为 16 像素，按住 Alt 键在受损图像上方的叶脉上采样，如图 5.87 所示。

图 5.86　修复花蕊下方的受损图像

图 5.87　在叶脉上采样

（11）在受损图像上单击修复的同时注意观察采样点的采样位置，修复受损图像，修复完成后的最终效果如图 5.88 所示。

图 5.88　修复后的最终效果

本章小结

本章以三个实例实训制作的形式，重点介绍了在 Photoshop 图像修复工作中，通常遇到的一些图像修复命令与技术，包括它们的使用方法与技巧，及其在使用这些命令时的一些注意事项。图像修复在图像应用、广告设计与制作、网页图像处理等领域都十分重要，读者应该认真学习和领会，为后面继续学习打下扎实基础。

补充实训

1. 修复文件“5 章补充实训 1 素材 . JPG”中的瑕疵，如图 5.89 所示。

图 5.89　修复该图像瑕疵

2. 选择一幅自己的照片，抠出人物图像，将背景修改为如图 5.90 所示海滨风景。

图 5.90　海滨风景

第六章
颜色模式与色彩调整

实训1 为图像重着色

实训目的与要求

为图像中的某些色彩匹配特殊的自定义颜色。

通过本实训让学生了解颜色模式，并掌握RGB模式与CMYK模式的原理以及在实际工作中的适用情况。

实训预备知识

颜色在图像中，特别是对于图像的传情达意起着非常重要的作用。Photoshop有着出色的颜色处理功能，足以支持用户选择、应用和更改颜色。在Photoshop中，通过工具箱、【颜色】调板和【色板】调板都可以为图像指定颜色。

1. 拾色器

在【工具箱】中单击或在【颜色】调板中双击前景色或背景色图标，均可打开【拾色器】对话框，如图6.1所示。

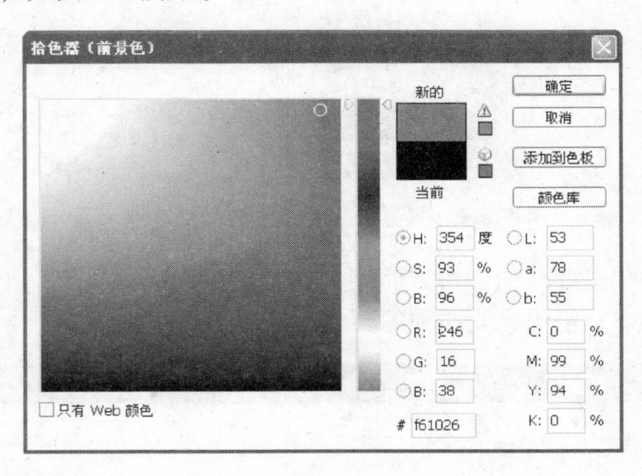

图6.1

颜色滑块：颜色滑块用于锁定要选择的颜色。单击并向上或向下拖动滑块任意一侧的三角，即从范围内选择颜色。也可以用鼠标直接单击滑块以选择颜色。【颜色滑块】所显示的颜色对应于对话框右下角颜色值区域中所选中的单选钮。默认情况下选中 H（色相）按钮，此时，【颜色滑块】显示的是所有色相值。如果选中 S（饱和度）按钮，【颜色滑块】中将显示当前颜色的所有饱和度值的颜色。此时，如果将滑块拖至顶部时，将显示当前颜色的满饱和度状态；当滑块被拖至底部时，将显示当前颜色的不饱和状态——灰色。

颜色取样框：在颜色取样框中单击可以选择新的颜色。颜色取样框显示对应于当前颜色滑块所示颜色的颜色变化范围。颜色取样框中的颜色是根据【颜色滑块】没有表示的另外两种属性绘制的。即如果在颜色值区域选中了 H（色相）按钮，则【颜色取样框】将根据 S（饱和度）和 B（亮度）来显示颜色。

当前颜色：对话框右上侧的矩形框中的上半部分显示的是从【颜色取样框】中选取的当前颜色。单击【确定】按钮或按 Enter 键即可将这个颜色设置为前景色或背景色。

以前的颜色：对话框右上侧的矩形框中的上半部分显示的是使用【拾色器】对话框编辑颜色之前的前景色或背景色。单击【取消】按钮或按 Esc 键可以保留该颜色。

警告三角形⚠：当前选择的颜色超出打印输出的色域时，会出现此图标。三角形下面的方框内显示了与所选择颜色最接近的 CMYK 颜色，单击三角形或下面的颜色方框，可以将颜色调整到可以打印的范围。

Web 安全颜色的警告立方体：当前选择的颜色不在 Web 安全色板中时，会出现此警告图标。单击警告立方体或其下面的颜色方框，Photoshop 会用最接近指定颜色的 Web 安全色将其替换。

只有 Web 颜色：选择此选项，【拾色器】对话框只显示 Web 安全色，如图 6.2 所示。

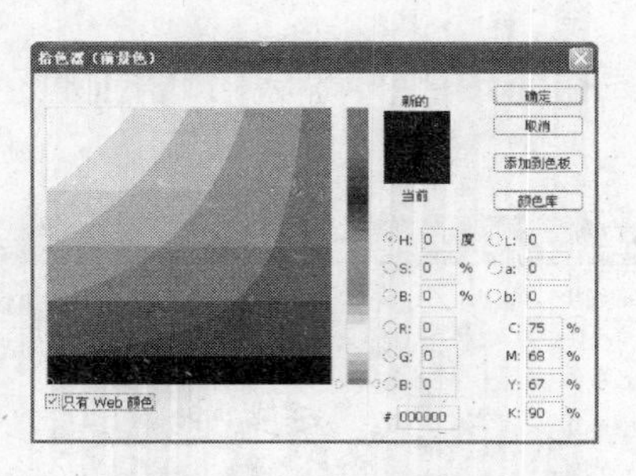

图 6.2　只显示 Web 安全色的对话框

添加到色板：单击此按钮，可以将当前选择的颜色，添加到【色板】调板中。同时，可以在打开的对话框中，为添加的颜色命名，如图 6.3。

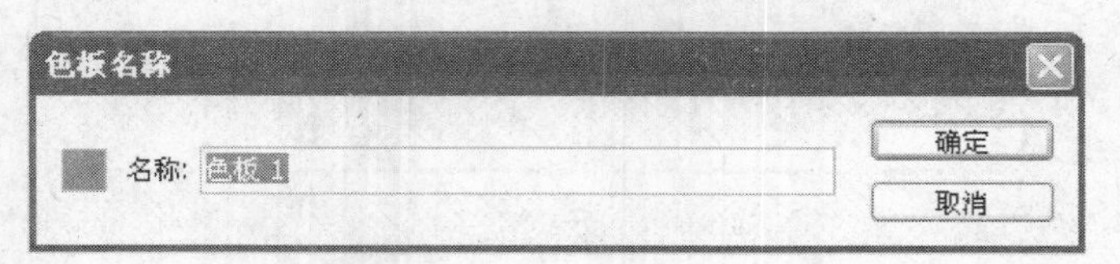

图 6.3　颜色命名

颜色库：单击此按钮，可以打开【颜色库】对话框，如图6.4，通过此对话框可以从各种商用颜色系统中进行选择，指定印刷色。在此对话框中，单击【色库】下拉菜单从中选择一个颜色集，上下滑动【颜色滑块】上的任一小三角指定颜色范围，然后从左边的颜色列表中选择一个颜色，单击【确定】按钮即可指定一个颜色。

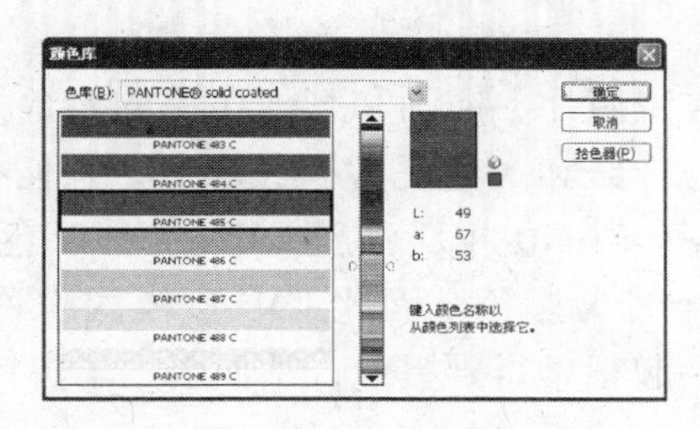

图6.4 打开【颜色库】对话框

颜色值区域：在【拾色器】对话框右下角的【颜色值区域】输入具体的颜色值可以选择与其相对应的颜色。【颜色值区域】包括HSB、RGB、Lab和CMYK共四组数值选项框。它们分别代表了四种颜色模式（参见后面的颜色模式）。对话框底部#选项框的值显示了当前选择颜色对应的十六进制值，该值一般只在创建Web图形时使用。

2. 颜色模式

Photoshop有数个不同的颜色表示系统，即颜色模式。除了【拾色器】对话框中的HSB模式以外，所有这些模式都可以在【图像】—【模式】菜单中找到，如图6.5。此外，【拾色器】对话框中的四组选项代表了四种颜色模式。在某些颜色模式如RGB和CMYK中，Photoshop将所有主色的颜色信息都存储在颜色通道中，主色也称原色，指的是可以混合调制其他颜色的基本色。而在其他颜色模式下，颜色不以主、次来区分定义，例如，灰度模式以明度来定义，而Lab颜色则以更多颜色分量的明度来定义。在索引颜色模式中，颜色在颜色表中存储了数量特定的“色样”。

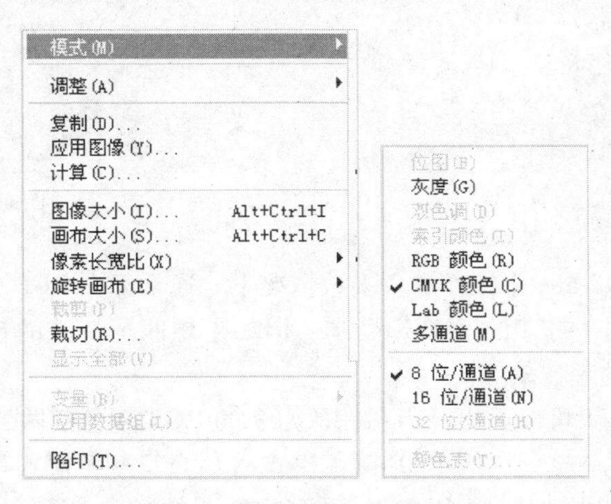

图6.5 【图像】—【模式】菜单

3. RGB模式

RGB是光的颜色模式。所有显示器、投影设备及其其他发光或滤光的设备，都是使用RGB颜色模式。RGB光的三原色——红色、绿色和蓝色构成，每个颜色都在0～

255 共 256 个强度等级之间变化，称为亮度值。当三种颜色以不同的亮度进行混合时便构成了 RGB 色谱上的所有颜色。三原色的值越大，颜色的亮度会提高，当这三种颜色的值都为 0 时，就会得到黑色，而当这三种颜色都以最大饱和度 255 等强度混合时便会得到白色的光。因此，RGB 模式也称为加色模式。

4. CMYK 模式

CMYK 是印刷常用于再现照片、插画和其他作品的四色工艺。CMYK 分别为青色、洋红、黄色和黑色，青色、洋红和黄色是印刷三原色，它们按 0% ~100% 的油墨浓淡程度来配比得到各种颜色，与 RGB 相反，当 CMY 三种颜色值都为 0% 时为白色，当 CMY 都以最大值 100% 混合时为黑色，因此 CMYK 模式也称为减法模式。但实际上，青色、洋红和黄色混合在一起很难得到黑色，从而引入了黑色构成四色印刷。

5. Lab 颜色模式

Lab 模式将颜色分为了一个亮度分量和两个色相/饱和度分量。因此它有三个颜色通道，一个是亮度，另两个是颜色范围，分别用 a 和 b 表示。a 通道包括从深绿色到灰色再到鲜亮的粉红色，b 通道包括从亮蓝色到灰色再到焦黄色。Lab 模式的色域很广——同时包括 CMYK 和 RGB 的色域，所以 Lab 模式常用于 RGB 与 CMYK 模式的中介。

实训步骤

（1）按下 Ctrl + O 快捷键，打开一幅 RGB 模式的图像，如图 6.6 所示。

（2）执行【编辑】—【颜色设置】菜单命令，选择印刷人员给出的颜色设置。然后，执行【图像】—【模式】—【CMYK 模式】，将图像由 RGB 模式转变为 CMYK 模式，如图 6.7 所示。

图 6.6

图 6.7

小提示：在 Photoshop 中工作的大多数情况下，通常都在 RGB 模式下操作，而在操作结束时创建一个用于打印的 CMYK 副本。但如果想匹配特殊的自定义颜色，从一开始就用 CMYK 模式处理比较好。

从图 6.6 和图 6.7 可以看出，当图像从原来的 RGB 颜色模式变为 CMYK 颜色模式后，整个图像变灰了。这是因为 RGB 颜色模式与 CMYK 颜色模式具有不同的色域（色彩范围），如图 6.3，因此，很多 RGB 颜色模式下的颜色特别是色泽鲜艳的颜色在 CMYK 颜色模式下不能找到等值的色彩。因此，在新建一个 RGB 颜色模式的文档时，可以打开【视图】—【校样设置】—【工作中的 CMYK】，以在 RGB 颜色模式下工作，但以 CMYK 颜色模式的颜色来显示，以尽量获得一致的颜色。此外，在拾色器中，当出现⚠时表示在打印时超出色域，单击正下方的方框，以获取可以正常打印的颜色。

在进行模式转换后，若有较大颜色差异，可以通过【图像】—【调整】—【色相/饱和度】命令及其他相关色彩调整命令进行色彩校正。

在更换颜色的过程中，Lab 颜色模式是一种常用的简便又行之有效的多功能模式，它可以对色调和饱和度、明度分别进行控制。CMYK 模式可以对那些强度（明度和饱和度）相同的颜色起到很好的效果——即使是色调不同。但如果原来的颜色与新的颜色在饱和度和色调方面都存在很大的差别，那么使用 Lab 颜色模式会有比其他模式更好的效果。只需要先从 CMYK 模式转换到 Lab 颜色模式，再在打印时转换回 CMYK 模式即可。

（3）使用矩形选框工具在既不太暗也不太亮的区域创建一个大小合适的色板，如图 6.8 所示。然后单击图层面板底部的创建新的填充或调整图层按钮，并选择【纯色】命令，在打开的拾色器中选择要匹配的颜色，单击【颜色库】按钮，单击选择如图 6.9 所示颜色，然后单击【确定】按钮完成添加填充图层的操作，如图 6.10 所示。

图 6.8

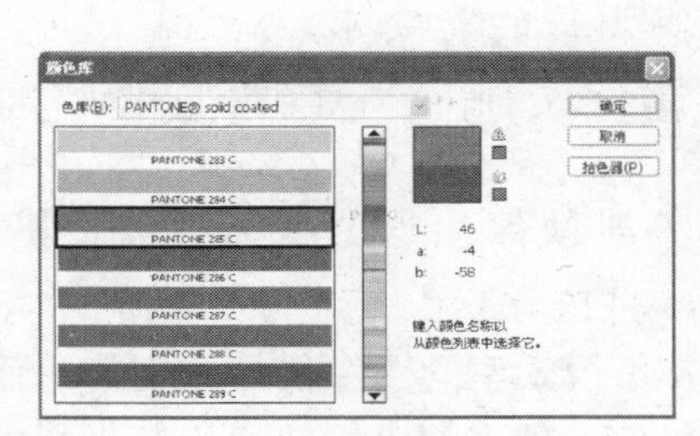

图 6.9

（4）使用选择工具选取要重新着色的对象，如图 6.11 所示。单击图层面板上该图层的缩览图选中该图像图层，按住 Alt 键同时单击按钮，然后选择【纯色】命令，在打开的【新建图层】对话框中为图层命名，并选择【色相】混合模式，选择与步骤（3）相同的自定义颜色，然后单击【确定】按钮添加一个新的填充图层。填充效果如图 6.12 所示。

图 6.10

图 6.11

（5）对比自定义色板与选择对象的新颜色。如果它们的强度很接近，重着色到此就完成了。但是如果重着色比色板浅一点或深一点，则需要通过【色阶】及相关命令进行调整。如果加亮或调暗后，重着色的对象比色板变暖（饱和度提高）了点或变暗（饱和度降低）了点，则可以通过【色相/饱和度】命令进行调整，调整效果如图 6.13。（参见图像色彩调整）

图 6.12

图 6.13

实训 2　双色调

实训目的与要求

通过本实训让学生了解灰度模式与双色调模式，并掌握双色调模式的实际使用与用途。

实训预备知识

1. 灰度

灰度模式下的图像仅含亮度值，而没有彩色图像的色相或饱和度特征。可以将图像从任何一种当前模式转换为灰度模式，同时，这一操作是可逆的。而在将彩色图像转换为双色调或黑白位图时，必须首先将图像转换为灰度模式。选择【图像】—【模式】—【灰度】菜单命令，弹出是否扔掉颜色的【信息】警告调板，如图 6.14 所示，单击【扔掉】即可将图像转为灰度模式。

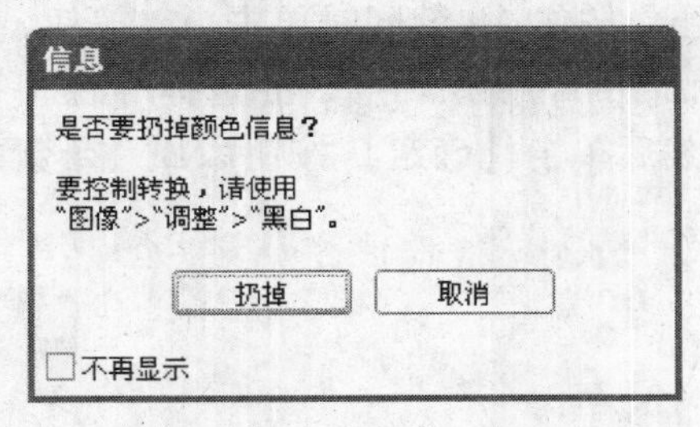

图 6.14

2. 双色调

双色调实际是单色调、双色调、三色调和四色调的统称。双色调是一种单色灰度图，但是它可以通过几种油墨的配合组织得到一种油墨，因此可以得到比单一颜色更为丰富的色调。双色调模式采用一组曲线来设置各种油墨传递灰度信息的方式。双色调只有一个通道，因此相比 CMYK 四色印刷，可以大大降低成本。

实训步骤

(1) 按下 Ctrl + O 快捷键，或执行【文件】—【打开】命令，打开图 6.15。

(2) 执行【图像】—【模式】—【灰度】，在弹出的【是否扔掉颜色信息】的警

告框中单击【扔掉】，将图像由彩色图转换为灰度图，如图 6. 16 所示。

图 6. 15

图 6. 16

（3）执行【图像】—【模式】—【双色调】菜单命令将灰度文件转换为双色调模式。在双色调对话框中，设置参数如图 6. 17 所示。从【类型】下拉列表中选择【双色调】。双色调的曲线调整如下：保持【油墨 1】为黑色，单击【油墨 2】的色块打开【颜色库】对话框。（如果打开的是【拾色器】对话框，则单击【颜色库】按钮）在【颜色库】对话框的【色库】下拉列表中选择一种色系，此处选择 PANTONE Solid Coated（默认），接着拖动垂直栏上的颜色滑块，在左边的颜色列表中选择 PANTONE 208C，单击【确定】按钮返回【双色调】对话框。设置好油墨颜色后，保持【油墨 1】的默认设置，单击【油墨 2】对话框中色块左边的曲线块打开【双色调曲线】对话框。拖动鼠标更改曲线即可修改颜色方案如图 6. 18 所示，在调整曲线过程中可以随时观察图像的更改情况。【双色调】对话框底部的【压印颜色】显示了混合油墨颜色的覆盖范围。图像调整效果如图 6. 19 所示。

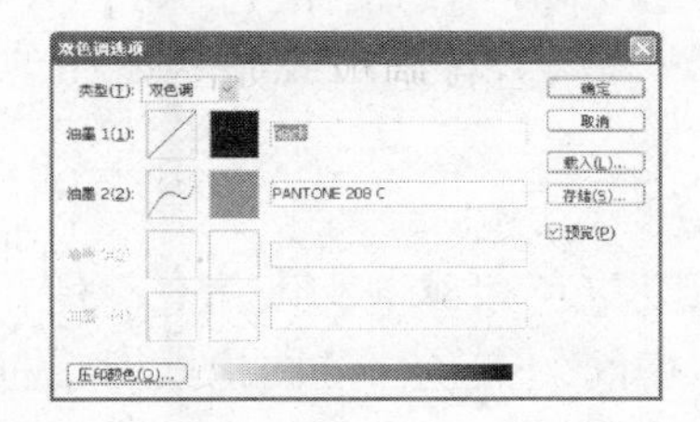

图 6. 17

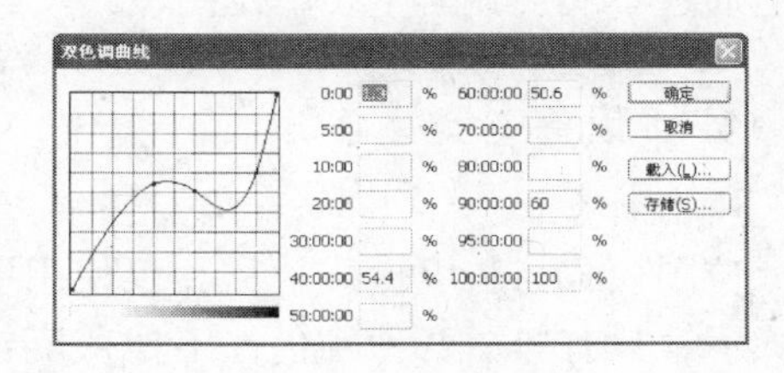

图 6. 18

小提示：【双色调曲线】对话框中，水平轴代表图像中的色调，从左侧的高光到右侧的 100% 阴影。垂直轴代表油墨的浓淡，从底部的无到顶部的 100% 覆盖率。因此图表上的点标识了多少浓淡的油墨将被用于特殊色调的印刷。可以通过单击曲线添加一个新点（该点总是与垂线对齐）或直接在右边 13 个文本框中输入数值来控制着色。

图 6.19

实训 3　制作报版印刷效果

实训目的和要求

通过本实训让学生了解位图模式及其特点与在实际工作中的使用。

实训预备知识

1. 位图模式

位图模式与灰度模式一样，仅使用明度信息而没有色相或饱和度信息。但在位图模式下，只有黑白两种颜色，不像灰度模式有处于中间的灰色。位图模式对话框如图 6.20 所示，【输出】用于指定黑白文件的分辨率。【使用】弹出菜单中一共有五个选项，如图 6.21 所示，其中最常使用的是利用【半调网屏】制作报版印刷效果。

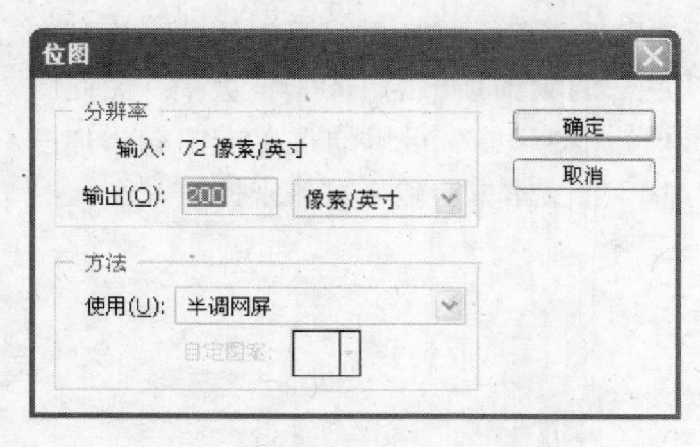

图 6.20

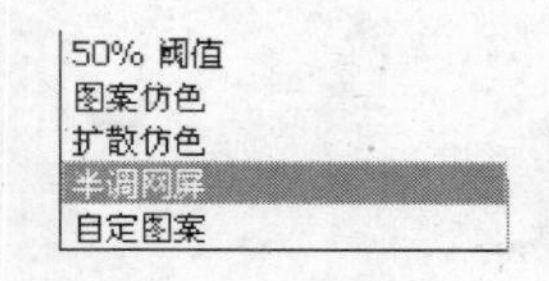

图 6.21

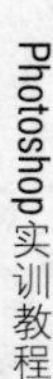

50% 阈值：灰度大于 50% 的所有像素都转变为黑色，灰度小于等于 50% 的所有像素都转变为白色。这与使用【图像】—【调整】—【阈值】命令，将【阈值】设置为

中间值——128 时的效果相同，但【阈值】命令可以提供更为灵活的设置。

图案仿色：【图案仿色】选项使用几何图案来仿色像素。仿色像素是将像素混合以模仿不同的颜色。选择该项，Photoshop 将混合黑白像素以产生灰色阴影。

扩散仿色：选择该项，将产生金属版效果。该选项将图像转换为几千个离散的像素，因此输出到低分辨的打印机时图像必然变得很暗。因此，在选择该选项之前，最好使用色阶或类似的命令来增加图像的亮度。

半调网屏：选择该项后，会弹出如图 6. 22 所示的对话框。其中的选项能将点图案应用于图像。在【频率】选项框中输入每英寸的点数，在【角度】选项框中输入点的角度。然后从【形状】弹出菜单中选择点的形状。

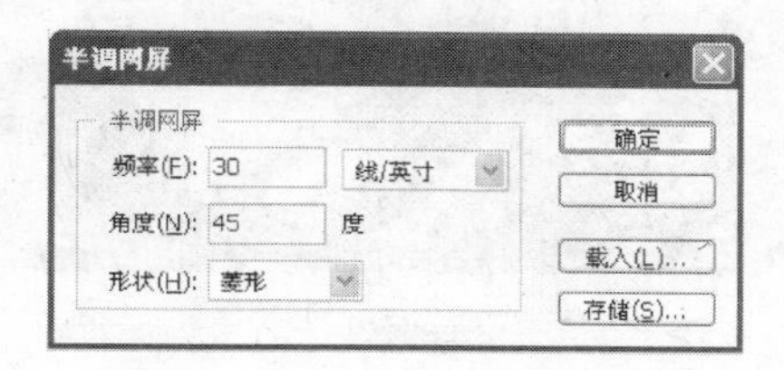

图 6. 22

自定图案：选择该项后，将激活【自定图案】调板。在调板中包含一些 Photoshop 自定义的预定义图案和使用【编辑】—【定义图案】命令定义的自定义预置图案。单击选择要使用的图案，越是尺寸小或复杂的图案，所保留的图像细节越多。如果使用大尺寸的图案，可能辨认不出图片中的任何内容。

小提示：图像转换为位图模式后，无法再进行更高级的编辑操作，也不能返回灰度模式恢复原来的像素。因此，在将图像转换为灰度模式之前，一定要确认已完成所有的编辑工作。在转换之前一定要保存图像。可以保存一个图像的副本，以便当转换之后发现问题时能恢复。

实训步骤

（1）按下 Ctrl + O 快捷键，或执行【文件】—【打开】命令，打开一副 RGB 模式的图像，如图 6. 23 所示。

（2）执行【图像】—【模式】—【灰度】，在弹出的是否扔掉颜色的【信息】的警告框中单击【扔掉】，将图像由彩色图转换为灰度图，如图 6. 24 所示。

图 6. 23

图 6. 24

（3）执行【图像】—【模式】—【位图】菜单命令，在弹出的【位图】对话框的【输出】栏中指定一个分辨率，这里设置为200，在【使用】下拉列表中选择【半调网屏】，单击【确定】。接着在弹出的【半调网屏】对话框中，指定【频率】为15，【角度】为45°，【形状】为菱形，单击【确定】按钮，得到如图6.25所示的报版印刷效果。

图6.25

实训4　索引颜色

实训目的和要求

将RGB模式的图像转换为索引颜色模式。

通过本实训的练习让学生了解索引颜色模式的特点、图像效果以及在实际情况中的用途。

实训预备知识

1. 索引颜色模式

索引颜色模式是8位深度的单通道颜色模式，因此它最多只有256个颜色。索引模式采用一个颜色表存放并索引图像中的颜色，用户可以用颜色表来查找并编辑图像中的颜色。只有RGB模式和灰度模式可以转换为索引颜色模式。虽然灰度图像可以应用【索引颜色】命令，但不能控制建立索引的过程，例如，不能将灰度图像的颜色数量减少到256色以下。选择【图像】—【模式】—【索引颜色】菜单命令，弹出【索引颜色】对话框，如图6.26所示，其主要参数如下：

调板：指定如何在查找表中计算颜色。如果图像所包含的颜色少于或等于256色，【实际】选项可用，选择此选项，表示颜色表中的颜色与图像中的颜色相同。使用Web选项将图像转换为“Web安全色”。“可感知”选项选择图像中使用频率最高的那些颜色。“随样行”选项保留关键颜色，包括那些在“Web安全”调板中的颜色。“可感知”、“可选择”和“随样性”都有两个值：局部和全部。【局部】选项只应用在当前图像中的颜色。【全部】选项则会应用到当前所打开的所有图像。

颜色：输入一个数值来指定调板中的颜色数。其中，选择【三原色】将保护8种颜色：白色、红色、绿色、蓝色、青色、洋红色、黄色和黑色。

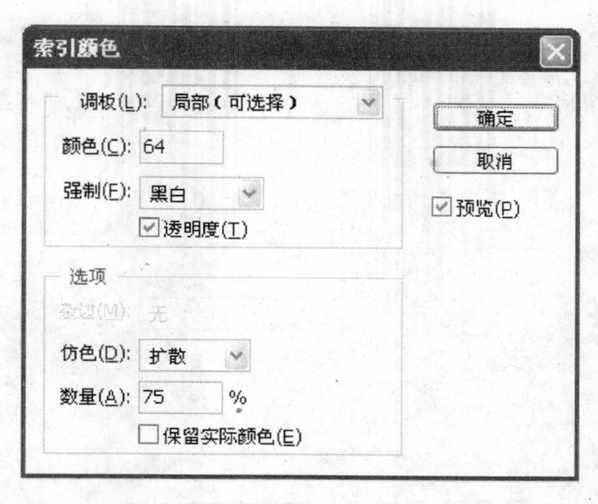

图 6.26

强制：指定图像中锁定的颜色，锁定的颜色将不会发生改变。

透明度：如果一幅图像被放置到一个具有透明背景的图层上，那么选择这个复选框将保持这种透明度。

杂边：当图像具有透明度时，此选项可用。

仿色：指定如何模拟那些从图像中删除的颜色。选择【无】，图像中的每一种颜色与查找表中最接近的颜色相对应。【扩散】对颜色进行随机仿色，将产生很自然的效果。【图案】选项以几何图案对颜色进行仿色。

数量：当选择【扩散】作为仿色模式时，此选项可用，它控制仿色的数量。

保留实际颜色：当【仿色】模式选择【扩散】时，方可选择该选项，它将关掉与当前调色板中颜色匹配的的浅色区域中的仿色。

实训步骤

（1）按下 Ctrl + O 快捷键，或执行【文件】—【打开】命令，打开一张 RGB 模式的彩色图像，如图 6.27 所示。

（2）执行【图像】—【模式】—【索引颜色】菜单命令，在打开的【索引颜色】对话框中，将【颜色】设置为 64，其他选项保持默认设置，得到图 6.28 所示。

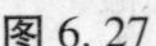
图6.27

图6.28

小提示：可以看到，图像转换后，由之前RGB模式下256×256×256种颜色转换为索引颜色模式下的64种颜色，图像比之前粗糙了很多。正因为索引颜色模式颜色数目少，文件量小，同时它支持透明这些特点使得索引模式经常被用于网页中，如GIF格式文件。当遇上小图片、小LOGO、带动画、带透明的情况下，GIF格式是一种很好的选择。

实训5　多通道

实训目的和要求

将CMYK模式的图像转换为多通道模式。

通过本实训的练习让学生了解什么是多通道模式以及多通道模式在实际中的用途。

实训预备知识

多通道模式多用于特定的打印或输出。在多通道模式中，每个通道都用256个灰度级来存放图像中的颜色信息。

图像转为多通道模式以后，原始图像中的颜色通道转变为专色通道，同时会丢掉RGB、CMYK和Lab颜色模式中的复合通道。将CMYK图像转换为多通道模式，即创建青色、洋红、黄色和黑色专色通道。而将RGB图像转换为多通道模式，则创建青色、洋红和黄色专色通道。这是由于多通道模式是减色模式。因此，多通道模式一般是从CMYK模式转过去。从RGB、CMYK或Lab图像中删除一个通道，可以自动将图像转换为多通道模式。

要输出多通道图像，一般只能以Photoshop DCS 2.0格式存储图像。当以【多文件DSC，无复合】存储时，输出一个总的索引文件和四个单通道文件。

实训步骤

（1）按下 Ctrl + O 快捷键，或执行【文件】—【打开】命令，打开一张 CMYK 模式的彩色图像，如图 6. 29 所示。

（2）执行【图像】—【模式】—【多通道】菜单命令，将图像转为多通道模式，效果如图 6. 30 所示。

图 6. 29

图 6. 30

（3）执行【文件】—【存储为】菜单命令，在弹出的对话框中选择存储格式为 Photoshop DCS 2. 0，单击【保存】，弹出【DSC2. 0 格式】对话框的 DSC 选项中选择【多文件 DSC，无复合】，如图 6. 31 所示，单击【确定】，将文件输出为一个索引文件和四个用于打印出片的专色通道。

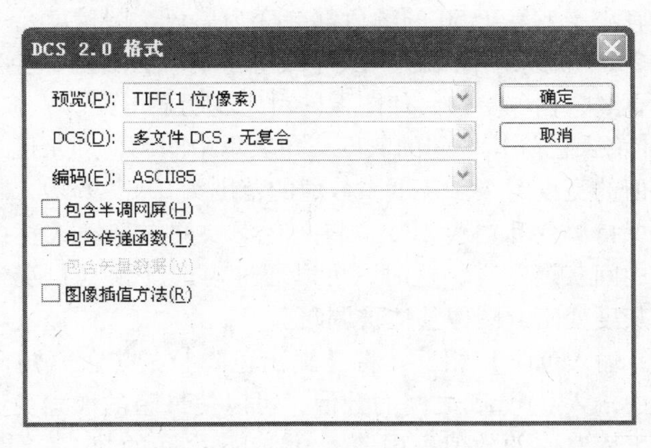

图 6. 31

实训6　调整色阶

实训目的和要求

使用【色阶】命令调整图像，【色彩平衡】命令调整颜色。

通过本项目的学习，让学生掌握【图像】—【调整】中的【色阶】和【色彩平衡】命令，并能有效地利用这些色彩调整命令进行图像色彩的调整，以修复图像中的一些色彩问题，得到一幅高质量的图像。

实训预备知识

1. 色阶

色阶表现了一副图的明暗关系。它将当前图像的所有色彩信息在直方图中用256个灰度级别表现出来。【色阶】是用于调整整体色调（有时是颜色）的绝佳工具。选择【图像】—【调整】—【色阶】菜单命令，弹出【色阶】对话框，如图6.32所示，其主要参数如下：

通道：用户可以对整幅图像的进行亮度及对比度的调整，也可以单独选择每个颜色通道，分别进行调整。

输入色阶：当前图像的所有色彩信息及明暗关系都表现在直方图中，位于【输入色阶】的直方图下的从黑色三角到白色三角的距离则代表了256个灰度级别。拖动黑白滑块或在其对应的三个数值框中输入0~255之间的数值可以更改图像的明暗及对比度。例如，将黑色滑块由0拖动到50的位置，或直接在其对应的数值框中输入数值50，则原图像中所有小于或等于50的颜色都会变为黑色，图像就会变暗。将白色滑块的值由255减少到200，则原图像中所有大于或等于200的颜色都会变为白色。同时改变这两项，让黑的更黑，白的更白，使图像的对比度明显增强。

灰度系数值：【输入色阶】中间的灰度三角表示中间调，即灰度系数值。这个值表示图像中中间灰度值的亮度等级。灰度系数值的范围为0.1~9.99，默认情况下是1.00的绝对中间灰度。保持黑色和白色不变，将灰色滑块向左拖动或直接在数值框中增大灰度系数值可以使中间灰度变亮，这时，可以通过勾选【预览】观察到图像整体得到提亮。反之，中间灰度变暗，图像整体被调暗。

输出色阶：与【输入色阶】相反，将【输出色阶】的黑色三角向右拖动或直接在下面对应的数值框中输入0~255之间的数值，可以使最暗的像素变亮；反之，向左拖动白色三角或在其下面对应的数值框中输入0~255之间的数值，使最亮的像素变暗。提亮最暗像素或调暗最亮像素都会降低图像的对比度。

小提示：使用【输出色阶】将黑色三角滑块拖到右边，将白色三角拖到黑色三角的左边，颜色就会反转，即白色转变为暗色，黑色转变为亮色。当白色三角处于黑色三角初始的位置，黑色三角处于白色三角的初始位置时，就会得到与【图像】—【调整】—【反相】相同的效果。

载入和存储：可以使用这些按钮将设置从磁盘载入或保存到磁盘。

自动：自动一次性完成对图像的颜色和色调调整。

选项：单击此项后，将弹出【自动颜色校正选项】对话框。【算法】部分共三项可供选择，它们指定想要应用的校正类型。选择【增强单色对比度】将得到与【自动对比度】相同的效果，而【增强每通道的对比度】、【查找深色与浅色】的效果分别与【自动色阶】和【自动颜色】的效果相同。在【目标颜色和剪贴】中，可以为图像中的高光、中间调和阴影选择目标颜色。在【剪贴】数值框中输入 0 ~ 9.99 之间的数值可以控制图像中的高光和阴影。数值越大，图像中黑色和白色的像素越多；数值越小对图像的影响越小。

吸管工具：【色阶】对话框中黑灰白三个吸管工具，分别用于在图像取样以指定图像中的黑场、灰场和白场。用黑色吸管工具单击图像中的某个像素定义黑场，该像素以及图像中所有比这个像素暗的颜色都映射为黑色；用白色吸管工具单击图像中某个像素定义白场，该像素以及所有比该像素亮的颜色都映射为白色。而用灰色吸管单击某点，则该点颜色被设置为中间灰色并相应调整其他所有颜色。

自动色阶：对所有颜色通道进行一致调整，将最亮的像素变为白色，最暗的像素变为黑色，并用全部渐变灰色填满色谱。

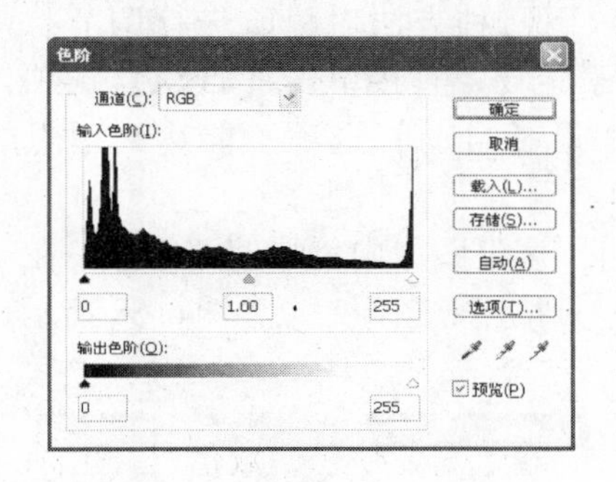

图 6. 32

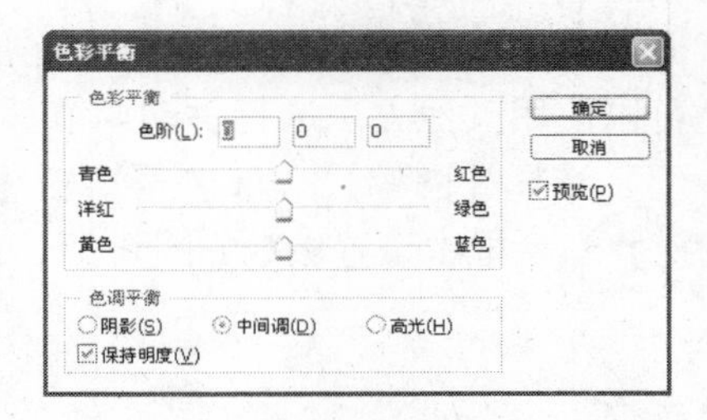

图 6. 33

2. 色彩平衡

色彩平衡：可以校正图像偏色，饱和度不足和过饱和度的问题；可以控制图像的颜色分布，使图像整体达到色彩平衡。【色彩平衡】根据补色原理调整图像颜色，要减少某个颜色，就增加这个颜色的补色。【色彩平衡】可以单独对高光、中间调或阴影进行颜色更改。选择【图像】—【调整】—【色彩平衡】菜单命令，弹出【色彩平衡】对话框，如图 6. 33 所示，其主要参数如下：

色彩平衡：【色彩平衡】中【色阶】的三个数值框分别对应“青色—红色”、“洋红—绿色”和“黄色—蓝色”三组互补色的色彩信息。拖动颜色滑块，与其对应的色阶数值框内的数值随之发生变化，勾选【预览】选项可从图像上实时观察到变化。

色调平衡：可以分别对【阴影】、【中间调】和【高光】进行色彩调整。勾选【保持亮度】，使改变仅限于颜色而非色调值。

实训步骤

（1）按下 Ctrl + O 快捷键，或执行【文件】—【打开】命令，打开图 6. 34 所示。

图 6. 34

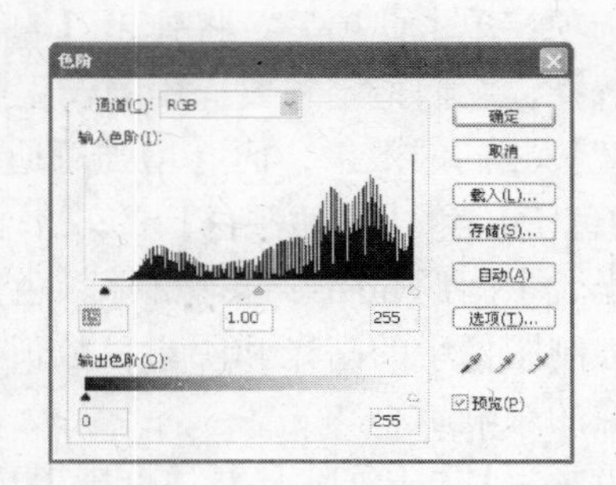

图 6. 35

(2) 执行【图像】—【调整】—【色阶】菜单命令，打开【色阶】对话框，

选择【白色吸管工具】，在图像中的白雾中单击将此处定为画面最亮的区域，拖动【输入色阶】的黑色三角滑块到 15 的位置，如图 6. 35 所示，单击【确定】按钮，效果如图 6. 36 所示。

小提示：在【色阶】对话框中，可以通过以下几种方法对色阶进行调节：调节【输入色阶】的三角滑块；吸管工具单击图像像素定场；直接单击【自动】选项。通常情况下，多用【自动】选项快速完成调节，如果【自动】选项不能达到理想的效果，可以使用其他方法进行手动调节。

(3) 选择【图像】—【调整】—【色彩平衡】，调整图像中偏红偏黄的草，在【色彩平衡】对话框中设置参数如图 6. 37，单击【确定】按钮，图像效果如图 6. 38 所示。

图 6. 36

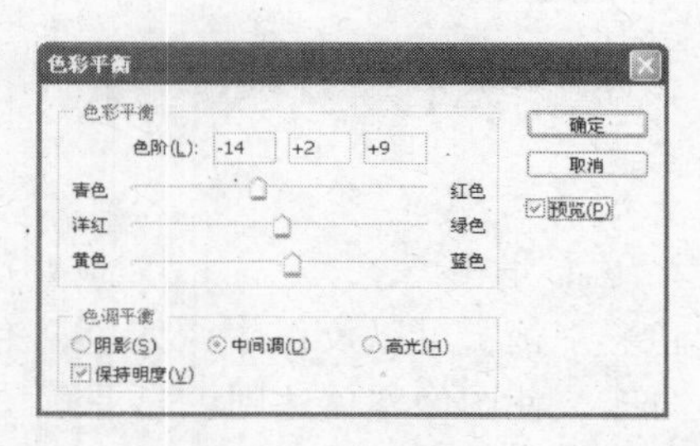

图 6. 37

图 6. 38

实训 7　自动色阶

实训目的与要求

使用【自动色阶】和【色相/饱和度】命令调整图像。

通过本实训使学生掌握【自动色阶】与【色相/饱和度】命令，并能应用这两个命令调整图像。

实训预备知识

1. 自动色阶

【自动色阶】命令可以改善照片的全局颜色和对比度。该命令作用于每个颜色通道，将图像中最亮的像素变为白色，最暗的像素变为黑色，用全部渐变灰色填满色谱。

2. 色相/饱和度

【色相/饱和度】命令可以控制色相以更改色轮中的颜色，调节饱和度让颜色更强或更中性或更灰，控制高光让颜色接近黑色或白色。可以选择调整整体颜色或分别调节六个色系。可以扩展或减少色系中的颜色范围，控制那些受影响颜色和不受影响颜色间的渐变间隔或连续的方式。可以使用单一颜色为图像着色。选择【图像】—【调整】—【色相/饱和度】菜单命令，弹出【色相/饱和度】对话框，如图 6.39 所示，其主要参数如下：

色相：通过拖动【色相】滑块或直接在数值框内输入 -180° ~ +180°的数值调整颜色。但当勾选【着色】复选框时，【色相】变为 0° ~360°之间的绝对值。图像变为单色图。

饱和度：指定颜色的强度。通常在表示灰色的 -100 到表示极为生动的色相的 +100之间变动。与【色相】选项相同，当勾选【着色】复选框时，饱和度变为一个绝对值，度量范围从表示灰色的 0 到表示最大饱和度的 100。

明度：通过拖动【明度】滑块或直接在数值框内输入 -100° ~ +100°的数值，可以使图像变暗或加亮。

小提示：【明度】始终对图像中的所有亮度级别做同等程度的变化。改变【明度】会使图像整体变亮或变暗，致使高光和阴影不明显。因此，应尽量使用【色阶】或【曲线】命令来编辑亮度和对比度。

编辑：指定当前选区或图层中哪些颜色会受到【色相/饱和度】命令的影响。选择默认选项【全图】，将对所有的颜色进行同等的调整。此外，可以选择红色、黄色、绿色、蓝色、青色或洋红单独进行调整。当选择某一个颜色选项时，只改变图像中这一颜色，而其他所有颜色都不会受影响。而【编辑】中每个颜色选项都对应一个预定义的颜色范围。为了使受影响和不受影响的影响的颜色之间过渡自然，Photoshop 会在预定义颜色范围的每一端点用 30°模糊操作来柔化边界。

色带：对话框底部有两条色带。第一条色带显示 360°的色谱，第二条色带显示编辑后色带的样子。通过对【色带】的观察，可以了解在【色相/饱和度】中对颜色进行的改变颜色范围控件：当从【编辑】菜单中选择任一颜色选项时，在两条色带之间会出现一组标识出选择的颜色的范围控件，如图6.40所示。可以通过这组颜色范围控件编辑颜色，扩大或缩小受【色相/饱和度】命令影响的颜色范围。

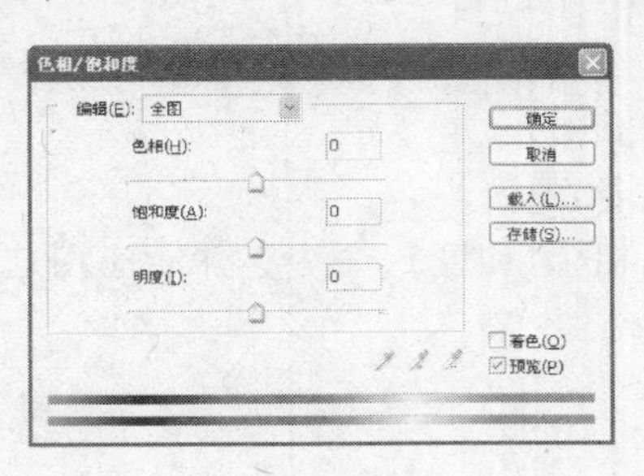

图6.39

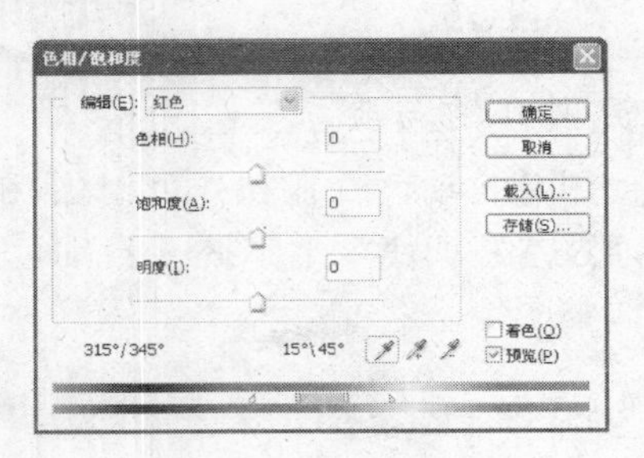

图6.40

●按住Ctrl键，同时在色带上拖动鼠标，色谱在色带上循环出现。

●分别拖动两个颜色较浅的模糊棒可以在不影响模糊效果的情况下扩大或缩小颜色范围。

●拖动范围控件来改变范围，同时保持模糊点固定不变。结果是扩大范围同时减少模糊度，或相反的情况。

●拖动三角形模糊控件，增加或减少模糊度，而不影响颜色范围。

【吸管工具】：用 在图像中单击，即从图像中提取一个颜色范围。 在图像中单击可以将这个颜色范围增加到编辑范围内，而 则可以将单击处的颜色范围从颜色编辑中减去。

小提示：在图像窗口中按住Shift键的同时单击鼠标，或在图像窗口拖动鼠标，可以扩大选取范围以包含更多的颜色。在图像窗口中按住Alt键的同时单击鼠标，或者在图像窗口中拖动鼠标，可以从颜色范围中删除颜色。

载入/存储：可以将设置的选项存储到磁盘，或将存储到磁盘上的设置载入，应用到其他图像。

着色：勾选此选项，将以单一颜色和单一的饱和度为图像着色。

实训步骤

(1) 按下Ctrl+O快捷键，或执行【文件】—【打开】命令，打开图6.41。

(2) 执行【图像】—【调整】—【自动色阶】命令，效果如图6.42所示。

图6.41

图6.42

(3) 执行【图像】—【调整】—【色相/饱和度】菜单命令，弹出【色相/饱和度】对话框。拖动【饱和度】滑块到17，或直接在其对应的数值框内输入数值17，其他保持默认设置，单击【确定】按钮，图像调整效果如图6.43所示。

图6.43

实训8　曲线调整

实训目的和要求

调整图像色调、对比度，并修复图像中阴影处的细节。

通过本实训使学生掌握【曲线】和【阴影/高光】命令，并能使用这些命令对图像进行相应的调整。

实训预备知识

1. 曲线

【曲线】命令可以调整图像中指定的色调范围，而不会让图像整体变亮或变暗，可以将图像中的任意亮度值转变为其他任意亮度值。【曲线】对话框如图6.44所示，其主要参数如下：

通道：指定是针对颜色通道单独调整还是在复合通道中进行统一调整。

亮度图：通过亮度图，可以将图像中的原始亮度值转变为新的亮度值。亮度图的横轴表示输入色阶，纵轴表示输出色阶。默认情况下，当图像的颜色模式为RGB模式时，左下图是原点，这一点的输入色阶与输出色阶都为0，横向的亮度条从左到右由黑到白。亮度曲线表示输入色阶和输出色阶之间的关系。亮度曲线在默认情况下为对角直线，这时输入色阶与输出色阶的值相等，图像无任何变化。当将亮度曲线向上拖动成为上玄线时，同一像素的输出色阶比输入色阶值亮，图像整体被提亮；反之，当亮度曲线成为下玄线时，图像整体变暗。当亮度曲线为“S”形曲线时，对比度增加；当亮度曲线为更为复杂且变化幅度较大的曲线时，图像转变为各种特殊效果。

曲线工具：【曲线工具】用于在亮度图内绘制曲线，对图像进行调整。默认情况下是【点工具】。用【点工具】在亮度图中单击可以将一个点添加到曲线上。拖动点可以改变点的位置，使图像随之发生变化。按住 Ctrl 键同时单击点，可以删除该点。使用铅笔工具在亮度图内拖动鼠标可以绘制任意形状的曲线。在某点单击鼠标，然后在另一点按住 Shift 键同时单击鼠标，可以绘制直线。

输入值和输出值：根据亮度条的设置，【输入】和【输出】值按照光照量或颜料量来监控亮度图中光标所在位置的信息。使用【点工具】时，可以更改【输入】和【输出】的值。具体做法是：单击亮度图上想要校正的点，然后在【输入】和【输出】框内输入新的值。也可以在单击要更改的点后，通过键盘上向上和向下箭头来增加或减小“输出”值。每按一下，【输出】值会相应地增加或减少 1。按住 Shift 键同时再按向上或向下箭头，【输出】值则以 10 为增量发生变化。

载入和存储：可以将设置从磁盘载入或保存到磁盘上。

平滑：单击此项可以使铅笔工具绘制的曲线变得平滑。从而使图像窗口中的颜色过渡更平滑。但这个按钮只有在激活铅笔工具时才可用。

自动：与【色阶】对话框中的【自动】的作用相同。

选项：与【色阶】对话框中的【选项】相同。

吸管工具：【曲线】对话框中的三个吸管工具的作用与【色阶】对话框中的相同。此外，如果将光标移出对话框，移入图像窗口，光标会变为标准的吸管光标。单击图像中的一个像素，可以定位该像素的亮度值在亮度图中的位置。此时，亮度图中的曲线上会出现一个小圆圈，【输入】和【输出】框内显示该点的【输入】和【输出】值。如果在按住 Ctrl 键的同时单击图像中的像素点，则将该点自动添加到亮度曲线。

2. 阴影/高光

【阴影/高光】命令可以修复照片中曝光不足或曝光过度的区域的细节。【阴影/高光】对话框如图 6.45 所示。

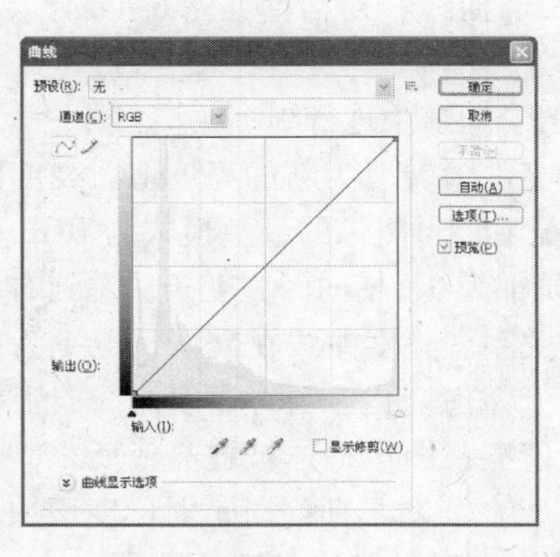

图 6.44

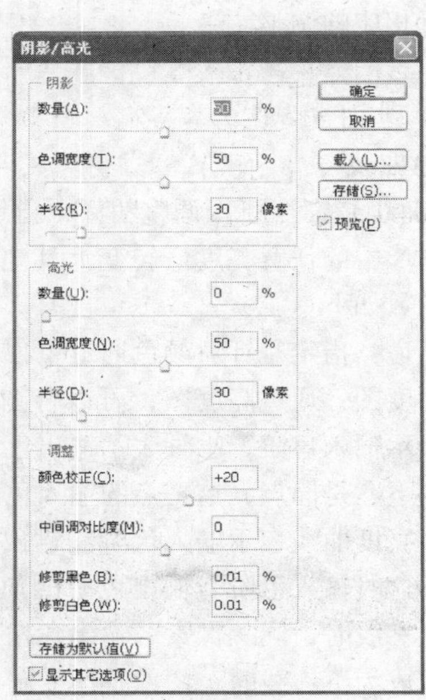

图 6.45

数量：在【阴影】部分，【数量】滑块用来指定图像中阴影区域要加亮的程度。在【高光】部分，这个滑块控制高光区域要变暗的程度。值从 0% 到 100% 逐步增大，默认情况下【阴影】为 50%，【高光】为 0%。

色调宽度：指定【阴影/高光】命令作用的像素范围。可控范围从 0% 到 100%，值越大，命令作用的范围越大。其默认值都是 50%。在【阴影】部分，值越大被加亮的阴影区域的范围越大，值越小受影响的范围就越集中于图像中更暗的区域。在【高光】部分，值越大变暗的亮部区域范围越大，值越小就越局限于在更亮的区域进行调整。

半径：【阴影/高光】命令将每个像素与周围的像素进行比较，来决定哪些区域属于阴影部分，哪些区域属于高光部分。以避免那些零散的暗色像素被归为阴影而变亮。调节【半径】滑块来决定相邻像素范围，即计算每个像素属于阴影还是高光部分时，需要考虑的周围像素的数量。默认设置是 30 像素。增加所应用的【半径】值会降低图像改动的精度，减少【半径】值会使一些区域的对比度丢失。

颜色校正：用于调整图像中受影响区域中颜色的饱和度。对于灰度图像，该选项会变为【亮度】设置。

中间调对比度：可以增加或降低图像中中间调像素的对比度。一般来说，值越大意味着图像越暗，值越小产生的结果越亮越平滑。

修剪黑色、修剪白色：指定阴影像素调整后的最大暗度亮度像素调整后的最大亮度。默认值都是 50%，但应尽可能使用小的值，从而使图像拥有平滑过渡和较好的对比度等级。

存储和载入：【存储】和【载入】可以分别保存设置和载入设置。

实训步骤

（1）按下 Ctrl + O 快捷键，或执行【文件】—【打开】命令，打开图 6.46。

（2）选择【图像】—【调整】—【曲线】命令，弹出【曲线】对话框，将曲线的高光点向左拖移提亮高光，再将中间调向上拖移到合适的位置提亮整体色调，设置如图 6.47 所示，调整效果如图 6.48 所示。

（3）选择【图像】—【调整】—【阴影/高光】命令，修复图像底部的阴影细节如图 6.49 所示，设置参数如图 6.50 所示。

图 6.46

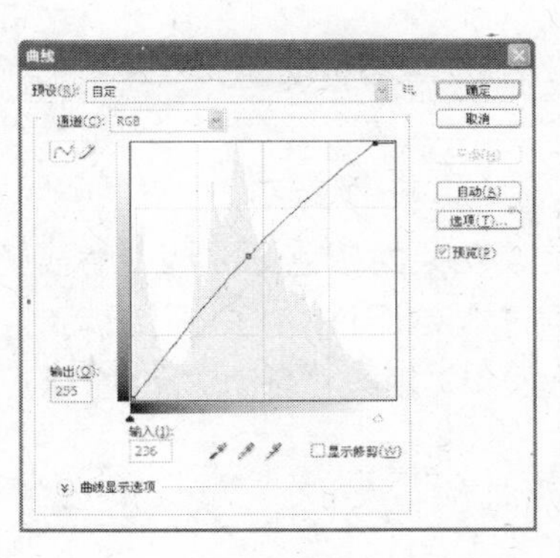

图 6.47

图 6.48

图 6.49

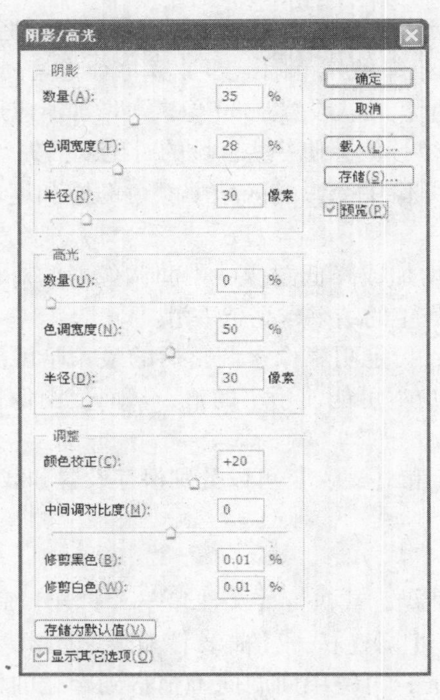

图 6.50

实训 9　替换颜色

实训目的与要求

替换花朵的颜色，并调整替换颜色后的图像。

通过本实训让学生了解【自动对比度】和【替换颜色】命令，掌握【替换颜色】命令的实际操作，理解【自动对比度】与【自动色阶】和【自动颜色】各自的功能与差别。

实训预备知识

1. 自动对比度

【自动对比度】可以增加色彩对比度，同时不会使图像产生偏色。

2. 替换颜色

【替换颜色】可以将图像或特定选区中的颜色进行替换。选择【图像】—【调整】—【替换颜色】命令，弹出【替换颜色】对话框，如图 6. 51 所示。

在【选区】部分，指定需要进行替换的颜色。用【吸管工具】直接在图像中点击，将点击处的颜色指定为将被替换的颜色，用【添加到取样工具】在图像中点击可以将点击处的颜色添加到替换中，用【从取样中减去工具】可以将颜色从替换中减去。【颜色容差】控制取样颜色的范围。【颜色块】可以指定和预览将被替换的颜色。选择【选区】，预览框以蒙版显示替换选区，白色为替换区域，黑色为完全不改变。选择【图像】，预览框内显示原始图像。

在【替换】部分，可以调整新颜色的【色相】、【饱和度】和【明度】。

实训步骤

（1）按下 Ctrl + O 快捷键，或执行【文件】—【打开】命令，打开图 6. 52。

（2）选择【图像】—【调整】—【替换颜色】命令，弹出【替换颜色】对话框。在【选区】部分结合使用三个吸管工具和【颜色容差】选择花朵，在【替换】部分指定新颜色，如图 6. 53 所示，单击【确定】按钮，将黄色花朵替换为新的颜色，如图 6. 54 所示。

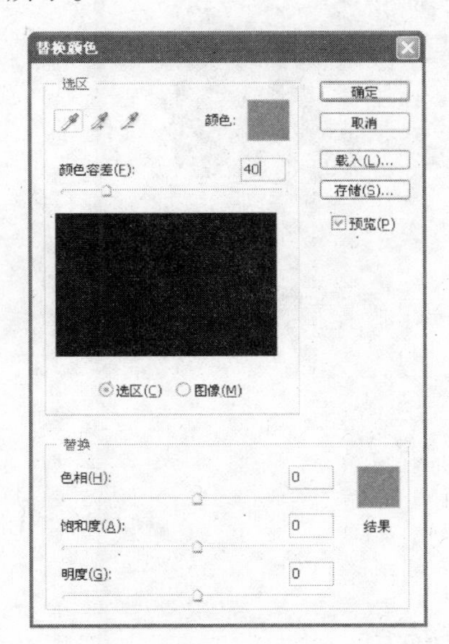

图 6. 51

图 6. 52

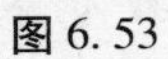

图 6.53

图 6.54

（3）选择【图像】—【调整】—【自动对比度】命令，效果如图 6.55 所示。

图 6.55

实训 10　自动颜色

实训目的与要求

修复图像中阴影和高光区域的细节，并校正颜色。

通过本实训的练习让学生掌握使用【阴影/高光】调色命令修复图像中阴影和高光区域的细节，使用【自动颜色】调色命令调整图像颜色。

实训预备知识

【自动颜色】在调整肤色以及处理其他细小变化方面表现很出色。【自动颜色】除了会增加颜色对比度外，还会中和图像的高光、中间色调和阴影。它会把处在 128 级亮度的颜色纠正为 128 级灰色。由于这个对齐灰色的特点，使得它既有可能修正偏色，也有可能引起偏色。

实训步骤

(1) 按下 Ctrl + O 快捷键，或执行【文件】—【打开】命令，打开图 6.56。

(2) 执行【图像】—【调整】—【阴影/高光】命令，弹出【阴影/高光】对话框，图像调整效果如图 6.57 所示，在对话框中设置参数如图 6.58 所示。

图 6.56

图 6.57

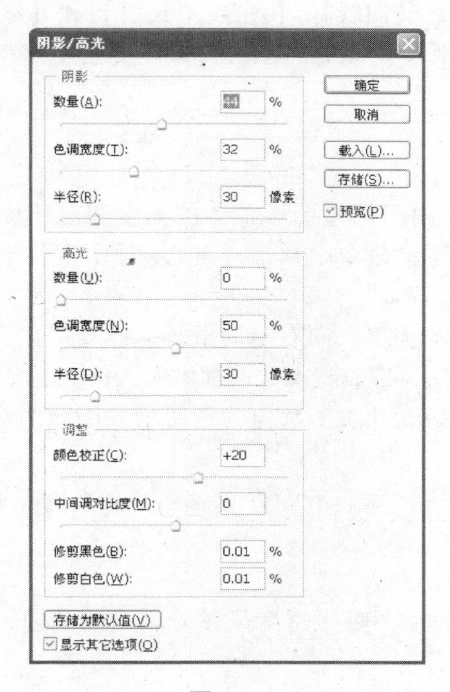

图 6.58

(3) 执行【图像】—【调整】—【自动颜色】命令，人物肤色得到很好的调整，但图像中的其他部分产生了偏色，如图 6.59 所示。

（4）在【工具箱】中选择【历史记录画笔工具】，在【历史记录】调板的【打开】栏前的方框中单击，用【历史记录画笔工具】在图像背景中涂抹，将背景还原为原始状态，再将人物衣物部分恢复到使用【阴影/高光】调整后的状态，如图 6.60 所示。

图 6.59

图 6.60

实训 11　调整色调

实训目的与要求

修复曝光不足的照片，并增强整体对比度。

通过本实训让学生了解【曲线】、【亮度/对比度】和【曝光度】调色命令的作用，并能使用这些命令修复图像中的相应的颜色问题。

实训预备知识

1. 亮度/对比度

【亮度/对比度】命令用于调整图像整体的亮度和对比度，选择【图像】—【调整】—【亮度/对比度】菜单命令，弹出【亮度/对比度】对话框，如图 6.61 所示，其主要参数如下：

亮度：用于调整图像的亮度。向右拖动滑块，或直接在其数值框中输入正值，增加图像亮度；向左拖动滑块，或直接在数值框中输入负值，降低图像亮度。

对比度：用于调整图像对比度。数值为正时增加图像的对比度，数值为负值时降低图像的对比度。

使用旧版：默认情况下使用新版命令调整图像，此时只对图像的亮度进行调整，色彩的对比度保持不变。

2. 曝光度

【曝光度】用于调整照片中曝光过度或曝光不足的问题。【曝光度】对话框如图 6.62 所示，其主要参数如下：

曝光度：指定增强或减弱曝光程度。默认值是 0。向右拖动或输入大于 0 的值，增强曝光度，图像会变亮；向左拖动或输入小于 0 的值，减弱曝光度，图像会变暗。

位移：默认值为 0。增加【位移】值会降低对比度，并使所有像素都更倾向于灰色。降低【位移】值会增强对比度，并使所有像素都更倾向于黑色。

灰度系数校正：用于调整中间调的亮度。默认值为1.00。向左拖动滑块，增加【灰度系数校正】值会使颜色变亮，增到最大时整个图像变为白色。向右拖动滑块，降低【灰度系数校正】值则使颜色变暗。

吸管工具：与【色阶】对话框中的吸管工具作用相同。

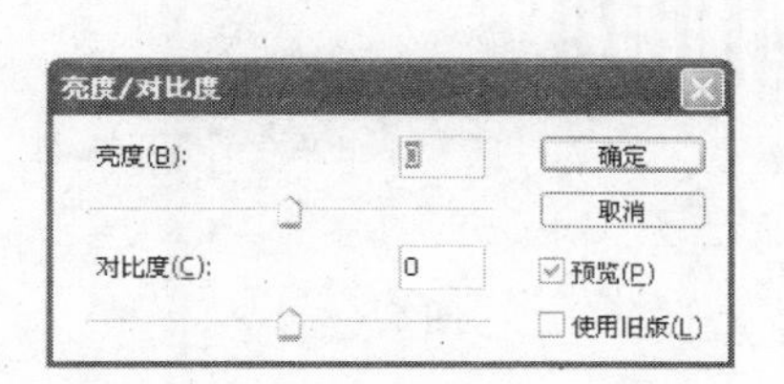

图6.61

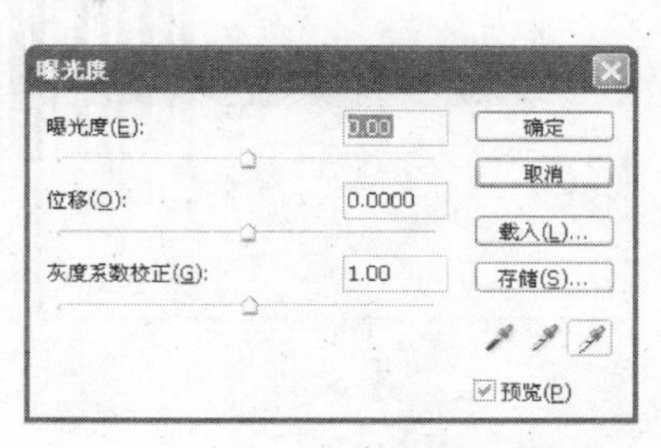

图6.62

实训步骤

（1）按下Ctrl＋O快捷键，或执行【文件】—【打开】命令，打开图6.63。

图6.63

（2）选择【图像】—【调整】—【曝光度】调色命令，弹出【曝光度】对话框，将参数设置如图6.64所示，图像调整效果如图6.65所示。

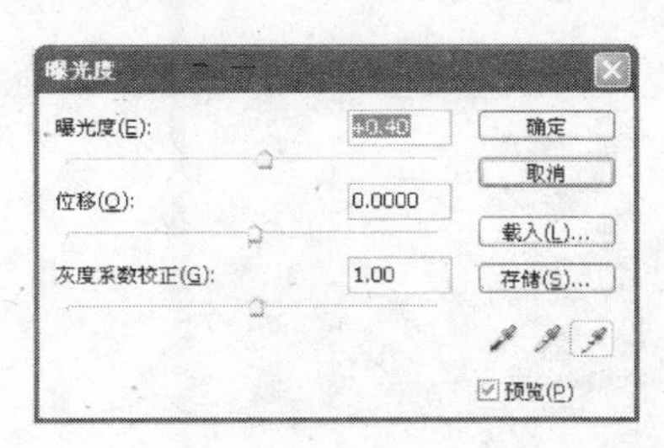

图6.64

图6.65

（3）选择【图像】—【调整】—【亮度/对比度】调色命令，在【亮度/对比度】对话框中设置参数如图 6.66 所示，图像调整效果如图 6.67 所示。

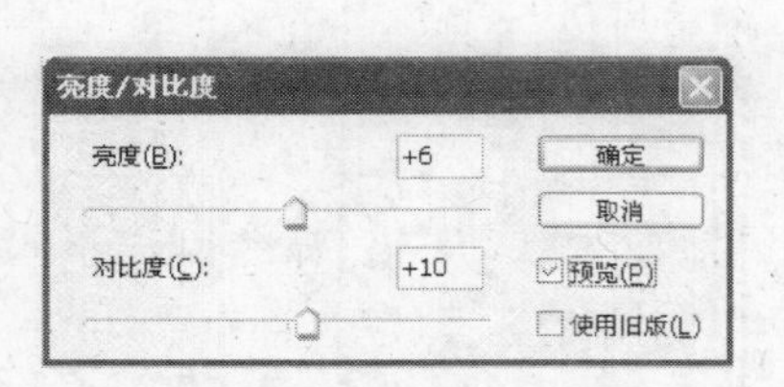

图 6.66

图 6.67

（4）选择【图像】—【调整】—【曲线】调色命令，弹出【曲线】对话框。按住 Ctrl 键在图像中白色屋顶的最亮处、灰色线条部分以及天空中的白云的最亮处单击鼠标左键，在曲线图中创建曲线点，如图 6.68 所示。向下移动屋顶最亮处白色的曲线点，保持屋顶灰色线条部分曲线点不变，向上移动天空中白云的曲线点，如图 6.69 所示，图像中的色调调整效果如图 6.70 所示。

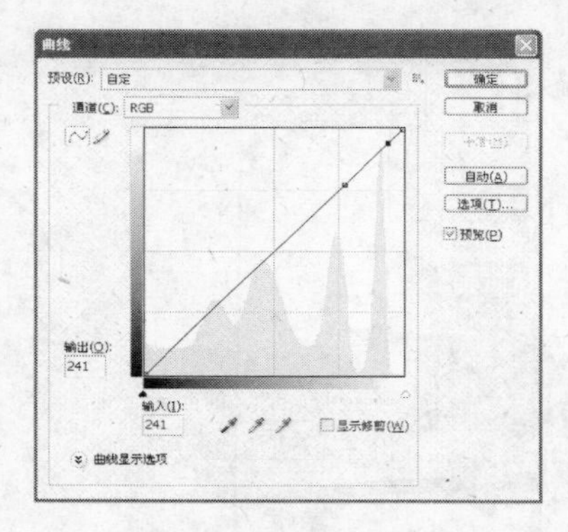

图 6.68

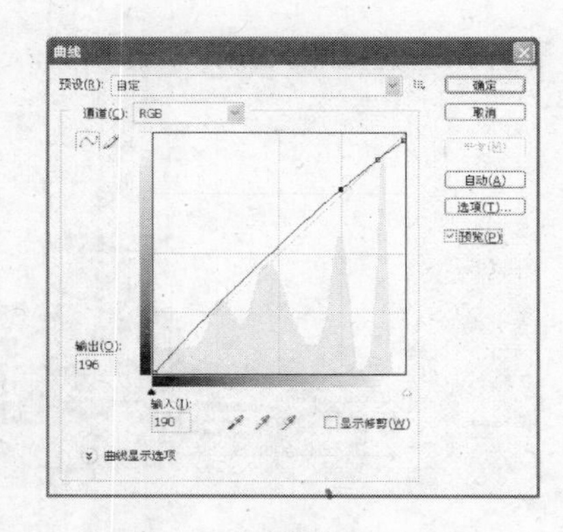

图 6.69

图 6.70

实训 12　制作单色图

实训目的和要求

将彩色照片制作成单色图。

通过本实训让学生掌握【黑白】命令，并能灵活使用【黑白】命令制作不同效果的灰度图以及单色图。

实训预备知识

【黑白】调整命令可以将图像处理为黑白效果，也可以在黑白效果的基础上，为图像施加一个颜色，形成双色调。选择【图像】—【调整】—【黑白】，弹出【黑白】对话框，如图 6. 71 所示，其主要参数如下：

图 6. 71

预设：在此下拉列表中，可以选择 Photoshop 自带的多种图像处理设置，从而将图像处理成为不同的灰度效果。

颜色设置：拖动对话框中间的六个颜色滑块，或直接在数值框中输入数值，可以增加或减少原图中对应颜色的含量，从而制作出不同的灰度效果。

色调：选择该选项，将在黑白基础上为图像叠加一种颜色。对话框底部的【色相】和【饱和度】色条以及右侧的色块将被激活，如图 6. 72 所示。通过拖动【色相】色条的三角滑块或在数值框中输入数值，以及单击右侧的【颜色块】，在弹出的对话框中选择颜色，均可以选择为图像叠加的颜色。

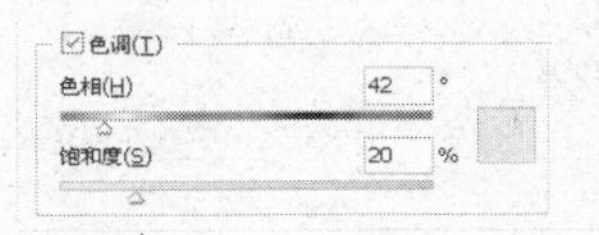

图 6. 72

实训步骤

（1）按下 Ctrl + O 快捷键，或执行【文件】—【打开】命令，打开图 6. 73 所示。

（2）选择【图像】—【调整】—【黑白】命令，选择【色调】，【色相】为 39°，【饱和度】为 28%，得到金棕色的单色效果，如图 6. 74 所示。

图 6. 73

图 6. 74

实训 13　为彩色照片重新着色

实训目的与要求

为彩色照片进行手动重着色。

通过本实训的学习，使学生了解掌握【去色】命令，了解【去色】命令与【灰度】和【黑白】命令的异同，并能应用该命令进行相关的色彩调整或制作一些特色效果。

实训预备知识

去色

【去色】命令是用于删除颜色、生成灰度外观但保留颜色数量的一种方法。与【图像】—【模式】—【灰度】命令不同，对图像应用【去色】命令后，图像的颜色模式不会发生变化。

实训步骤

（1）按下 Ctrl + O 快捷键，或执行【文件】—【打开】命令，打开一幅颜色模式为 RGB 模式的彩色图像，如图 6. 75 所示。

（2）执行【图像】—【调整】—【去色】命令，将图像转换为灰度外观，如图 6. 76 所示。

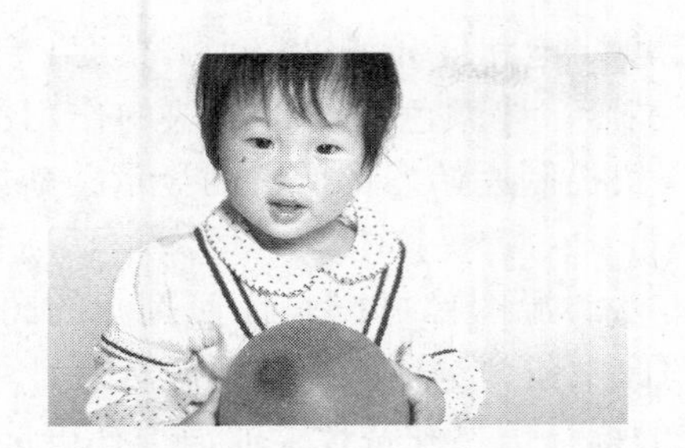
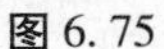

图 6.75

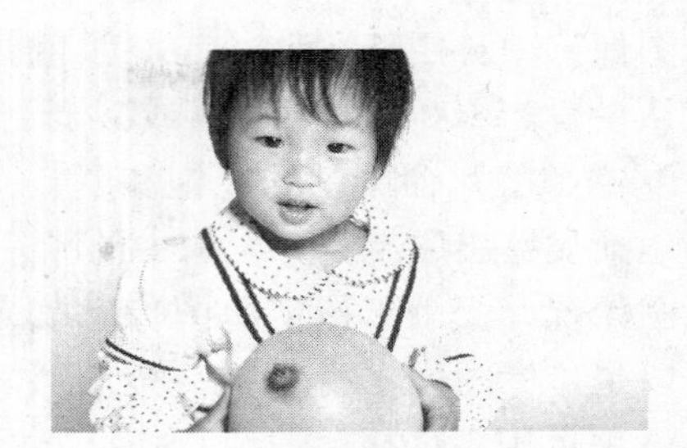

图 6.76

（3）在【图层面板】底部单击【新建图层】按钮，新建图层1。选择图层1，设置图层模式为【正常】，透明度为55%，在【工具箱】中选择【画笔工具】，在【工具选项栏】中设置画笔为柔角300像素，在【色板面板】上选择红色，用【画笔工具】在气球上涂抹，效果如图6.77所示。

（4）重复步骤（3）的操作，调整透明度和画笔，分别为其他部分进行着色，效果如图6.78所示。

图 6.77

图 6.78

实训 14　改变色调

实训目的与要求

使用【匹配颜色】和【照片滤镜】命令改变图像色调。

通过本实训使学生了解掌握【匹配颜色】和【照片滤镜】命令，并能使用这些命令调整图像颜色。

实训预备知识

1. 匹配颜色

【匹配颜色】命令可以调整整幅图像，或者图像的局部，使它与另一幅图像匹配。【匹配颜色】对话框如图6.79所示，其主要参数如下：

目标图像：当选择【匹配颜色】命令时，自动将【目标图像】设置为当前的活动图像。如果目标图像包含选区，【应用时忽略选区】选项可用。不选择这个选项，效果只应用到图像中选中的区域。

图像选项：用于调整【匹配颜色】命令的亮度、饱和度和浓度。【明亮度】滑块的默认设置为100，用于增强或减弱目标图像的亮度。【颜色强度】滑块的作用类似【色相/饱和度】命令中的【饱和度】。【渐隐】滑块控制原始图像像素的显示，增加该值将逐渐显露出原始目标图像中的颜色元素。

图像统计：用于指定源图像并确定其解析方法。源图像可以是任何打开的图像，也可以是目标图像本身中的一个图层。如果源图像中包含选区，【使用源选区计算颜色】选项可用，选择此选项，则只分析选中区域的统计信息和特性；取消选择该选项，将查看图像中的所有像素来确定统计信息。同样，选择【使用目标选区计算调整】选项，只使用目标图像选区中的颜色对它进行更改。

【源】弹出菜单用于选择从打开的图像中选择一个作为源图像。如果选择了一个拥有一个以上图层的源图像，可以从【图层】弹出菜单中指定要从哪个图层统计信息，还可以选择源图像中所有图层的合并选项。

使用【载入统计数据】和【存储统计数据】可以载入或保存【匹配颜色】命令统计信息的选项。

2. 照片滤镜

【照片滤镜】模拟在相机镜头前添加彩色滤镜，调整通过镜头传输的光的色彩平衡和色温。选择【图像】—【调整】—【照片滤镜】，弹出【照片滤镜】对话框，如图6. 80所示，其主要参数如下：

滤镜：在滤镜弹出菜单中可以选择为图像添加预设的滤镜。

颜色：单击颜色块，即打开拾色器，可以在拾色器中指定任何颜色将其作为滤镜使用。

浓度：指定【照片滤镜】命令将要应用的颜色校正的程度。

保留明度：选择此选项，将保证亮度值不会因颜色调整而变暗。

图6. 79

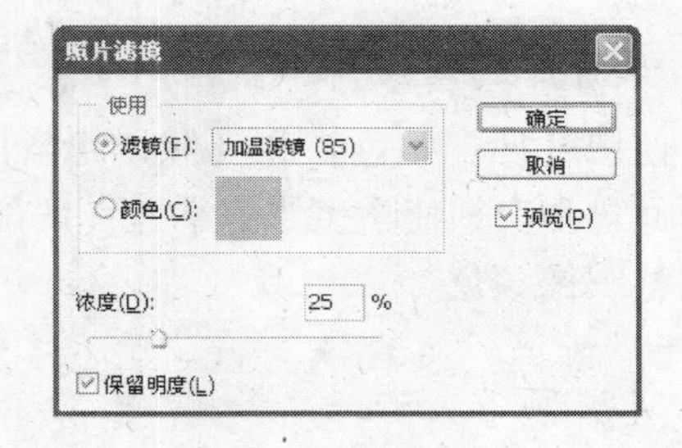

图6. 80

实训步骤

（1）按下Ctrl+O快捷键，或执行【文件】—【打开】命令，打开图6. 81所示。

（2）按下Ctrl+O快捷键，或执行【文件】—【打开】命令，打开图6. 82所示。

图 6. 81

图 6. 82

（3）选择【图像】—【调整】—【匹配颜色】命令，在弹出的【匹配颜色】对话框中，设置【源】图像为图，单击【确定】按钮，得到图 6. 83 所示。

（4）选择【图像】—【调整】—【照片滤镜】命令，打开【照片滤镜】对话框，在【滤镜】下拉列表中选择【紫色】，【浓度】为 35%，单击【确定】按钮，得到图 6. 84 所示。

图 6. 83

图 6. 84

实训 15　更改图像颜色——从夏天到秋天

实训目的与要求

更改图像中的颜色，使图像中的景色从夏景转变到秋景。

通过实训的练习，使学生学习并掌握【通道混合器】和【可选颜色】命令，并能使用这两个命令进行相关的色彩调整。掌握这两个命令，重点在于理解它们的工作原理及它们的区别。

实训预备知识

1. 通道混合器

【通道混合器】命令只对 RGB 模式和 CMYK 模式的图像起作用。它通过增减单个颜色通道的方法调整图像中的颜色。在【通道混合器】的各个通道中进行调节可以得到高品质的灰度图。【通道混合器】对话框如图 6.85 所示，其主要参数如下：

预设：除了【无】与【自定】，其他系统预设的选项会将图像转变为效果各不相同的灰度图。

输出通道：指定要修改或调节的通道。在 RGB 模式下，下拉菜单中是红、绿、蓝三个颜色通道；相应的，在 CMYK 模式下，则为青、洋红、黄和黑四个通道。

源通道：同【输出通道】一样，模式不同，【源通道】下的选项有所不同。拖动划块可以减少或增加源通道在输出通道中所占的百分比，或在文本框中直接输入 -200% ~ +200%之间的数值。通过在【源通道】中对颜色通道中的调节，可以使图像原本的颜色信息发生极大甚至完全相反的变化。【常数】选项可以将一个不透明的通道添加到输出通道，若为负值视为黑通道，正值视为白通道。

单色：勾选此选项将为图像创建该色彩模式下的灰度图。

2. 可选颜色

【可选颜色】通过增加或减少油墨来对图像中特定颜色进行修改而不影响其他。【可选颜色】对话框如图 6.86 所示。在【颜色】选项中，选择要修改的颜色，包括 RGB 的三原色红、绿、蓝，CMYK 的青、洋红、黄和黑，以及白色和中性色——灰色共 9 中颜色。指定要修改的颜色。在【方法】选项中指定一种修改方式。选择【相对】按总量的百分比进行调整，但这一方法对白色不起作用。选择【绝对】则按其绝对值调整颜色。然后，在【颜色】下方拖动青、洋红、黄和黑的滑块，或在其数值框中输入 -100 ~ +100的数值，增加或减少颜色的油墨从而对颜色进行修改。

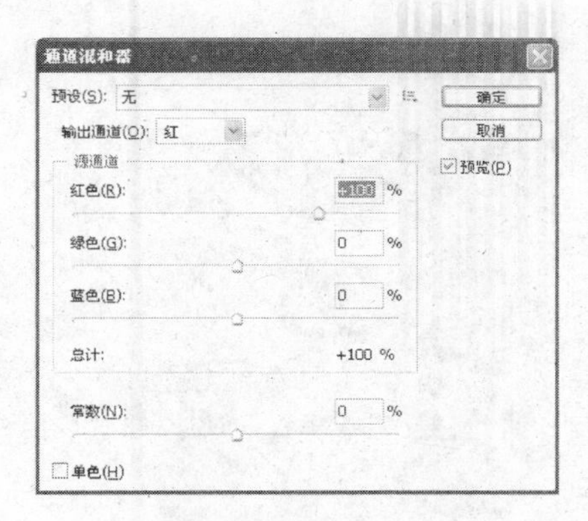

图 6.85

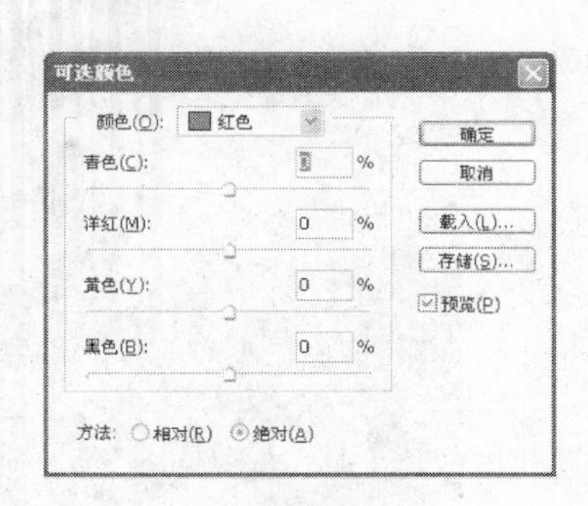

图 6.86

实训步骤

（1）按下 Ctrl + O 快捷键，或执行【文件】—【打开】命令，打开一幅 RGB 颜色模式的图像，如图 6.87 所示。

（2）执行【图像】—【调整】—【通道混合器】命令，打开【通道混合器】对话框。在【输出通道】中选择红通道，在【源通道】中，将红色减少到 -50%，绿色增加到 +200%，蓝色减少到 -50%。效果如图 6.88 所示。（要将夏景转变为秋景，就得将整体的绿色转变为金黄色。原始图像中的绿色部分红色、蓝色成分很少，要变黄就要增加红色成分，而且增加的还必须是与绿色部分相对应的区域。因此，用提高红色通道的亮度的方法是不能达到目的的。必须是将原本绿色部分转换为黄色或金黄色。因此，可以通过在一个通道中增加其他颜色信息来替换原本的颜色信息这一方法来实现。）

图 6.87

图 6.88

（3）执行【图像】—【调整】—【可选颜色】命令，打开【可选颜色】对话框。在【颜色】下拉列表中选择【白色】，在【方法】选项栏中选择【绝对】，然后将【洋红】颜色滑块拖动到 +16 的位置，【黄色】滑块拖动到 +21 的位置，为白色的天空制作一点霞光效果，与画面整体协调，如图 6.89 所示。

图 6.89

实训 16　特殊色调

实训目的与要求

使用【渐变映射】命令为图像施加特殊色调。

通过本实训让学生了解掌握【渐变映射】命令，学会使用此命令制作特殊色调效果。

实训预备知识

【渐变映射】通过将亮度值与所选颜色渐变“重新映射”来对图像进行重新着色。选择【图像】—【调整】—【渐变映射】命令，打开【渐变映射】对话框，如图 6.90 所示。

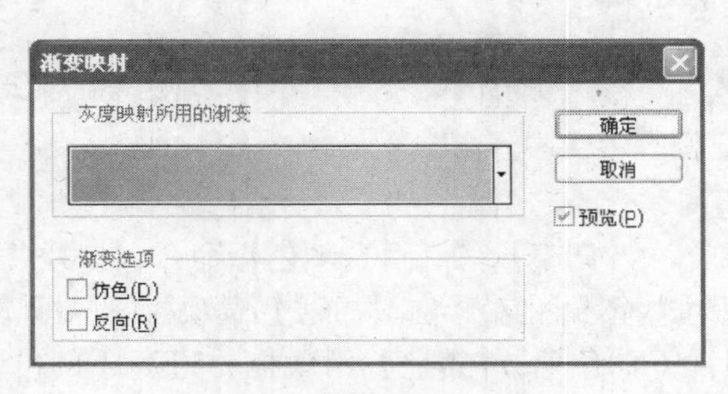

图 6.90

在【灰度映射所用的渐变】中，可以预览选中的重新映射的渐变。单击渐变预览右边的三角打开下拉菜单，可以在里面选择系统预设的渐变色。除了可以使用系统预设的渐变，用户还可以单击渐变预览框右边的三角，展开扩展菜单，自己新建渐变并存储渐变，或从其他地方载入渐变。还可以通过该扩展菜单对渐变预览框进行管理等。

实训步骤

（1）按下 Ctrl + O 快捷键，或执行【文件】—【打开】命令，打开图 6. 91。

（2）执行【图像】—【调整】—【渐变映射】命令，打开【渐变映射】对话框，单击渐变色条右边的三角，打开渐变预览框，在其中选择【紫色、橙色】渐变，然后单击【确认】按钮，效果如图 6. 92 所示。

图 6. 91

图 6. 92

实训 17　制作特殊效果

实训目的与要求

使用【反相】和【色调分离】命令制作特殊效果。

通过本实训使学生了解并掌握【反相】和【色调分离】命令。

实训预备知识

1. 反相

【反相】命令将图像中的每一种颜色都转换为与其相反的颜色，效果与照片底片相同。

2. 色调分离

【色调分离】命令可以减少图像颜色，从而使图像显示出一种颜色分离的效果。选择【图像】—【调整】—【色调分离】命令，弹出【色调分离】对话框，如图 6. 93 所示。【色阶】用于控制颜色的级数，数值越小，图像的颜色过渡越粗糙，效果越明显；数值越大，颜色过渡越细腻，越接近于原始图像。

实训步骤

（1）按下 Ctrl + O 快捷键，或执行【文件】—【打开】命令，打开图 6. 94。

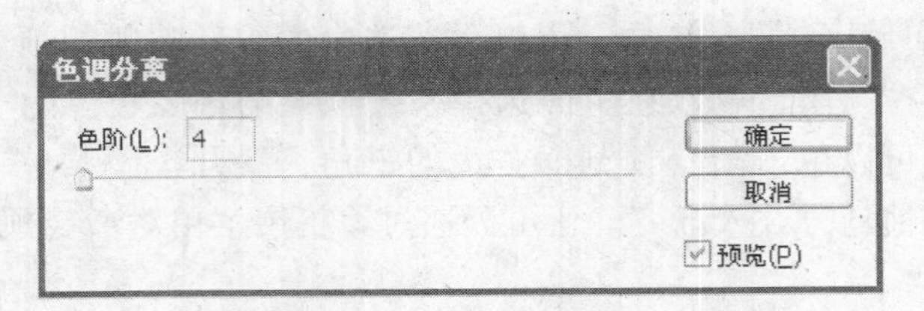

图 6.93

（2）选择【图像】—【调整】—【色调分离】命令，将【色阶】设置为 4，单击【确定】按钮，得到效果如图 6.95 所示。

（3）选择【图像】—【调整】—【反相】命令，效果如图 6.96 所示。

图 6.94

图 6.95

图 6.96

实训 18　制作黑白图

实训目的与要求

将彩色图像转换为黑白图。

通过本实训使学生了解并掌握【阈值】命令。

实训预备知识

【阈值】命令将所有的颜色基于亮度值转换为黑色和白色，没有中间过渡的灰色。选择【图像】—【调整】—【阈值】，打开【阈值】对话框，如图 6.97 所示。该对话框由【阈值色阶】输入框、直方图及其下方的滑块栏组成。直方图的宽代表 256 个可能的亮度值，从左边的黑逐渐过渡到右边的白。图中每一条垂直线的高度表示图像中具有相应亮度值的当前像素数目。在【阈值色阶】输入框或滑块栏指定图像的中间亮度值，则图像中所有比该值亮的颜色变为白色，比该值暗的颜色变为黑色。默认情况下，处于直方图的中间位置，即 128 的中间灰度值。一般情况下，将相同数目的像素分别转换为黑色和白色，就可以达到最佳效果。

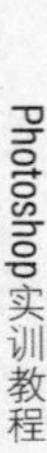

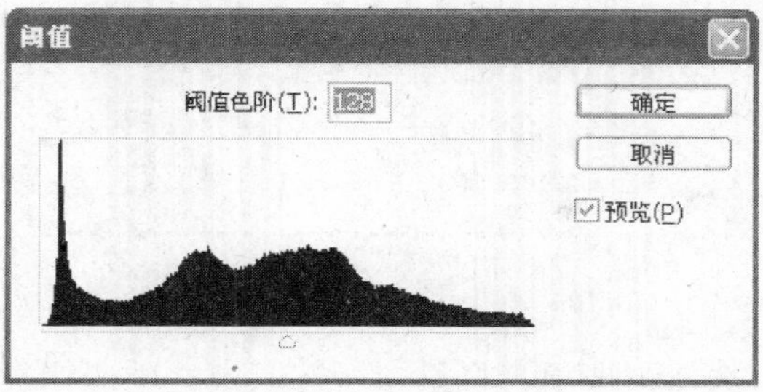

图 6.97

实训步骤

（1）按下 Ctrl + O 快捷键，或执行【文件】—【打开】命令，打开图 6.98。

（2）选择【图像】—【调整】—【阈值】命令，调整【阈值色阶】到 118 的位置，单击【确定】按钮，得到图 6.99。

图 6.98

图 6.99

实训 19　强化色调

实训目的与要求

为图像添加颜色，并加强对比，强化色调效果。

通过本实训让学生了解【色调均化】和【变化】命令的作用与效果，并能运用这两个命令对图像进行适当的调整和处理。

实训预备知识

1. 色调均化

【色调均化】将图像中最亮的颜色调整为白色，将最暗的颜色调整为黑色，将其余颜色分散到其他的亮度级，尽可能地将像素均匀分散到整个亮度色谱中。【色调均化】命令没有对话框，但如果在选择【色调均化】命令之前选定了图像的一部分，执行该命令时会弹出如图 6.100 所示选项框。

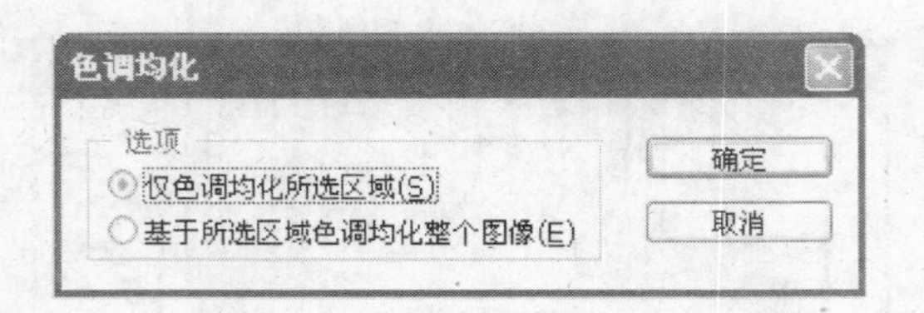

图 6. 100

仅色调均化所选区域：选择该选项，将只在所选区域之内应用【色调均化】命令。所选区域中最亮的像素会变为白色，最暗的像素变为黑色。

基于所选区域色调均化整个图像：选择该选项，基于所选区域中最亮和最暗的颜色对整张图像应用【色调均化】命令。将图像中所有比选区最亮的颜色更亮的颜色转成白色，所有比选区最暗颜色更暗的颜色转成黑色。

2. 变化

【变化】命令不能用于索引颜色模式，它通过单击不同色调的缩览图的方式调整图像的色彩平衡、对比度和饱和度。此命令在只需要对图像的平均色调进行调整，而不需要精确调整图像中的某一种颜色时最为有用。选择【图像】—【调整】—【变化】命令，弹出【变化】对话框，如图 6. 101 所示。

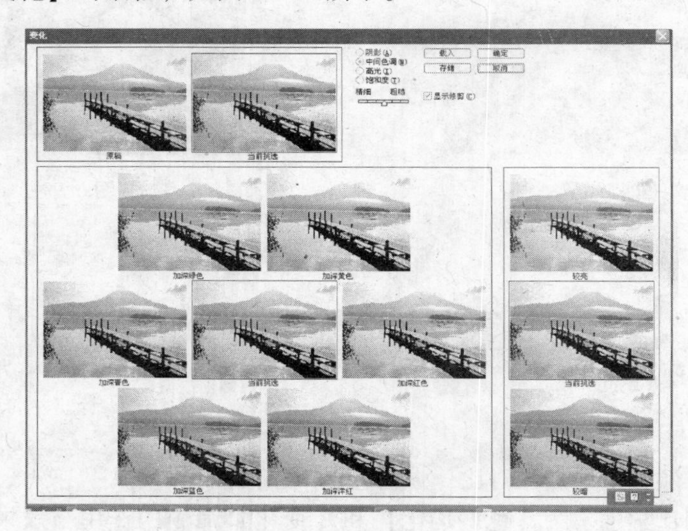

图 6. 101

对话框顶部左边两个缩览图显示原始图像【原图】和图像调整后的效果【当前挑选】。通过【当前挑选】缩览图可以实时预览调整效果，并与原图进行对比。单击【原图】缩览图则恢复图像的原始状态。单击顶部右边的单选按钮，可以分别对图像的阴影、中间色调、高光和饱和度进行调整。【精细/粗糙】滑块控制每单击一次缩览图是，颜色的变化量，滑块每向右移动一格使调整量双倍增加。选择【显示修剪】选项即可以通过高亮显示观察超出当前颜色空间范围的颜色。

下面左边为【颜色缩览图】和【当前挑选】缩览图，每个缩览图都与它的补色缩览图直接相对，中间是【当前挑选】。单击【颜色缩览图】，即可将相应颜色添加到图像中，若要减去某种颜色，则可以单击其补色的【颜色缩览图】。单击右边的缩览图，

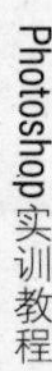

可以调整图像亮度，并通过中间的【当前挑选】缩览图实时预览调整效果。

实训步骤

（1）按下 Ctrl + O 快捷键，或执行【文件】—【打开】命令，打开一幅 RGB 颜色模式的彩色图像，如图 6. 102。

（2）选择【图像】—【调整】—【变化】命令，在【变化】对话框中单击【加深红色】、【加深洋红】和【较暗】缩览图，在【当前挑选】缩览图中预览效果，得到满意的效果时，单击【确定】按钮，效果如图 6. 103 所示。

图 6. 102

图 6. 103

（3）选择【图像】—【调整】—【色调均化】命令，图像调整效果如图 6. 104。

图 6. 104

本章小结

本章首先介绍了 Photoshop 中常用的颜色模式，并通过实例说明了各个颜色模式的异同以及它们在实际情况中的使用。接着介绍了 Photoshop 的一大特色功能——调整颜色，介绍了不同的调色命令，重点讲解了使用这些调色命令去调整或修复图像，如校正图像颜色的明暗度，处理曝光度、增加照片的对比度，或改变图像的颜色、分解色调等。熟练使用调色命令不但可以校正和调整图像颜色，还可以制作出各种不同的艺术效果。

补充实训

1. 使用【色阶】、【色相/饱和度】和【色彩平衡】命令调整图 6.105，效果如图 6.106。

图 6.105

图 6.106

2. 恢复图 6.107 阴影处的细节，如图 6.108。

图 6.107

图 6.108

3. 将图 6.109 制作为图 6.110 所示效果。

图 6.109

图 6.110

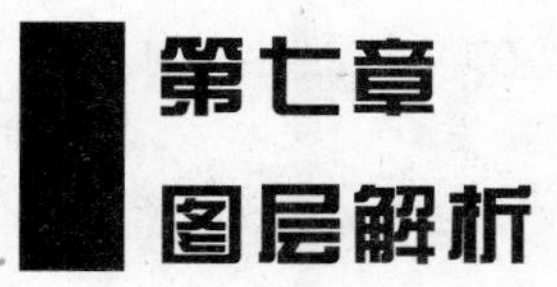

第七章 图层解析

实训 1　图层的基本操作——绘制蝴蝶图案

实训目的与要求

制作一个蝴蝶图案。

通过本实训使学生了解图层的概念并掌握图层的基本操作，主要包括新建图层、选择图层、复制图层、删除图层、链接图层、对齐图层等操作。

实训预备知识

图层是Photoshop中一个非常重要的概念，使用Photoshop制作的图像都是由一个或多个图层组成。所以，正确理解图层概念并熟悉图层的基本操作是进行图像综合处理的基础。

1. 图层的基本概念

我们可以把图层想象成是一张张叠加在一起的透明的薄纸，薄纸之间相互是独立的。每一张透明纸上都可以用工具添加上想要的图案、文字、色彩等，而没有画的部分依然保持透明的状态。我们最后看到的图像效果，便是透过透明的部分看到叠加的图像，如图 7.1 所示。

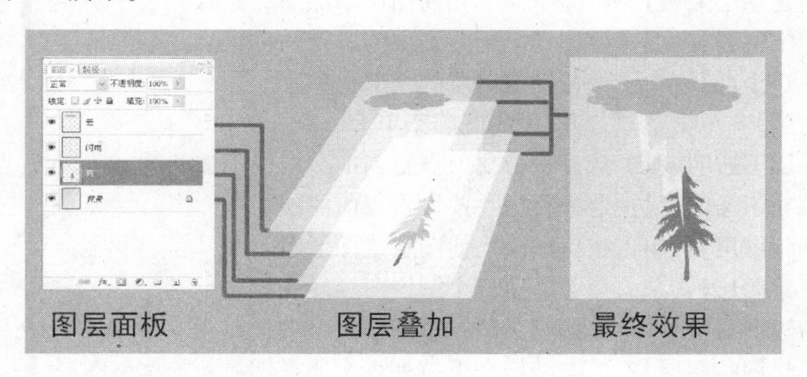

图 7.1

所以，使用图层进行图像绘制和处理的最大优势就是可以分部分处理图形元素，而图层之间相互不会影响。

2. 认识【图层】面板

在绘制和处理图像的过程中，可能需要创建许多图层。为了便于创建、编辑和管理这些图层，Photoshop 引入了【图层】面板。【图层】面板采用文件夹管理形式，可以同时管理多个图层，也可以将多个图层分类，把同类型的图层放在一个图层组中。

【图层】面板及其主要按钮如图 7.2 所示。

【图层】菜单如图 7.3 所示。

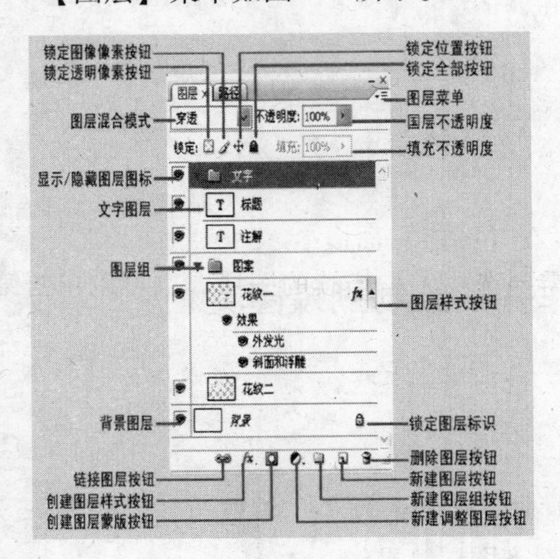

图 7.2

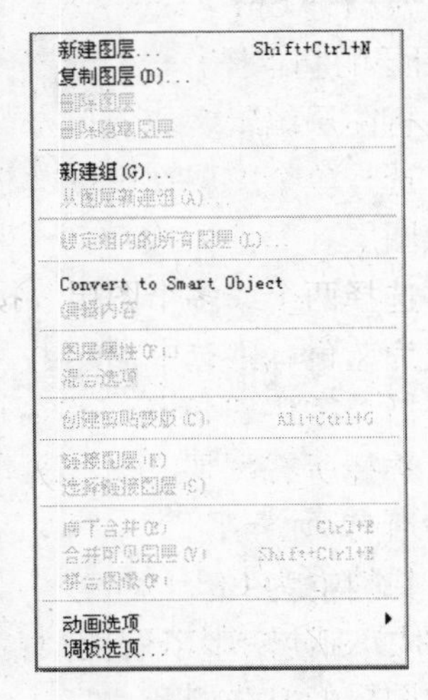

图 7.3

【图层】面板主要参数如下：

● 【锁定图像像素】：单击按钮锁定当前图层中的图像。
● 【锁定透明像素】：单击按钮锁定当前图层的透明区域。
● 【图层混合模式】：选择模式设置当前图层中的图像与下面图层的混合模式。
● 【显示/隐藏图层】：单击图标显示/隐藏该图层。
● 【链接图层】：点击按钮链接当前选择的两个或多个图层。
● 【创建图层样式】：单击按钮在下拉列表中为当前图层添加图层样式。
● 【创建图层蒙版】：单击按钮为当前图层添加图层蒙版。
● 【锁定位置】：单击按钮锁定当前图层中图像的位置。
● 【锁定全部】：单击按钮锁定图层的全部选项。
● 【图层】：单击菜单打开/关闭图层菜单。
● 【图层不透明度】：选择百分比值设置当前图层的不透明度。
● 【填充不透明度】：选择百分比值设置当前图层的填充度。
● 【删除图层】：单击按钮删除当前图层或图层组。
● 【新建图层】：单击按钮新建一个图层。
● 【新建图层组】：单击按钮新建一个图层组
● 【新建调整图层】：单击按钮在下拉列表中选择创建新的调整图层。

2. 图层的基本操作一：打开【图层】面板

我们可以通过以下两种方法打开【图层】面板：

(1) 单击【窗口】—【图层】命令，打开【图层】面板。

（2）快捷键为 F7。

3. 图层的基本操作二：新建图层

新建图层可以选择以下方法：

（1）单击【图层】面板中的【新建图层】按钮，新建图层。

（2）单击菜单【图层】—【新建】—【图层】命令，新建图层。

（3）快捷键 Ctrl + Shift + N。

4. 图层的基本操作三：选择图层

在进行图层编辑之前，首先要选择图层，方法如下：

（1）选择单个图层：单击【图层】面板中需要编辑的图层，显示覆盖为蓝色，则选中了该图层。

（2）选择两个或多个图层：按住 Ctrl 键，在【图层】面板中逐一点选需要的图层，显示覆盖为蓝色，则选中了这些图层。如果需要选择的是连续的图层，也可以单击第一个图层后，按住 Shift 键，然后单击最后一个图层，完成选择。

（3）选择所有图层：单击菜单【选择】—【所有图层】命令，可以选中【图层】面板中的所有图层。

（4）快捷键为 Ctrl + Shift + N。

5. 图层的基本操作四：复制图层

复制图层的方法如下：

（1）复制整个图层：将需复制的图层拖至【图层】面板中的【新建图层】按钮。

（2）通过拷贝的图层：将图层中需要复制的图像范围创建为选区，单击菜单【图层】—【新建】—【通过拷贝的图层】命令，将已有图层选区内的图像复制到一个新的图层中。

如果当前图层没有创建选区，在执行【通过拷贝的图层】命令时将复制当前整个图层。快捷键为 Ctrl + J。

（3）通过剪切的图层：将图层中需要剪切的图像范围创建为选区，单击菜单【图层】—【新建】—【通过拷贝的图层】命令，将已有图层选区内的图像剪切到一个新的图层中。快捷键为 Ctrl + Shift + J。

6. 图层的基本操作五：删除图层

删除图层可以通过以下两种方法完成：

（1）将需要删除的图层拖至【图层】面板中的【删除图层】按钮。

（2）选择需要删除的图层，单击右键，在弹出的菜单中单击【删除图层】命令。

7. 图层的基本操作六：链接图层

链接图层是为了同时移动或处理多个图层，其操作方法如下：

（1）首先选择需要链接的两个或多个图层，单击【图层】面板中的【链接图层】按钮，完成链接的图层上将出现链接图标。

（2）选择需要链接的两个或多个图层，单击菜单【图层】—【链接图层】命令。

8. 图层的基本操作七：对齐和分布图层

对齐和分布图层可以将不同图层的图像换一定规律作对齐和分布处理，其操作方法如下：

（1）首先选中需要操作的多个图层或是链接好的图层，选择【移动】工具，在【移动工具】的选项栏上选择相应的按钮进行对齐和分布。如图7.4所示。

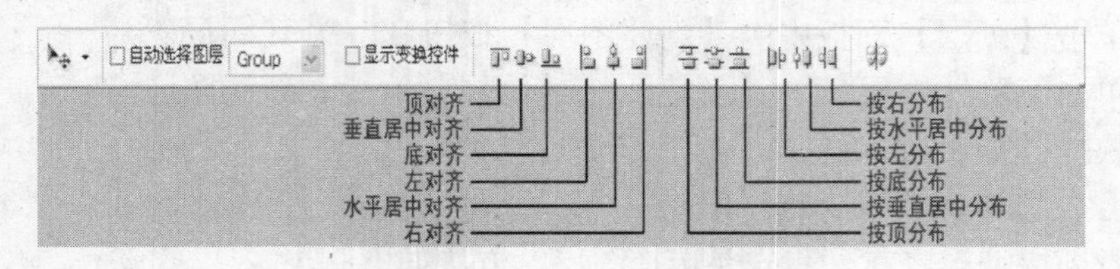

图7.4

【工具选项栏】中的主要参数如下：

●【顶对齐】：单击按钮将以所选图层上的像素最顶端为标准，所有选中的图层图像向顶端对齐。

●【垂直居中对齐】：单击按钮将以所选图层上的像素垂直中心点为标准，所有选中的图层图像垂直点对齐。

●【底对齐】：单击按钮将以所选图层上的像素最底端为标准，所有选中的图层图像向底端对齐。

●【左对齐】：单击按钮将以所选图层上的像素最左端为标准，所有选中的图层图像向左端对齐。

●【水平居中对齐】：单击按钮将以所选图层上的像素水平中心点为标准，所有选中的图层图像水平点对齐。

●【右对齐】：单击按钮将以所选图层上的像素最右端为标准，所有选中的图层图像向右端对齐。

●【按右分布】：单击按钮将从每个图层的右端像素开始，均匀间隔地分布图层。

●【按水平居中分布】：单击按钮将从每个图层的水平中心点开始，均匀间隔地分布图层。

●【按左分布】：单击按钮将从每个图层的左端像素开始，均匀间隔地分布图层。

●【按底分布】：单击按钮将从每个图层的底端像素开始，均匀间隔地分布图层。

●【按垂直居中分布】：单击按钮将从每个图层的垂直中心点开始，均匀间隔地分布图层。

●【按顶分布】：单击按钮将从每个图层的顶端像素开始，均匀间隔地分布图层。

（2）选择需要对齐或分布的多个图层，单击菜单【图层】—【对齐】或【分布】命令，选择相应选项。

实训步骤

（1）打开 Photoshop cs3，新建一幅500 * 400像素的文档，背景为“白色”。

（2）在【图层】面板中点击【新建图层】按钮，将新建的图层命名为“左”。如图7.5所示。选择【工具箱】上的【多边形套索工具】，在空白画布的左边勾勒出蝴蝶的左边翅膀选区，如图7.6所示。

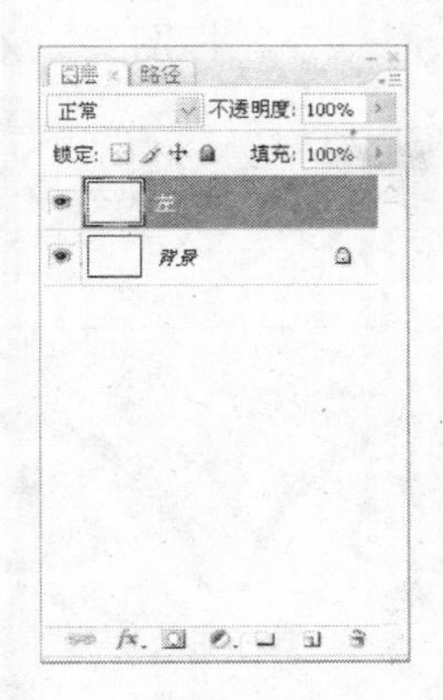

图 7.5

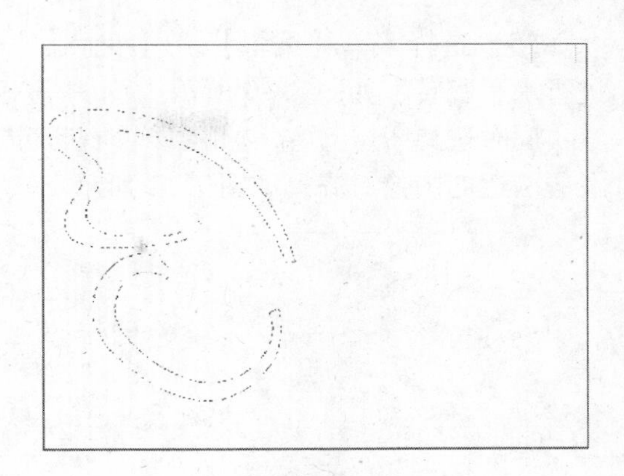

图 7.6

小提示：在进行图像绘制和处理的过程中，往往要新建一个或多个图层，新建的图层默认命名为“图层 1”、“图层 2”、“图层 3”等。为了便于管理和利用图层，可以将关键的图层进行重命名。重命名的操作是双击图层名称，然后输入新的名字。

（3）将选区内填充为紫色，如图 7.7 所示。下面用【椭圆选区工具】和【多边形套索工具】勾勒蝴蝶翅膀的花纹和左边的触须，分别填充紫色、浅紫色和浅灰色，如图 7.8 所示。

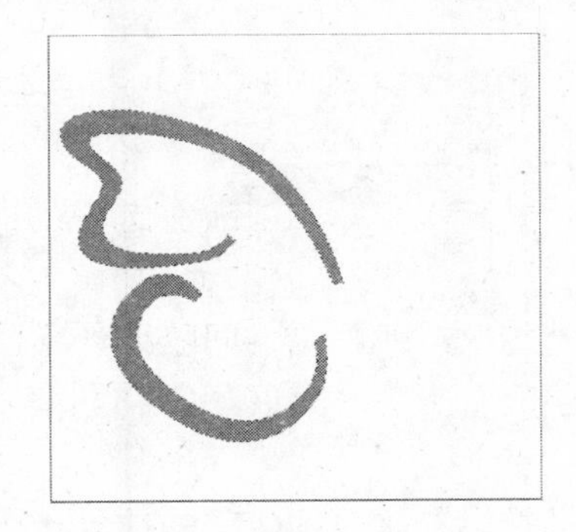

图 7.7

图 7.8

（4）将图层“左”拖拽至【图层】面板中的【新建图层】按钮，复制该图层，将复制的新图层命名为“右”。用【移动工具】将图层“右”的图像拖到画布右边，如图 7.9 所示。

图 7.9

(5) 选择菜单【编辑】—【变换】—【水平翻转】命令，将图层“右”的图像进行水平翻转，如图 7. 10 所示。

同时选择图层“左”和图层“右”，点击【移动工具】，选择【顶对齐】按钮，将左右两边的图像对齐，如图 7. 11 所示。

图 7. 10

图 7. 11

(6) 新建一个图层，命名为“躯干”。用【多边形套索工具】勾勒出蝴蝶的躯干轮廓选区，填充为浅灰色。如果我们仔细观察，会发现生活中的蝴蝶不是绝对对称的，特别是躯干和触角部分，有兴趣的朋友可以再进行一定的微调，使画出来的蝴蝶更加自然。最后，保存文件，如图 7. 12 所示。

图 7. 12

实训 2　拼合图层——镜头中的丑小鸭

实训目的与要求

完成“镜头中的丑小鸭”图像制作。

通过本实训使学生掌握合并图层的几种方法，包括拼合图像、向下合并图层、合并可见图层、合并选择图层、盖印图层的操作方法。在图像绘制的过程中，灵活运用这些方法，提高制作效率。

实训预备知识

我们用 Photoshop 进行图像绘制和处理时，往往会创建多个图层。图层个数是由系统内存决定的；图层越多，保存的原文件所需空间越大。所以，在图像制作时，可以把一些不用的图层删除，将能够合并的图层合并。

值得注意的是，图层合并后，新图层不再保存有部分的单独的重要信息，操作要慎重。

1. 拼合图像

拼合图像可以合并所有的图层，方法如下：

单击菜单【图层】—【拼合图像】命令，可以将所有图层合并到背景图层中，如图 7. 13 所示。

图 7. 13

2. 向下合并图层

向下合并图层可以将当前图层与下一图层合并为一个图层，方法如下：

（1）选择需要合并的两个图层中的上边一个图层，单击菜单【图层】—【向下合并】命令，可以将两个图层合并为一个图层，命名为下边一个图层的名称，如图 7. 14 所示。

（2）快捷键为 Ctrl + E。

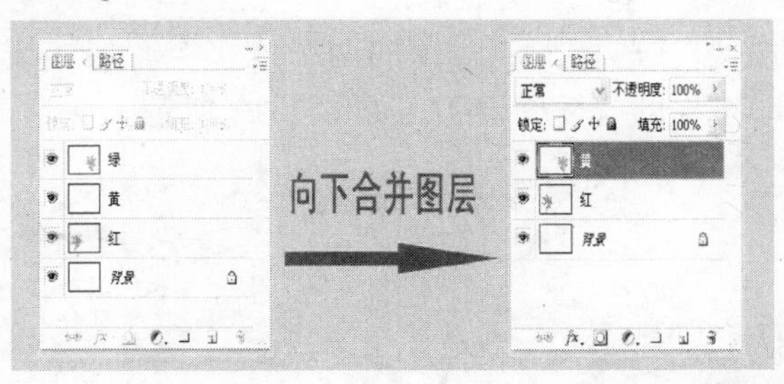

图 7. 14

3. 合并所有可见图层

Photoshop 可以合并所有可见图层，合并后并不影响隐藏的图层，方法如下：

（1）首先选择一个可见图层，单击菜单【图层】—【合并可见图层】命令，可以将所有可见图层合并到背景图层中，如图 7. 15 所示。

（2）快捷键为 Shift + Ctrl + E。

4. 合并选择的图层

如果需要有选择的合并两个或多个图层，操作如下：

首先，选择需要合并的两个或多个图层，然后单击【窗口】—【合并图层】命令，可以将所选的图层合并为一个图层，如图 7. 16 所示。

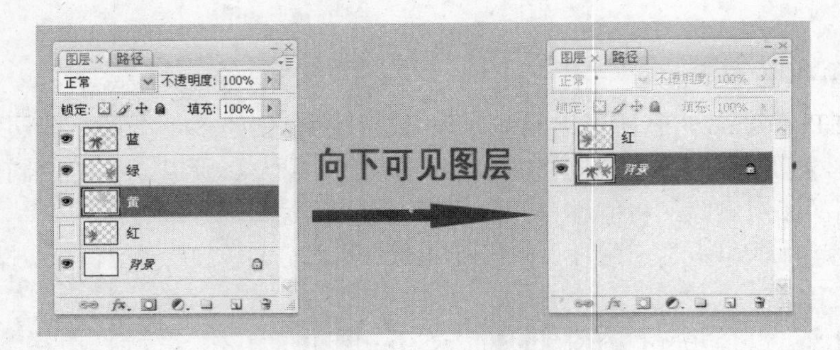

图 7.15

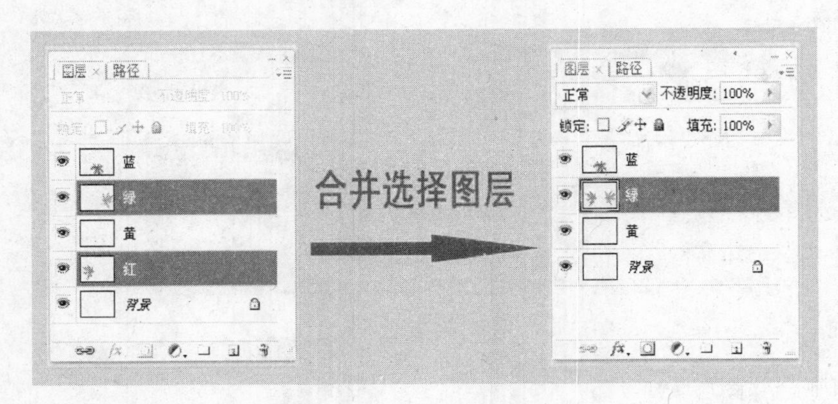

图 7.16

5. 盖印图层

盖印图层是一种特殊的合并图层的方法。它的优点是将多个图层合并为一个新的图层，并保持原图层的完整性。方法如下：

(1) 盖印选择的图层。选择需要合并的两个或多个图层，按下快捷键 Ctrl + Alt + E，将选择的图层盖印至新的合并图层中，如图 7.17 所示。

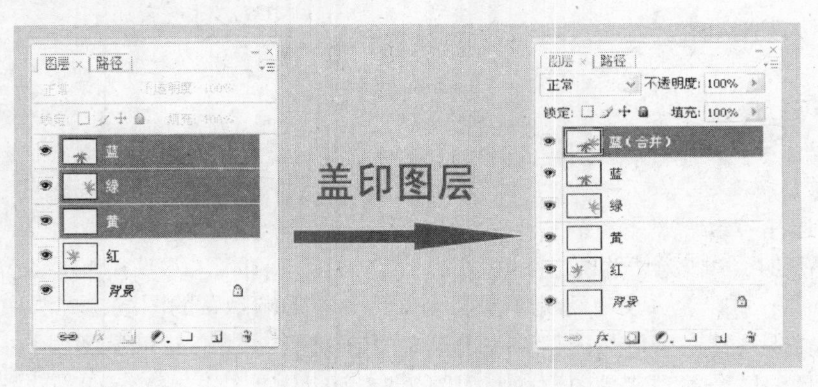

图 7.17

(2) 盖印所有可见的图层。按下快捷键 Shift + Ctrl + Alt + E，可以将所有可见图层盖印至一个新的合并图层中，原图层保持不变。

实训步骤

（1）打开素材库中的“7－1原文件”，如图7.18所示。展开图层面板，如图7.19所示。

图7.18

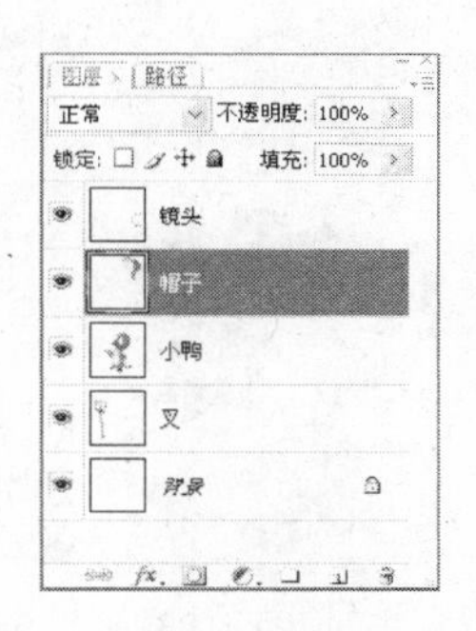

图7.19

（2）选择【移动工具】，将“帽子”图层和“叉”图层上的图像移动到合适的位置组合在一起，如图7.20所示。

使用【自由变换】命令和【移动工具】，调节画布中的图像大小，并移动到适当的位置，如图7.21所示。

图7.20

图7.21

小提示：在图像处理中，如果遇到组合图像的整体缩放或移动时（如“帽子”、“小鸭”和“叉”的组合图像），可以先将组合图像所在的图层进行链接，然后使用【自由变换】命令和【移动工具】，以方便操作。

（3）选择“帽子”图层、”小鸭”图层和“叉”图层，按下快捷键Ctrl＋Alt＋E，将组合图像盖印到新的合并图层中，如图7.22所示。

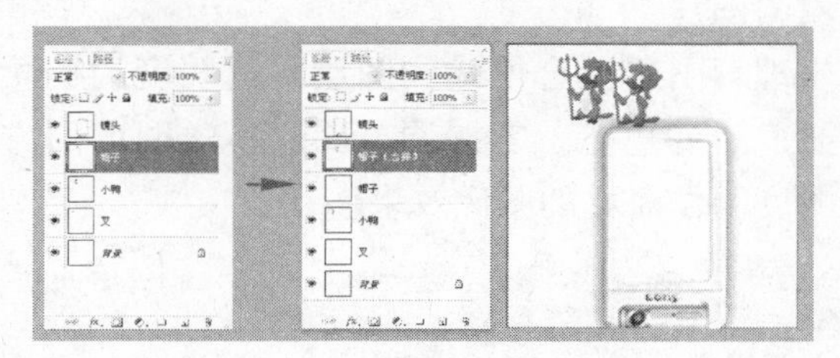

图7.22

（4）将合并图层移动到最顶层，调节图像大小并移动到镜头位置，如图 7.23 所示。

（5）将背景色填充为红色，添加灯光效果，如图 7.24 所示。

图 7.23

图 7.24

（6）选择【文字工具】，为图片添加文字“镜头中的丑小鸭”，保存文件。最终效果如图 7.25 所示，图层面板如图 7.26 所示。

图 7.25

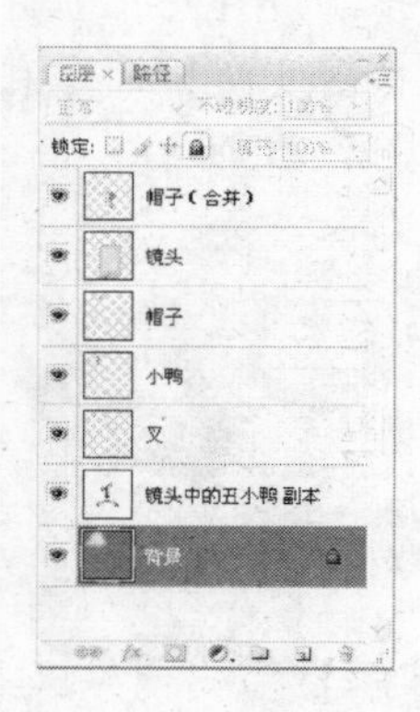

图 7.26

实训 3　图层混合模式与不透明度——调整曝光过度的图片

实训目的与要求

调整一张曝光过度的图片。

通过本实训使学生理解图层混合模式和图层不透明度的概念，掌握几种重要的混合模式：溶解、正片叠底、滤色等，掌握调节图层不透明度的方法，并灵活地运用图层的混合模式和不透明度制作需要的图像效果。

实训预备知识

1. 混合模式的概念

图层混合模式是指当前图层中的图像像素与下层图像像素的混合方式，Photoshop

cs3 为我们提供了多种图层混合模式，使用这些混合方式可以得到加深、减淡等很多意想不到的特殊效果，但不会改变图像本身的内容信息。

下面是混合模式的三个重要概念：

（1）基色：图像中的原稿颜色。

（2）混合色：通过绘画或编辑工具应用的颜色。

（3）结果色：混合后得到的颜色。

2. 图层混合模式功能说明

图层的混合模式一共有二十几种，菜单选项位于【图层】面板的左上方，如图 7.27 所示。

（1）【正常】模式：编辑或绘制每个像素，使其成为结果色，这是默认模式。此时上下两张图片的像素并不溶合，上面图层中的图像直接覆盖下面图层中的图像，如图 7.28 所示。

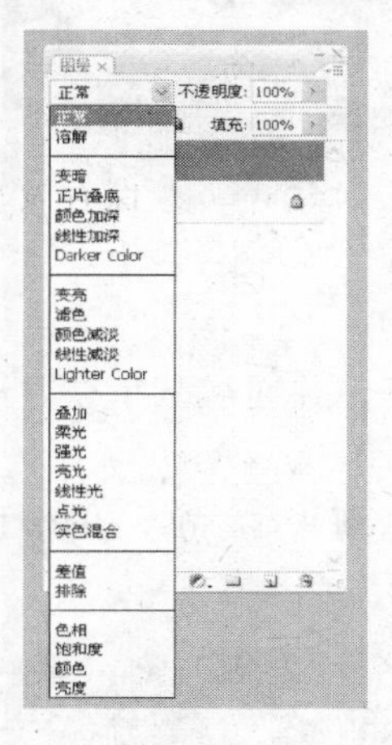

图 7.27

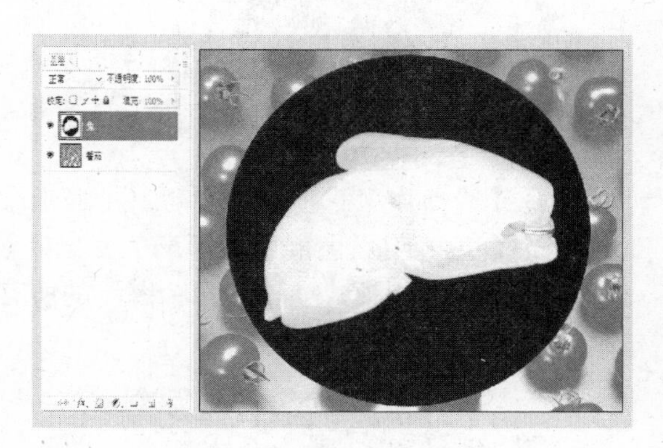

图 7.28

（2）【溶解】模式：编辑或绘制每个像素，使其成为结果色。但是，根据任何像素位置的不透明度，结果色、基色或混合色的像素随机替换。如果降低图层的不透明度，可以使半透明区域上的像素离散，混合结果会产生点状的颗粒。如图 7.29 所示。

（3）【变暗】模式：查看每个通道中的颜色信息，选择基色或混合色中较暗的颜色作为结果色。比混和色亮的像素被替换，比混合色暗的像素保持不变，如图 7.30 所示。

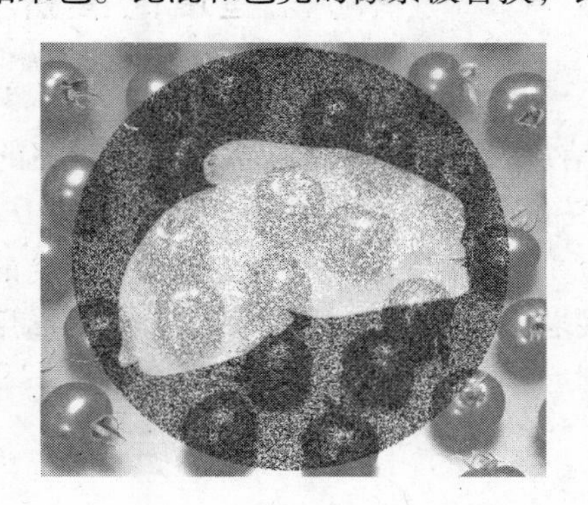

图 7.29

图 7.30

(4)【正片叠底】模式：查看每个通道中的颜色信息，并将基色与混合色复合，结果色总是较暗的颜色。任何颜色与黑色复合产生黑色，任何颜色与白色复合保持不变。当用黑色或白色以外的颜色绘画时，绘画工具绘制的连续描边产生逐渐变暗的颜色，这与使用多个魔术标记在图像上绘图的效果相似，如图 7. 31 所示。

(5)【颜色加深】模式：查看每个通道中的颜色信息，并通过增加对比度使基色变暗以反映混合色。与白色混合后不产生变化，如图 7. 32 所示。

图 7. 31

图 7. 32

(6)【线性加深】模式：查看每个通道中的颜色信息，并通过减小亮度使基色变暗以反映混合色。与白色混合后不产生变化，如图 7. 33 所示。

(7)【深色】模式：比较两个图层的所有通道值的总和并显示较小的颜色，不会生成第三种颜色。如图 7. 34 所示。

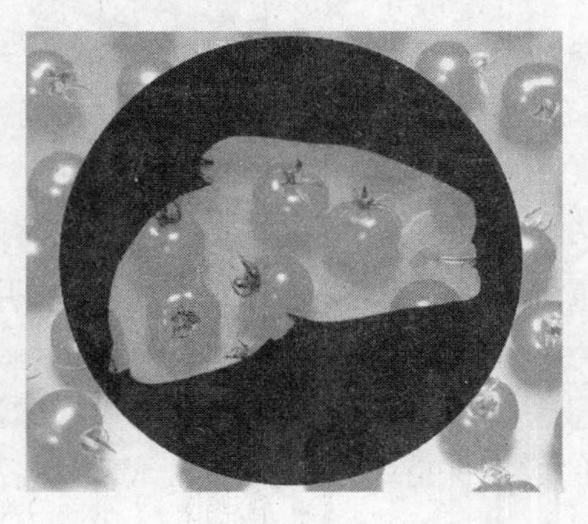

图 7. 33

图 7. 34

(8)【变亮】模式：查看每个通道中的颜色信息，并选择基色或混合色中较亮的颜色作为结果色。比混合色暗的像素被替换，比混合色亮的像素保持不变，如图 7. 35 所示。

(9)【滤色】模式：与“正片叠底”模式效果相反，混合后，结果色是较亮的颜色，可以使图像产生漂白的效果，如图 7. 36 所示。

图 7. 35

图 7. 36

（10）【颜色减淡】模式：查看每个通道中的颜色信息，并通过减小对比度使基色变亮以反映混合色。与黑色混合则不发生变化，如图 7. 37 所示。

（11）【线性减淡】模式：查看每个通道中的颜色信息，并通过增加亮度使基色变亮以反映混合色。与黑色混合则不发生变化，如图 7. 38 所示。

图 7. 37

图 7. 38

（12）【浅色】模式：比较两个图层的所有通道值的总和并显示值较大的颜色，混合不会生成第三种颜色，如图 7. 39 所示。

（13）【叠加】模式：复合或过滤颜色，具体取决于基色。图案或颜色在现有像素上叠加，同时保留基色的明暗对比，不替换基色，但基色与混合色相混以后反映原色的亮度或暗度，如图 7. 40 所示。

图 7. 39

图 7. 40

（14）【柔光】模式：使颜色变亮或变暗，具体取决于混合色。此效果与发散的聚光灯照在图像上相似，如图 7.41 所示。

如果混合色（光源）比 50% 灰色亮，则图像变亮，就像被加深了一样。用纯黑色或纯白色绘画会产生明显较暗或较亮的区域，但不会产生纯黑色或纯白色。

（15）【强光】模式：复合或过滤颜色，具体取决于混合色。此效果与耀眼的聚光灯照在图像上相似，如图 7.42 所示。

图 7.41

图 7.42

如果混合色（光源）比 50% 灰色亮，则图像变亮，就像过滤后的效果。这对于向图像中添加高光非常有用。如果混合色（光源）比 50% 灰色暗，则图像变暗，就像复合后的效果。这对于向图像添加暗调非常有用。用纯黑色或纯白色绘画会产生纯黑色或纯白色。

（16）【亮光】模式：通过增加或减小对比度来加深或减淡颜色，具体取决于混合色。如果混合色（光源）比 50% 灰色亮，则通过减小对比度使图像变亮。如果混合色比 50% 灰色暗，则通过增加对比度使图案变暗，如图 7.43 所示。

（17）【线性光】模式：通过减小或增加亮度来加深或减淡颜色，具体取决于混合色。如过混合色（光源）比 50% 灰色亮，则通过增加亮度使图像变亮。如果混合色比 50% 灰色暗，则通过减小亮度使图像变暗，如图 7.44 所示。

图 7.43

图 7.44

（18）【点光】模式：替换颜色，具体取决于混合色。如果混合色（光源）比 50% 灰色亮，则替换比混合色暗的像素，而不改变混合色亮的像素，如果混合色比 50% 灰色暗，则替换比混合色亮的像素。这对于向图像添加特殊效果非常有用，如图 7. 45 所示。

(19)【实色混合】模式：如果当前图层中基色的像素比 50% 灰色亮，就会使混合色变亮；如果当前图层中基色比 50% 灰色暗，就会使混合色变暗。如图 7. 46 所示。

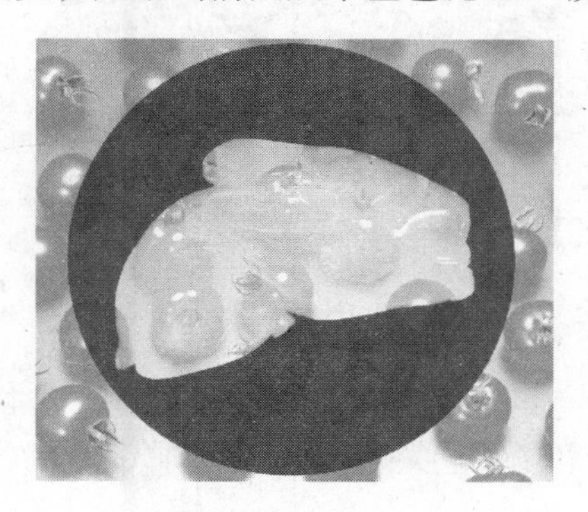

图 7. 45

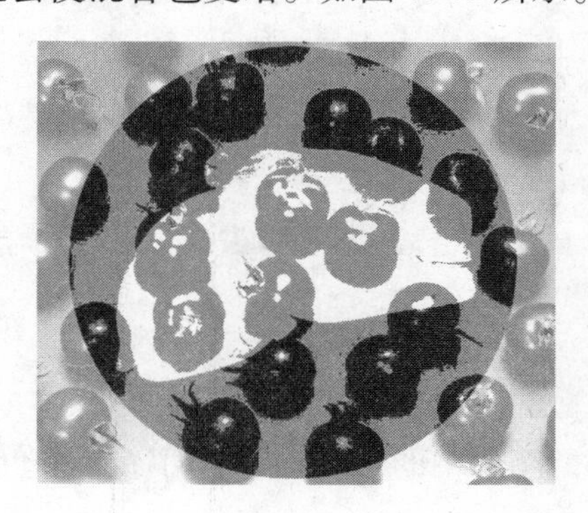

图 7. 46

(20)【差值】模式：查看每个通道中的颜色信息，并从基色中减去混合色，或从混合色中减去基色，具体取决于颜色的亮度值哪一个更大。与白色混合将反转基色值，与黑色混合则不发生变化，如图 7. 47 所示。

(21)【排除】模式：创建一种与“差值”模式相似但对比度更低的效果。与白色混合将反转基色值，与黑色混合则不发生变化，如图 7. 48 所示。

图 7. 47

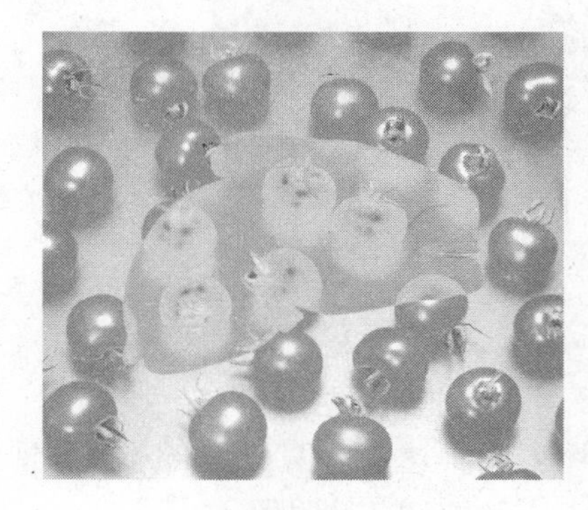

图 7. 48

(22)【色相】模式：用基色的亮度和饱和度以及混合色的饱和度创建结果色，如图 7. 49 所示。

(23)【饱和度】模式：用基色的亮度以及混合色的饱和度创建结果色。在无（0）饱和度（灰色）的区域上用此模式绘画不会产生变化，如图 7. 50 所示。

图 7.49

图 7.50

（24）【颜色】模式：用基色的亮度以及混合色的色相饱和度创建结果色。这样可以保留图像中的灰阶，并且对于给单色图像上色和给彩色图像着色都会非常有用，如图 7.51 所示。

（25）【亮度】模式：用基色的色相和饱和度以及混合色的亮度创建结果色。此模式创建与“颜色”模式相反的效果，如图 7.52 所示。

图 7.51

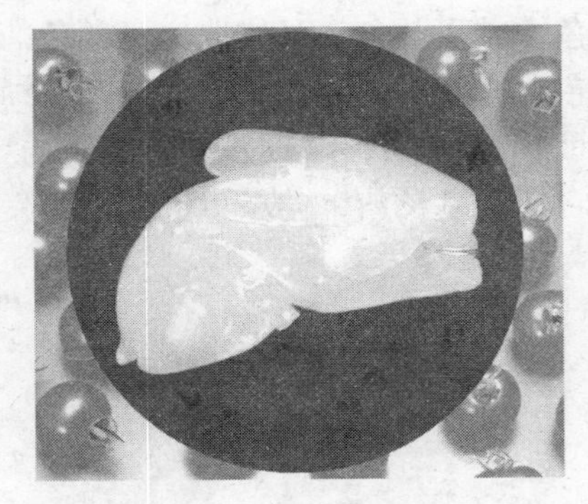

图 7.52

3. 图层的不透明度

图层的不透明有两个控制选项，即：“不透明度”和“填充”，位于【图层】面板的右上方，如图 7.53 所示。

“不透明度”选项和选项都可以控制图层或图层组中的图像不透明度，如图 7.54 所示。两者的区别在于：“不透明度”会影响图层的图层样式不透明度，当“不透明度”降低了以后，图层样式的不透明度随之一并降低；而“填充”的图层样式不透明度不会受“填充”值的变化而变化。

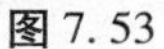

图 7. 53

图 7. 54

实训步骤

（1）在 Photoshop cs3 中打开素材库中“7－2 原文件”，这是一张曝光过度的照片，如图 7. 55 所示。

曝光过度是指在拍摄照片的过程中由于光线太强或曝光时间过长等原因导致拍出来的照片亮部非常的白，缺少暗色调和中间色调，没有层次感。

（2）将【图层】面板中的“背景”图层拖至【新建图层】按钮，复制“背景”图层。如图 7. 56 所示。

图 7. 55

图 7. 56

（3）选择“背景副本”图层，点击【图层混合模式选项框】，选择【正片叠底】混合模式，加深暗色叠加部分，效果如图 7. 57 所示。

小提示：背景图层没有混合模式。

小提示：在处理曝光过度的照片时，一次【正片叠底】操作后，如果发现整体亮度过大，可以重复使用步骤（2）的操作；如果发现整体过暗，可以使用菜单【图像】—【调整】—【曲线】命令调整。

（4）调整局部：选择工具箱中的【加深工具】 和【减淡工具】 ，刻画额角、鼻梁、嘴角等部分，使面部更有立体感，如图 7.58 所示。注意使用的笔头硬度最好在“20%”以下。

图 7.57

图 7.58

头发也有高光、灰部和暗面之分，认真观察，仔细调整，可以使头发更有立体感和层次感，如图 7.59 所示。

（5）保存文件，效果如图 7.60 所示。

图 7.59

图 7.60

实训 4　图层样式——制作窗棂效果图

实训目的与要求

使用图层样式制作窗棂效果图。

通过本实训使学生了解图层样式的基本知识，掌握应用预设图层样式和自定义图层样式的相关操作。

实训预备知识

1. 图层样式的基本知识

图层样式的引入为我们创建特殊的图像效果提供一种新的思路。图层样式作用于图层中的图像整体，可以创建不同的阴影、光泽、材质等效果。

Photoshop cs3 中的图层样式有两种，一是系统自带的图层样式和效果，另一种是用户自定义的图层样式和效果。前者只需要选中图层，单击样式面板中的样式就可将样式效果快速应用到图层上；后者可以让用户自己编辑和定义图层的样式和效果，并且便于修改，具有很强的灵活性。存储自定义样式时，该样式就成为预设样式。

2. 应用预设图层的样式

点击菜单【窗口】—【样式】命令，可以打开【样式】面板，如图 7. 61 所示。

在样式面板中有 Photoshop cs3 提供的预设图层样式，只要通过单击鼠标即可应用。除了默认的预设样式，我们还可以通过【样式】面板的右上方的菜单替换或追加其他的预设样式，如图 7. 62 所示。

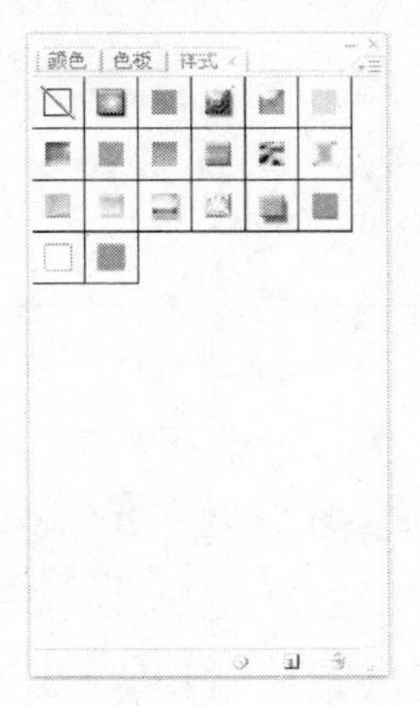

图 7. 61

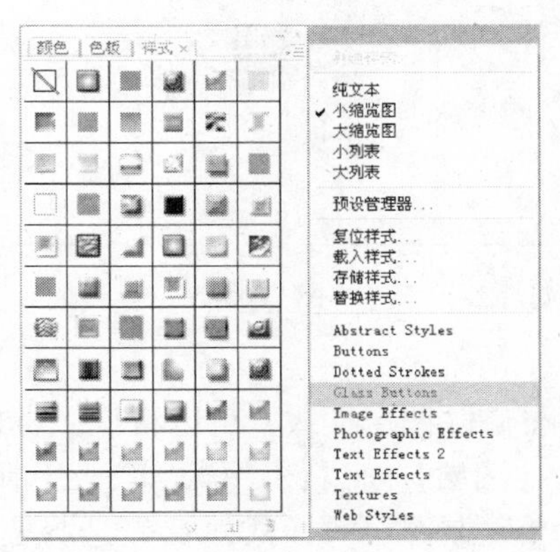

图 7. 62

使用预设图层样式的操作步骤如下：

（1）选择需要应用图层样式的图层。

（2）在【样式】面板中单击选中的预设样式。应用对比效果如图 7. 63 所示。

应用成功后，在相应的图层图标右方将出现 fx 标志，并且在下方出现预设样式的具体项目，如图 7. 64 所示。

图 7. 63

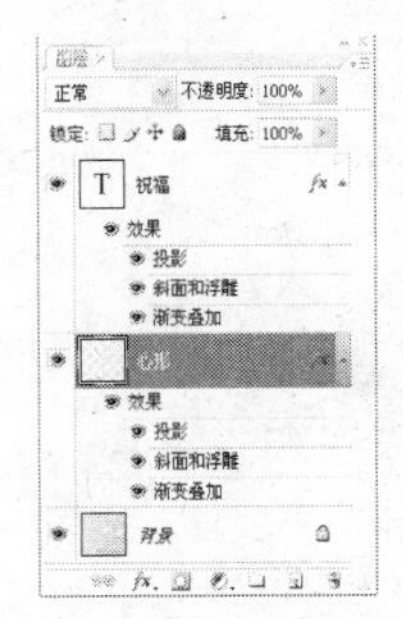

图 7. 64

3. 自定义图层样式

使用【图层样式】面板，可以自定义图层样式。通过双击图层图标的空白处，或是点击菜单【图层】—【图层样式】—【混合选项】命令，可以打开【图层样式】对话框，如图 7.65 所示。

打开【图层样式】对话框后，如果要应用样式选项，直接勾选对话框左侧相应的选项。如果要改变该选项的相应设置，可以点击该选项，对话框右侧自动显示相应选项的设置面板进行修改。修改完成后，单击“确定”按钮关闭面板，在相应的图层图标右方将出现 标志。点击该标志右方的箭头，可以展开或隐藏样式效果，如图 7.66 所示。

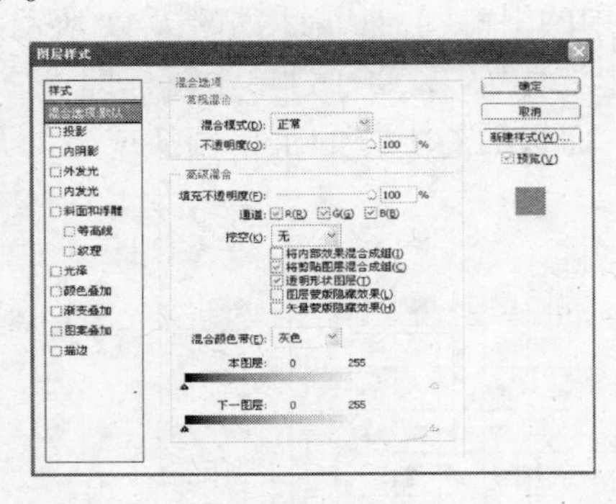

图 7.65

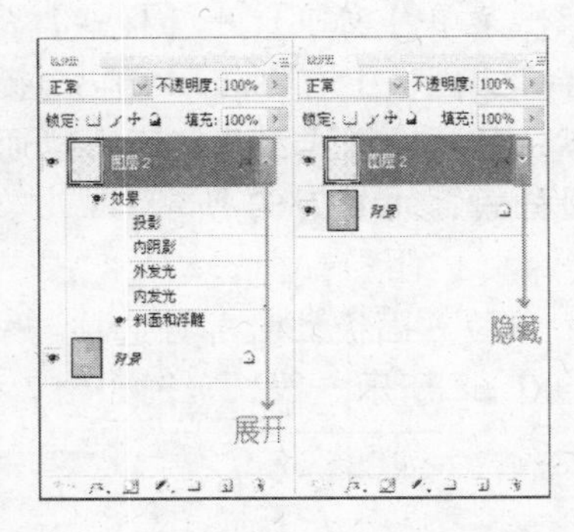

图 7.66

要删除图层样式，可以将该图标的 标志拖至删除图层按钮 上，也可以点击菜单【图层】—【图层样式】—【清除图层样式】命令。

要复制图层的样式，首先选择需要复制样式的图层，点击【图层】—【图层样式】—【拷贝图层样式】命令，然后选择需要粘贴样式的图层，点击【图层】—【图层样式】—【粘贴图层样式】命令，可将复制的图层样式粘贴到该图层中。

【图层样式】对话框的样式功能如下：

(1)【投影】样式：在图层内容的后面添加阴影，可以控制投影的颜色、方向和大小等。投影应用实例效果如图 7.67 所示。

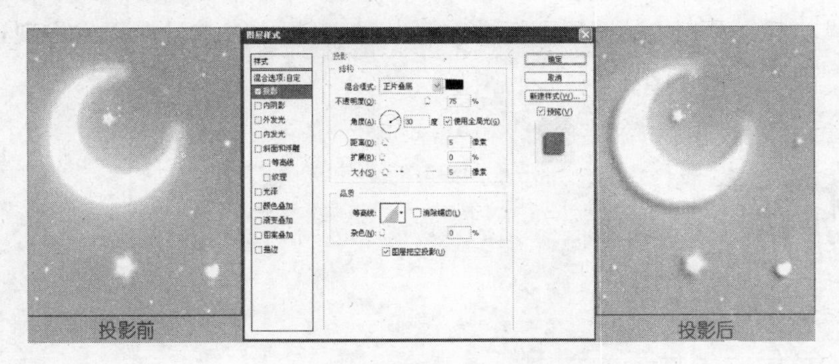

图 7.67

具体的参数如下：

- 【混合模式】：用以设置投影的混合模式，默认的模式为“正片叠底”。
- 【投影颜色】：单击“混合模式”右侧的颜色块，可以设置投影的颜色。
- 【不透明度】：拖动滑块或输入数值，可以设置投影的不透明度。
- 【角度】：输入数值或是拖动圆形图标内的指针，可以调整投影的角度。

● 【使用全局光】：勾选选项可以保证所有光照的角度保持一致，取消勾选可以为不同的图层分别设置光照角度。

● 【距离】：输入数值可以设置投影与图像间的距离，数值越高，投影越远。

● 【扩展】：输入数值可以设置投影的扩展范围。

● 【大小】：输入数值可以设置投影的模糊范围，数值越高，投影越模糊。

● 【等高线】：通过等高线可以控制投影的形状。

● 【消除锯齿】：勾选选项可以增加投影效果的平滑度，从而消除投影的锯齿。

● 【杂色】：拖动滑块或输入数值，可以改变投影的点状。

● 【图层挖空投影】：如果当前图层的填充不透明度小于 100%，勾选选项可以防止投影在呈透明状态的图像区域中显示。

（2）【内阴影】样式：在图层内容的边缘内并紧靠边缘添加阴影，使图层有凹陷的效果。该设置面板的大部分选项与【投影】样式的选项功能相同。【内阴影】设置面板如图 7. 68 所示。效果实例如图 7. 69 所示。

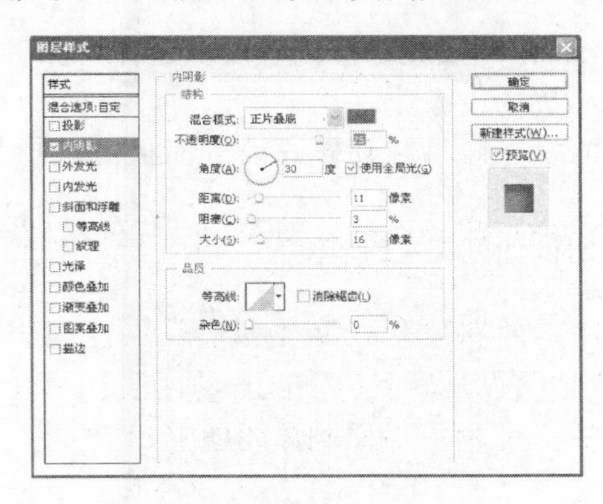

图 7. 68

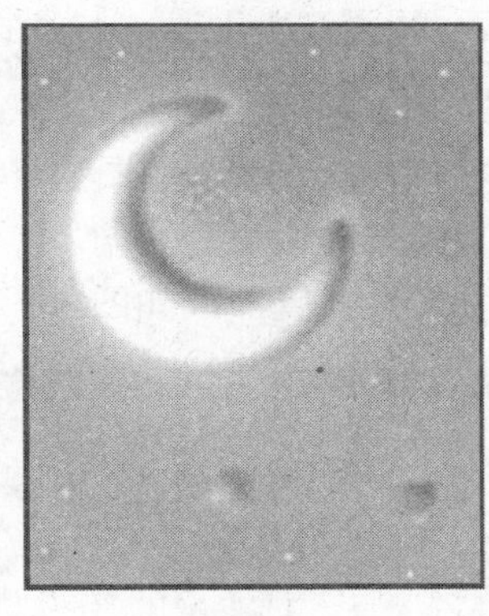

图 7. 69

其他选项的功能如下：

● 【阻塞】：拖动滑块或输入数值，可以设置阴影收缩的边界，数值越高，投影效果越强烈。

（3）【外发光】：添加图层图像外边缘的发光效果。

【外发光】设置面板中的大部分选项与前两个样式设置面板中的相应选项功能大致相同。【外发光】设置面板如图 7. 70 所示。效果实例如图 7. 71 所示。

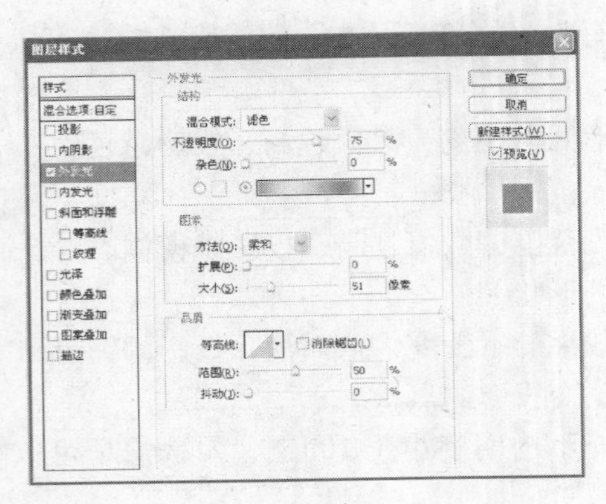

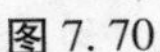

图 7.70

图 7.71

● 【发光颜色】：点击左边的颜色块可以设置单色发光的颜色；点击右侧的渐变条，可以设置或编辑渐变发光色。

● 【方法】：点击选项可以设置发光的方法，控制发光的准确程度。选择“柔和”可以得到柔和的边缘；选择“精确”可以得到精确的边缘。

（4）【内发光】：添加图层图像边缘向内的发光效果。其样式设置面板的选项与【外发光】的选项大部分相同。

【内发光】设置面板如图 7.72 所示，效果实例如图 7.73 所示。

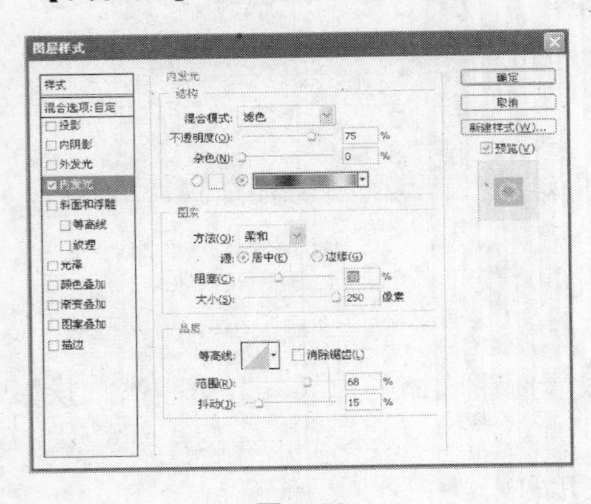

图 7.72

图 7.73

其他的选项功能如下：

● 【源】：点选“居中”，则从图像的中央向外应用发光效果；选择“边缘”，表示从图像的边缘向内应用发光效果。

● 【大小】：拖动滑块或填充数值改变发光效果向内外收缩或扩展的效果。

● 【阻塞】：拖动滑块或填充数值设置在模糊之前收缩内发光的杂边边界。

（5）【斜面和浮雕】：对图层添加高光与暗调的各种组合，使图层内容呈现立体的浮雕效果。

【斜面和浮雕】设置面板如图 7.74 所示，效果实例如图 7.75 所示。

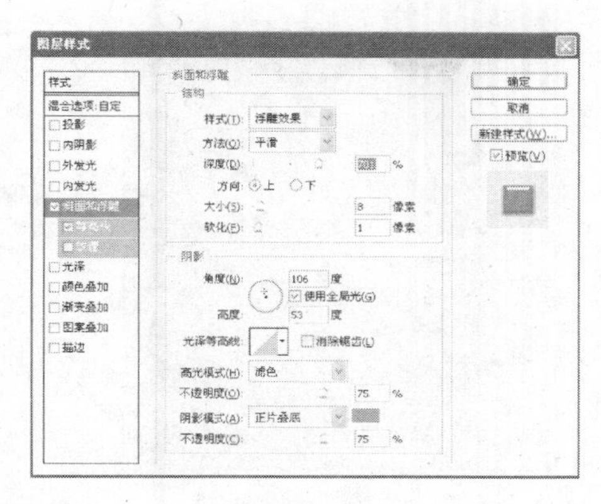

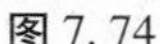
图 7.74

图 7.75

具体的选项功能如下：

● 【样式】：通过下拉列表选择斜面浮雕的五种样式，默认为“外斜面”。

● 【方法】：通过下拉列表选择设置斜面浮雕的精确程度。

● 【深度】：通过下拉列表选择设置斜面浮雕的应用深度，数值越高，浮雕的立体感越强。

● 【方向】：勾选选项可以设置上浮雕效果或下浮雕效果。

● 【大小】：拖动滑块或输入数值可以设置斜面浮雕的大小，数值越高，斜面浮雕的范围越广。

● 【软化】：拖动滑块或输入数值可以设置斜面浮雕的柔和程度，数值越高，效果越柔和。

● 【角度】：输入数值或是拖动圆形图标内的指针，可以调整光源的照射角度。如果勾选“使用全局光”选项，可以使所有浮雕样式的光照角度保持一致。

● 【高度】：输入数值可以调整光源的高度。

● 【光泽等高线】：调节等高线编辑器，可以为斜面和浮雕表面添加光泽效果。

● 【消除锯齿】：勾选可以消除光泽等高线产生的锯齿。

● 【高光模式】：选择下拉菜单可以设置高光的混合模式、颜色和不透明度。

● 【阴影模式】：选择下拉菜单可以设置阴影的混合模式、颜色和不透明度。

● 【等高线】：单击对话框左侧的“等高线”选项，可以切换到“等高线”面板，设置斜面和浮雕的轮廓。

● 【纹理】：单击对话框左侧的“纹理”选项，可以切换到“纹理”面板，设置斜面和浮雕上的纹理及其相关参数。

（6）【光泽】：此样式可以创建光泽的内部阴影，为对象添加光泽效果。【光泽】设置面板如图 7.76 所示，效果实例如图 7.77 所示。

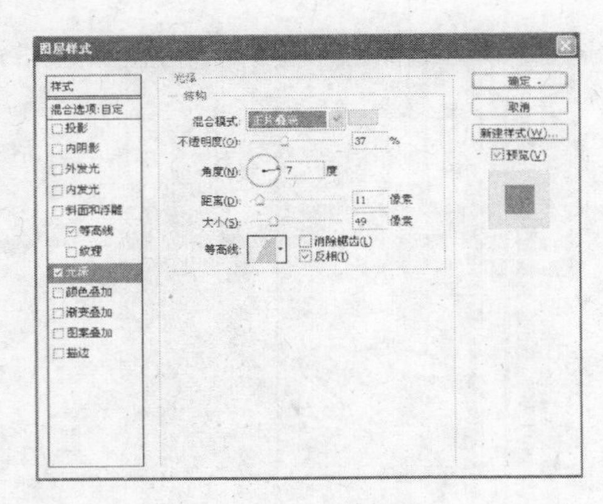

图 7.76

图 7.77

(7)【颜色叠加】：此样式可以将颜色叠加到图像上，可以设置制叠加的“混合模式”、“颜色”、“不透明度”等参数。

【颜色叠加】设置面板如图 7.78 所示，效果实例如图 7.79 所示。

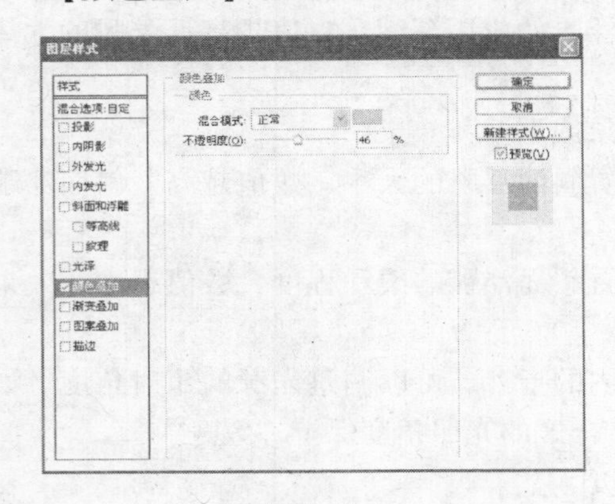

图 7.78

图 7.79

(8)【渐变叠加】：此样式可以将渐变颜色叠加到图像上，可以设制叠加的“混合模式”、“渐变颜色”、“不透明度”等参数。

【渐变叠加】设置面板如图 7.80 所示，效果实例如图 7.81 所示。

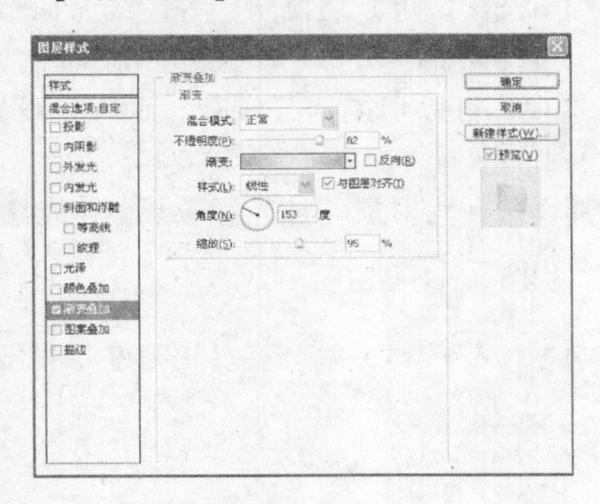

图 7.80

图 7.81

（9）【图案叠加】：此样式可以将特定的图案叠加到图像上，可以设制叠加的“混合模式”、“不透明度”、“缩放”等参数。

【图案叠加】设置面板如图 7. 82 所示，效果实例如图 7. 83 所示。

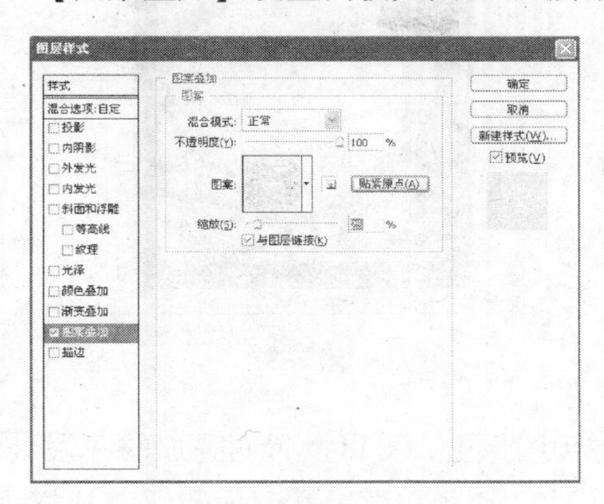

图 7. 82

图 7. 83

（10）【描边】：使用颜色、渐变或图案在当前图层上勾勒图像对象的轮廓，可以设置描边的“大小”、“位置”、“不透明度”等参数。

【描边】设置面板如图 7. 84 所示，效果实例如图 7. 85 所示。

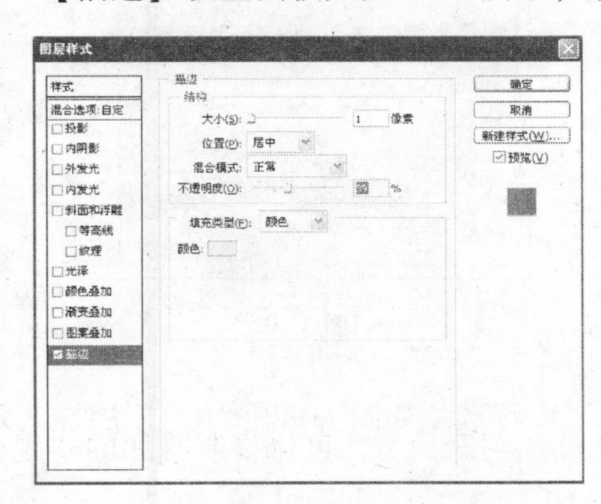

图 7. 84

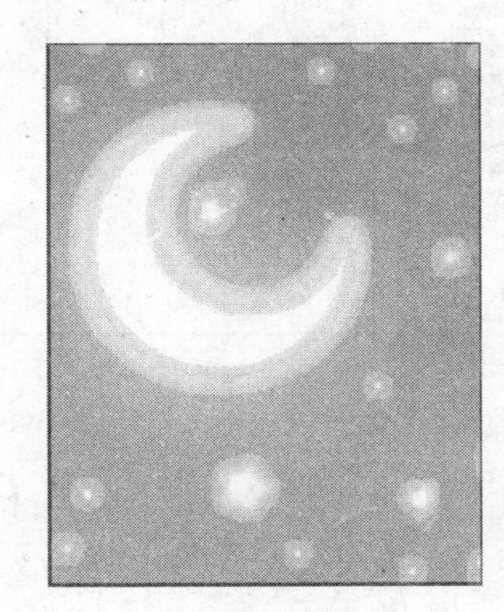

图 7. 85

实训步骤

（1）打开 Photoshop cs3，新建一幅 280 * 320 像素的文档，背景为“白色”。

（2）在【图层】面板中点击【新建图层】按钮，将新建的图层命名为“窗棂轮廓”。使用【矩形选框工具】和【椭圆选框工具】勾勒窗棂轮廓的选区，如图 7. 86 所示。

小提示：为了使图层使用图层样式后图像轮廓不会太过分明，可以先将选区羽化 1 个像素。

图 7.86

图 7.87

（3）将选区填充为灰色，如图 7.87 所示。

（4）双击打开，设置【投影】样式，如图 7.88 所示；设置【斜面和浮雕】样式，如图 7.89 所示。

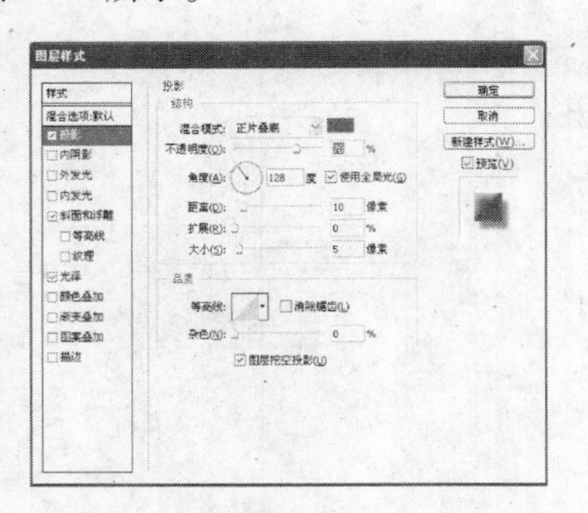

图 7.88

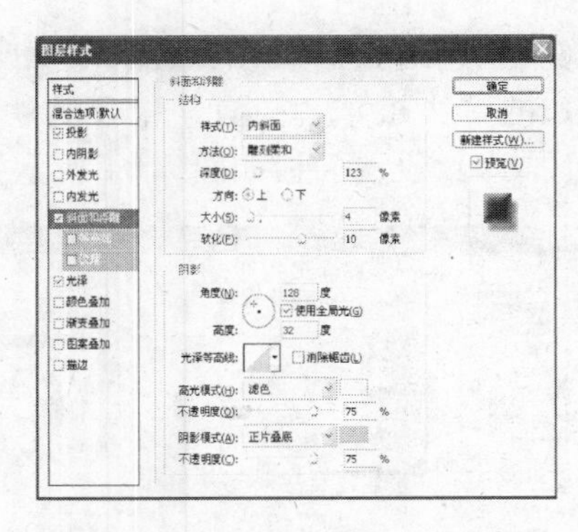

图 7.89

点击【图层样式】面板中的【光泽】样式，设置选项如图 7.90 所示。图层样式效果如图 7.91 所示。

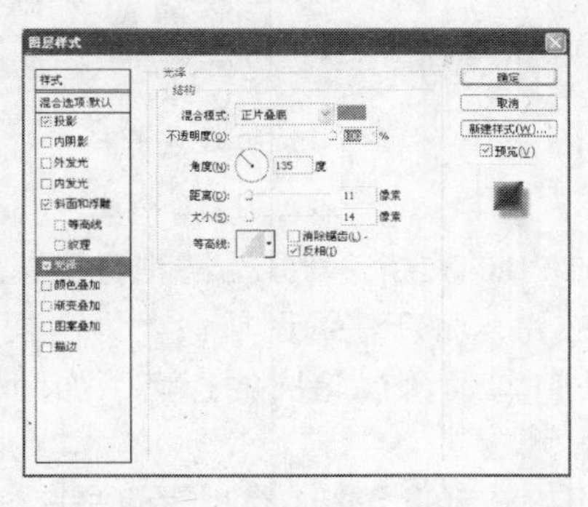

图 7.90

图 7.91

（4）选择【魔棒工具】，将窗棂中间的空白转换为选区。新建一个图层，将选区填充为灰色，如图 7.92 所示。

（5）使用菜单【文件】—【置入】命令置入一个龙形图案，调节大小并移动到适当的位置，如图 7.93 所示。

图 7.92

图 7.93

（6）双击打开【图层样式】面板，设置【斜面和浮雕】样式，如图 7.94 所示。窗棂文件最终效果如图 7.95 所示。

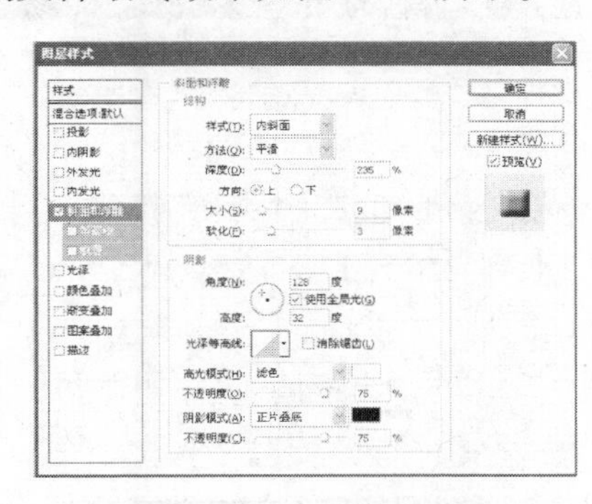

图 7.94

图 7.95

实训 5　填充图层与调整图层——秋季的风景

实训目的与要求

将春季的风景图调整为秋季的风景。

通过本实训使学生了解填充图层和调整图层的操作，能够灵活地创建填充图层或调整图层以改变图像的色彩、色调等要素。

实训预备知识

填充图层和调整图层是 Photoshop 中的两种特殊图层，它们具有图层的基本特征，都可以进行复制、删除、隐藏等操作，并且可以设置图层的不透明度和混合模式选项。

填充图层可以快速向图层中的图像添加颜色、图案和渐变效果；调整图层可以向图像添加试用颜色和应用色调进行调整。如果用户对结果不满意，可以随时撤销操作或删除调整图层和填充图层。所以，填充图层和调整图层可以调整下面图层的图像颜色和色调，但不会影响图像本身的像素，颜色或色调。

1. 填充图层

填充图层有三种类型，三种类型可以相互转换：

（1）纯色填充图层：点击【图层】面板下方【创建新的填充图层和调整图层】按钮，在下拉菜单中选择【纯色】命令。在打开的“拾色器”中选择需要的颜色。

根据需要可以改变填充图层的混合模式。如选择填充颜色“黄色”，图层混合【颜色】模式，图层面板如图 7. 96 所示，效果如图 7. 97 所示。

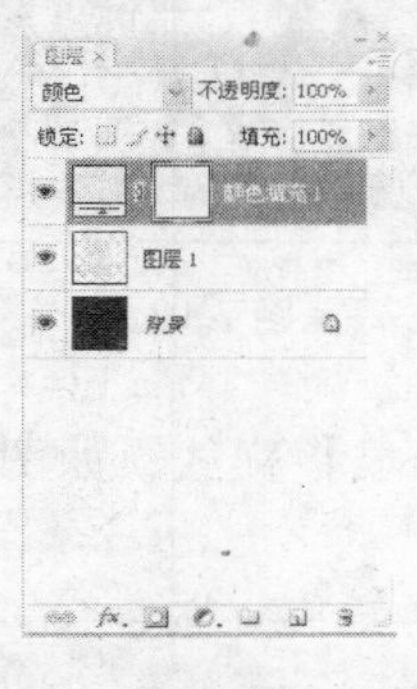

图 7. 96

图 7. 97

（2）渐变填充图层：点击【图层】面板下方【创建新的填充图层和调整图层】按钮，在下拉菜单中选择【渐变】命令。在打开的【渐变填充】对话框中选择需要的渐变色。

根据需要可以改变填充图层的混合模式。如选择填充渐变色为“黄—白—黄”，图层混合【正片叠底】模式，图层面板如图 7. 98 所示，效果如图 7. 99 所示。

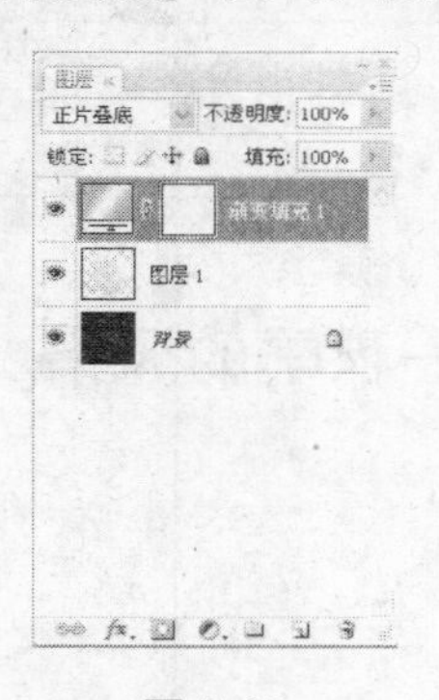

图 7. 98

图 7. 99

（3）图案填充图层：点击【图层】面板下方【创建新的填充图层和调整图层】按钮，在下拉菜单中选择【图案】命令。在打开的【图案填充】对话框中选择需要的填充图案。

根据需要可以改变填充图层的混合模式。如选择填充渐变色为“径向棋格”，图层混合【柔光】模式，图层面板如图 7. 100 所示，效果如图 7. 101 所示。

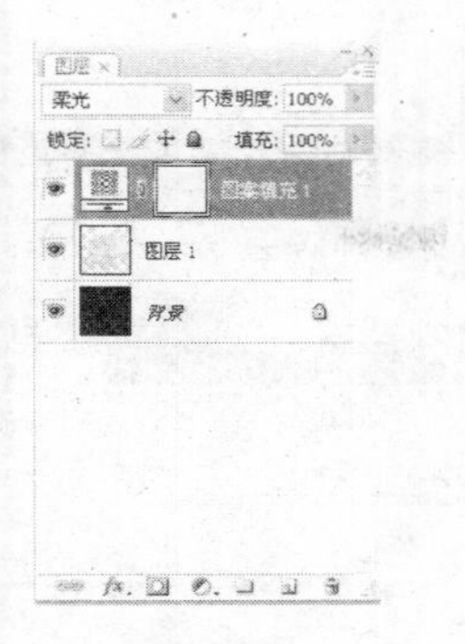

图 7. 100

图 7. 101

2. 调整图层

调整图层可以调整图像的色彩和色调。与菜单【调整】命令改变色彩和色调的方法相比，使用调整图层最大的优势是不会改变图像本身的色彩或色调，修改和删除操作十分方便。

点击【图层】面板下方【创建新的填充图层和调整图层】按钮，在下拉菜单中单击【色相/饱和度】命令。弹出的【色相/饱和度】对话框进行设置如图 7. 102 所示。调整效果如图 7. 103 所示。

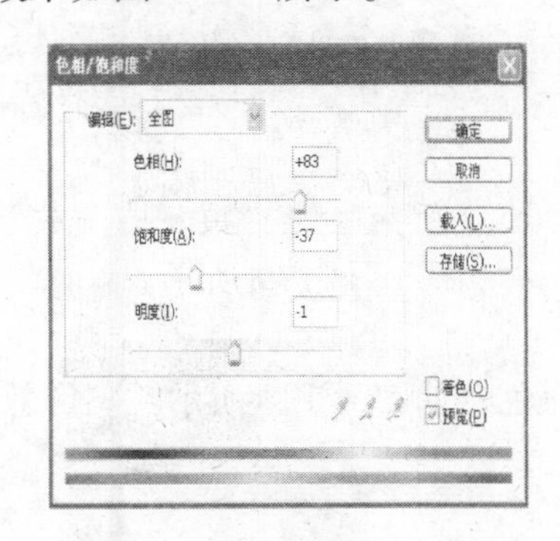

图 7. 102

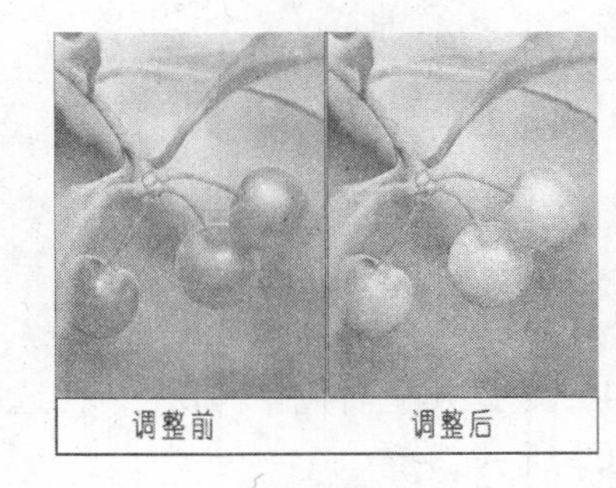

图 7. 103

如果要编辑调整图层，双击图层上的“图层缩览图”图标，在打开的调整对话框中进行设置。

根据需要，还可以创建调整图层，调整图像的“色阶”、“曲线”和“色彩平衡”等选项。

实训步骤

（1）在 Photoshop cs3 中打开素材库中 7 - 3 原文件，这是一张春季的风景照片，如图 7. 104 所示。

（2）点击【图层】面板下方【创建新的填充图层和调整图层】按钮，在下拉菜单中选择【色阶】命令。在打开的【色阶】对话框中进行设置，如图 7. 105 所示。

图 7. 104

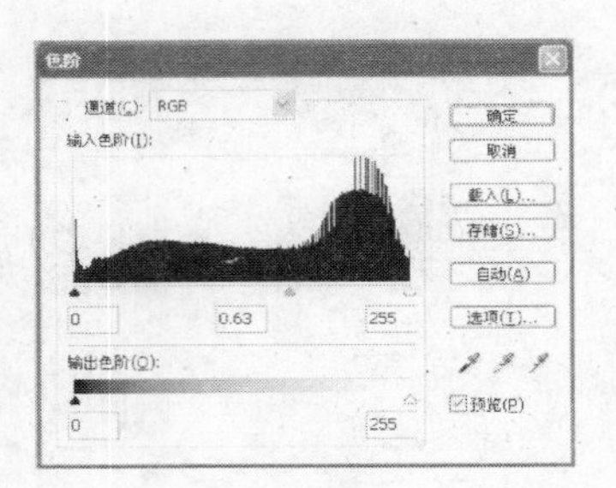

图 7. 105

图像效果如果 7. 106 所示。

(3) 使用【魔棒工具】和【矩形选框工具】选择除树叶之外的所有部分，如图 7. 107 所示。

图 7. 106

图 7. 107

(4) 选择“色阶调整图层”，在选区内填充纯黑色，如图 7. 108 所示。图像效果如图 7. 109 所示。

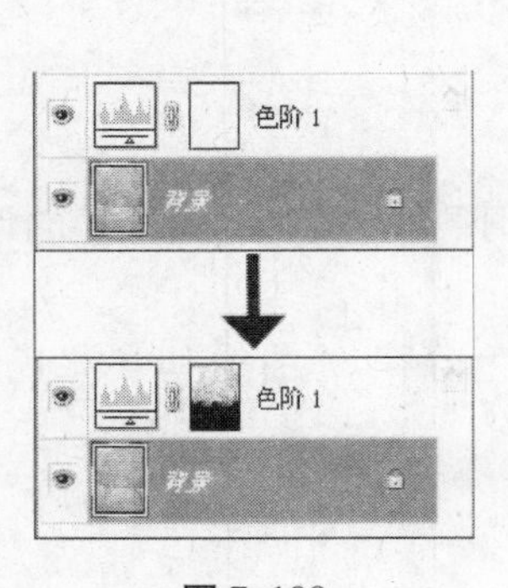

图 7. 108

图 7. 109

(5) 点击【图层】面板下方【创建新的填充图层和调整图层】按钮，在下拉菜单中选择【色相/饱和度】命令。在打开的【色相/饱和度】对话框中进行设置，如图 7. 110 所示。

图像效果如果 7. 111 所示。

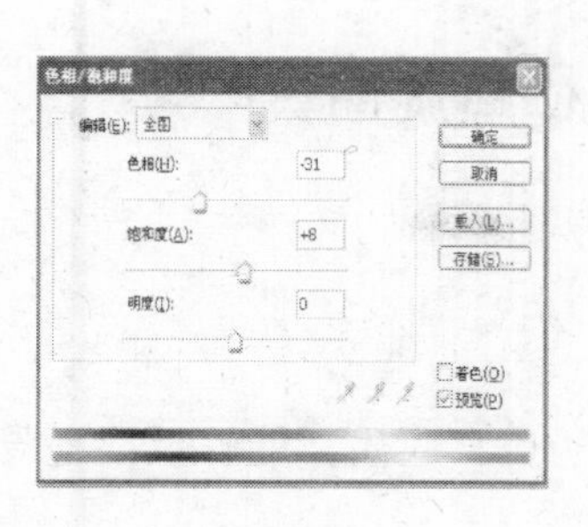

图 7.110

图 7.111

（6）使用【魔棒工具】和【矩形选框工具】选择草地之外的所有部分，并在“色相/饱和度调整图层”中将选区填充为黑色，如图 7.112 所示。

图像效果如果 7.113 所示。

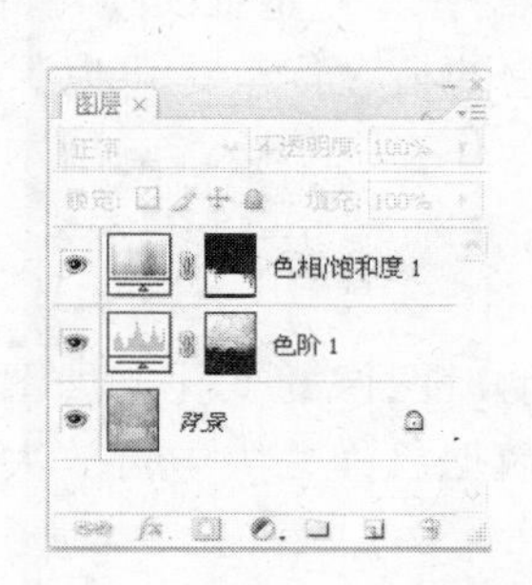

图 7.112

图 7.113

小提示：填充图层和调整图层的应用，将会影响其以下的多个图层。

（7）点击【图层】面板下方【创建新的填充图层和调整图层】按钮，选择下拉菜单中选择【亮度/对比度】命令。在打开的【亮度/对比度】对话框中进行设置，如图 7.114 所示。秋季图像效果如果 7.115 所示。

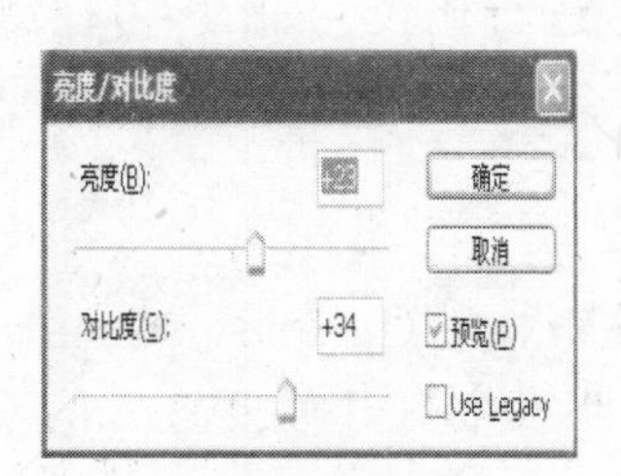

图 7.114

图 7.115

实训6　智能对象——制作螺旋图案

实训目的与要求

制作美丽的螺旋图案。

通过本实训使学生了解 Photoshop 中智能对象的特点和应用，能够灵活地导入和运用智能对象，能够创建智能滤镜。

实训预备知识

1. 什么是智能对象

智能对象是嵌入 Photoshop 当前文件中的一个副本文件。它可以在当前文件中进行移动、缩放、复制、删除、隐藏等操作，但不会对智能对象本身造成实质性的破坏。

智能对象可以是矢量图像，也可以是点阵图像。它的最大优势是可以保留对象的原始数据。也就是说智能对象图层上的任意缩放图像操作，都不会影响副本文件中的数据。

下面作这样一对比较：

第一组：将普通图层中的图像缩小再放大，对比前后图像的变化，如图 7. 116 所示。当普通的点阵图层经过缩小时，图像像素固化，数据已经丢失。再放大后，不能恢复到缩小之前的清晰度。

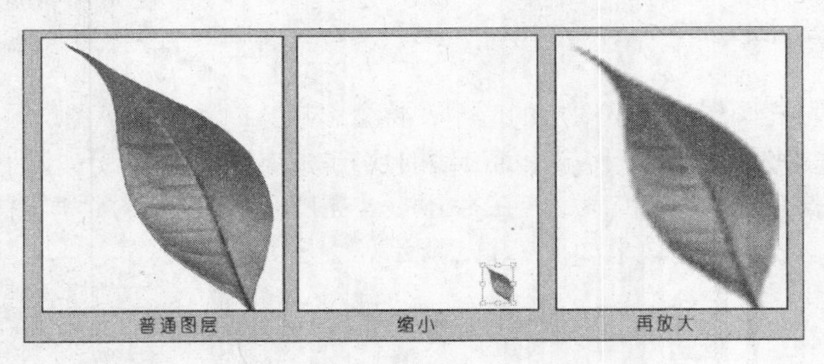

图 7. 116

第二组：将智能对象图层缩小再放大，前后图像进行比较，如图 7. 117 所示。当应用智能对象的图层经过缩小再放大，图像的数据不会改变，这样的操作也叫做无损操作。

2. 智能对象的操作

（1）置入智能对象：Photoshop 中可以直接置入智能对象，如 Illustrator 中创建的矢量图像等。点击菜单【文件】—【置入】命令，在路径中打开需要置入的对象，双击确定。

（2）创建智能对象：如果要将普通图像转换为智能对象，首先选择需要转换的对象，点击菜单【图层】—【智能对象】—【转换为智能对象图层】命令，将该图层转换为智能对象。

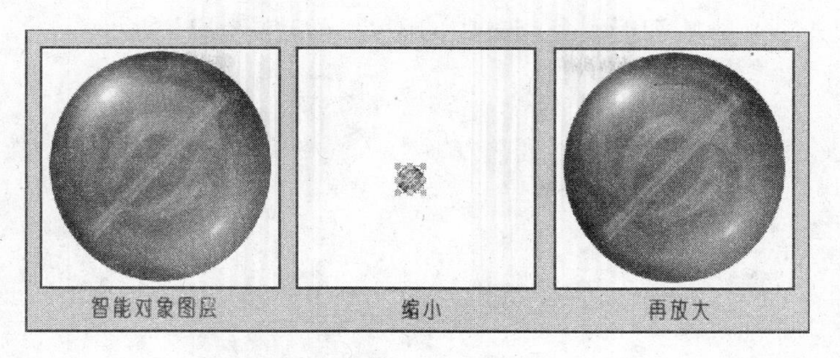

图 7.117

创建智能对象成功后，在【图层】面板中，该图层缩览图的右下方将会出现一个智能对象的图标，如图 7.118 红色区域所示。

（2）编辑智能对象：如果要编辑智能对象，双击图层缩览图，弹出提示框。点击“确定”，单独打开智能对象副本，如图 7.119 所示。

图 7.118

图 7.119

编辑智能对象副本中的图像，如图 7.120 所示，储存后原文件将自动进行更新，如图 7.121 所示。

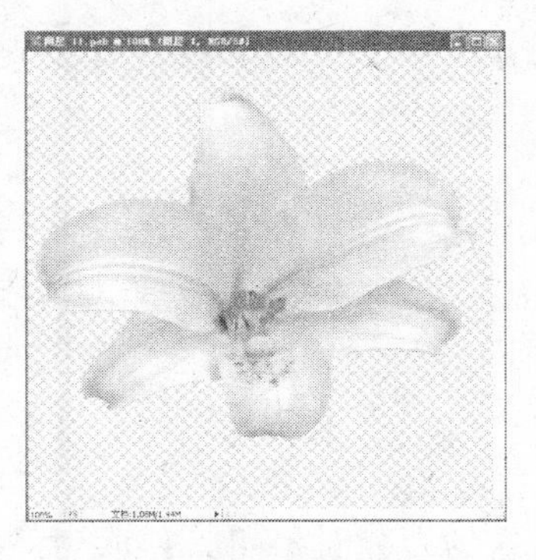

图 7.120

图 7.121

3. 智能滤镜

智能滤镜是在智能对象图层上创建的无损滤镜，它可以随时添加、编辑和删除滤镜而不会破坏图像的原始数据。

如果要创建智能滤镜，选择智能对象图层，添加滤镜，如图 7.122 所示。滤镜只应用于该图层，不会影响智能对象副本中的图像，如图 7.123 所示。

图 7.122

图 7.123

实训步骤

(1) 打开 Photoshop cs3，新建一幅 500 * 500 像素的文档，背景为“白色”。

(2) 新建一个图层，重命名为“螺旋”。选择【矩形选框工具】，新建一个矩形选区，填充为渐变色，如图 7.124 所示。

单击菜单【编辑】—【变换】—【变形】命令，将矩形图像变形如图 7.125 所示。

图 7.124

图 7.125

(3) 点击菜单【图层】—【智能对象】—【转换为智能对象图层】命令，将“螺旋”图层转换为智能对象，如图 7.126 所示。

双击智能对象缩览图，打开智能对象。使用【自由变换】命令，将图像等比例缩小为“95%”，将对称中心移至图像下方，旋转角度设置为“-17”，如图 7.127 所示。

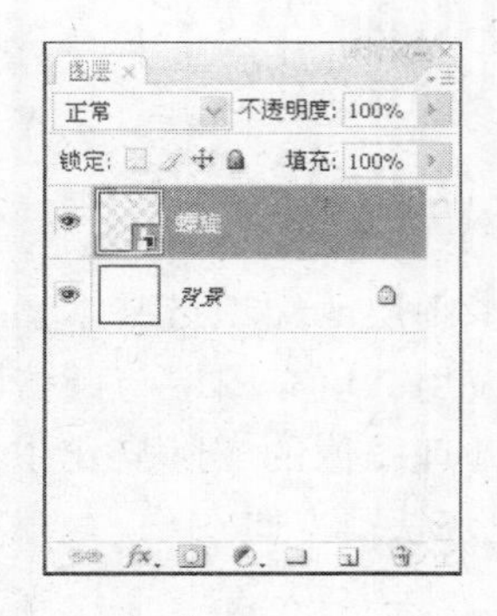

图 7.126

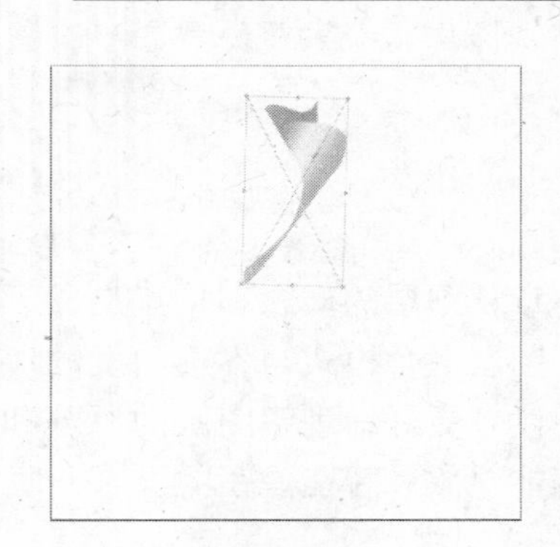

图 7.127

按下快捷键 Ctrl + Shift + Alt + T，复制并再次变换图像，或以得到一个“螺旋 副本”图层。连续使用该快捷键，直到复制出“螺旋 副本 81”图层，将得到一组美丽的螺旋图案，效果如图 7.128 所示。

（4）如果要改变螺旋图案，不用将所有图层一一修改，只需双击打开智能对象副本进行编辑，保存后原文件的所有智能对象图层将会自动更新。

如改变智能对象中图像的形状和颜色，如图 7.129 所示，则自动更新后效果如图 7.130 所示。连续修改智能对象可以方便地得到其他螺旋图案，如图 7.131 所示。

图 7.128

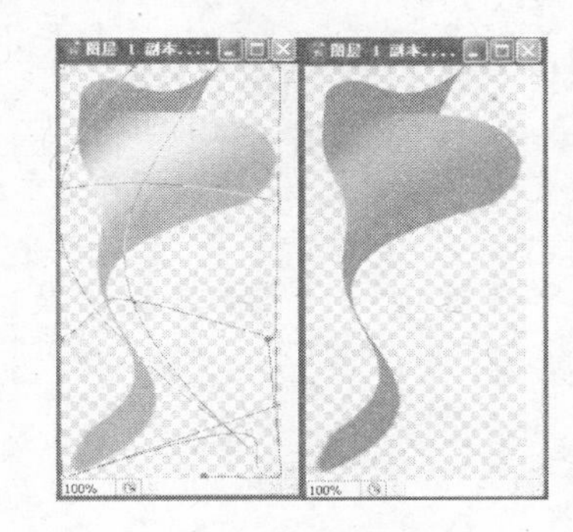

图 7.129

图 7.130

图 7.131

（5）保存所需的文件。

本章小结

本章从图层的概念和特点出发，比较全面地介绍了图层的知识及基本操作，重点讲解了图层混合模式与不透明度的应用、图层样式的应用、填充图层与调整图层的应用，使读者更好地理解图层的原理和特点，在制作和处理图像的实际操作中，灵便运用。智能对象和智能滤镜的引入，使复杂图像的编辑更加快捷方便。

补充实训

1. 请制作一个蝴蝶投影效果。
2. 请使用填充图层或调整图层将一张普通图片转换成照片胶卷效果。
3. 请使用图层样式制作一个水晶文字效果。

第八章
蒙板与通道解析

实训1　利用通道制作剪影效果

实训目的与要求

利用通道制作一个文字的剪影效果。

通道是 Photoshop 图形图像处理软件的一个重要功能。通道的主要作用是保存图像的颜色信息和存储蒙版。运用通道可以实现许多图像特效，能为图形图像工作人员带来创作技巧与思路。通过本实训使学生掌握通道的基本知识，了解通道的性质，并能初步运用通道制作文字特效。

实训预备知识

在 Photoshop 中通道是非常独特的，它不像图层那样容易上手。通道是由分色印刷的印版概念演变而来的。例如我们在生活中司空见惯的彩色印刷品，其实在其印刷的过程中仅仅只用了四种颜色。在印刷之前先通过计算机或电子分色机将一件艺术品分解成四色，并打印出分色胶片；一般来说，一张真彩色图像的分色胶片是四张透明的灰度图，单独看每一张单色胶片时不会发现什么特别之处，但如果将这几张分色胶片分别着以 C（青）、M（品红）、Y（黄）和 K（黑）四种颜色并按一定的网屏角度叠印到一起时，我们会惊奇地发现，这原来是一张绚丽多姿的彩色照片。所以从印刷的角度来说通道（Channels）实际上是一个单一色彩的平面。它是在色彩模式这一基础上衍生出的简化操作工具。譬如说，一幅 RGB 三原色图有三个默认通道：Red（红）、Green（绿）、Blue（蓝）。但如果是一幅 CMYK 图像，就有了四个默认通道：Cyan（青色）、Magenta（洋红）、Yellow（黄色）、Black（黑色），如图 8.1 和图 8.2 所示。

图 8.1

图 8.2

1. 通道的作用

在图片的通道中，记录了图像的大部分信息，这些信息始终与各种操作密切相关，具体看起来，通道的作用主要有。

●表示选择区域。通道中白色的部分表示被选择的区域；黑色部分表示没有选中；而灰色部分表示部分选中。利用通道，一般可以建立精确选区。

●表示墨水强度。利用【信息】面板可以体会到这一点，不同的通道都可以用256级灰度来表示不同的亮度。在红色通道里的一个纯红色的点，在黑色通道上显示就是纯黑色，即亮度为0。

●表示不透明度。

●表示颜色信息。例如预览红色通道，无论鼠标在画布里怎样移动，【信息】面板上都仅有R值，其余的都为0。

2. 颜色通道（Color Channel）

保存图像颜色信息的通道称为颜色通道。在Photoshop工作窗口中，不管是新建的文件还是打开的文件，都会随着不同的颜色模式建立不同的通道。这些通道存放着图像的色彩资料。图像文件的颜色通道数取决于其颜色模式。例如，打开一幅RGB模式的图像，在【通道】面板中建立四个通道：红、绿和蓝三个单色通道，RGB复合通道。（在RGB、CMYK和Lab等图像中，复合通道为各个颜色通道叠加的效果）。

再例如，打开一幅CMYK模式的图像，在【通道】面板中建立五个通道：青色、洋红、黄色和黑色四个单色通道，CMYK复合通道。四个单色通道相当于四色印刷中的四色胶片，将其重叠起来。

每一个颜色通道实质上是一个256级的灰度图像，如图8.3所示，再用一个颜色合成通道将原色通道合成在一起，构成了一幅完整的彩色图像。

图8.3

默认情况下，位图模式、灰度模式、双色调和索引颜色模式图像只有一个通道。Lab模式图像有四个通道。

在【通道】面板中通道都显示为灰色，它通过不同的灰度来显示0~255级亮度的颜色。

小提示：如果需要将通道以原来的颜色显示，执行【编辑】—【预设】—【显示与光标】命令，在打开的【预置】对话框中选择【通道用原色显示】复选框。但要注意：以彩色显示通道颜色会占用更多的计算机内存，因而会减慢程序运行速度。

3. Alpha 通道（Alpha Channel）

Alpha 通道是计算机图形学中的术语，指的是特别的通道。有时，它特指透明信息，但通常的意思是“非颜色”通道。这是我们真正需要了解的通道，可以说我们在 Photoshop 中制作出的各种特殊效果都离不开 Alpha 通道，它最基本的用处在于保存选取范围，并不会影响图像的显示和印刷效果。

用选择工具或图层建立的选区只能使用一次，而使用通道就可以将选区保存起来，随时调用。当将一个选区保存后，在【通道】面板中会自动生成一个新通道，这个新通道称为 Alpha 通道。将一个选取范围保存后，就会成为一个蒙版保存在一个新增的通道中，通过这些 Alpha 通道，可以实现蒙版的存储和编辑。

Alpha 通道实际上是一幅 256 级灰度图像，其中黑色部分为透明区，白色部分为不透明区，而灰色部分为半透明区。所以，利用 Alpha 通道可制作一些特殊效果。如图 8.4 所示。

图 8.4

4. 专色通道（Spot Channel）

专色通道是一种特殊的颜色通道，它指的是印刷上想要对印刷物加上一种专门颜色（如银色、金色等），它可以使用除了青色、洋红（有人叫品红）、黄色、黑色以外的颜色来绘制图像。专色在输出时必须占用一个通道，. psd、. tif、. dcs 2. 0 等文件格式可保留专色通道。专色通道一般人用的较少且多与印刷相关。

专色通道主要用来辅助印刷，它可以使用一种特殊的混合油墨，替代或附加到图像颜色（如 CMKY）油墨中。在印刷彩色图像时，图像中的各种颜色都是通过混合 CMYK 四色油墨获得的。但是由于色域的原因，某些特殊颜色无法通过混合 CMYK 四色油墨得到，就可用【专色】通道为图像增加一些特殊混合油墨来辅助印刷。

专色通道主要用来增加图像在印刷时除标准印刷色（CMYK）以外的油墨颜色，而且专色通道中设置的油墨颜色在输出时将生成一个独立的印刷胶片（印版）。

小提示：在创建新专色通道前，如果图像中存在选区，那么创建的专色通道的油墨只能作用于选区，否则专色通道的油墨将作用于整个图像画布。专色通道与图像合并后，其色彩会自动并入 CMYK 四色通道中，以后就不能还原回专色通道，也不能随时替换颜色和密度。专色通道在【通道】面板中会按次序排在各原色通道下面，Alpha 通道上面。专色通道不能移动到各原色通道上方（Alpha 通道也如此），除非这个图像文件的色彩模式转换成了多通道模式，才可以任意调整专色通道（或 Alpha 通道）的位置。专色通道的应用效果将会覆盖在图像之上，也即覆盖在所有可见的图层上。专色通道无法针对某些单独的图层应用，其应用范围为整幅图像。

5. 复合通道（Compound Channel）

复合通道不包含任何信息，实际上它只是同时预览并编辑所有颜色通道的一个快捷方式。它通常被用来在单独编辑完一个或多个颜色通道后使【通道】面板返回到它的默认状态。对于不同模式的图像，其通道的数量是不一样的。

在 Photoshop 之中，通道涉及三个模式。对于一个 RGB 图像，有 RGB、R、G、B 四个通道；对于一个 CMYK 图像，有 CMYK、C、M、Y、K 五个通道；对于一个 Lab 模式的图像，有 Lab、L、a、b 四个通道。

6. 单色通道

这种通道的产生比较特别，也可以说是非正常的。如果在【通道】面板中随便删除其中一个通道，所有的通道都会变成“黑白”的，原有的彩色通道即使不删除也变成灰度的了。这就是单色通道。

单色通道也称为原色通道，是组成图像的色板，例如 RGB 模式的图像是由 R、G、B 三个色板所形成的，通过这三个色板组合起来才能组成一个 RGB 的图像。这些色板被放置在通道面板里，我们称它为“原色通道”。在制作图像时，建议不要直接去修改这些原色通道，可以使用 Photoshop 内置的功能来做图像调整（例如曲线调整），它会自动去修改这些原色通道。

实训步骤

（1）打开一幅图片，再打开通道调板，会发现 RGB 这三种数据确实分别记录在名为 R、G、B 的三个灰度图像上。我们将 R、G、B 这三个灰度图像分别称作图像的 R、G、B 颜色通道。如图 8.5 所示。

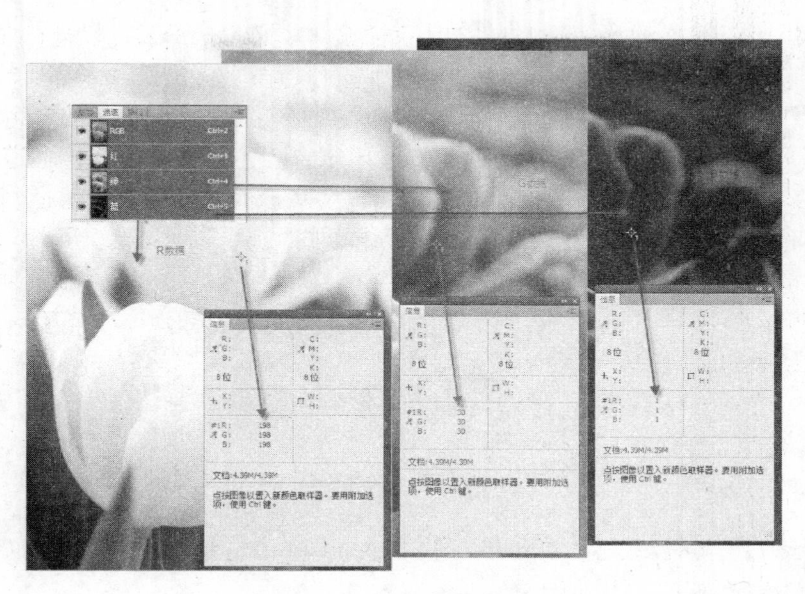

图 8.5

（2）打开通道调板的调板菜单，选择【分离通道】菜单项，将颜色通道拆分成三个单个的灰度模式图像。如图 8.6 和图 8.7 所示。

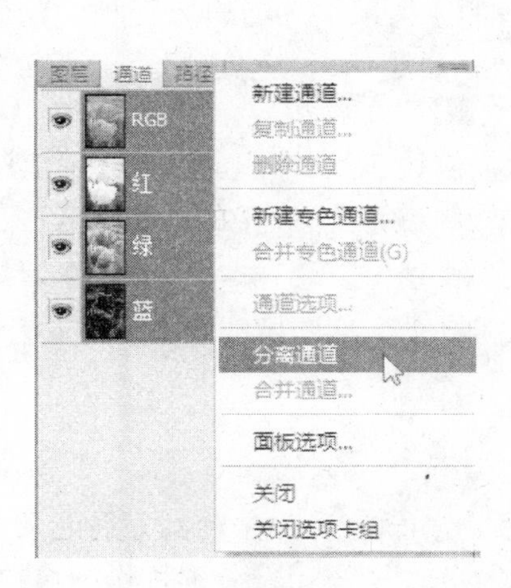

图 8.6

图 8.7

（3）选中任意一个灰度图像，并打开其通道调板的调板菜单，发现原来的【分离通道】菜单项已不可用，点击【合并通道】菜单项，如图 8.8 所示。

（4）在弹出的【合并通道】对话框中，点击【模式】下拉菜单，并选择【Lab 颜色】模式。如图 8.9 所示。

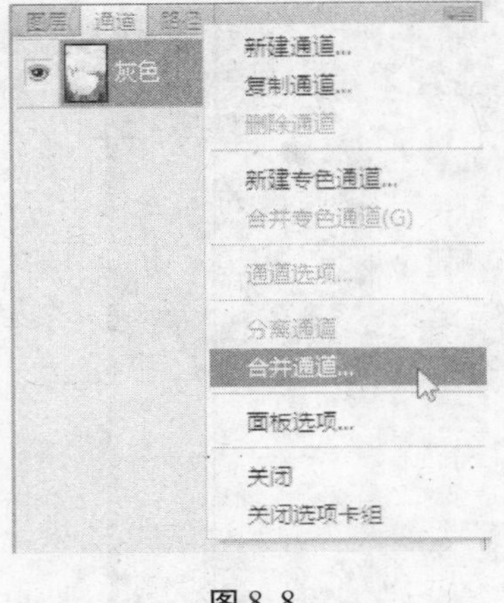

图 8.8

图 8.9

（5）选择了 Lab 模式后，接着弹出的【合并 Lab 通道】对话框会让用户对灰度图像做进一步指定。如图 8.10 所示。

合并 Lab 通道
指定通道:
明度(L): 2560Tulip_001012.jpg_R
a(A): 2560Tulip_001012.jpg_G
b(B): 2560Tulip_001012.jpg_B
确定
取消
模式(M)

图 8.10

小提示：默认情况下，Photoshop 将灰度图像 R. jpg 指定为 Lab 的明度通道，G. jpg 和 B. jpg 分别指定为 a 和 b 通道。

（6）点击【确定】按钮后，原来的 RGB 模式的 3 个灰度图像摇身一变，成为了组成 Lab 模式的 3 个灰度图像。如图 8.11 所示。

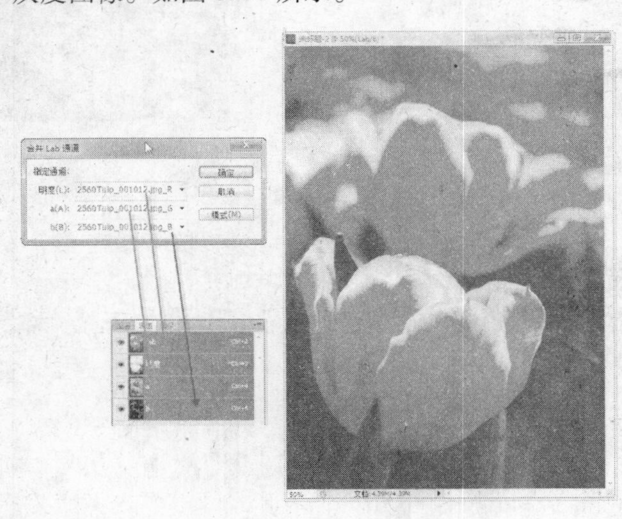

图 8.11

小提示：在任何色彩模式下（如 RGB 模式和 CMYK 模式），【通道】面板中的各原色通道和复合通道均不能更改名称。

（7）打开通道调板，点击调板下方的【创建新通道】按钮，建立一个新通道，Photoshop 自动将这个通道命名为“Alpha 1”，如图 8.12 所示。

小提示：当显示多个通道时，窗口中的图像为所有可见通道的综合效果。在编辑图像时，所有编辑操作将对当前选中的所有通道起作用（包括选中的 Alpha 通道）。

（8）然后使用文字工具添加“Tulipa”字样，字体选择【Arial Black】，如图 8.13 所示，确定之后，得到一个包含“Tulipa”字样的普通通道，如图 8.14 所示。

图 8.12

图 8.13

（9）使用通道调板的调板菜单，选择【分离通道】菜单项，将三个颜色通道和一个普通通道拆分成四个单个的灰度模式图像。如图 8.15 所示。

图 8.14

图 8.15

小提示：如果删除了某个原色通道，则通道的色彩模式将变为多通道模式。不能删除复合通道（如 RGB 通道、CMYK 通道等）。

（10）选择刚才拆分的任意一个灰度图像，使用通道调板上的【合并通道】命令。由于有四个同样大小的灰度图像，因此又多了一个 CMYK 模式可供选择，将包含“Tulipa”字样的灰度图像作为 CMYK 模式的黑色通道。如图 8.16 和图 8.17 所示。

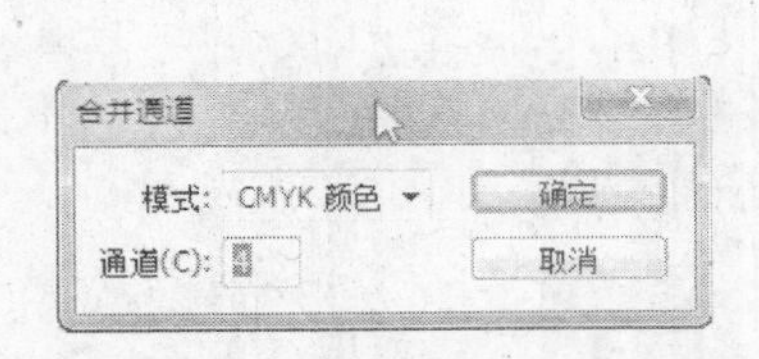

图 8.16

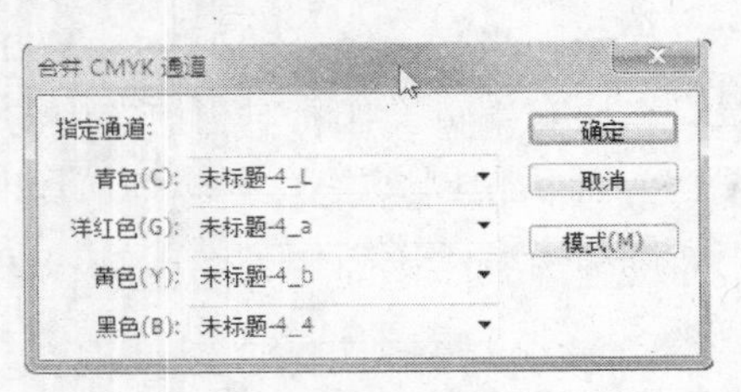

图 8.17

小提示：分离通道时，除原色通道（即复合通道和专色通道）以外的通道都将一起被分离出来。分离通道后，可以很方便地在单一通道上编辑图像，可以制作出特殊效果的图像。

（11）确定之后，得到一个剪影效果的 CMYK 模式的彩色图像。如图 8.18 所示。

图 8.18

小提示：在指定通道源文件时，三原色选定的源文件不能相同。可以像编辑普通灰度图像那样编辑各通道图像，但在合并各通道图像之前，必须首先合并图层。合并通道时，各源文件的分辨率和尺寸必须相同，否则不能进行合并。合并通道时，若希望将 Alpha 通道一起合并，则在【合并通道】对话框的【模式】下拉列表框中选择【多通道】选项，并在【通道】文本框中输入通道总数。

实训 2　调出通道作为图层蒙版使用

实训目的与要求

将两张不同景物的图片进行自然融合。

本实训目的是进一步了解通道的性质和用途，掌握通道的基本编辑方法和技巧，了解通道在图像特效处理过程中的应用途径，掌握应用图像命令的使用方法，并能自己制作一些图像效果。作为无损的图像调整手段，图层蒙版在图像处理工作中应用广泛。

实训预备知识

1. 通道的建立

用户在进行图像处理时，有时是对某一颜色通道进行多种处理，以获得不同的图像效果；有时把一个图像的通道应用到另一个图像中，进行图像的复合以获得需要的效果；但很多时候是对 Alpha 通道进行编辑，以获得特殊的选区和图像效果。

在 Photoshop 中用户创建的通道一般是 Alpha 通道，Alpha 通道创建的方法有以下几种：

●单击【通道】面板底部的【创建新通道】按钮。这样建立的通道其属性是默认的。

●按住 Alt 键的同时，单击【通道】面板底部的【创建新通道】按钮，此时会弹出通道选项对话框，如图 8.19 所示。用户可以设定新通道名称、色彩指示、颜色和不透明度等参数。

●单击【通道】面板右上角的三角形图标，弹出【通道】面板菜单，在面板菜单中单击【新通道】，也会显示通道选项对话框，可建立新通道，如图 8.19 所示。

●建立选区。执行【选择】菜单中的【存储选区】命令将选区存储为新通道，如图 8.20 所示。

●建立选区。在【通道】面板底部单击【将选区存储为通道】按钮即可。

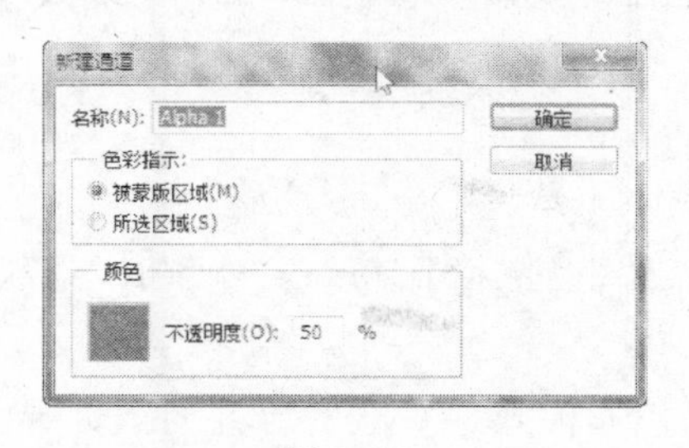

图 8.19

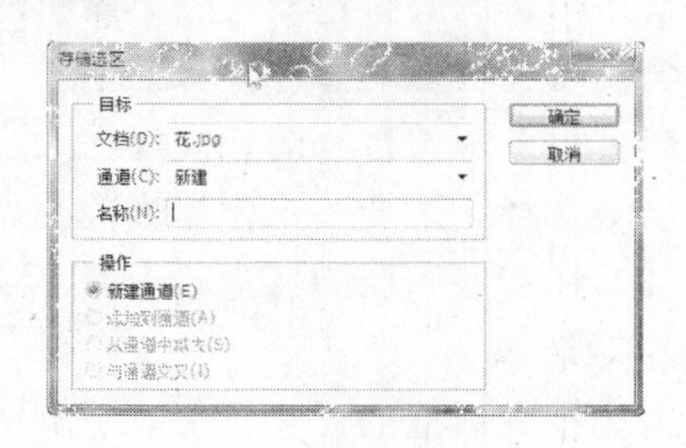

图 8.20

小提示：除了位图模式以外，其他图像色彩模式都可以加入新通道。在一个图像文件中，最多可以有 25 个通道。

2. 通道的复制与删除

在 Photoshop 中用户不但可以在同一图像中复制通道，也可在不同图像之间复制通道。在同一图像中复制通道的方法有：

●直接把要复制是通道拖入面板底部的【创建新通道】中，会创建一通道副本；

●也可以在所选择的通道上单击右键，选择【复制通道】；

●还可以在【通道】面板菜单中选择【复制通道】。

在不同图像间复制通道，首先要打开两幅图像。如果图像的尺寸大小一样，可以选择要复制的通道，右键单击或在【通道】面板菜单中选择【复制通道】，会显示出【复制通道】对话框，在对话框“为”的后面输入新通道的名称，在“文档”后面选择目标图像，如图 8.21 所示；如果图像的尺寸大小不一样，可以把原图像中要复制的通道直接拖入到目标图像中进行复制。

图 8.21

如果对图像的有些通道不满意，可以删除通道，删除通道的操作比较简单，直接选中要删除的通道，单击面板底部的【删除通道】按钮；也可拖入【删除通道】按钮；也可以右键单击要删除的通道，选【删除通道】；还可以在面板的菜单中进行删除。

3. 通道的合并与分离

在图像处理过程中，有时需要把几个不同的通道进行合并，有时需要给一幅图像的通道进行分离，以满足图像制作需求。

合并通道是将多个灰度图像合并成一个图像，用户打开的灰度图像的数量决定了合并通道时可用的颜色模式，不能将从 RGB 图像中分离出来的通道合并成 CMYK 模式的图像。合并通道的操作步骤如下。

（1）打开想要合并的相同尺寸大小的灰度图像。

（2）选择其中的一个作为当前图像。

（3）在灰度图像的【通道】面板菜单中选择【合并通道】命令；就打开了【合并通道】对话框。

（4）在对话框的【模式】项选取想要创建的色彩模式，对应的合并通道数显示在【通道】项文本框中。

（5）单击【确定】按钮，打开对应色彩模式的合并通道对话框。

（6）单击【确定】按钮，所选的灰度图像即合并成一新图像，原图像被关闭。

分离通道是把一幅图像的各个通道分离成几个灰度图像。如果图像太大，不便于存储时，可以执行分离通道的操作。图像中如果存在的 Alpha 通道也将分离出来成为一幅灰度图像，当这些灰度图像进行通道合并后，图像将恢复到原来效果。分离通道只需单击【通道】面板菜单中的【分离通道】命令即可。

4. 应用图像

通过应用图像可以对源图像中的一个或多个通道进行编辑运算，然后将编辑后的效果应用于目标图像，从而创造出多种合成效果。执行【图像】—【应用图像】命令打开【应用图像】对话框，如图 8. 22 所示，包括以下选项：

●【源】：可以在其下拉列表中选择一幅图像与当前图像混合，该项默认是当前图像。

●【图层】：设置用源图像中的哪一层来进行混合，如果不是分层图，则只能选择背景层，如果是分层图，在【图层】的下拉菜单中会列出所有的图层，并且有一个合并选项，选择该项即选中了图像中的所有图层。

●【通道】：该选项用于设置用源图像中的哪一个通道进行运算，选择后面的“反相”选项会将源图像进行反相，然后再混合。

●【混合】：设置混合模式，具体见图层的应用这一章。

●【不透明度】：设置混合后图像对源图像的影响程度。

●【保留透明区域】：选此项后，会在混合过程中保留透明区域。

●【蒙版】：用于蒙版的混合，以增加不同的效果。

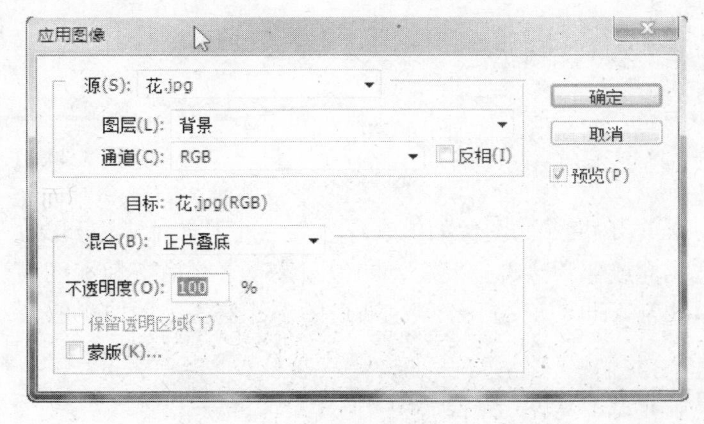

图 8. 22

实训步骤

（1）打开两幅图像。如图 8. 23 和图 8. 24 所示。

图 8. 23

图 8. 24

（2）使用移动工具将其中一幅拖放到另一副中，作为图层 1。如图 8. 25 所示。

（3）观察背景图层，这个图像最大的特点是天空和山脉形成强烈的对比。并且“红”和“蓝”通道表现出的差异最大。因此，选择【图像】—【计算】菜单项，打开【计算】对话框，按照图 8. 26 设置参数，并点击确定按钮，得到新通道 Alpha1，如图 8. 27 所示。

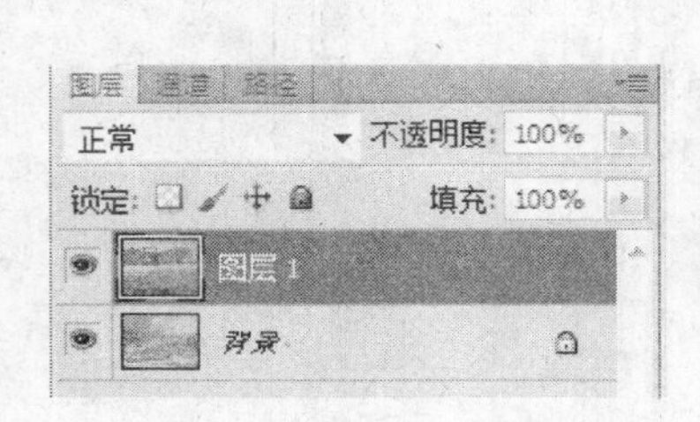

图 8. 25

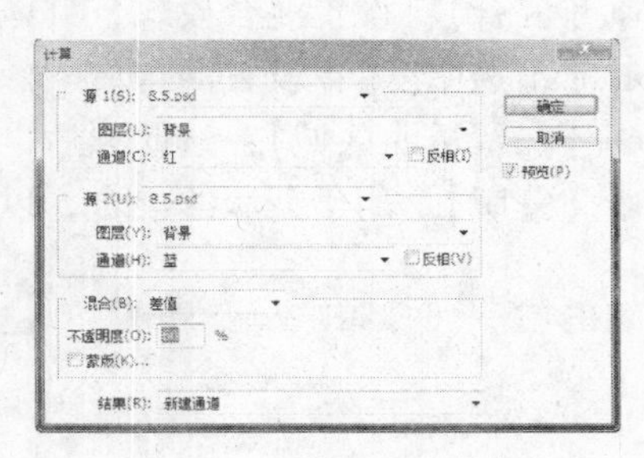

图 8. 26

小提示：一个 RGB 模式的图像如果表现为灰色外观（色彩饱和度低），那么它的 3 个颜色通道一定相同或非常接近；反之，如果图像非常鲜艳（饱和度高），那么起码会有两个颜色通道非常不同。正是由于颜色通道的差异造就了各种颜色。

图 8. 27

（4）新生成的通道在图像的蓝色区域表现为灰蒙蒙的色调，越蓝的区域越亮，而灰色的黄色的沙丘则表现为黑色的外观，因为这个区域的红蓝通道差别小。为了强调这种反差，使用【图像】—【调整】—【色阶】的【自动】命令（如图 8.28 所示），可以看到通道的反差增大了，如图 8.29 所示。

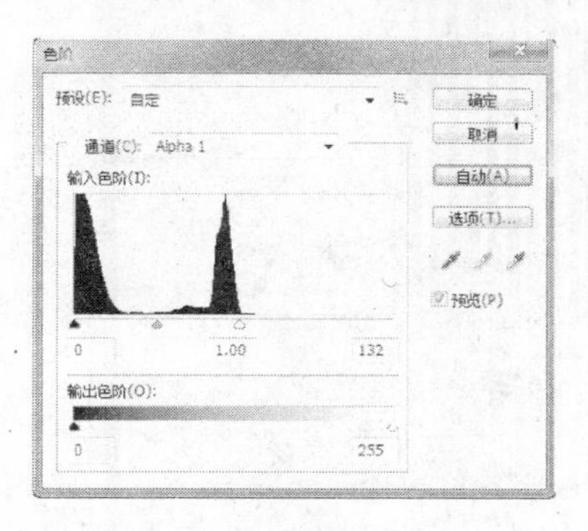

图 8.28

图 8.29

（5）将生成并改造好的“Alpha 1”通道拖到通道调板下方的“载入选区”图标上，将 Alpha1 通道作为选区载入，如图 8.30 所示。

小提示：按住 Ctrl 键单击 Alpha 通道，也可以将当前 Alpha 通道中的内容转换为选区载入图像窗口。

（6）打开图层调板，点击“图层 1”，然后选择【图层】—【图层蒙版】—【隐藏选区】菜单项（隐藏选区其实是把通道图像反相），一个图层蒙版出现在“图层 1”缩略图的右侧，并用一个锁链图标相连。如图 8.31 所示。

图 8.30

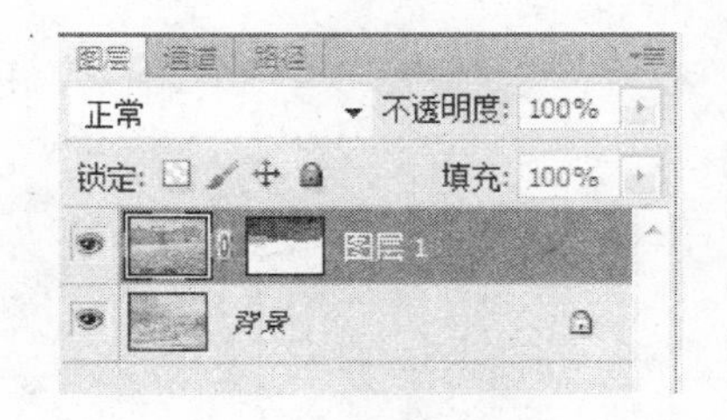

图 8.31

小提示：图层缩览图与图层蒙版缩览图之间有一个图标，表示图像和蒙版被链接，图层与蒙版会同步移动，即图像位置可以移动，但内容不变。当将链接取消，可以单独移动图层或蒙版，使图像框中显示不同的图像内容。

（7）因为要调整“图层 1”的位置，所以需要点击锁链图标断开这个链接，以便可以自由地移动“图层 1”。

小提示：如果文档上有一个选区，在使用【编辑】菜单的【粘入】命令时，Photoshop 会为这个已经存在的选区构造一个蒙版。与【添加图层蒙版】命令不同的是，“粘入”命令构建的蒙版并不和图像链接，这使得图层可以在蒙版的下方自由移动。

（8）拖移“图层 1”（注意不是拖移蒙版）至合适的位置。这种拖移并不会将一切打理得井井有条。如果细心观察，会发现天空处隐隐约约看得到“图层 1”中应该去掉的远山，还有一些比较生硬的边界。如图 8.32 所示。

图 8.32

小提示：初学者往往分不清何时在编辑图层，何时在编辑蒙版。仔细观察图层和蒙版缩略图，如果其外框是双线条，即表示其是目前编辑的对象。

（9）然后进行修饰蒙版的工作。点击图层蒙版，选择工具箱中一个大小合适的柔边画笔，将前景设置为黑色（白色表示可见，黑色意味着不可见），小心地将远山抹去。对于生硬的边界，可使用橡皮擦工具擦除。混合后的图像自然地融合在一起，就像真的在山丘下面开满了鲜花。如图 8.33 所示。

图 8.33

小提示：在使用绘图工具填色时，可以按下 Caps Lock 键将鼠标指针切换成“十”字形，以便更准确地填色。还可以放大视图显示比例，以便更准确地进行编辑。在编辑快速蒙版的过程中，如果前景色为黑色或非白色，那么用【画笔】工具可以增加蒙版区域的范围；如果前景色为白色，那么用【画笔】工具可以减少蒙版区域的范围，【橡皮擦】工具的功能正相反。

实训3　运用通道运算制作龟裂效果

实训目的与要求

利用通道运算制作龟裂效果。

本实训的目的是深入学习通道的功能和用途，了解通道的性质和作用。掌握通道的混合运算技术，了解“正片叠底”、“相加”和“减去”混合模式，掌握通道运算在图像特效处理过程中的应用途径，并能自己制作一些图像效果。

实训预备知识

1. 专色通道

专色是指一种预先混合好的特定彩色油墨（或叫特殊的预混油墨），用来替代或补充印刷色（CMYK）油墨，如明亮的橙色、绿色、荧光色、金属金银色油墨等。或者可以是烫金版、凹凸版等，还可以作为局部光油版等等。它不是靠CMYK四色混合出来的，每种专色在交付印刷时要求专用的印版，专色意味着准确的颜色。专色有以下几个特点：

●准确性。每一种专色都有其本身固定的色相，所以它解决了印刷中颜色传递准确性的问题。

●实地性。专色一般用实地色定义颜色，而不考虑这种颜色的深浅。当然，也可以给专色加网，以呈现专色的任意深浅色调。

●不透明性和透明性。蜡笔色（含有不透明的白色）、黑色阴影（含有黑色）和金属色是相对不透明的，纯色和漆色是相对透明的。

●表现色域宽。专色色域很宽，超过了RGB、CMYK的表现色域，所以，大部分颜色是用CMYK四色印刷油墨无法呈现的。

专色通道是可以保存专色信息的通道——即可以作为一个专色版应用到图像和印刷当中，这是它区别于Alpha通道的明显之处。同时，专色通道具有Alpha通道的一切特点：保存选区信息、透明度信息。每个专色通道只是一个以灰度图形式存储相应专色信息，与其在屏幕上的彩色显示无关。

下面是专色通道的创建步骤。

（1）选择或载入一个选区，并用专色填充。

（2）从【通道】面板菜单中选取【新专色通道】，或者按住Ctrl键并单击【通道】面板中的【新通道】按钮，会弹出【新专色通道】对话框，如图8.34所示。

（3）设置专色通道的各选项：【名称】项设置专色名称；【颜色】专色项，可以从调色板中选择一种专色；【密度】项设置专色在屏幕上的纯色度，与打印无关，值在0%~100%之间。单击【确定】按钮完成。

专色通道也可以由Alpha通道转变而来，在【通道】面板中，双击Alpha通道，则弹出【通道选项】对话框，如图8.35所示。在对话框的【色彩指示】选项中选

【专色】选项，并选择一种颜色后单击【确定】按钮即可。

另外，专色通道可以用绘图工具或编辑工具进行编辑，也可以应用【合并专色通道】命令合并专色通道。

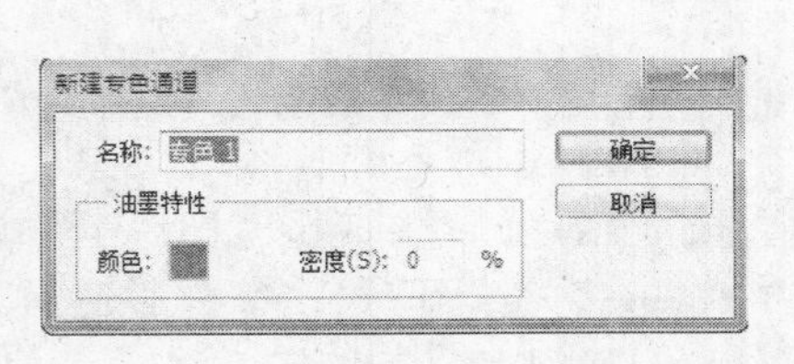

图 8. 34

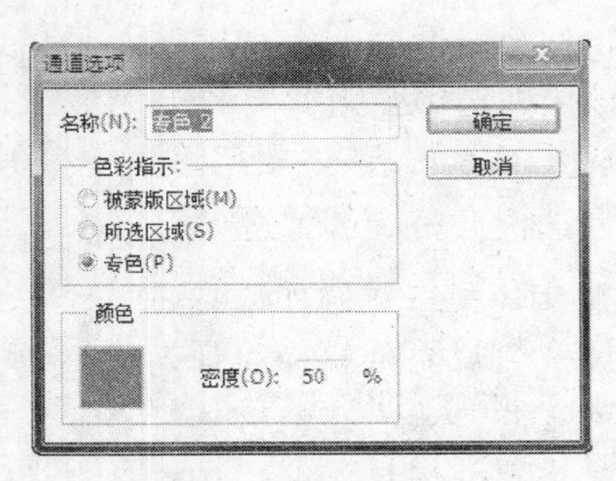

图 8. 35

2. 通道的混合运算

通道混合运算就是把一个或多个图像中的若干个通道进行合成计算，以不同的方式进行混合，得到新图像或新的通道。通道混合运算包括【应用图像】和【运算】两个命令，【应用图像】在上一实训已经讲了，这里主要讲解【运算】功能。

（1）通道运算。在 Photoshop 中选择区域间可以进行相加、相减、相交等不同的运算。Alpha 通道实际上是存储起来的选择区域，同样能够利用运算的方法来实现各种复杂的图像效果，做出新的选择区域形状，【运算】就能实现这一功能。通道的运算是把两个不同的通道通过图像混合生成新的通道、新的选区。可以混合两个来自一个或多个源图像的单个通道。可以将结果应用到新图像或新通道，或现用图像的选区。不能对复合通道应用【计算】命令。

执行【图像】—【计算】命令，打开通道计算对话框，按如图 8. 36 所示进行选项设置。

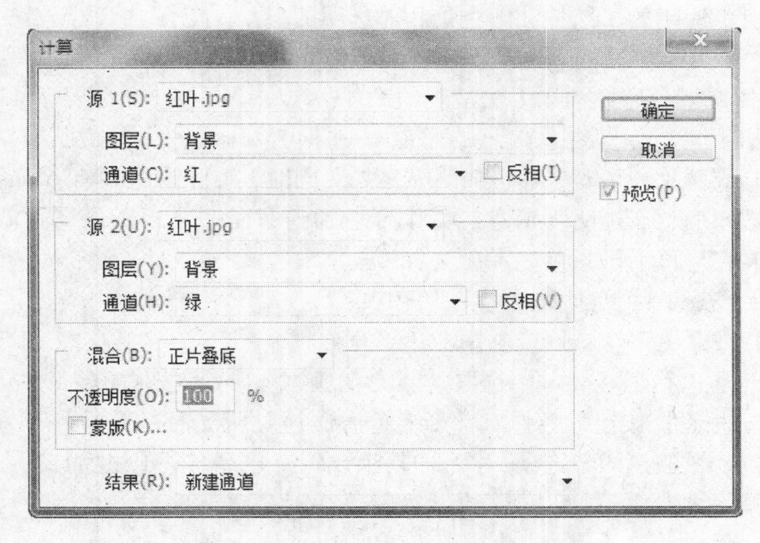

图 8. 36

●【源】：有源 1 和源 2 两个图像源，选取第一个源图像、图层和通道，可以在其下拉列表中选择一幅图像与当前图像混合，该项默认是当前图像。选择【反相】在计算中使用通道内容的负片。

●【图层】：设置源图像中的哪一层来进行混合，如果不是分层图，则只能选择背景层，如果是分层图，在层的下拉菜单中会列出所有的图层，并且有一个合并选项，选择该项即选中了图像中的所有图层。

●【通道】：该选项用于设置源图像中的哪一个通道进行运算，选择后面的【反相】复选框会将源图像进行反相，然后再混合。

●【混合】：设置混合模式，具体见图层的应用这一章。

●【不透明度】：设置混合后图像对源图像的影响程度。

●【保留透明区域】：选此项后，会在混合过程中保留透明区域。

●【蒙版】：用于蒙版的混合，以增加不同的效果。

通道【计算】命令对话框基本上与【应用图像】命令相同。通道源有两个源1与源2，两个通道计算后的结果体现在【结果】栏目中，在【结果】下拉列表中，有三个选项，分别是“新文件”、“新通道”以及“选区”，可以将图像的运算结果保存到新文件、新通道以及转化为选区。

(2)“相加”和“减去”混合模式。“相加”和“减去”混合模式只在【应用图像】和【计算】命令中可用。

① 相加：是增加两个通道中的像素值。这是在两个通道中组合非重叠图像的好方法。因为较高的像素值代表较亮的颜色，所以向通道添加重叠像素将使图像变亮。两个通道中的黑色区域仍然保持黑色（0+0 = 0）。任意一个通道中的白色区域仍为白色（255 + 任意值 = 255 或更大值）。

“相加”模式用“缩放”量除像素值的总和，然后将“位移”值添加到此和中。例如，如果需要查找两个通道中像素的平均值，应先将它们相加，再用2除且不输入“补偿值”。

“缩放”因数可以是介于1.000 和2.000 之间的任何数字。输入较高的“缩放”值将使图像变暗。

“补偿值”是任何介于+255 和－255 之间的亮度值，使目标通道中的像素变暗或变亮。负值使图像变暗，而正值使图像变亮。

② 减去：是从目标通道中相应的像素上减去源通道中的像素值。在“相加”模式中，此结果将除以“缩放”因数并添加到“补偿值”。

因数可以是介于1.000 和2.000 之间的任何数字。“位移”值是介于+255 和－255 之间的亮度值，使目标通道中的像素变暗或变亮。

实训步骤

(1) 打开一幅图人物图像，取其眼睛部分，如图8.37 所示，作为“背景”图层，并复制一份“背景副本”；再打开一幅树皮图像，拖放到眼睛图像上并对齐（要求大小一样），作为“图层1”，如图8.38 所示。

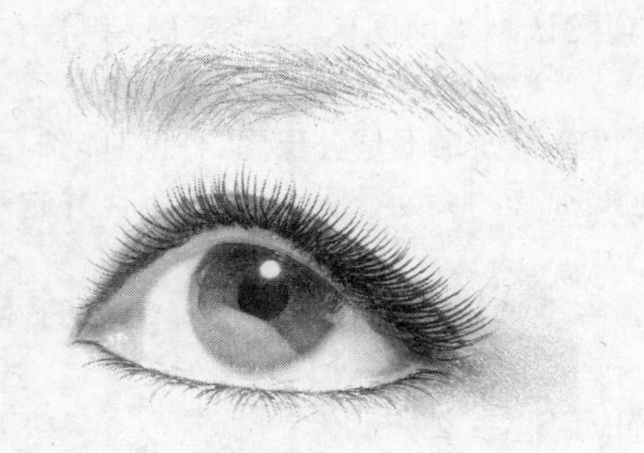

图 8.37

图 8.38

小提示：在不同图像文件间复制通道，只能在具有相同分辨率和尺寸的图像文件间复制。复合通道不能复制。

（2）分别保留“背景”图层：眼睛和“图层 1”：树皮的灰色副本。在“计算”命令的通道下拉列表中，除了单独的颜色通道和普通通道外，还有一个名为“灰度”的通道。通过如图 8.39 所示的【图像】—【计算】命令，分别生成“Alpha1”和“Alpha2”两个灰度通道（图像），如图 8.40 所示。

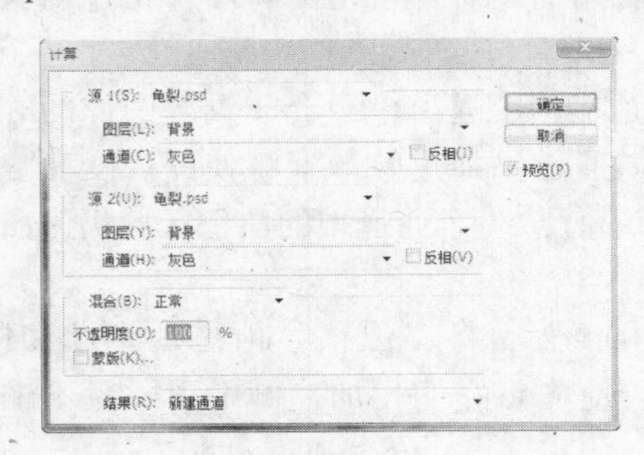

图 8.39

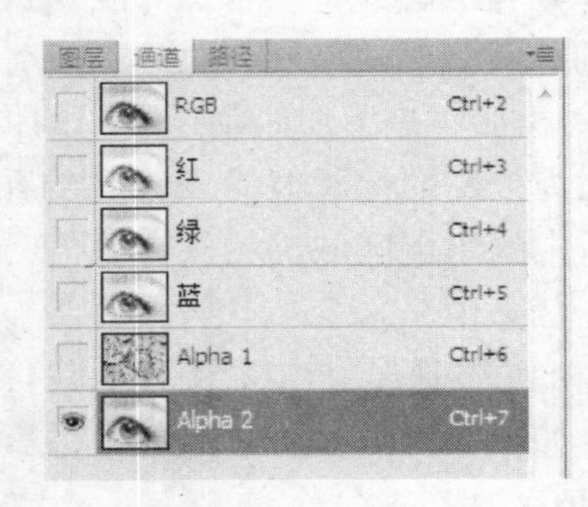

图 8.40

小提示：“计算”命令里的“灰度”通道图像，不是将一幅彩色图像使用“去色”命令或者转换为灰度模式后得到的图像，它们很接近，但通过比较直方图能看出它们的差别。

（3）使用“应用图像”命令改造图像的“RGB”复合通道。隐藏“图层 1”，选中“背景”图层，再点击【图像】—【应用图像】命令。在打开的“应用图像”对话框中，“源图层”选择“背景”图层；参与混合的“通道”选择“Alpha1”通道；“混合”模式选择“相加”；并将“补偿值”设置为“－128”，以保证混合后高光不会超出原始图像的高光亮度，而形成反白光；选中“蒙版”复选框，并设置“通道”Alpha1 的反相为蒙版，如图 8.41 所示；得到的“背景”图层如图 8.42 所示。

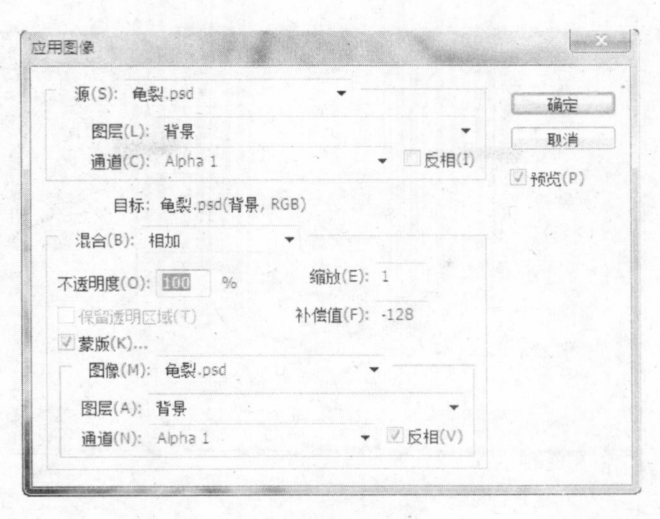

图 8.41

小提示：在应用【应用图像】命令进行图像混合时，参与的图像文件的文件格式、分辨率、色彩模式、文件尺寸等必须相同，否则该命令只能针对某个单一的图像文件进行通道或图层之间的某种混合。

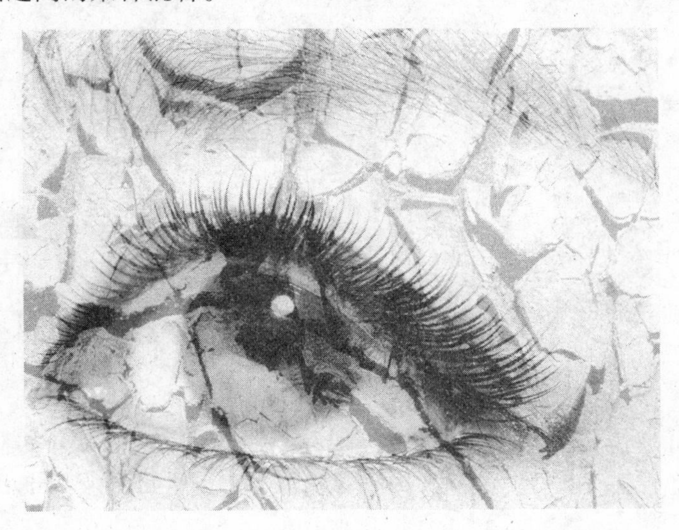

图 8.42

小提示："应用图像"命令中的"相加"和"相减"这两个特有的通道混合模式是图层混合中所没有的。

（4）图 8.42 所得到的混合图像保留了各自的纹理和色彩，但图像显得有些模糊，需要继续找出并强调一下细节。点击【图像】—【计算】命令，在"计算"对话框中设置，"源 1 图层"为"背景"图层；"源 1 通道"为"灰色"通道；"源 2 图层"为"背景"图层；"源 2 通道"为"Alpha2"通道；"混合"模式为"差值"，如图 8.43 所示；得到的通道"Alpha3"如图 8.44 所示。

小提示：这一步是比较处理后的复合图像与原来的"眼睛"图像的差别所在，以便进一步强调这些差别。

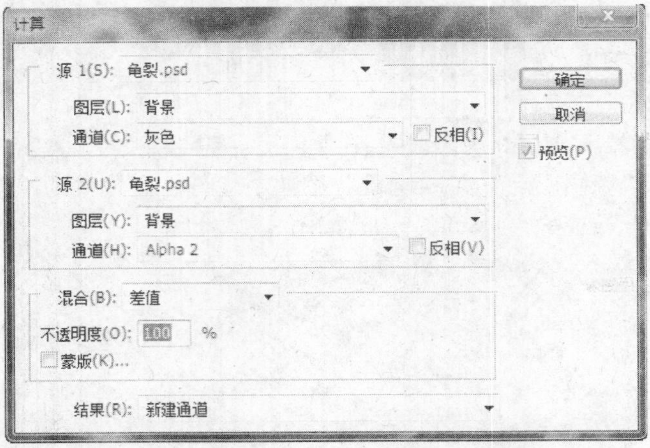

计算
源 1(S): 龟裂.psd
图层(L): 背景
通道(C): 灰色 反相(I)
源 2(U): 龟裂.psd
图层(Y): 背景
通道(H): Alpha 2 反相(V)
混合(B): 差值
不透明度(O): 100 %
蒙版(K)...
结果(R): 新建通道
确定
取消
预览(P)

图 8.43

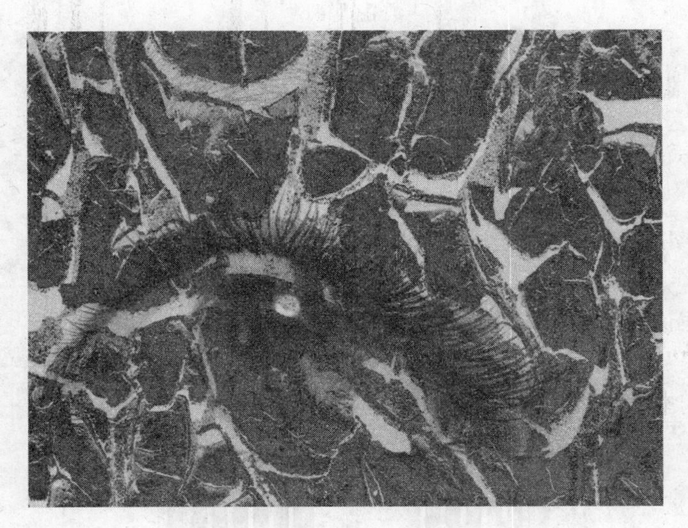

图 8.44

(5) 点击【滤镜】—【其他】—【高反差保留】命令，打开“高反差保留”对话框，并将“半径”值设置为 17.6 左右，如图 8.45 所示。所提取出来的细节如图 8.46 所示。

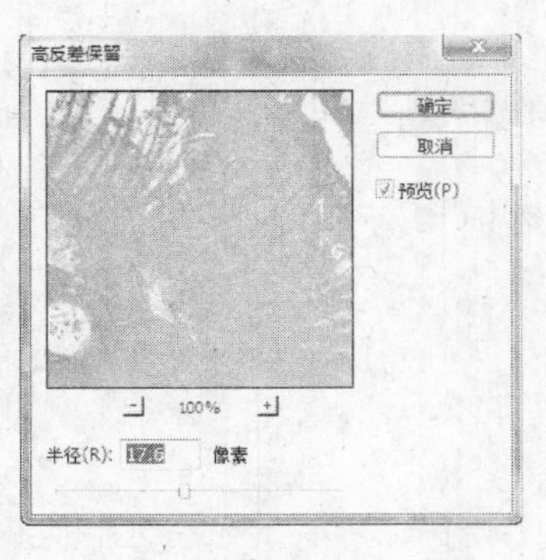

图 8.45

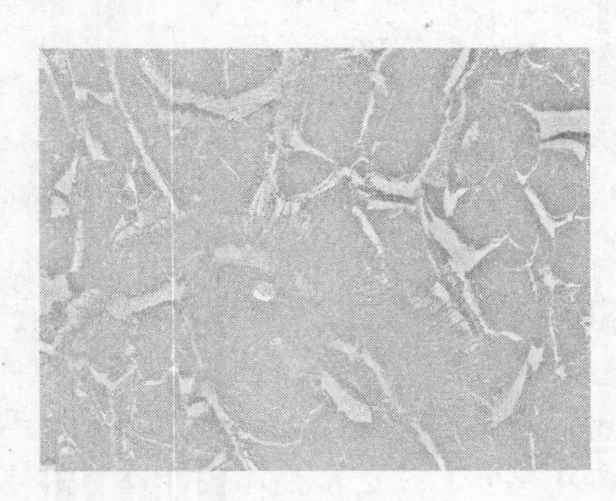

图 8.46

小提示：“高反差保留”滤镜真正需要关注的除了隐约的线条外，还有大片的平坦灰色区域。这就是著名的“50% 灰色”。“50% 灰色”是“叠加”类混合模式的平衡点。

（6）选中“背景”图层，再点击【图像】—【应用图像】命令。在打开的“应用图像”对话框中，“源图层”选择“背景”图层；参与混合的“通道”选择“Alpha3”通道的反相；“混合”模式选择“亮光”。如图 8.47 所示。

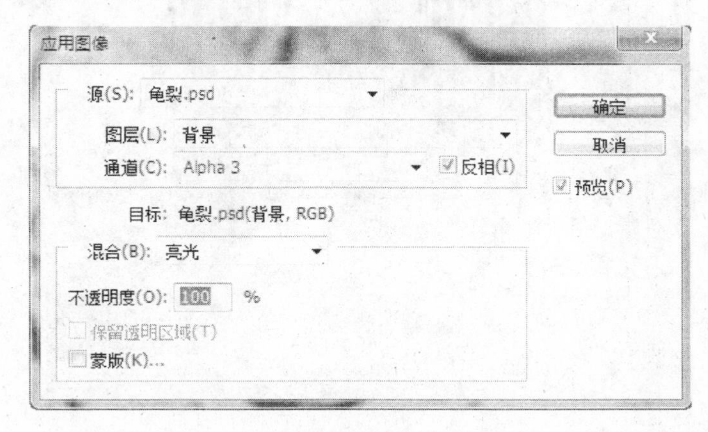

图 8.47

小提示：“Alpha3”通道以“亮光”模式与“GRB”复合通道混合，增强了图像的细节，“50% 灰色”区域不受任何影响。

（7）在图层调板中选中“背景副本”，再点击【选择】—【色彩范围】菜单项，打开“色彩范围”对话框，点选眉毛部分，选择出眉毛和睫毛以便强调，如图 8.48 所示。将“背景副本”图层的混合模式设置为“叠加”，如图 8.49 所示。

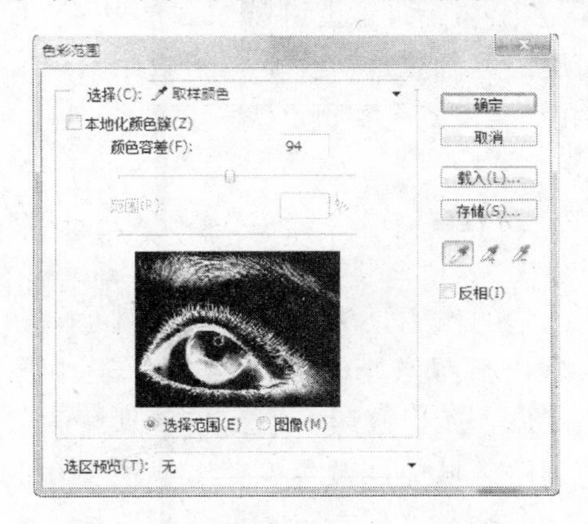

图 8.48

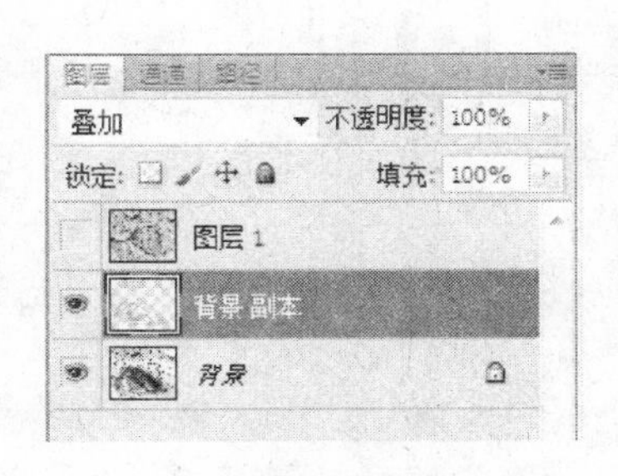

图 8.49

（8）最后得到的混合图像如图 8.50 所示。

图 8.50

实训 4　蒙版的应用

实训目的与要求

利用快速蒙版将两幅图像进行融合，使图像产生远处有雪山的效果。。

图像处理中的蒙版是一个比较难理解的概念。本实训着重讲解蒙版的基本知识，要求理解并掌握蒙版的建立方法，掌握如何创建快速蒙版，初步了解蒙版与通道之间的关系，实训中的实例是蒙版技术与通道知识相结合的综合实例。

实训预备知识

1. 蒙版的基本知识

蒙版实际上是绘画与摄影专业的专用名词，它的作用是为了在编辑时对绘画和照片不需要编辑的部分进行保护。Photoshop 软件在进行图像处理时，允许创作者在图像上创建并使用蒙版，从而保护图像某一特定的区域。所以蒙版可以简单地理解为蒙在图像上的一层版。当图像创作人员要给图像的某些区域应用颜色变化、滤镜和其他变化效果时，蒙版可以隔离和保护图像的其余区域。这与选择有点类似，当选择了部分图像时，没有被选择的区域"被蒙版"或被保护而不能编辑。蒙版是用八位灰度通道存放的，它可以用所有的绘画工具和编辑工具调整和编辑，也可以执行滤镜、旋转、变形等操作，并能将创建的复杂蒙版转化为选区后应用到图像中。

在【通道】面板中所存储的 Alpha 通道就是所谓的蒙版。Alpha 通道可以转换为选区，因此可以用绘图和编辑等工具编辑蒙版，蒙版是一项高级的选区技术，它除了具有存放选区的遮罩效果外，其主要功能是可以更方便、更精细地修改遮罩范围。

利用蒙版可以很清楚地划分出可编辑（白色范围）与不可编辑（黑色范围）的图像区域。在蒙版中，除了白色和黑色范围外，还有灰色范围。当蒙版含有灰色范围时，表示可以编辑出半透明的效果。

在 Photoshop 中，主要包括通道蒙版、快速蒙版和图层蒙版 3 种类型的蒙版，其中图层蒙版又包括普通图层蒙版、调整图层蒙版和填充图层蒙版。

2. 创建快速蒙版

快速蒙版与 Alpha 通道蒙版都是用来保护图像区域的，但快速蒙版只是一种临时蒙版，不能重复使用，通道蒙版可以作为 Alpha 通道保存在图像中，应用比较方便。建立快速蒙版比较简单：打开一幅图像，使用【工具箱】中的选择工具，在图像中选择要编辑的区域，在【工具箱】中单击【快速蒙版模式编辑】按钮，则在所选的区域以外的区域蒙上一层色彩，快速蒙版模式在默认情况下是用 50% 的红色来覆盖，如图 8.51 所示。

图 8.51

在快速蒙版模式下，可以使用绘图工具编辑蒙版来完成选择的要求，也可以用【橡皮擦工具】将不需要的选区删除，或用【画笔工具】或其他绘图工具将需要选择的区域填上颜色，这样基本上就能准确地选择出所要选择的图像。

3. 设置快速蒙版选项

在蒙版的实际使用过程中，我们可以根据自己的爱好自行设置快速蒙版的各个选项。设置快速蒙版选项的方法是在【工具箱】中双击【快速蒙版模式编辑】按钮，打开【快速蒙版选项】对话框，如图 8.52 所示。

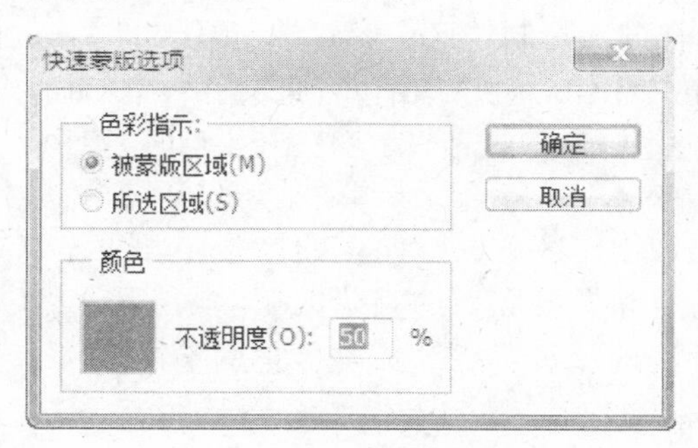

图 8.52

在【快速蒙版选项】对话框中：被蒙版区域是【色彩指示】参数区的默认选项，这个选项使被蒙版区域显示为 50% 红色，使选择区域显示为白色。而“所选区域”选项与“被蒙版区域”选项功能相反。如果用户想改变蒙版的颜色可以通过【颜色】选项修改；如果想改变不透明度，可以在【不透明度】输入框中修改，0%表示完全透明，100%表示完全不透明。蒙版的“颜色”与“不透明度”只影响蒙版的外观，对其下的区域如何保护没有影响。如果要结束快速蒙版，单击【标准编辑模式】按钮，蒙版就转化为选区。

小提示：蒙版与选区的原理是相同的，只不过蒙版可以被当成图形来编辑。例如，蒙版可以用画笔工具、橡皮擦工具等编辑蒙版，或用图像调整功能做一些特殊的处理。

实训步骤

（1）打开雪山图片文件，选择【工具箱】中的【矩形选框】工具，将其对应的【选项栏】中的【羽化】值设为30像素，利用矩形选框工具将部分雪山选中，如图8.53所示。

图8.53

（2）按Ctrl+C组合键，复制选区内容；执行【文件】—【新建】命令，新建一个640*480像素，72dpi，RGB模式，白色背景文件；按Ctrl+V组合键将雪山部分粘贴到新文件中，如图8.54所示。

图 8. 54

小提示：蒙版与选区的原理是相同的，只不过蒙版可以被当成图形来编辑。例如，蒙版可以用画笔工具、橡皮擦工具等编辑蒙版，或用图像调整功能做一些特殊的处理。

（3）在【工具箱】中单击【快速蒙版编辑模式】按钮，切换到快速蒙版编辑模式。选用【工具箱】中的【渐变】工具，将其对应的【选项栏】设定如图 8. 55 所示。

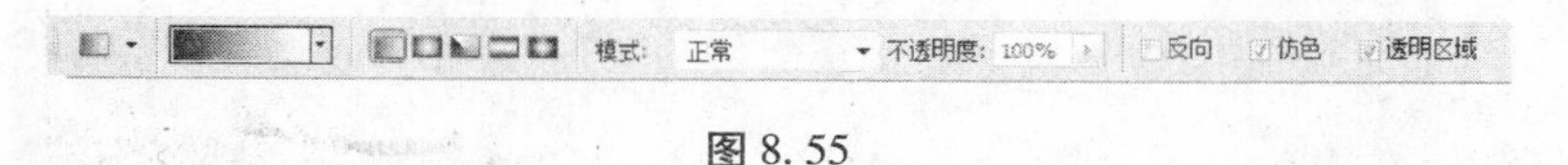

图 8. 55

小提示：如果要将选区存储到已经存在的 Alpha 通道，在【存储选区】对话框的【操作】选项中，可以选择【新通道】、【添加到通道】（将选区增加到当前通道保存的选区中）、【从通道中减去】（从当前通道保存的选区中减去当前选区）或【与通道交叉】（对通道中保存的选区与当前选区求交）的方式来处理两个不同的通道。

（4）在图像窗口中，按住 Shift 键，从图像中部向下拖动，产生快速蒙版，如图 8. 56 和图 8. 57 所示。

图 8. 56

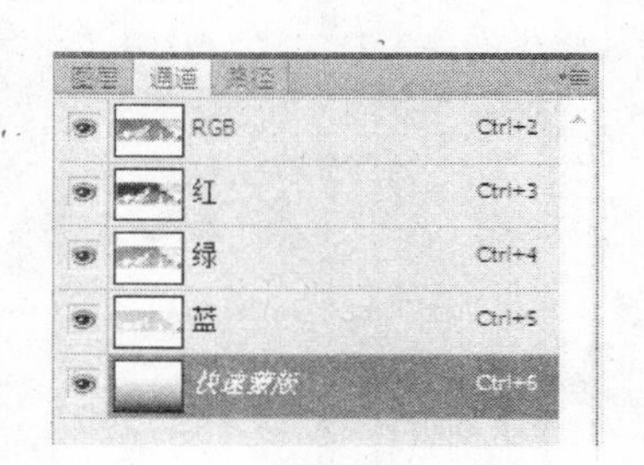

图 8. 57

小提示：当创建当前选区的快速蒙版之后，将在【通道】面板中自动产生一个名为“快速蒙版”的临时通道，其作用与将选取范围保存到通道中相同，只不过它是临时的蒙版，一旦单击【标准编辑模式】按钮切换为标准模式后，快速蒙版就会马上消失。

（5）单击【标准编辑模式】按钮，切换为标准编辑模式，得到一个选取范围，如图 8.58 所示，按下 Ctrl + C 键将其复制。

图 8.58

（6）打开瀑布图片文件，按 Ctrl + V 组合键，将复制的图层粘贴到该图像文件中，用工具箱中的【移动】工具将雪山移动到合适的位置，完成后的图像效果如图 8.59 所示。

图 8.59

实训 5　利用通道和蒙版制作碧玉效果

实训目的与要求

利用通道和蒙版制作碧玉效果。

本实训的目的是使学生进一步了解蒙版的知识，理解蒙版技术的内涵，掌握蒙版、通道与选区之间的关系，通过实训练习加深对通道、蒙版与选区之间关系的理解。

实训预备知识

通道、蒙版与选区是比较复杂的，在图像处理时有时需要把选区转化为蒙版，有时需要把蒙版转化为通道，以进行不同的操作，在 Photoshop 中用户可以对通道、蒙版、选区进行相互转化。

1. 将选区转化为 Alpha 通道

对于一个复杂的选区，如果在以后的操作中经常会被用到，可以将其保存为一个 Alpha 通道，使之成为一个永久蒙版，以后就可以重复使用。把选区转化为 Alpha 通道的步骤为：

（1）首先在图像中建立选区，如图 8.60 所示。

图 8.60

（2）在按住 Alt 键的同时，单击【通道】面板底部的【将选区存储为通道】按钮，会弹出【新通道】对话框，如图 8.61 所示，设置其中的属性值。

把选区转化为通道的另一种方法是执行【选择】—【存储选区】命令，在弹出的对话框中进行设置即可。对话框如图 8.62 所示。

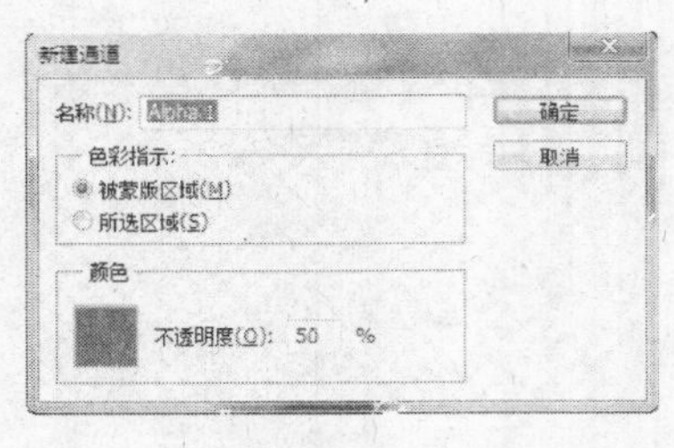

图 8.61

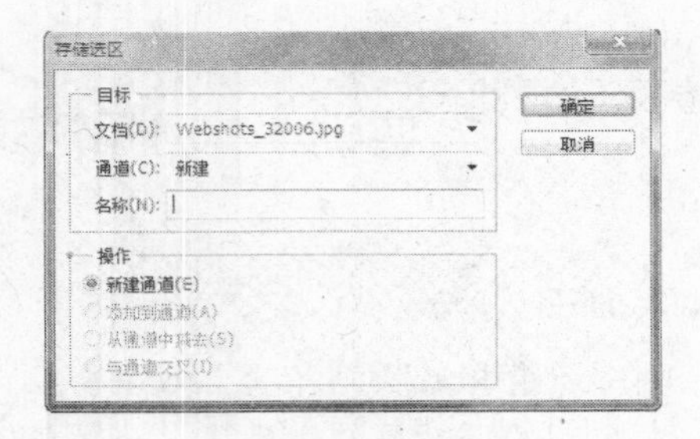

图 8.62

2. Alpha 通道转化为选区

Alpha 通道蒙版的优点在于能多次载入选区，其转化为选区的操作过程相当于选区转化为 Alpha 通道的逆过程。一种操作方法是单击【把通道转化为选区】按钮或在按住 Ctrl 键的同时单击包含想要载入选区的通道；另一种是执行【选择】—【载入选区】命令，选择需要的通道。具体操作与把选区转化为通道的操作类似。

实训步骤

（1）新建文档，对背景图层执行【滤镜】—【渲染】—【云彩】滤镜。如图 8.63 所示。

（2）在【工具箱】中选中【文字】工具 T，建立一个文字图层：“玉”，如图 8.64 所示。

图 8.63

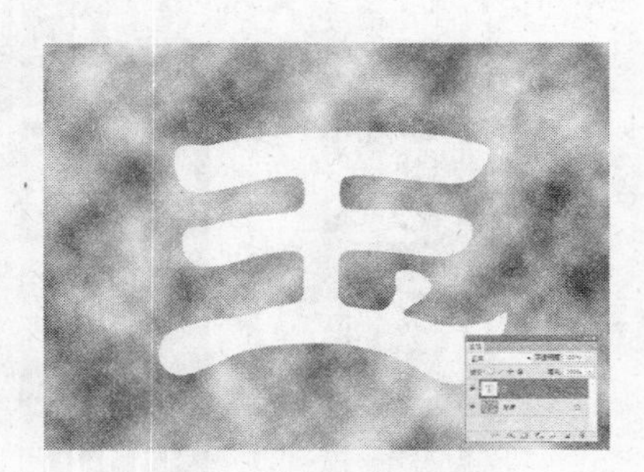

图 8.64

（3）复制“玉”图层为“玉 副本”图层，隐藏“玉”图层；对“玉 副本”图层使用【滤镜】—【模糊】—【高斯模糊】滤镜，并将半径值设置为 23 左右，如图 8.65 所示。

图 8.65

（4）按住 Ctrl 键，点击“玉 副本”图层，载入“玉 副本”图层的不透明区域作为选区，如图 8.66 所示。

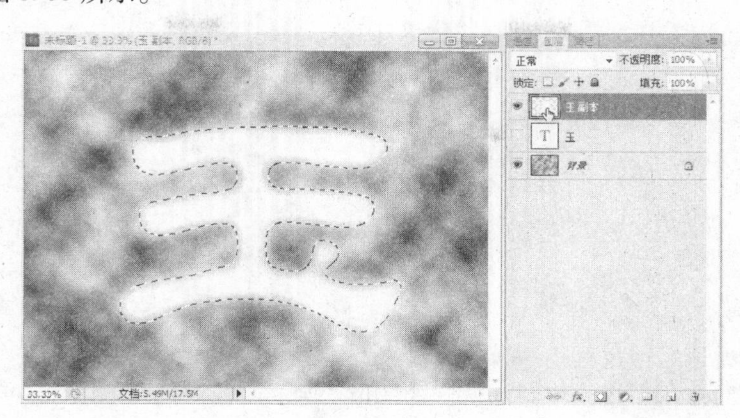

图 8.66

小提示：按住 Ctrl 键，在【图层】面板中单击某一图层的缩览图，可以选择该图层中不透明的部分。

（5）点击图层调板下方的“添加图层蒙版”按钮，为“玉 副本”图层创建图层蒙版，如图 8.67 所示。

小提示：使用图层蒙版可以灵活地掌握要显示图像的哪一部分及要将图像显示的部分移动到什么位置。该功能经常被用来处理相片。例如，可以在一张人物的照片上设置蒙版，让照片只显示人物的部分，然后再添加一个自然风景的背景等。

（6）选中【图像】—【调整】—【亮度 \ 对比度】菜单项，打开“亮度 \ 对比度”对话框，修改这个图层蒙版，如图 8.68 所示。

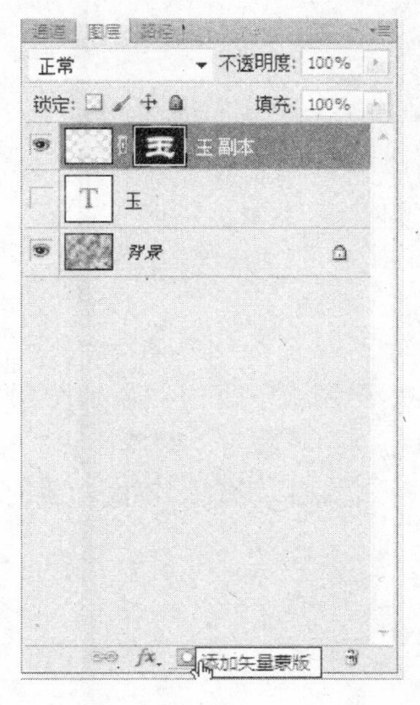

图 8.67

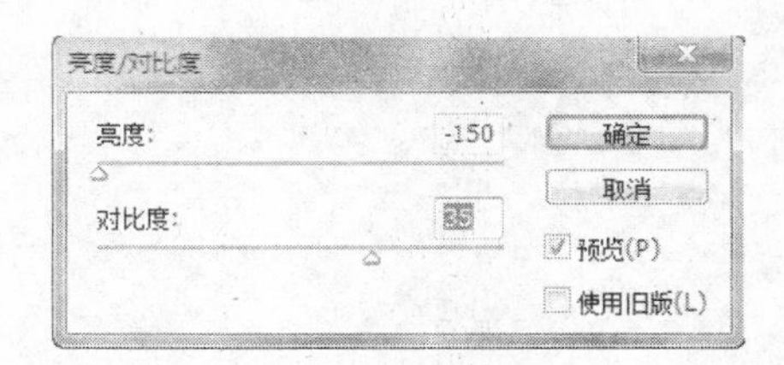

图 8.68

小提示：修改程度为下层的云彩图案渗入字体轮廓但又能辨认文字即可。

（7）按下 Ctrl + A 全选，然后按下 Ctrl + Shift + C 进行“合并拷贝”，再按下 Ctrl + V 粘贴为“图层 1”，接着隐藏“玉副本”图层，如图 8.69 所示。

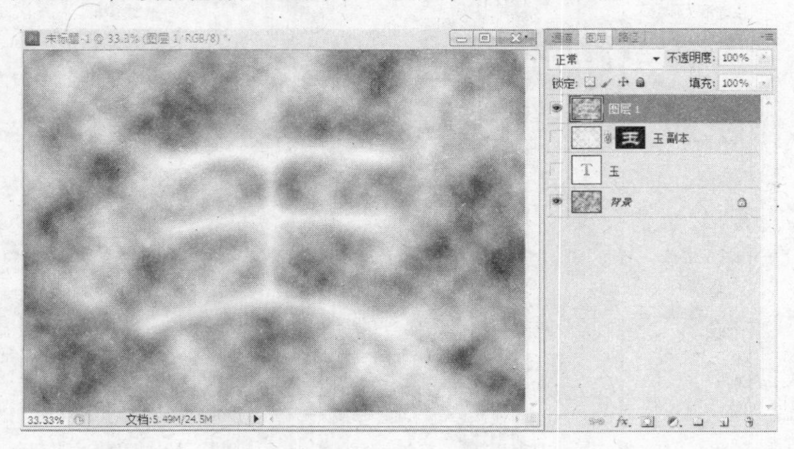

图 8.69

（8）到通道调板，选择“红”通道，点击下方的“将通道作为选区载入”按钮，得到一个选区；然后回到图层调板，选择“图层 1”，点击图层调板下方的“添加图层蒙版”按钮，为“图层 1”创建图层蒙版，如图 8.70 所示。

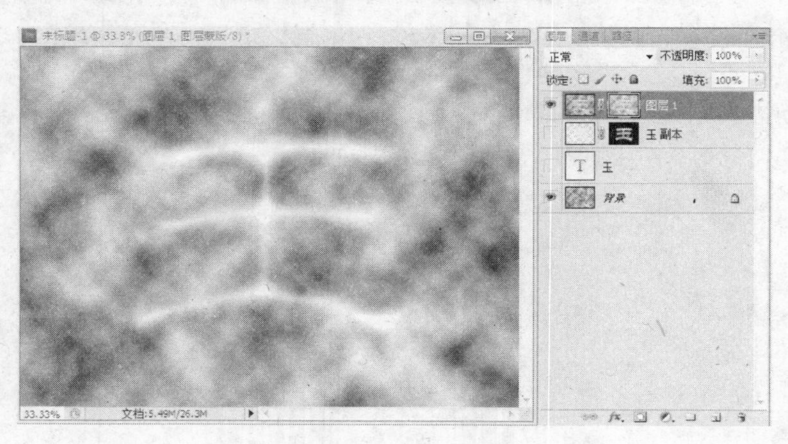

图 8.70

（9）点选“图层 1”的图层缩略图，然后点击图层调板下方的“添加图层样式”按钮 fx，在弹出的菜单中选择“斜面与浮雕”菜单项，在弹出的“图层样式”对话框中进行如图 8.71 所示的设置。其中“大小”滑块应该边拖边观察，寻找合适的位置。效果如图 8.72 所示。

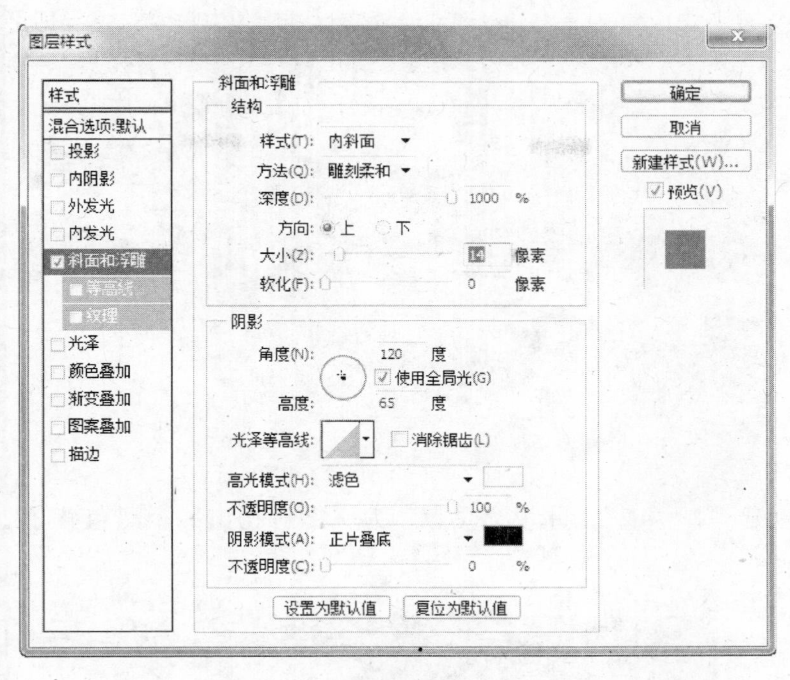

图 8.71

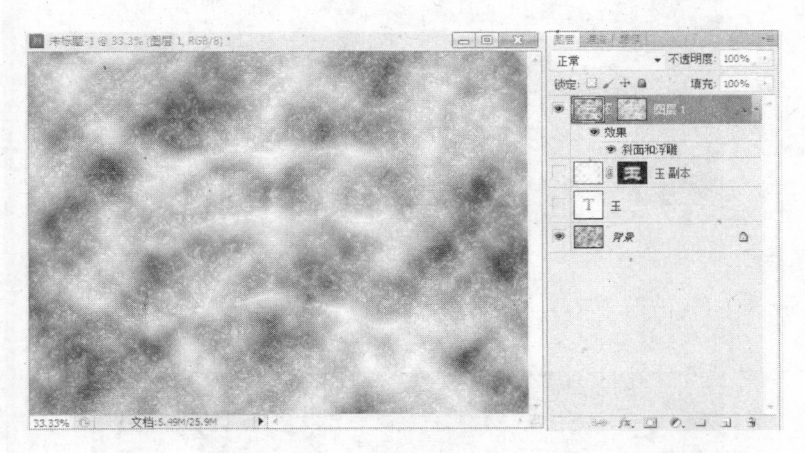

图 8.72

(10) 让“玉”图层可见，并向上移动一层；按住 Alt 键，并点击“玉”图层和“图层 1”交界处，让“玉”图层和“图层 1”组成剪贴蒙版。如图 8.73 所示。

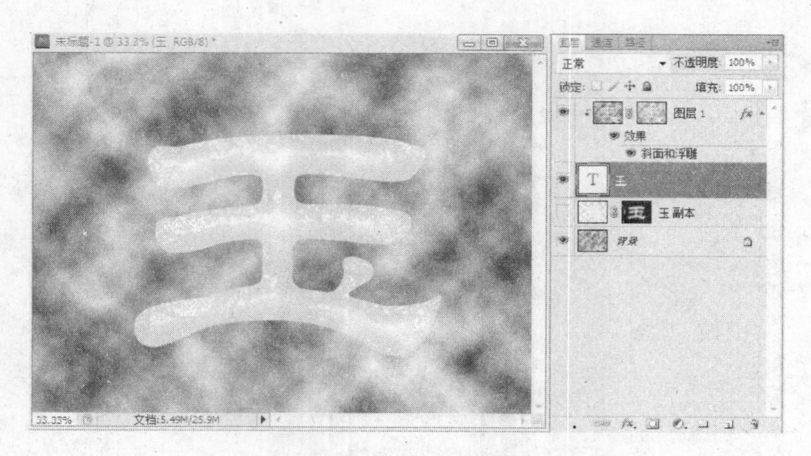

图 8. 73

(11) 新建“图层 2”，并填充黑色，为文字衬托出一个黑色背景。如图 8. 74 所示。

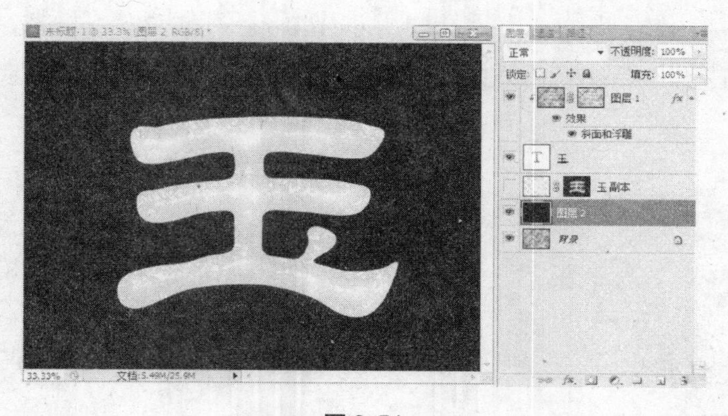

图 8. 74

(12) 为“图层 1”添加“内发光”效果。如图 8. 75 所示。

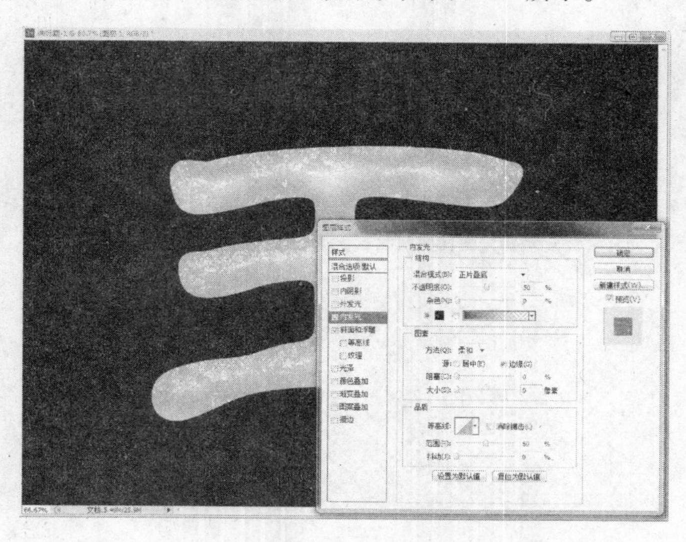

图 8. 75

（13）为玉石添加墨绿色彩。选择“玉”图层，然后点击图层调板下方的“添加图层样式”按钮fx，在弹出的菜单中选择“颜色叠加”菜单项，在弹出的“图层样式”对话框中进行如图8.76所示的设置。

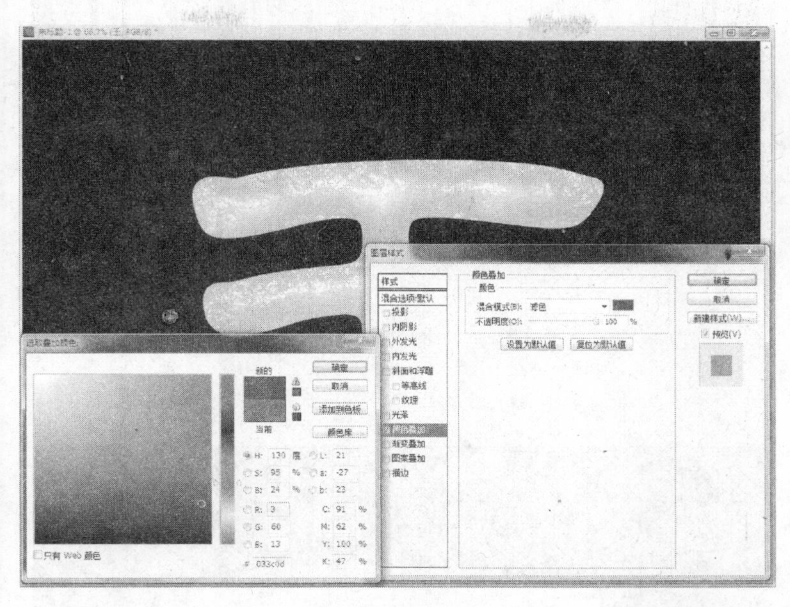

图8.76

（14）然后为“玉”图层应用“内阴影”效果，以增加字体的厚重感，接近瓷器的感觉，如图8.77所示。

（15）接着为“玉”图层应用“内发光”效果，通过“等高线”的变化可以使字体内部的纹理更具变化，如图8.78所示。

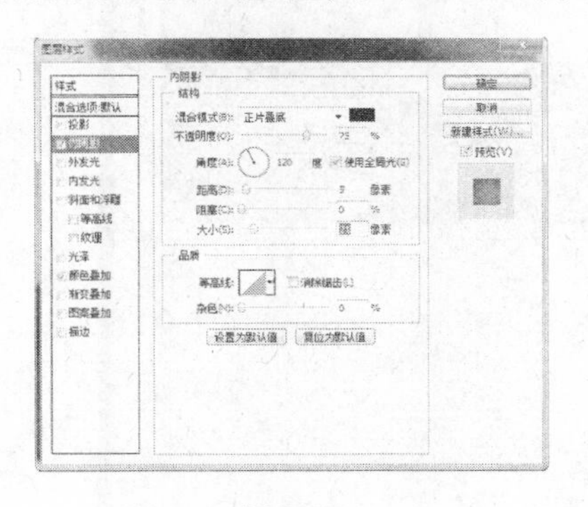

图8.77

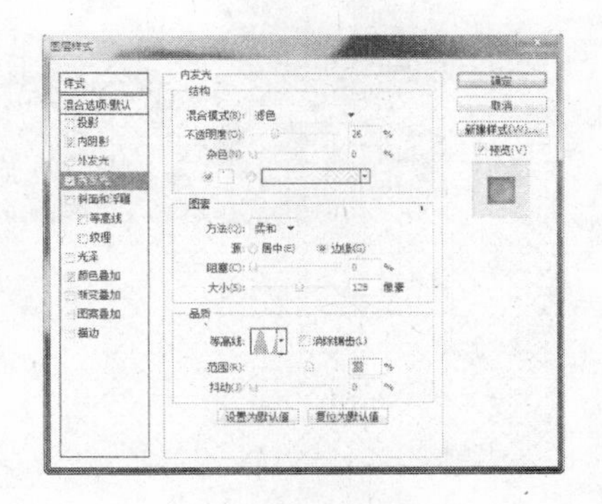

图8.78

（16）接着为“玉”图层应用“斜面与浮雕”效果，以添加额外的高光，如图8.79所示。

（17）最后的效果如图8.80所示。

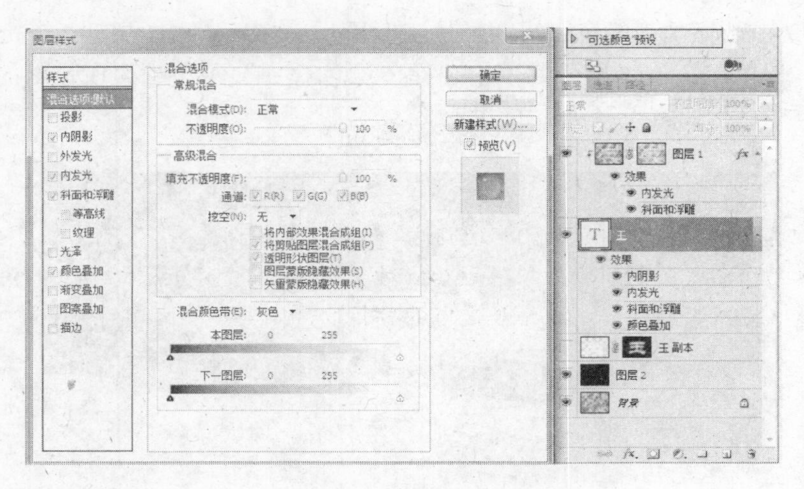

图 8. 79

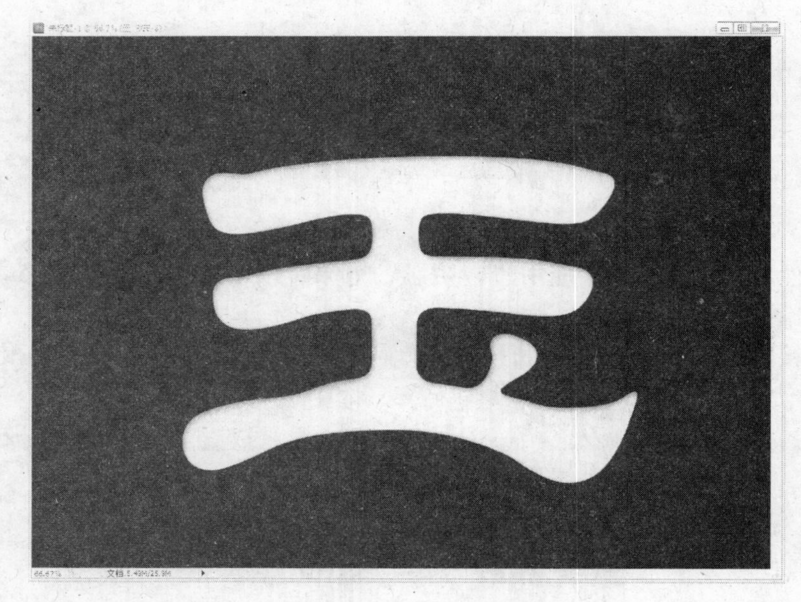

图 8. 80

本章小结

本章从通道的概念、通道的分类及通道的功能出发，比较全面地介绍了通道与蒙版的基本知识，讲述了通道与蒙版的操作方法和技巧，重点解决了通道与蒙版在图像处理实际操作过程中的应用方法。考虑到本章知识中图像通道与 Alpha 通道的应用最为普遍，也最能实现许多激动人心的图像特效，因此着重讲述了 Alpha 通道与图像通道在应用过程中的操作步骤，共列举了五个实训案例，其中第三个和第五个案例较为复杂有一定的难度。本章的知识内容对初学者来说有一定的难度，不是很容易理解，但只要加强练习，多思考，还是能较好地掌握。

补充实训

1. 试用三种不同的方法新建一个通道。
2. 选择打开两幅图像，运用蒙版的功能对两幅图像进行合成。
3. 根据以上实训项目内容，结合通道的编辑方法制作一个文字特效。

第九章 文字的编辑与修饰

实训1　文字基础案例——路径文字的编辑

实训目的与要求

本实训主要介绍沿路径排列文字及编辑不规则路径内文字的方法，学习并灵活运用文字排版技巧。在学习本案例之前，最好先学习一下有关文字的基本编辑排版技术，至少有基本的Word等办公软件基础。

实训预备知识

文字在PS软件中是一种特殊的矢量图形，有自身的编辑排版特点，可以转化成相应的路径或者点阵图像进行编辑，但没有了文字特性。文字通常作为单独的图层存在，用文字工具输入文字即可创建文字图层，可以对其进行编辑和修改。文字有点文本格式和段落文本两种基本格式，直接单击鼠标输入的文字是点文本，点文本不会自动换行，除非按Enter键，适合输入标题等少量文字。在绘图区域拖曳文本框输入的文字是段落文本，文字会在框定区域内自动换行，文字超过文本框范围时文本框会自动放大，适合输入大段的段落文字。

PS对文字的编辑在字符面板和段落面板里进行，通过窗口下拉菜单中可以调出。

实训步骤

（1）最终效果如图9.1所示。

（2）新建文件，设置名称为路径文字，宽度15厘米，高度20厘米，分辨率100像素/每英寸，其他默认，如图9.2所示。

图 9.1

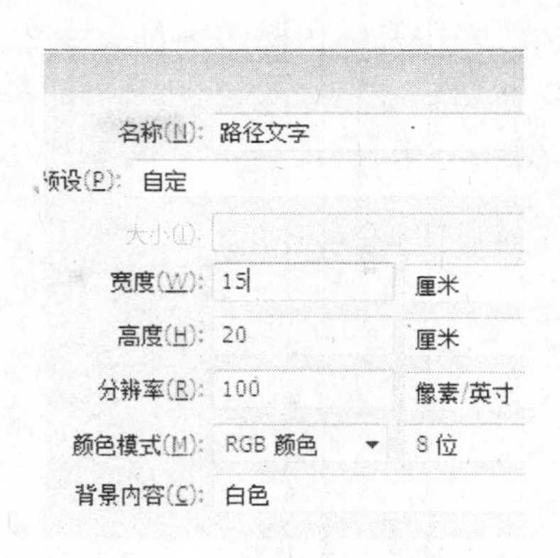

图 9.2

（3）用蓝色（RGB 分别是 30、80、180）到浅蓝色（RGB 分别是 190、220、230）的渐变填充背景，效果如图 9.3 所示。

（4）打开背景素材图片，拖入路径文字，生成图层 1，调整大小，如图 9.4 所示。

图 9.3

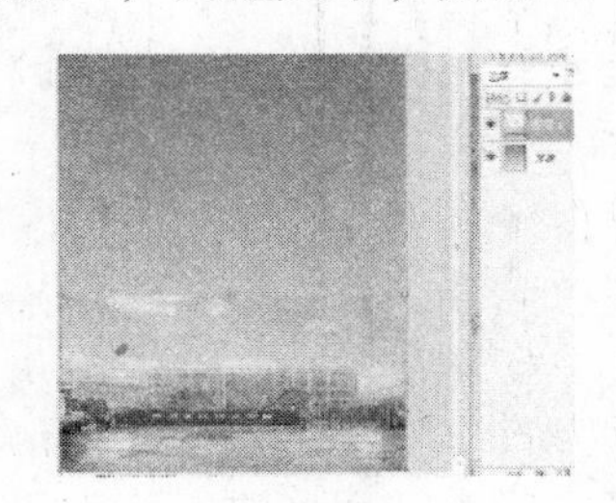

图 9.4

（5）为图层 1 添加蒙板，在蒙板中按住 shift 从背景画面顶到建筑顶由上到下拉出由黑到白的渐变填充，效果如图 9.5 所示。

（6）用鼠标点按住左边标尺拖出一根水平参考线放在画面中间，同理，在上边标尺拖出一根垂直参考线放在画面 1/3 位置处，如图 9.6 所示。

图 9.5

图 9.6

小提示：如果画面没有显示标尺，按 Ctrl + R 键先调出来。

（7）点形状工具选择椭圆工具，在属性栏上点按钮设置成路径，将光标移到辅助线交点，待光标横纵坐标都变橙色时按下，同时按住 Alt 和 Shift 键不放，拖动鼠标拉出以辅助线为中心的一个正圆路径，如图 9.7 所示。

（8）新建空白图层，命名为圆。点击画笔工具，按 F5 调出画笔预设面板，作如图 9.8 所示的设置。

图 9.7

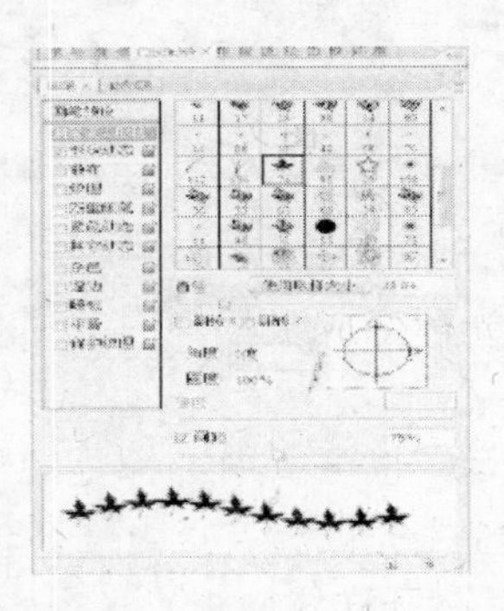

图 9.8

小提示：此案例纯系文字排版练习，各项设置可根据自己喜欢决定，不必完全相同。

（9）用直接选取工具，选中路径，右占击路径弹出快捷菜单，点选描边路径，弹出对话框，默认画笔选项。点击确定，效果如图 9.9 所示。

（10）点“窗口 \ 样式”弹出样式对话框，选择“日落天空”为图层添加样式，如图 9.10 所示，也可以自己设置。

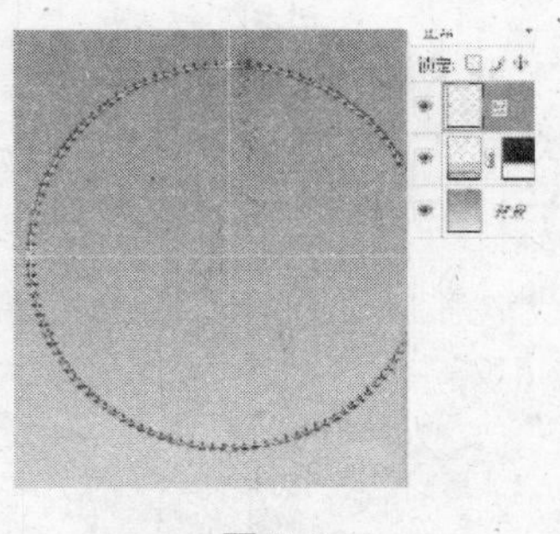

图 9.9

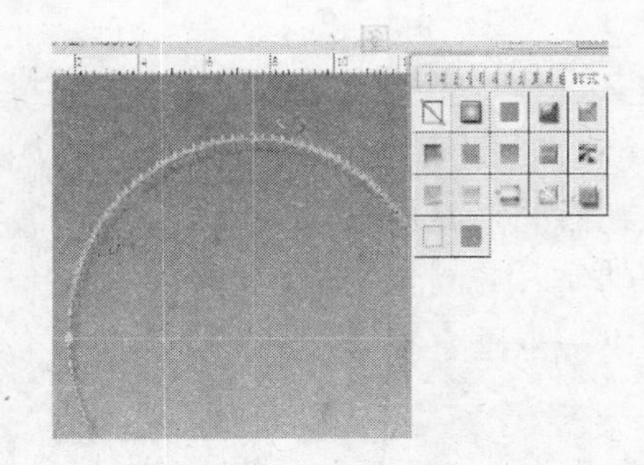

图 9.10

（11）按 Del 键删除当前工作路径。点椭圆工具，在属性栏点选多边形，设置边数为 6，点下面拉箭头，设置几何选项如图 9.11 所示。

（12）将鼠标放在辅助线中心，按住 Shift 键水平拖动，画出如图 9.12 所示星形路径。

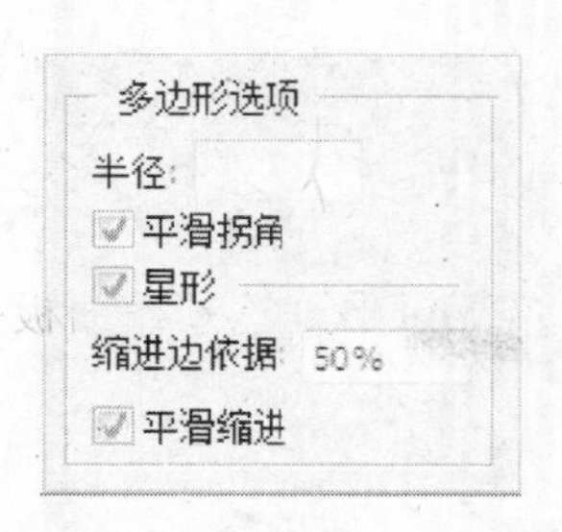

图 9. 11

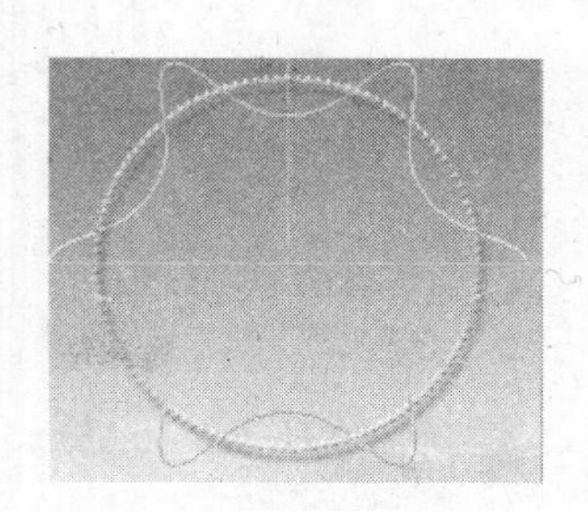

图 9. 12

（13）确保路径是选中状态，点击文字工具，属性栏设置如图所示，将光标放到路径上，当光标变成下面有一短曲线状态时点击鼠标，输入环绕路径的文本如图 9. 13 所示。

小提示：也可以用选择复制粘贴的办法将路径填满，文字大小，颜色，字体等选项也可在输入完成后，点击移动工具，在【窗口】—【字符】面板中调整。

（14）打开样式面板，选择一样式为字符添加样式，也可自己修改样式。效果如图 9. 14 所示。

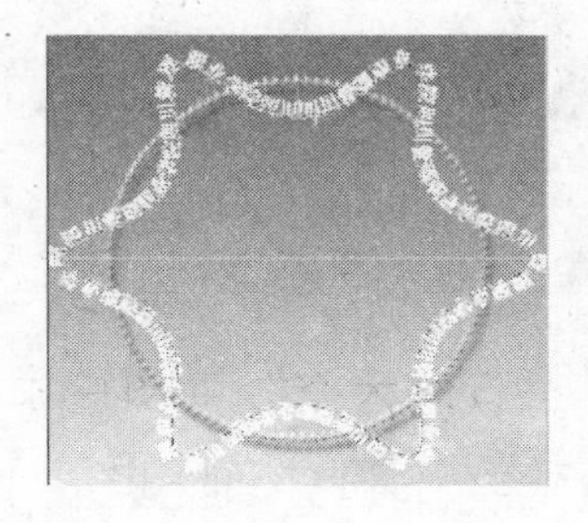

图 9. 13

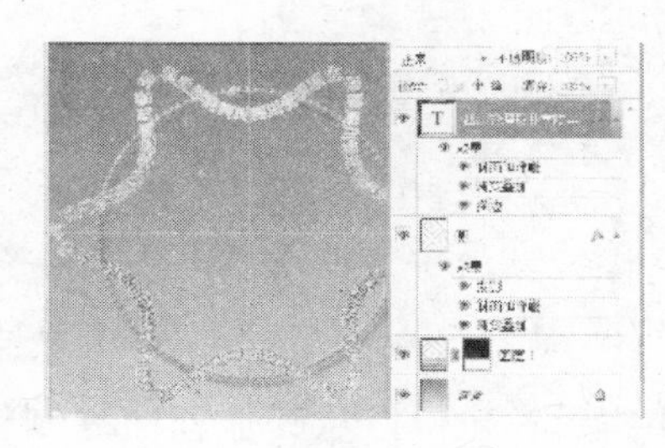

图 9. 14

（15）用直接选择工具点选路径，按 Del 删除，点添加图层蒙板工具为文字层添加蒙板，按 D 恢复颜色默认黑色前景色，在蒙板上作如图 9. 15 所示的涂抹，效果如图 9. 16 所示。

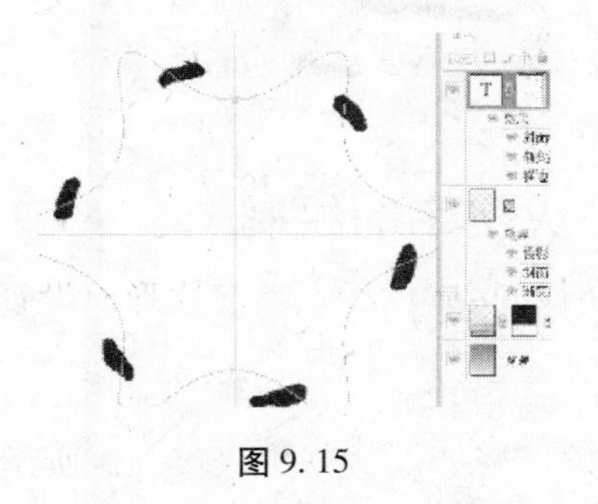

图 9. 15

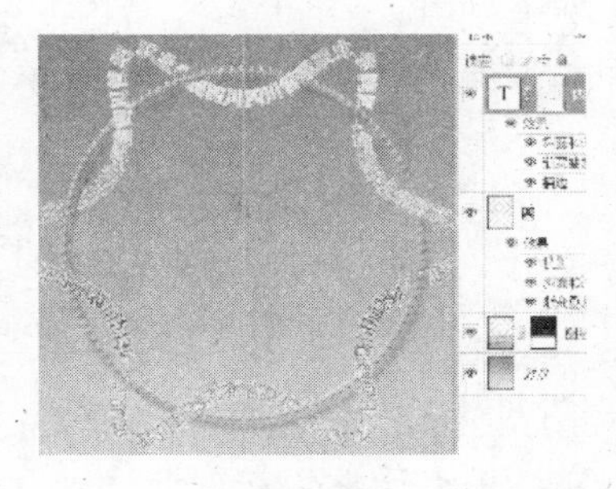

图 9. 16

（16）点击文字图层前面的眼睛图标，将图层隐藏，选中下一图层，点文字工具，输入“简介”两字建立简介图层，按住光标往前拖动，将两字选中，点 创建文字变形按钮，如图 9. 17 设置文字变形，确定，调整大小和位置，效果如图 9. 18 所示。

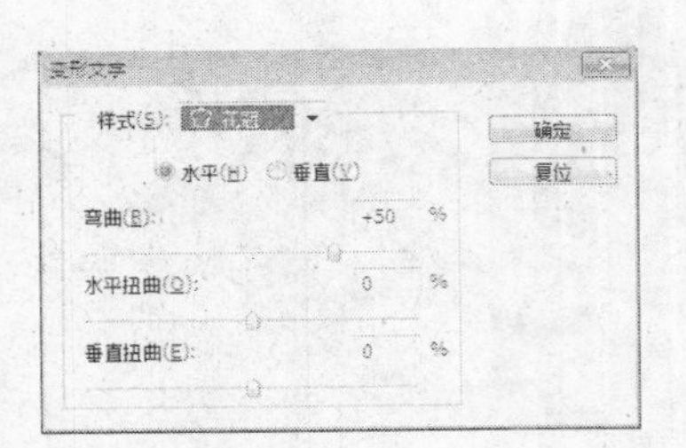

图 9.17

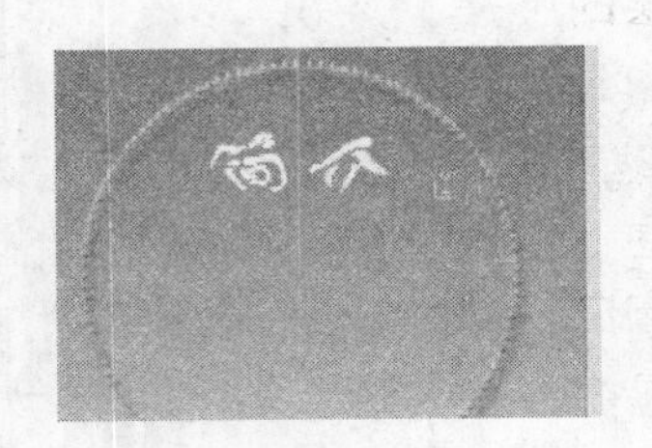
图 9.18

(17) 显示环绕文字层，用钢笔工具画如图 9.19 所示路径。

(18) 隐藏环绕文字图层，确保刚绘制的路径选中状态，点选文字工具，在路径内单击，输入文本，生成形状内段落文本图层。用移动工具选中图层，调出字符面板，对字符属性进行设置。显示环绕文字图层，然后用添加锚点工具对路径进行调整，如图 9.20 所示。

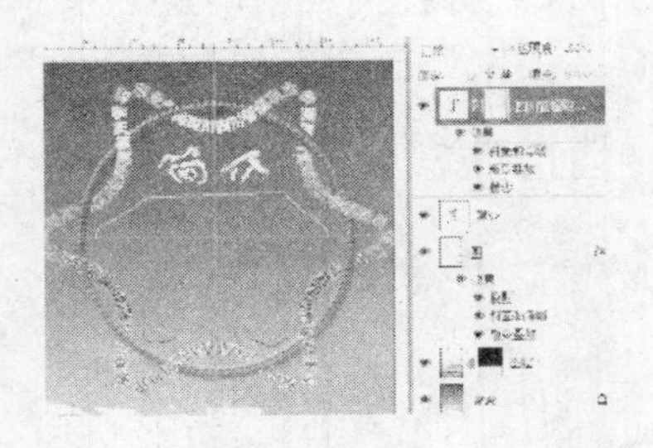
图 9.19

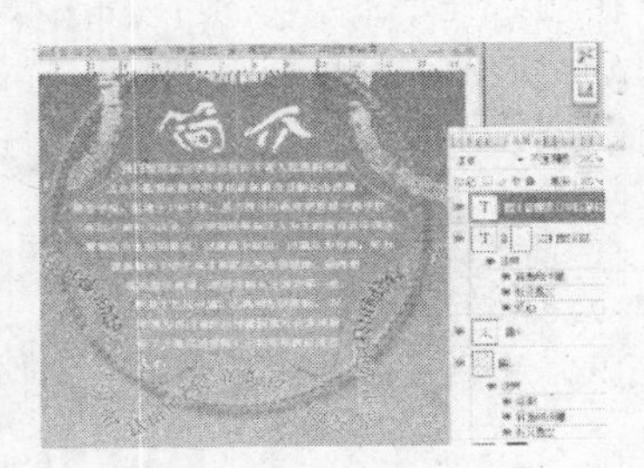
图 9.20

小提示：也可以从其他程序复制粘贴进来。在用文字工具点击时，关闭其他路径显示，否则点击时默认成编辑前面输入的文本或路径交叉区域了。

(19) 将参考线拖出画面删除，对各层文字作进一步调整，如对“简介”添加图层样式，检查段落文本格式，有无标点在句首情况，如有，需要调整。最终效果如图 9.1 所示。

小提示：由于 PS 不是专业文字编辑工具，所以对文本处理功能不是很强大，在中文处理时常常出现把标点排到句首情况，所以在文本排好后要注意检查，调整。

实训 2　文字特效——火焰字的绘制

实训目的与要求

本实训重点让学生掌握渐变映射工具调整火焰色彩的方法，难点是火焰造型，使学生掌握通过使用风、模糊、液化等滤镜工具对火焰等造型的表现方法。

实训预备知识

火焰字绘制有两个基本步骤：一是火焰造型，二是色彩。火焰造型一般用风滤镜吹出线条，再用波浪、波纹等扭曲滤镜变形，再用模糊滤镜生成，为丰富层次，还可作多图层的层叠，利用图层混合模式生成丰富的色彩层次。火焰色彩由火焰中心到边缘是乳白到黄到橙再到暗红到黑的渐变过渡，在 PhotoShop CS 以前的版本中一般将 RGB 图像转化为灰度图像，再转化为索引模式，选取颜色表中黑体来得到火焰色彩效果，而在 PS CS 以后的版本中，直接使用渐变映射调整，可得到丰富的火焰色彩效果。本例使用风、模糊和液化滤镜手工制作火焰造型，用渐变映射调整图层上色，方法简单而效果明显。

实训步骤

（1）最终效果如图 9. 21。

（2）新建文件，分辨率设 100pix/英寸，其他默认值就行，按“Ctrl + I”把背景色反相，选择文字工具打上所需字体，调整到适当大小，如图 9. 22 所示。

图 9. 21

图 9. 22

（3）按“Ctrl + J”复制文字图层，按住“Shift”拖动一角控制点旋转 90°，点击【滤镜】—【风格化】—【风】，按图 9. 23 设置，确定，再按“Ctrl + F”两次，重复运用风滤镜，效果如图 9. 24 所示。

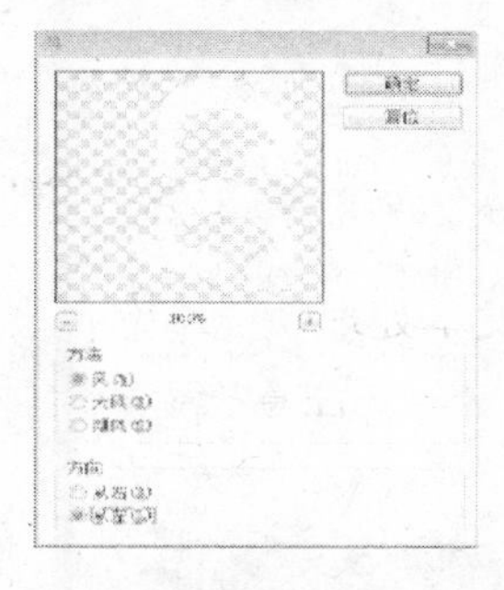

图 9. 23

图 9. 24

小提示：文字是矢量图形，在填充或滤镜等操作过程中往往需要转化为点阵图像即栅格化操作，PS 一般会提示“此文字图层必须栅格化后才能继续……”（如图 9. 25 所示），点击确定就可以了。

（4）将图层旋转回原位，再复制一层得到副本 2，对复制出的图层执行高斯模糊，设置如图 9. 26 所示。

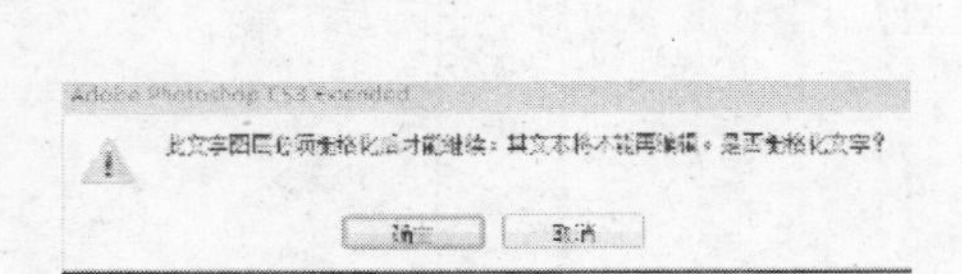
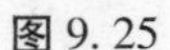

图 9. 25

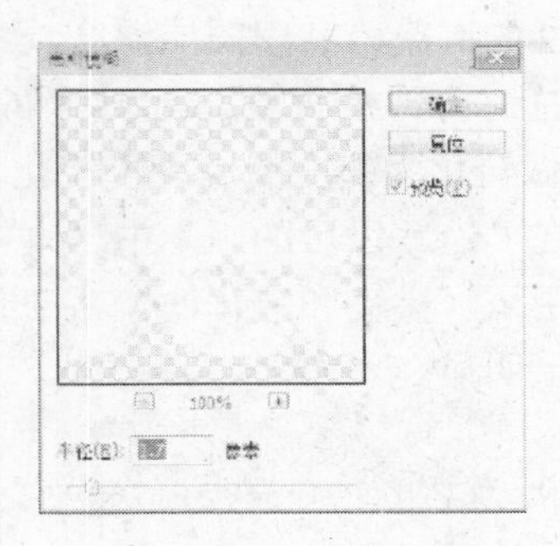

图 9. 26

（5）复制背景层，拉到副本 2 下面，选择副本 2，按“Ctrl + E”向下合并。

（6）对合并后的图层执行【滤镜】—【液化】操作，先用大画笔画出大体走向，再用小画笔画出小火苗，如图 9. 27 所示。

（7）再复制图层，继续使用液化工具，调整火焰造型，自己满意为止。

（8）按“Ctrl + F”对当前图层进行高斯模糊，设置图层模式为滤色，如图 9. 28 所示。

图 9. 27

图 9. 28

（9）如必要，可重复上面步骤，以得到丰富的图形层次。

（10）按图层下面创建调整图层按钮 ，点【渐变映射】弹出渐变映射对话框，点击灰度渐变色，编辑渐变色如图 9. 29 所示，0 位置为黑色，100 位置为白色，45 位置 RGB 值为（255、110、0）橙色，75 位置 RGB 值为（255、255、0）黄色，确定创建渐变调整图层，效果如图 9. 30 所示。

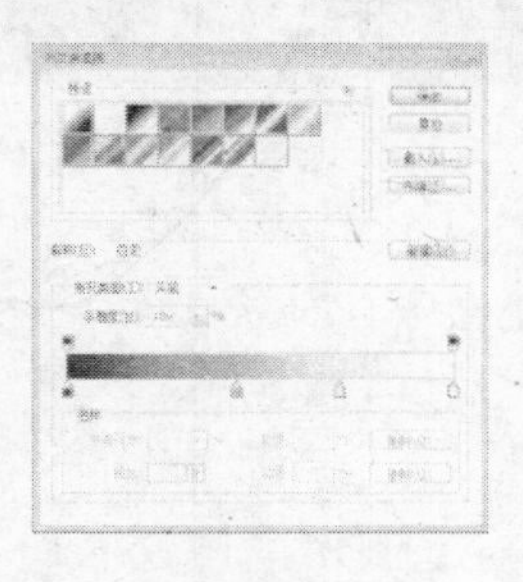

图 9. 29

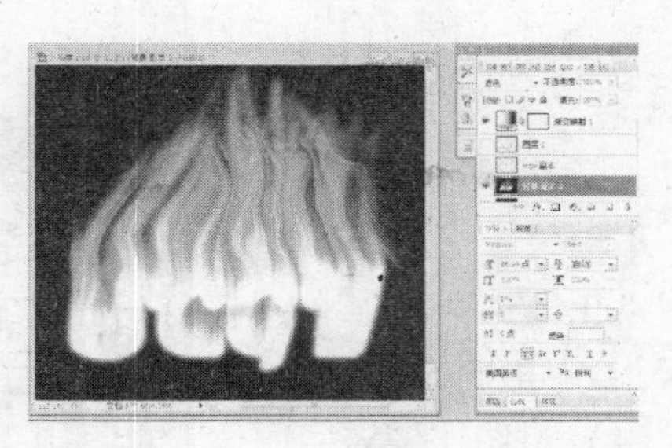

图 9. 30

（11）按住“Ctrl”点击文字图层，载入选区，在渐变映射图层下新建图层 1，用由白到黑的径向渐变填充选区，效果如图 9. 31 所示。

（12）对图层 1 设置外发光、斜面和浮雕、光泽等图层样式，效果如图 9.32 所示。

图 9.31

图 9.32

（13）按住“Ctrl + J”复制图层 1 副本，重新选择图层 1，对其执行高斯模糊。

（14）完成最终效果，如第（1）步所示。

实训 3　文字特效——雕刻文字效果

实训目的与要求

本实训重点介绍雕刻文字绘制方法，附带介绍将文字转换为路径，并对字型进行编辑和处理，重点对技法的拓展，让学生学会知识的迁移，以更好地适应不同的应用场合。

实训预备知识

文字字库为我们进行文字设计提供丰富的字型选择，但字库是人人都可以使用的，在个性化方面仍不尽人意，尤其是在标志、标识设计中常常需要更具特色的字型，为了有个性化的字体，保证文字造型的独一无二性，可将字体转化为路径，进行修改和编辑，从而实现个性化设计。

实训步骤

（1）最终效果如图 9.33 所示。

（2）新建“欢迎你”文件，设置宽度为 10 厘米，高度为 8 厘米，分辨率为 300pix/英寸，如图 9.34 所示。

图 9.33

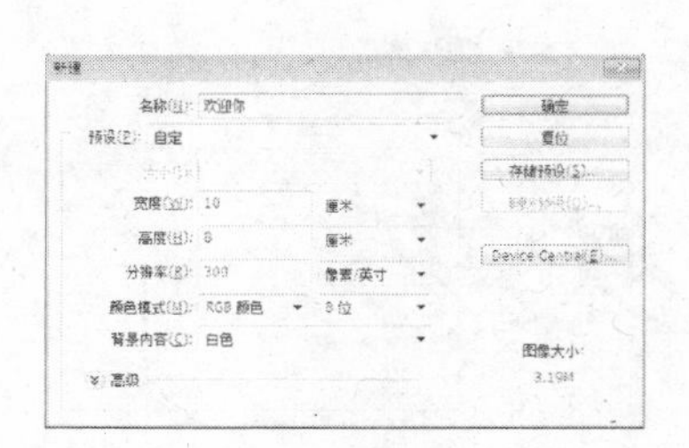

图 9.34

（3）点选【文字工具】，在其属性栏中设置合适的字体、字号，在画面中分别输入文字，得到“新同学”和“欢迎你”两个图层，效果如图 9. 35 所示。

（4）选中欢迎你图层，按住 Ctrl 用鼠标拖拉控制框上边中点，使文字成一定倾斜，选择工具箱中的【自定形状工具】，在图像中加入形状，复制、调整位置、大小，合并形状图层，效果如图 9. 36 所示。

图 9. 35

图 9. 36

小提示：如果没有合适的形状，可考虑将简单形状重复使用得到较生动图案，本例条形花纹即用两个相同形状重复排列得到。

（5）按“Ctrl + J”复制生成“欢迎你副本”图层，右点击副本图层，点转化为形状，生成形状图层，双击图层缩略图（注意，不是蒙版），给图层换一个鲜点的颜色，把填充值不透明值适当降低，如图 9. 37 所示。

（6）用添加（或减去）锚点工具，对文字路径进行编辑（具体操作可参考前面路径编辑相关章节），如“欢”字可作如图 9. 38 所示结点编辑操作。

图 9. 37

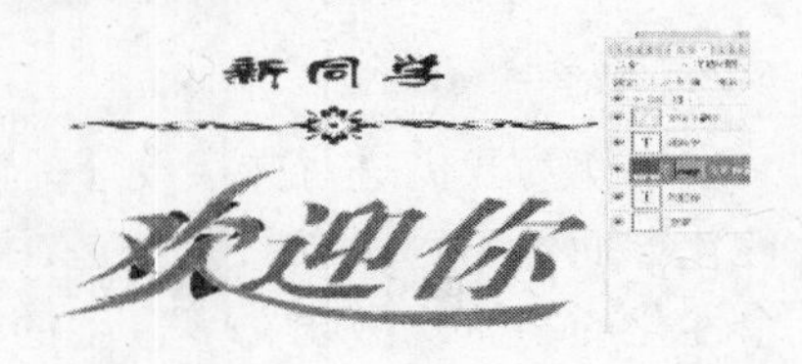

图 9. 38

小提示：在对文字进行变形操作时，把下层原文字显示作参考，以免变形过程中整体、结构失衡，如对文字变形没有把握，可先手工在纸上进行必要的草图绘制，再上机操作。

（7）同理对另两个文字进行编辑，效果如图 9. 39 所示。

图 9. 39

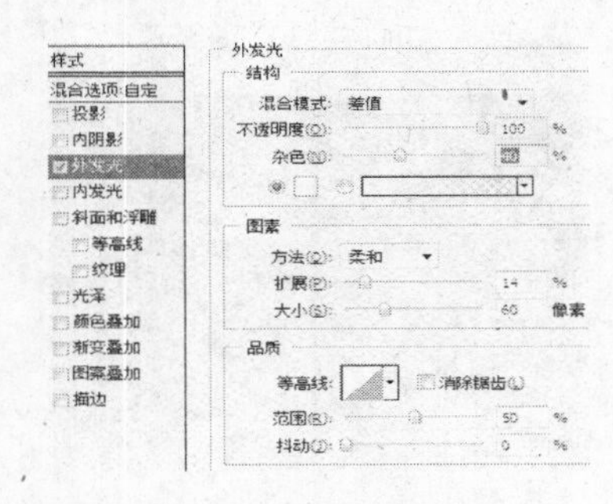

图 9. 40

（8）将除背景以外的所有图层合并，生成图层 1，按 Ctrl + J 复制图层，设置填充不透明度为 0。双击图层 1 副本，弹出图层样式对话框，点击外发光样式，在弹出的对话框中设置参数如图 9.40 所示，单击确定后，隐藏图层 1，文字效果如图 9.41 所示。

图 9.41

图 9.42

（9）右点击图层 1 副本，选择合并可见图层，合并后的图层为背景层，执行菜单栏中的【滤镜】—【素描】—【基底凸现】命令，在弹出的基底凸现对话框中设置参数如图 9.42 所示，单击确定按钮后效果如图 9.43 所示。

（10）按住 Ctrl 键单击图层 1，将其选区载入背景图层中，按 Shift + Ctrl + I 键将选区反选，效果如图 9.44 所示。

图 9.43

图 9.44

（11）执行【滤镜】—【纹理】—【纹理化】命令，在弹出的“纹理化”对话框中设置参数如图 9.45 所示，单击确定按钮后，取消选区效果如图 9.46 所示。

图 9.45

图 9.46

（12）点击图层下面调整图层按钮，选【色相/饱和度】命令，在弹出的【色相/饱和度】对话框中勾选着色选项，在设置参数如图 9.47 所示，单击确定按钮后最后效果如图 9.48。

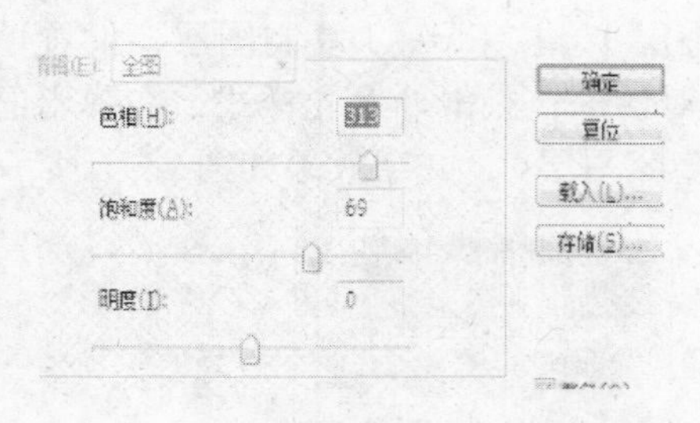

图 9.47

图 9.48

小提示：使用调整图层可以随时任意更换喜欢的颜色。

实训 4　文字效果——青铜文字的制作

实训目的与要求

本实训结合文字案例，介绍斑驳青铜纹理的制作，让学生掌握古铜色纹理的绘制方法。

实训预备知识

本实训运用滤镜中的云彩命令和晶格化命令制作斑驳纹理，再运用渐变映射和光照滤镜命令，绘制逼真的斑驳效果，最后制作渐变背景，并运用图层样式命令，增加图像的立体感和真实感。

实训步骤

（1）最终效果图 9.49 所示。

（2）新建“青铜文字”文件，设置分辨率为 100，其他为默认值，如图 9.50 所示。

图 9.49

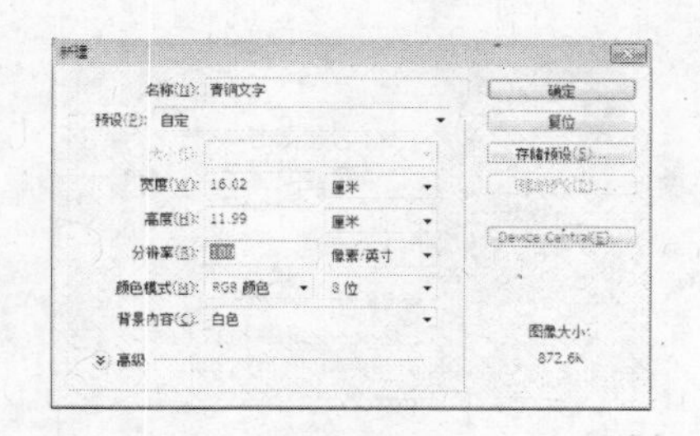

图 9.50

（3）按 Ctrl + J 复制背景，按字母 D 切换前景背景色为默认值，执行【滤镜】—【渲染】—【云彩】命令，效果如图 9.51 所示。

（4）执行【滤镜】—【像素化】—【晶格化】命令，打开对话框，设置“单元格大小”为 4，如图 9.52 所示。

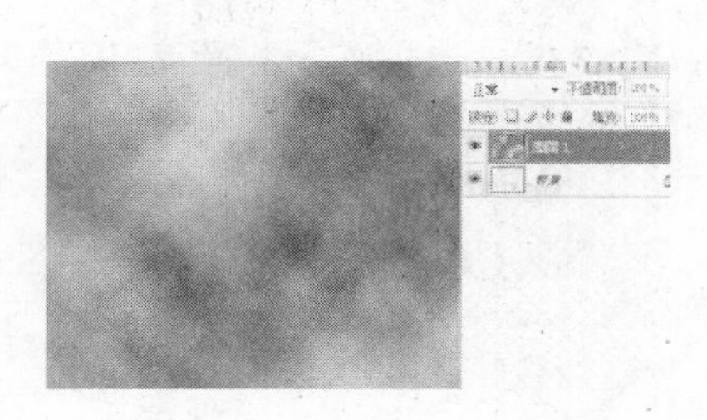

图 9.51

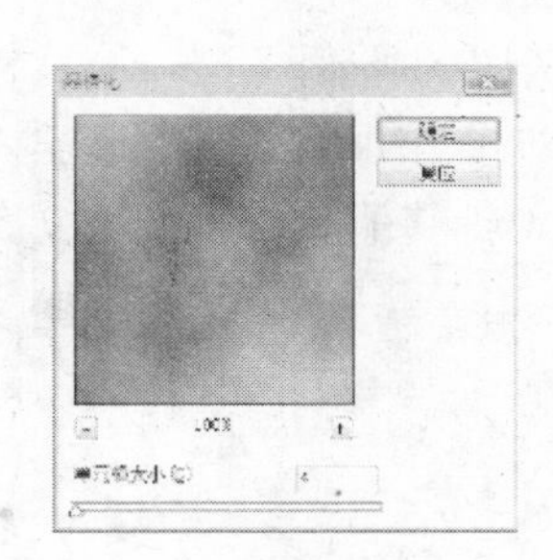

图 9.52

(5) 执行【图像】—【调整】—【渐变映射】命令，打开对话框，单击对话框中渐变色编辑按钮，设置渐变色：以下各点 RGB 值分别为：0（0，0，0）；42（60，37，17）；50（123，65，26）；58（190，172，70）；66（123，65，26）；74（74，54，28）；85（121，52，1）；95（65，17，1），如图 9.53，9.54 所示。

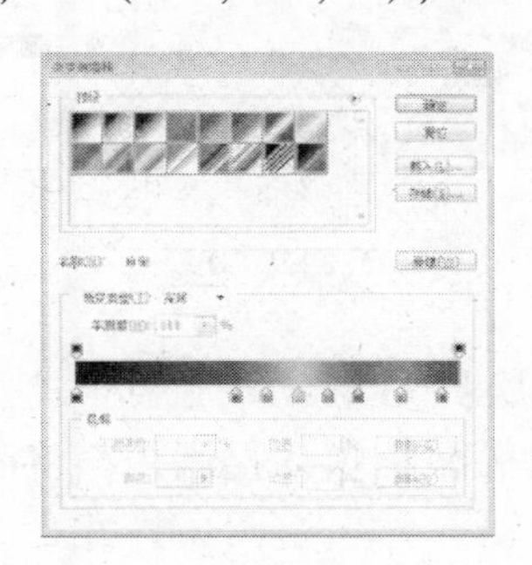

图 9.53

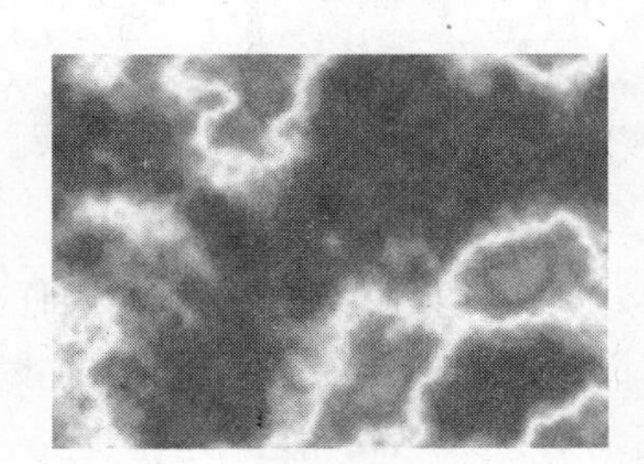

图 9.54

(6) 执行【滤镜】—【渲染】—【光照效果】命令，打开"光照效果"对话框，设置纹理通道为"红"，并调整左侧调节圈，如图 9.55 所示。

(7) 隐藏图层 1，选中背景图层，对其执行由白到蓝青色的纵向线性渐变填充。选取文字工具，输入文本，生成文字图层，在字符面板下对字体属性进行设置，效果如图 9.56 所示。

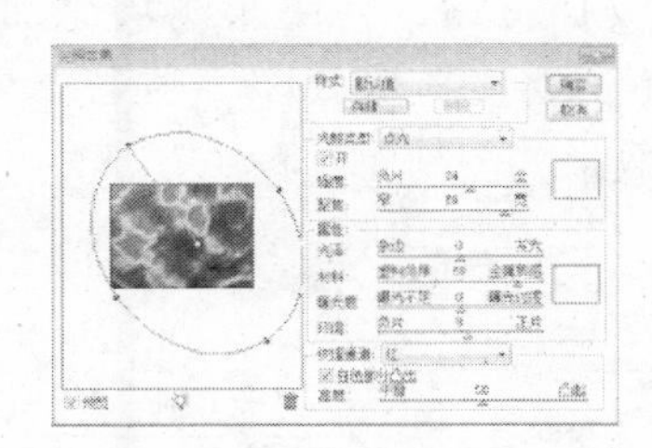

图 9.55

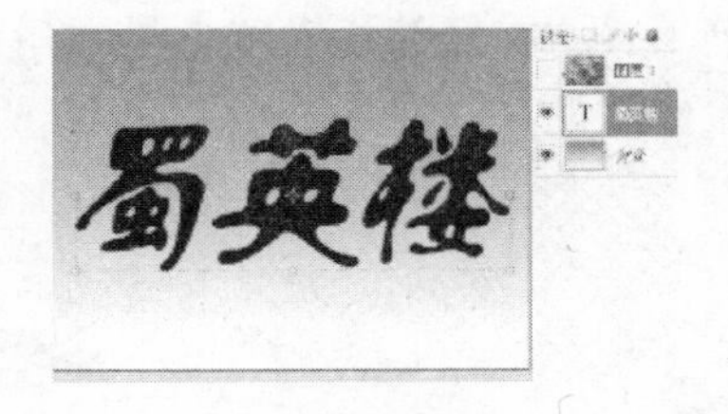

图 9.56

(8) 显示纹理图层 1，并选中，右点击图层 1（注意不要点在缩略图上）弹出快捷菜单，选【创建剪贴蒙版】命令，用移动工具移动文字层，使其显示纹理最佳效果（或者移动纹理图层也一样，如果必要，也可复制纹理图层，尝试移动寻找最佳效果）如图 9.57 所示，合并剪贴图层。

小提示：剪贴蒙版图层必须由两个或两个以上图层构成，结果显示上面图层的色相，下面图层的外形。

(9）双击合并后图层，调出图层样式对话框，设置投影选项如下：距离 10，扩展 20，大小 10，其他默认，如图 9.58 所示。

图 9.57

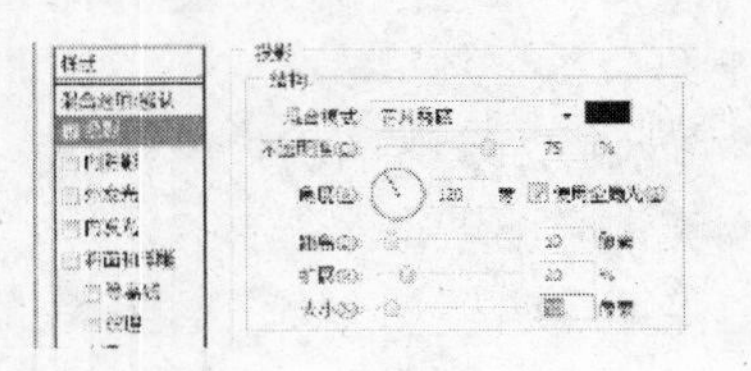

图 9.58

(10）点击斜面和浮雕选项，设置如图 9.59 所示，深度为 260，大小为 4 像素，其他参数为默认值，效果如图 9.60 所示。

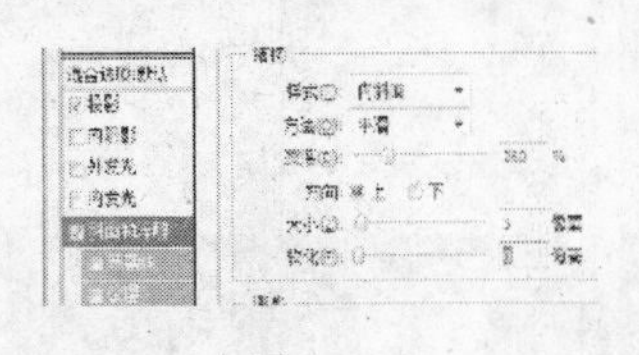

图 9.59

图 9.60

(11）执行【图层】—【图层样式】—【创建图层】命令，将图层样式自动生成单独的图层。选中“图层 1 副本的投影”，按住 Ctrl 键，鼠标拖动控制点，将阴影图像调整成如图 9.61 所示形状。

图 9.61

(12）单击【图层】面板下方的【添加图层蒙版】按钮，为阴影图层添加蒙版。用画笔工具，在属性栏设置大号柔角画笔，设置“不透明度”为 30%，在投影蒙版上局部涂抹，使其过渡柔和如图 9.62 所示，完成最终效果如图 9.49 所示。

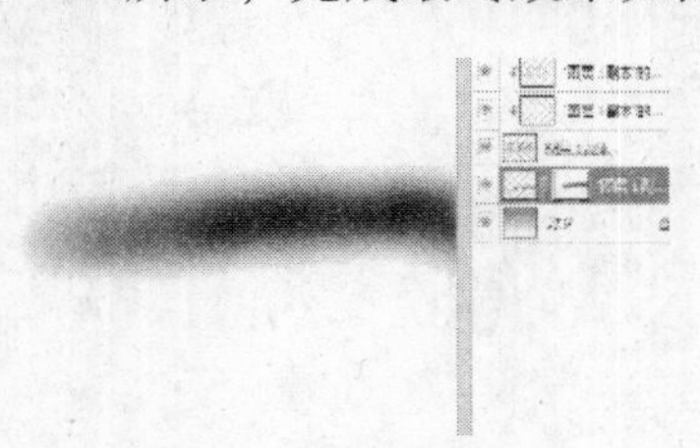

图 9.62

实训5　文字特效—镀金字效果

实训目的与要求

本实训介绍镀金字效果的一种简单做法，大致过程是：先打好文字，然后把文字在通道里面适当模糊处理，再进行光照效果调光，最后用曲线来现实反光效果。

实训预备知识

镀金字效果是 Photoshop 艺术字效果的一种，在一些古典艺术、牌匾招牌等平面设计中时常见到。

实训步骤

（1）最终效果如图9.63所示。

（2）打开如图9.64所示的素材图，也可以自己打上喜爱的文字。

图9.63

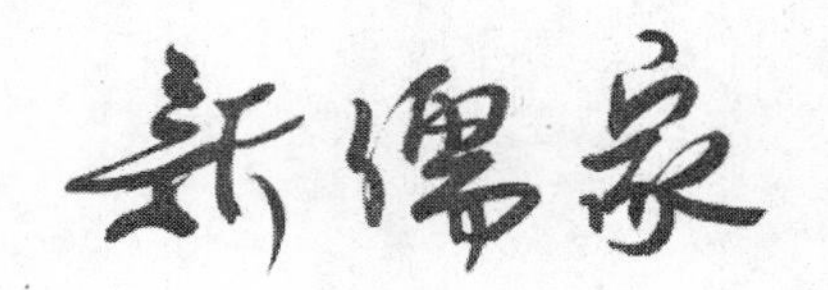

图9.64

（3）双击背景图层缩略图，把背景层转换成图层，选中删除背景白色部分，然后给文字填充灰色，如图9.65所示。

（4）按住 Ctrl 键不放，点击文字图层缩略图选取文字，打开通道面板，新建一个 Alpha 通道，在通道里把字体填充白色，如图9.66所示。

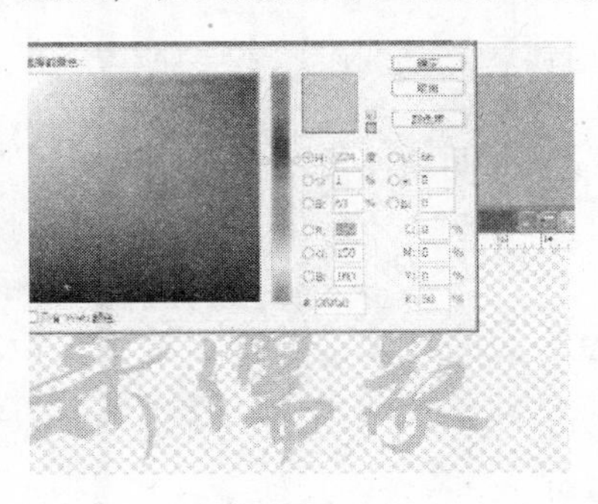

图9.65

图9.66

（5）选择 Alpha 通道，执行【滤镜】—【模糊】—【高斯模糊】命令，选择半径为5.0如图9.67所示。

（6）选中 RGB 通道，回到图层面版，执行【滤镜】—【渲染】—【光照效果】命令，在“纹理通道”中选择 Alpha 通道，在下边高度和凸起右移动滑块达到90以上就可以，参数设置如图9.68所示。

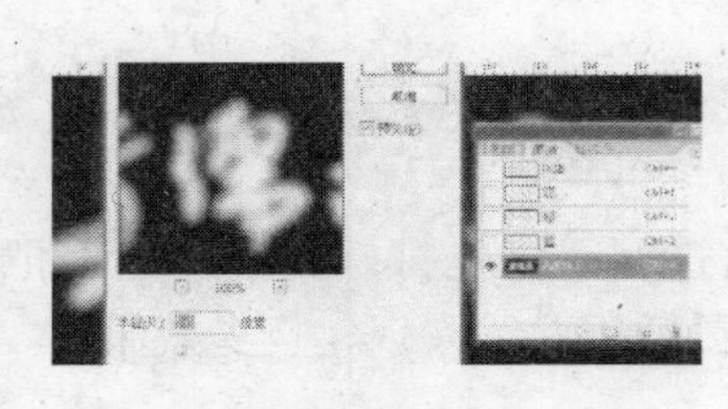

图 9.67

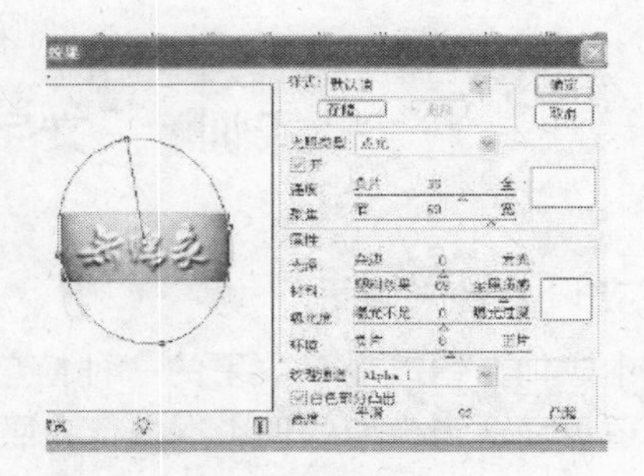

图 9.68

(7) 再按 Ctrl + M 键进行曲线调整，如图 9.69 所示设置。

(8) 按 Ctrl + U 进行色像/饱和度调整，选择着色，参数设置如图 9.70 所示。

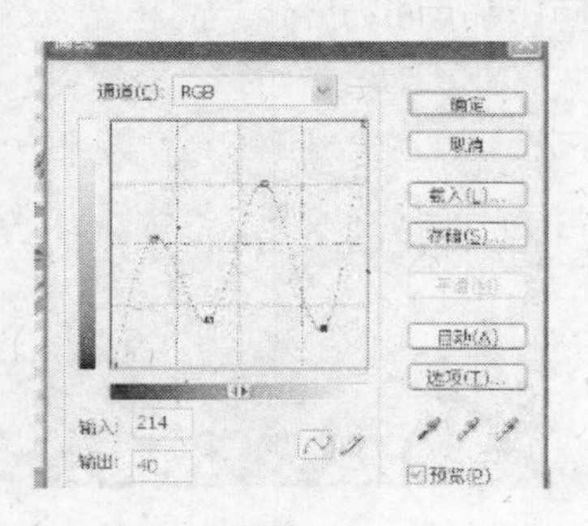

图 9.69

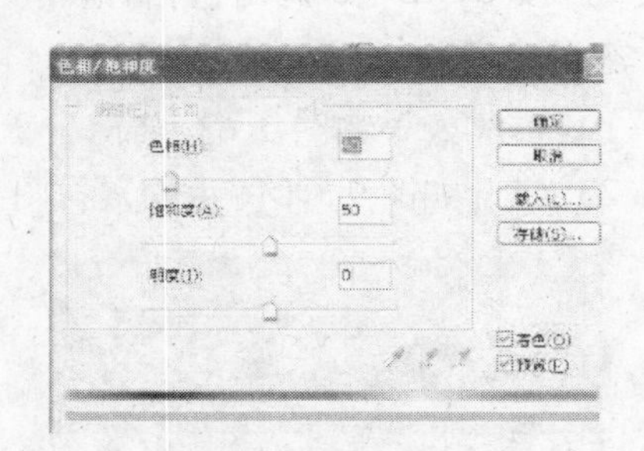

图 9.70

(9) 完成最终效果如前图 9.63 所示。

实训6　文字特效——冰雪艺术字

实训目的与要求

本实训介绍 Photoshop 的多个滤镜效果与图层样式等制作冰雪艺术字。

实训预备知识

本实训制作过程中用到的滤镜较多，因为文字表面的纹理部分都需要用滤镜来完成。其中较为重要的就是风滤镜，需要用它做出细小的冰凌效果，做好纹理后再简单的调色并加上一些图层样式即可。

实训步骤

(1) 最终效果如图 9.71 所示。

图 9.71

（2）新建文档，选择文鼎霹雳体，输入文字。调整大小，栅格化，然后复制，在复制层进行操作，如图 9.72。

（3）按 CTRL + U 调出色相/饱和度面板，把字调成如图 9.73 所示的青色效果。

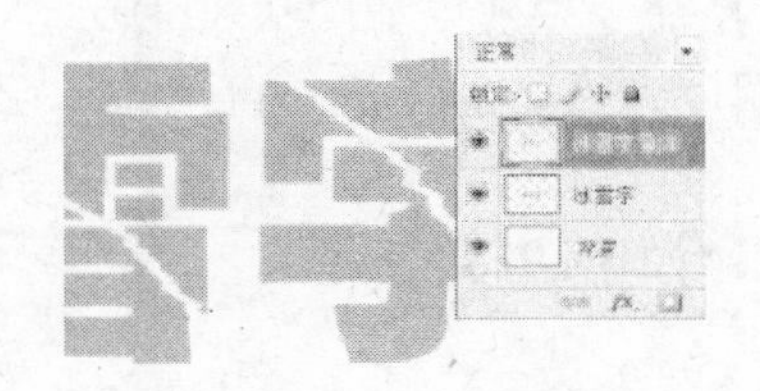

图 9.72

图 9.73

（4）执行【滤镜】—【纹理】—【龟裂纹】命令，参数设置如图 9.74 所示。

（5）执行【滤镜】—【素描】—【鉻黄】命令，如图 9.75 所示。

图 9.74

图 9.75

（6）执行【图像】—【调整】—【自动对比度】和“自动颜色”命令，然后再调整一下色彩，效果如图 9.76 所示。

（7）执行【滤镜】—【像素化】—【晶格化】命令。效果如图 9.77 所示

图 9.76

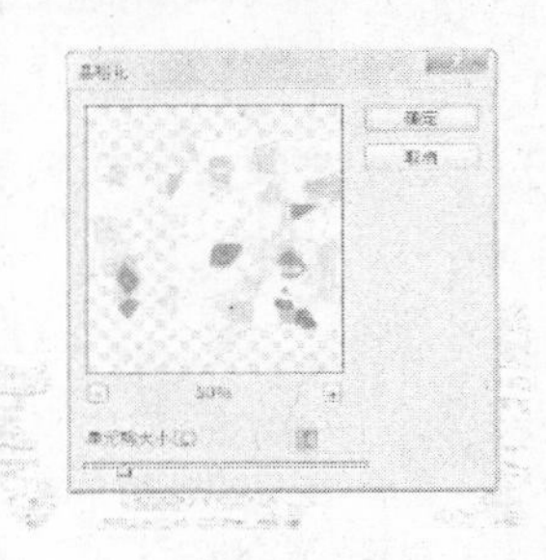

图 9.77

(8) 晶格化完之后边缘生硬，再执行【滤镜】—【扭曲】—【海洋波纹】命令。参数自己设置，以个人满意为准，如图 9. 78 所示。

(9) 复制图层，降低原图层明度，把复制层与原图层稍稍错开。然后 CTRL + E 向下合并，旋转 90°，执行【滤镜】—【风格化】—【风】，设置“小风”。按 Ctrl + F 再执行一次，完成后转回来，效果如图 9. 79 所示。

图 9. 78

图 9. 79

(10) 执行【滤镜】—【模糊】—【高斯模糊】命令，效果如图 9. 80 所示。

(11) 复制图层，混合模式设为滤色，调整透明度到适当的数值，再把这一层也高斯模糊一下，数值可以更大一点，效果如图 9. 81 所示。

(12) 选择原图层，设置图层样式为外发光，参数如图 9. 82 所示。

图 9. 80

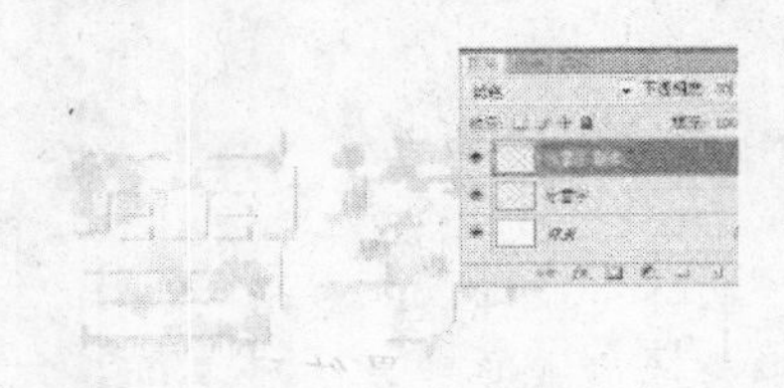

图 9. 81

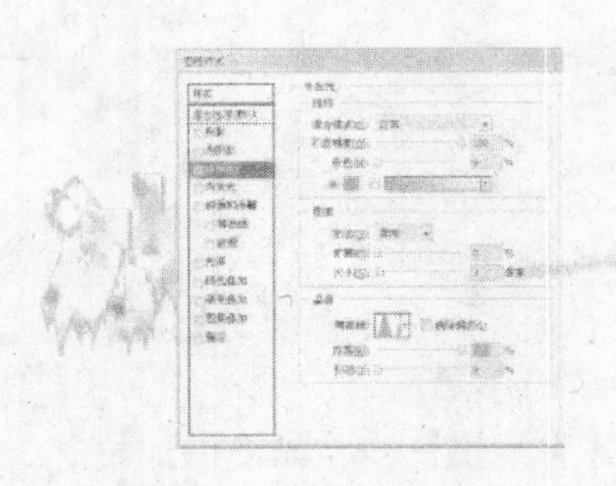

图 9. 82

(13) 最终效果如前图 9. 71 所示。

本章小结

本章通过案例介绍了文字的编辑和排版技术，也介绍了一些常用文字特效，在文字编辑中需要注意的是：文字是矢量图形，可以在任意形状的矢量图形内进行排版，也可以沿矢量路径排列文字，但是，不适合像素化的图像处理方法，必须栅格化变成点阵图像后才能进行，如案例中的文字特效都是以图像形式完成的，需要印刷的图像文件中的文字，在栅格化之前要注意分辨率和印刷尺寸的大小，因为栅格化后再放大的图像不会提高文字的清晰度。

补充实训

1. 巧克力文字效果练习。可利用纹理和扭曲滤镜来制作类似液面的效果，添加文字，利用图层样式制作浮雕造型，然后再调成暗褐色色调，如图 9.83 所示。

2. 折叠文字效果练习。在制作文字之前，逐个把文字分解，每一个字母都需要按照叠纸的顺序拆分为不同的部分，然后对每一部分执行简单的渐变色即可，如图 9.84 所示。

图 9.83

图 9.84

3. 风吹发光字效果练习。将滤镜应用到线条字上面，再配上一些外发光等图层样式，会做出来非常经典的文字效果，如图 9.85 所示。

4. 水晶文字的制作训练。如图 9.86 所示文字质感部分是用图层样式来完成。不过作者用到了双层文字。底部的文字做整体的颜色和质感。然后把顶部的文字加上高质感，适当降低不透明度。文字看上去质感和立体效果都非常明显。最后再在背景上渲染一些文字反射的高光，效果看上去更逼真。

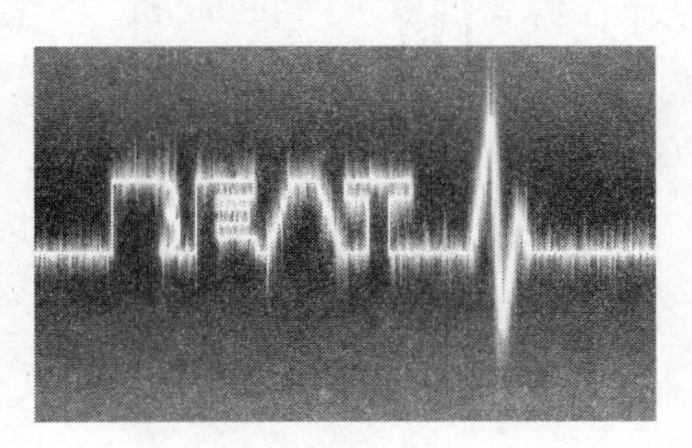

图 9.85

图 9.86

第十章 滤镜原理与应用

实训1　滤镜基础——风景照片添加雾气效果

实训目的与要求

初步体会滤镜的神奇特效，产生对滤镜的强烈好奇心和求知欲，从而为后面学习作好铺垫。本实训中主要是滤镜的简单应用，既可以简单地一步得出最终效果，也可以适当深入，增加层次，丰富效果。

实训预备知识

Photoshop 滤镜通俗的说法就是给图像快速添加各种艺术效果的工具集合。滤镜都是遵循一定的程序算法，对图像中像素的颜色、亮度、饱和度、对比度、色调、分布、排列等属性进行计算和变换处理，其结果便是使图像产生特殊效果。

滤镜主要有五个方面的作用：优化印刷图像，优化 WEB 图像，提高工作效率，提供创意滤镜和创建三维效果。有了它，Photoshop 的用户就会更加如虎添翼。它能够以让人难以置信的简单方法来达到惊人的效果。其中外挂滤镜是扩展 Photoshop 处理功能的补充性程序。

实训步骤

（1）最后效果如图 10.1 所示。

（2）打开素材图片如图 10.2 所示。

图 10.1

图 10.2

（3）新建图层，执行【滤镜】—【渲染】—【云彩】，按 Ctrl + F 重复使用滤镜（多重复几次，选择自己较满意的效果）如图 10.3 所示。

小提示：在使用“云彩”滤镜时，若要产生更多明显的云彩图案，可先按住 Alt 键后再执行该命令；若要生成低漫射云彩效果，可先按住 Shift 键后再执行命令。

（4）改图层混合模式为滤色，画面产生雾气效果如图 10.4 所示。

小提示：滤镜往往与图层混和模式配合使用，再适当调整各图层的透明度，降低过重效果，会产生无穷丰富的画面层次，需要不断的探索与尝试才能掌握。

图 10.3

图 10.4

（5）按 Ctrl + J 复制图层，设置混合模式为柔光，如图 10.5 所示，这时雾气过重。

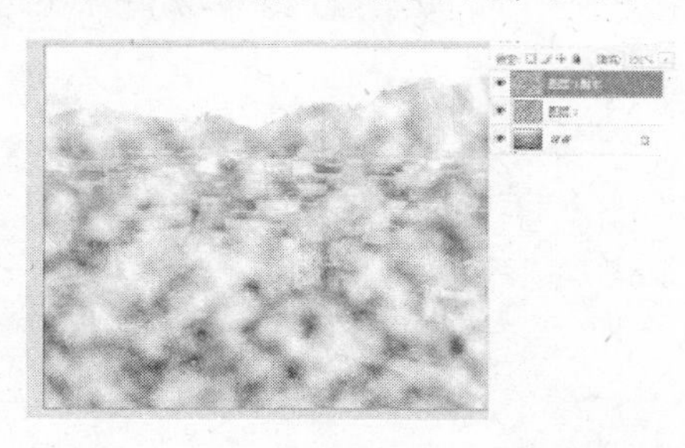

图 10.5

（6）选中图层 1，设置不透明度为 40%，完成最终效果。

实训 2　自定义滤镜的原理和运用

实训目的与要求

本实训的目的不是完成某一作品，而是通过几种简单、典型的自定义滤镜设置，来表现锐化、模糊、查找边缘及亮度调整等滤镜及图像调整命令效果，初步理解滤镜的基本原理和使用方法。以此作为滤镜原理教学的入门工具，需要有一定电子图像理论基础，有一定难度，在学习过程中，要通过案例讲解过程一步一步地设置并观察效果变化。

实训预备知识

图像色彩表现常识：

图像是点阵图，由像素点组成，每个像素点的颜色由 RGB 的值决定，在 RGB 色彩模式下，其 R、G、B 的取值范围分别在 0 ~ 255 之间，红、绿、蓝三种色彩由此可以组合出一千六百多万种颜色，即常见的机器显示色彩。滤镜对图像所作的丰富变化即是在调节图像中各像素的 RGB 值，一般以相邻像素的关系为依据。在 Photoshop 软件中，R、G、B 值的计算方法相同，为便于表述，以下提及不单独说明。

滤镜的基本使用方法：

选中滤镜对话框中的预览框，可在图像中显示滤镜效果，单击预览框下的加号或按钮可以放大或缩小预览图。

如果滤镜命令后面有符号“……”，使用该滤镜时会打开一个对话框，可在该对话框中设置滤镜参数。

在滤镜参数设置中，可在数字框中直接输入参数，也可以拖动下面的滑块调整参数。

滤镜只能应用于可见图层。

刚使用过的滤镜一般出现在滤镜菜单顶部。当参数不用改变时，按快捷键“Ctrl + F”可重复使用刚才使用过的滤镜，按“Ctrl + Alt + F”可以重新设置参数使用刚用过的滤镜，按“Ctrl + Shift + F”可以对刚使用过的滤镜进行渐隐设置。

部分滤镜只对 8 位通道 RGB 图像起作用。16 位和 32 位通道的图像只能应用少量滤镜。

实训步骤

(1) 打开素材图片，如图 10.6 所示。

(2) 按“Ctrl + J”复制图层，执行【滤镜】—【其他】—【自定】弹出自定滤镜对话框，参数设置如图 10.7 所示，效果如图 10.9 所示。

图 10.6

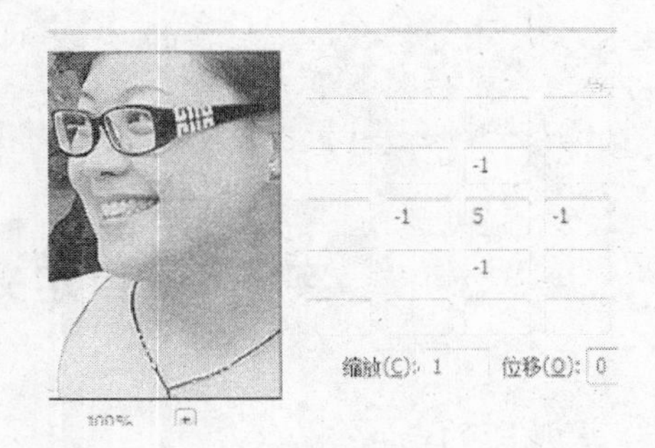

图 10.7

(3) 用以上设置使用滤镜后效果与原图对比如图 10.8 所示。

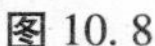

图 10.8

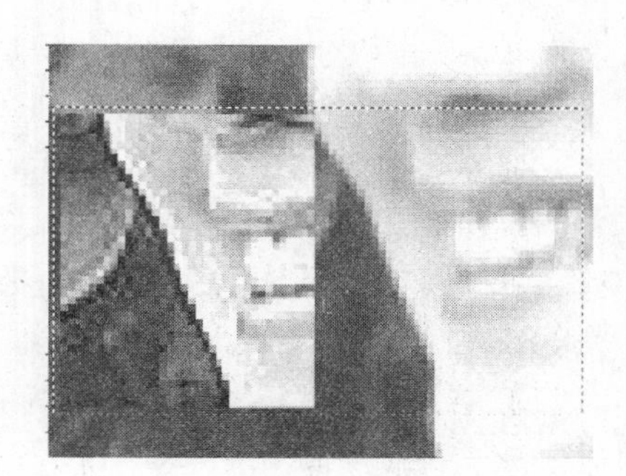

图 10.9

自定义滤镜参数解析：自定滤镜参数设置格共有 25 个，中间一格表示在图像中取任一像素点，周围格表示这个点周围的像素点，即相当于我们在图像中任意选取了一个点，并和其周围的 24 个像素点作参照，每个像素点本身有一定值，即它的 RGB 值，自定义的方法是我们可以在每格中输入一个参数（取值范围是 -999 到 999 的任意整数，未输入默认为 0），则本格 RGB 的结果值为原值与参数的积，将此 25 格的结果值按照加法运算，结果再除以缩放系数作为中间像素点的值，最终结果值均小于等于 0 为黑色，大于等于 255 为白色。

小提示：在自定义滤镜使用中，有大量像素经过运算后其值会小于 0 或大于 255，计算机记录和显示为黑或白，因此图像像素值原有的差别变化丢失，在使用过程中要注意。

缩放是将前面加法运算的和除以缩放系数，默认为 1，即没有缩放。位移则是在前面计算结果的基础上增加的量（或减少的量即加负值），用以调节总体明亮程度。

本例参数设置意义：从参数设置看出，所有参数和是 1，即取点像素乘以 5 与上下左右像素乘以 -1 的和，注意观察，整个图像的亮度无明显变化，但在图像元素边缘地方则明暗差别增大，即在选取点的像素值与四周像素点值相同或相近的地方，结果无变化或变化不大，在选取点值高，周围值低的地方，则结果值比原值更高，反之更低。此设置提高了相邻像素的值差别，高的更高，低的更低，相当于锐化滤镜。

小提示：使用【存储】和【载入】按钮存储和重新使用自定义滤镜。

（4）复制原图，执行【自定】滤镜，调出自定滤镜对话框，参数设置如图 10.10 所示，效果如图 10.11 所示。

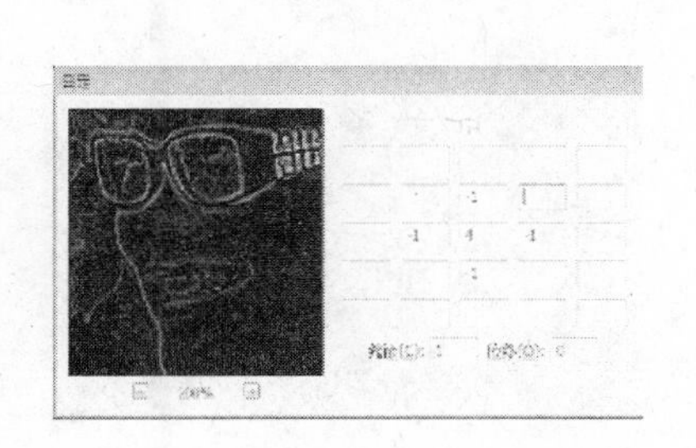

图 10.10

图 10.11

本例参数设置意义：所有参数和为0，即选取点值的4倍与四边值的－1倍的和，注意观察：在选取点与四边像素点的值相同或接近，则结果为0或接近0，即黑色，选取点的值小于周围像素点的值，则结果小于0，取黑色，只有选取点的值大于周围像素点的值时，结果才可能为正值，有一定亮度；在均匀过渡的图像中，由于上下或左右像素的平均值与选取点值接近，所以运算结果值一般接近0为黑色，只有在图像边缘像素值远大于另一边像素值时，运算结果值才可能大于0，显示较明亮的颜色，而这种情况一般在图像明显边界处，往往是图像的轮廓线所在，故此设置相当于查找边缘滤镜命令。

（5）再复制原图，执行【自定】滤镜命令，参数设置如图10.12所示，效果细节与原图对比，如图10.13所示。

图10.12

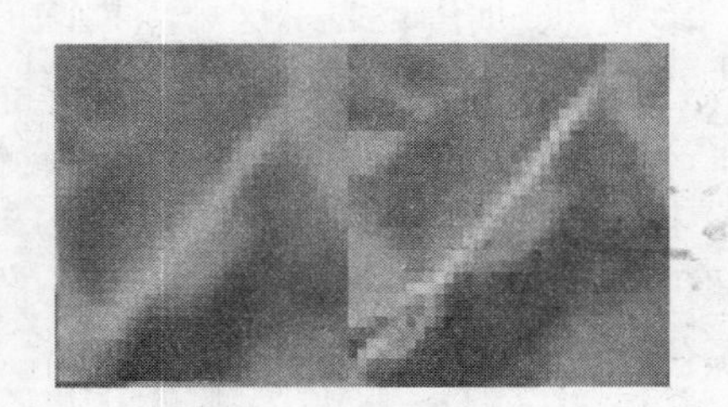

图10.13 使用滤镜后和使用前

本例参数设置意义：从参数设置看，所有参数的和是9，周围九个像素（包括本身）的系数都是1，即将其周围九个像素点的值相加得到中间像素点的基数值，如果缩放系数是1的话，就是结果值，图像会很亮（大于255就是全白显示了）。但这里，缩放系数是9，也就是说，将前面九个数相加的和除以缩放系数9，也就是取9个像素点的平均值，因此，从总体上看，此图像亮度没变，但每个像素的值都是它周围九个像素的平均值，从结果图片对比很容易看出，像素间的对比减小了，图像质量变得柔和模糊，所以此设置相当于模糊滤镜。如果需要，我们也可以取多至25个像素的平均值作为结果值，则效果会更加模糊。

（6）继续复制原图，执行【自定】滤镜命令，设置和效果细节如图10.14、图10.15所示。

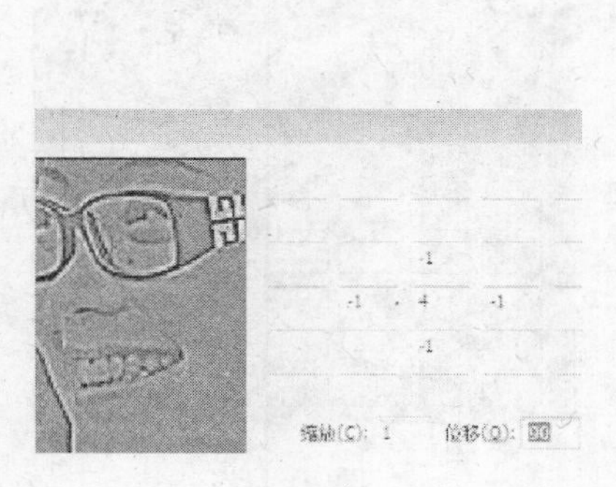

图10.14

图10.15

本例参数设置意义：取点值的 4 倍与四边值的 -1 倍的和，参数和为 0，像素点较暗的结果值小于 0，大面积的像素成黑色显示。为提高亮度，在每个像素结果值上添加一个相同值的基数，即位移值，这样，总体图像成灰色显示，相当于高反差保留。

小提示：自定滤镜使您可以设计自己的滤镜效果。使用【自定】滤镜，根据预定义的数学运算（称为卷积），可以更改图像中每个像素的亮度值。根据周围的像素值为每个像素重新指定一个值。此操作与通道的加、减计算法类似，学习自定义的意义在于学习特殊效果的参数设置规律。

（7）继续复制原图层，执行【自定】滤镜命令，设置和效果对比细节如图 10.16、图 10.17 所示。

图 10.16

图 10.17

本例参数设置意义：方格参数和是 12，除以缩放系数 10，商是 1.2，效果上看，图像明显变亮并锐化。参数设置的方式决定锐化还是模糊，缩放系数辅助调节其明亮程度，它们综合运算的值对图像明亮程度有着重要影响，同理可以设置不同的缩放系数以调节图像明度和对比度。此设置方式相当于明度对比度调整命令。

小提示：不考虑位移时，各方格中的参数和与缩放系数的商大于 1，图像变亮，小于 1，图像变暗，等于 1，图像的总体明亮程序不会改变。在通常图像微调中，要注意设置参数和系数，让运算结果不能太大，否则图像损失较多，除非特殊需要。

本实训小结：自定义滤镜的参数设置实质上有很多其他滤镜的效果，甚至更丰富，我们不可能在此一一列举，而且它和图形编程的原理联系太多，解释起来较艰涩难懂，不过，明白其运算的基本原理，通过实际操作和思考，多尝试各种参数设置效果，掌握一些典型设置，能更容易理解滤镜的原理，在更多应用中慢慢熟习掌握。

实训3　云彩波纹旋转扭曲制作海浪效果

实训目的与要求

本实训是云彩、波纹、旋转滤镜的简单运用，但效果比较明显。通过学习很容易提高学习兴趣。先用云彩滤镜制作出蓝天背景，然后新建图层填充渐变，再使用波纹滤镜将渐变处理成水波效果，最后使用旋转扭曲滤镜处理成海浪效果。

实训预备知识

滤镜是 Photoshop 中功能最丰富、效果最奇特的工具之一。滤镜是通过不同的方式改变像素数据，以达到对图像进行抽象、艺术化的特殊处理效果。

根据滤镜与 Photoshop 的关系，可以分为三种类型：内阙滤镜、内置滤镜（自带滤镜）、外挂滤镜（第三方滤镜）。

根据滤镜功能即滤镜作用后的效果，可大致将其分成以下几大类：选择、变形、修饰、纹理、辅助功能等。

实训步骤

（1）最后效果如图 10.18 所示。

（2）新建文档，分辨率设置 100 像素/每英寸，其他保留默认设置。如图 10.19 所示。

图 10.18

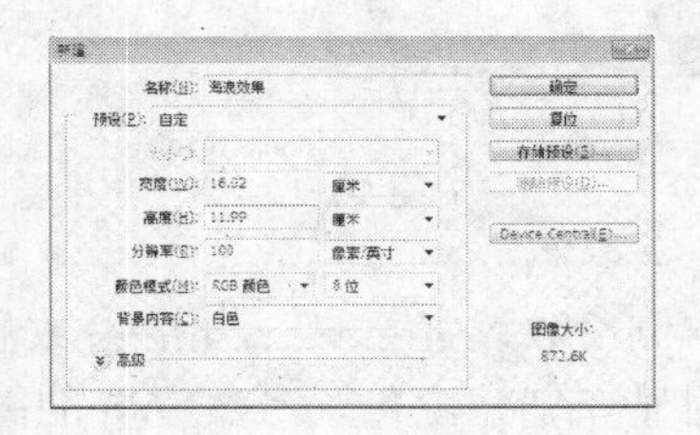

图 10.19

（3）按 D 键恢复默认前景背景色，点前景色色标，设置前景色 RGB 值为 0、149、218，执行【滤镜】—【渲染】—【云彩】命令，制作云彩效果如图 10.20、图 10.21 所示。

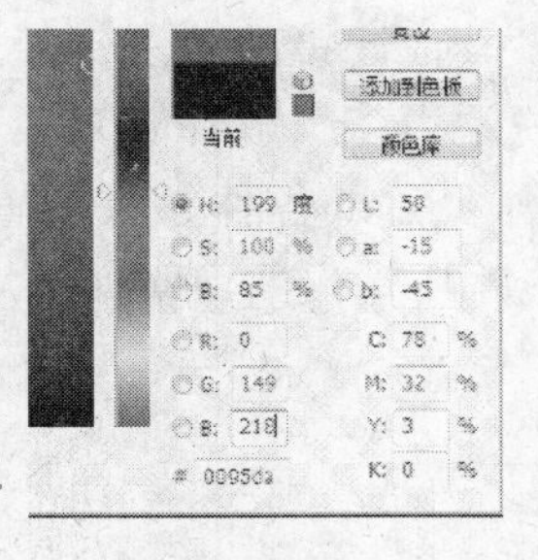

图 10.20

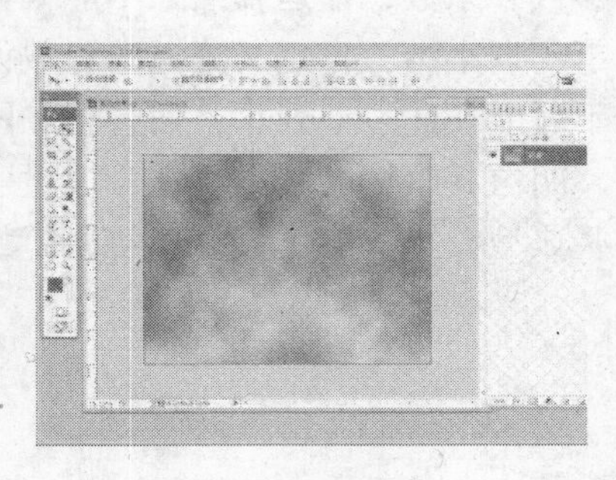

图 10.21

（4）新建图层，设置渐变颜色由 0、174、239 到白色的线性渐变，按住 Shift 键，由下向上填充，按 V 选择移动工具，勾选显示变换控件，按住图像上边中间控制点向下拖动调整大小到如图 10. 22 所示位置。

（5）执行【滤镜】—【扭曲】—【波纹】命令，弹出对话框，设置数量 999%，大小：大。如图 10. 23 所示。

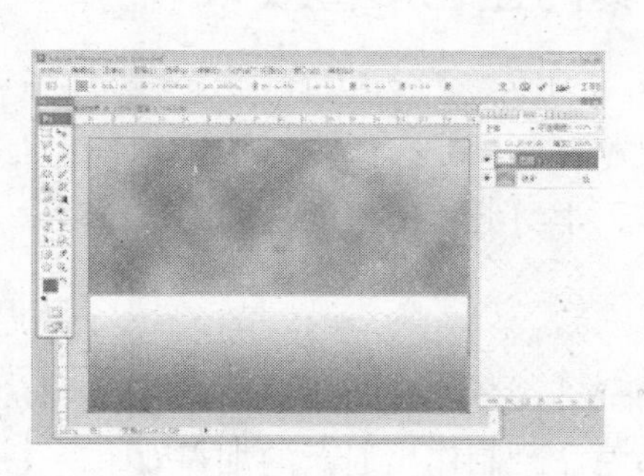

图 10. 22

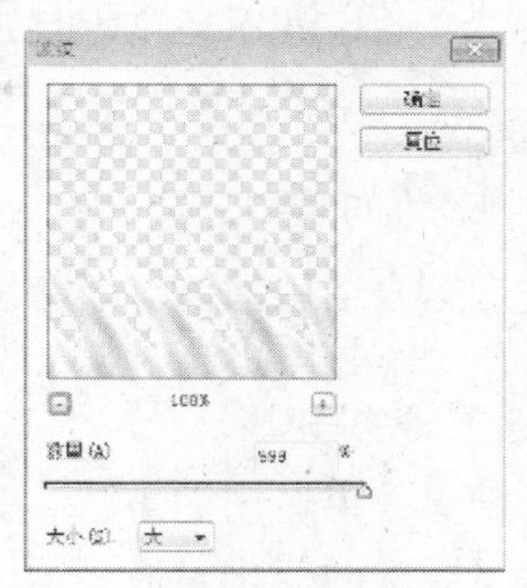

图 10. 23

（6）继续执行【滤镜】—【扭曲】—【波纹】命令（按快捷键“Ctrl + Alt + F”），弹出对话框，设置数量：999%，大小：中。如图 10. 24 所示。两次执行后效果如图 10. 25 所示。

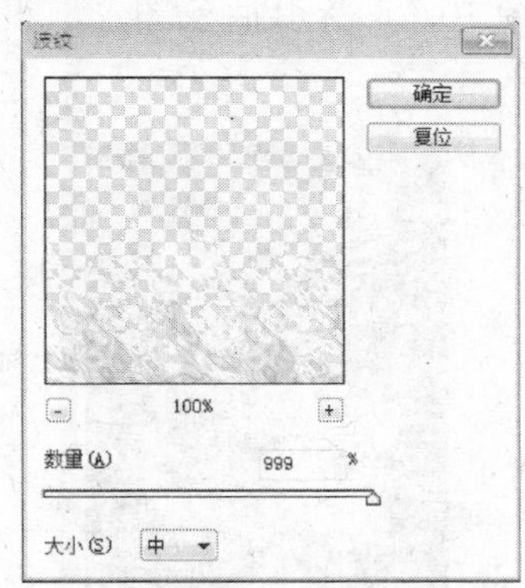

图 10. 24

图 10. 25

（7）执行【滤镜】—【扭曲】—【旋转扭曲】，调整参数滑块，到满意时确定，如图 10. 26、图 10. 27 所示。

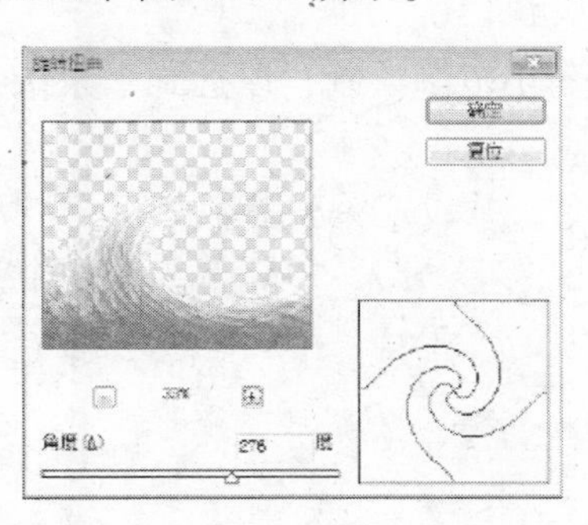

图 10. 26

图 10. 27

（8）新建图层，按住形状工具，向右拖动，选【自定义形状工具】，属性栏设置【填充像素】，形状下拉菜单中选“鸟 2”形状，在新图层中添加几只小鸟，调整一下大小、位置，适当降低透明度，完成最终效果如前图 10. 18 所示。

实训 4　波浪滤镜制作逼真的蓝色烟雾效果

实训目的与要求

本实训综合运用滤镜与渐隐结合，制作烟雾，学习滤镜使用的一些细节方法。

实训预备知识

制作烟雾效果运用的方法：先绘制不规则外形，方法灵活，然后使用加深减淡工具做出明暗层次的变化，最后运用波浪滤镜与渐隐命令制作出逼真的烟雾效果。

实训步骤

（1）新建“蓝色烟雾”文档，保持默认设置确定，按“Ctrl + I”让背景色反相成黑色。

（2）新建图层，用【多边形套索工具】勾出如图 10. 28 所示抽象图形，设置暗蓝灰色，按“Alt + Del”填充。

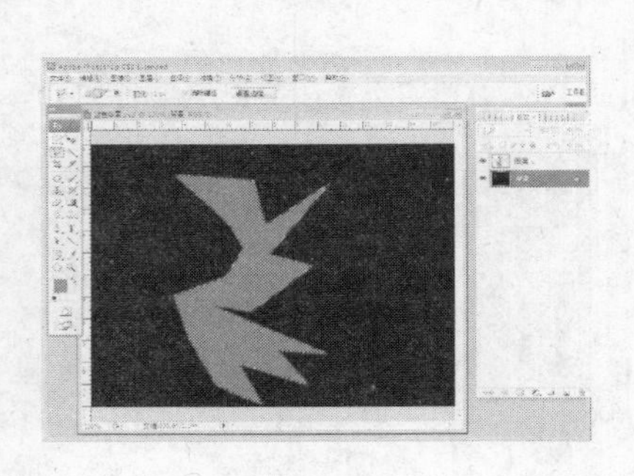

图 10. 28

图 10. 29

（3）处理高光，选取【减淡】工具，画笔大小设定为 45，范围设置“中间调”，曝光度设置为 30%，涂抹图形边上与拐角处，效果如图 10. 29 所示。

（4）减小画笔，范围设置“高光”，继续在边角小范围绘制，以达到个人认为较理想的效果为止。如图 10. 30 所示。

（5）运行【滤镜】—【扭曲】—【波浪】命令，并设定关联参数如下：波浪数量设定“5”，波长最小“10”最大“120”，振幅最小“5”最大“35”，缩放两个都设定为“100%”，如图 10. 31 所示。

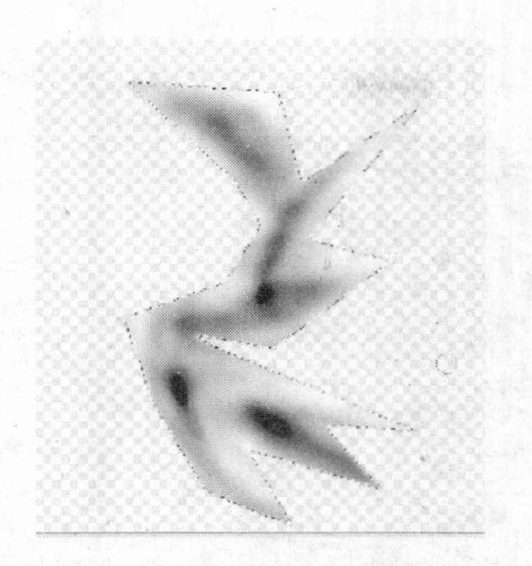

图 10.30

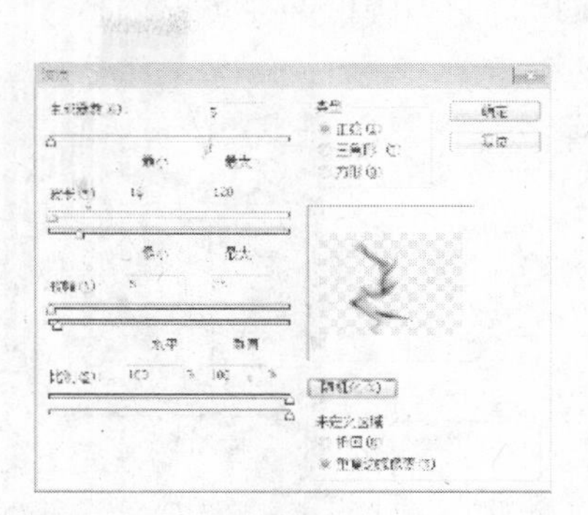

图 10.31

(6) 运用【波浪】滤镜然后，执行【编辑】—【渐隐波浪】命令，设定不透明度为"50%"，如图 10.32 所示。

(7) 重复执行几次扭曲与渐隐命令，直到取得较为满意效果为止，如图 10.33 所示。

图 10.32

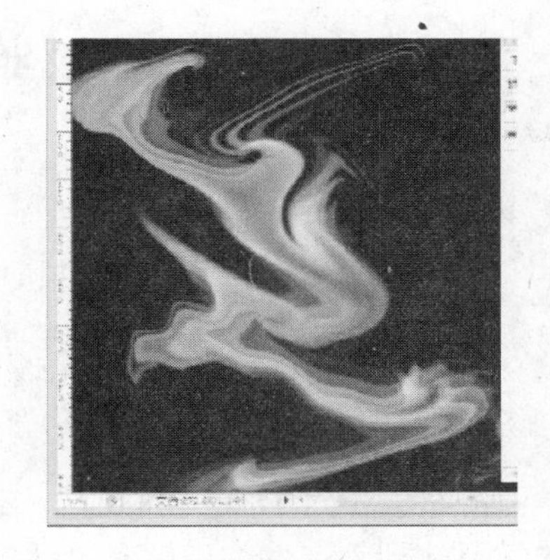

图 10.33

(8) 为了使这个效果看好，可运用【扭曲】调节烟雾变化形状，并尝试调整渐隐时的混合模式，得到效果如图 10.34 所示。

(9) 再运用不同色彩来实现各种不同的效果。新建图层，运用【渐变填充】工具，选色谱渐变色在画面斜拉出渐变色。设定图层的混合模式为"叠加"，如图 10.35 所示。

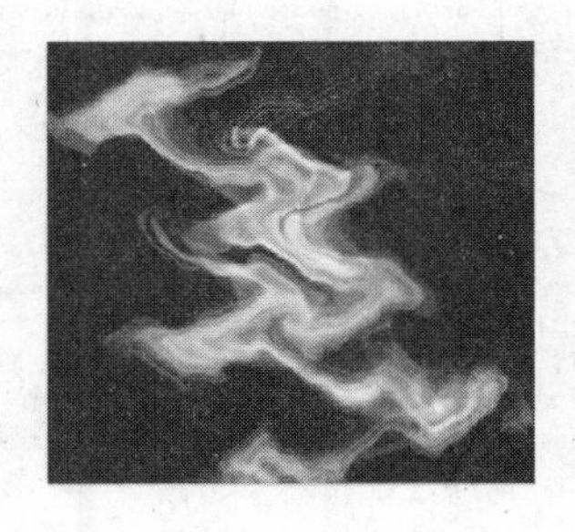

图 10.34

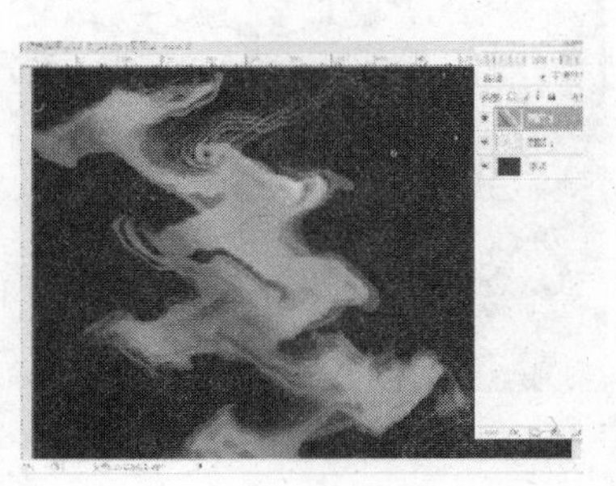

图 10.35

（10）适当降低渐变填充的不透明度，完成最终效果如图 10.36 所示。

图 10.36

实训 5　动感模糊极坐标滤镜等工具制作漂亮的羽毛

实训目的与要求

本实训重点学习应用动感模糊和极坐标滤镜制作羽毛的方法，并要求能进行灵活应用，组合出较为生动的美丽画面。

实训预备知识

学习的目的不是为技法而技法，技法仅是手段，更多的是进行思维训练。要通过技法的学习达到创造性的理解和灵活应用。

实训步骤

（1）参考效果如图 10.37 所示。

（2）新建“漂亮羽毛”文件，创建新图层 1，按 D 键恢复默认前景色，点选矩形形状工具，设置“填充像素”，在图层中绘制一长方形，如图 10.38 所示。

图 10.37

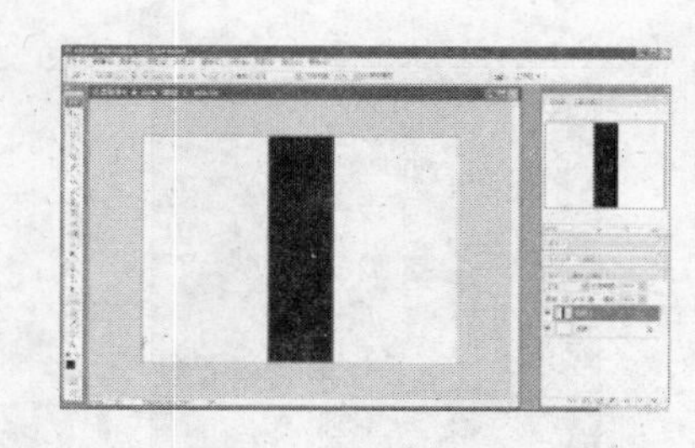

图 10.38

（3）执行【滤镜】—【风格化】—【风】，选中大风，确认。根据实际情况，按“Ctrl + F”重复执行一至二次；执行【滤镜】—【模糊】—【动感模糊】，参数设置“角度为0，距离在33像素”左右，确认。再按“CTRL + F”重复执行一至二次。效果如图10.39所示（注：长方形需有一定宽度）。

（4）按CTRL + T变换位置，使之为水平形状，拉到如图10.40所示位置，回车确认。

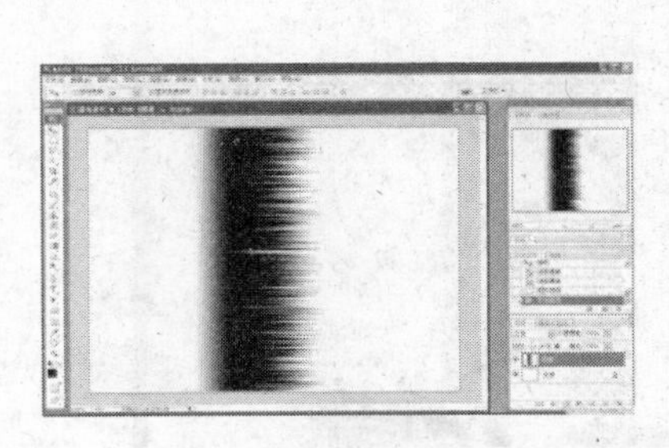

图10.39

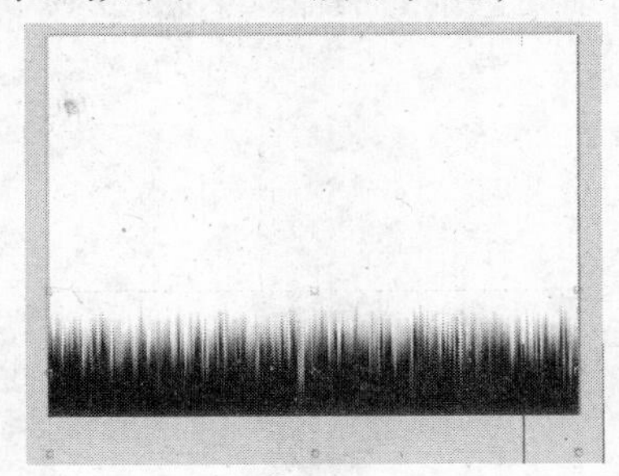

图10.40

（5）执行【滤镜】—【扭曲】—【极坐标】，设置：极坐标到平面，效果如图10.41所示。

（6）按CTRL + T变换位置，再用矩形选择工具选取一边，按DEL删除，如图10.42所示，再用选取工具，将左下角选中修剪成如图10.43所示的效果。

图10.41

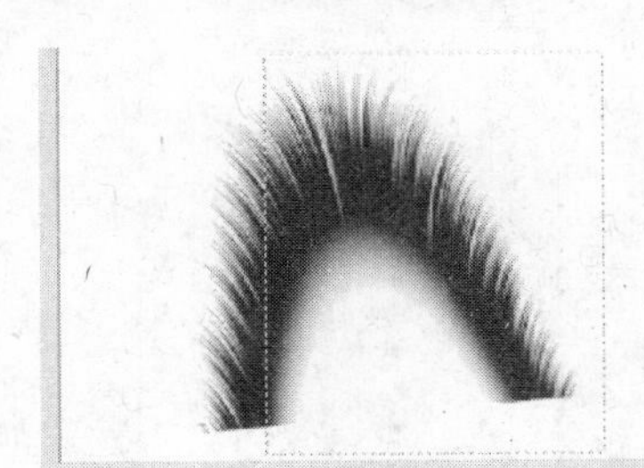

图10.42

（7）按“Ctrl + J”复制图层，执行【编辑】—【变换】—【平翻转】，移动图像对好位置，按“Ctrl + E”向下合并，如图10.44所示。

图10.43

图10.44

（8）新建图层，用画笔工具，设置中间灰度前景色，适当的画笔大小，按住 Shift 键，在羽毛中间绘制一条长条垂直线条作羽毛柄，放大显示，用透视变形将羽毛柄上端缩小，合并整个完整的羽毛图层，如图 10.45 所示。

（9）复制多个不同图层，用【色相】—【饱和度】命令，勾选着色复选框，分别调整出不同色调的羽毛，如图 10.46 所示。

图 10.45

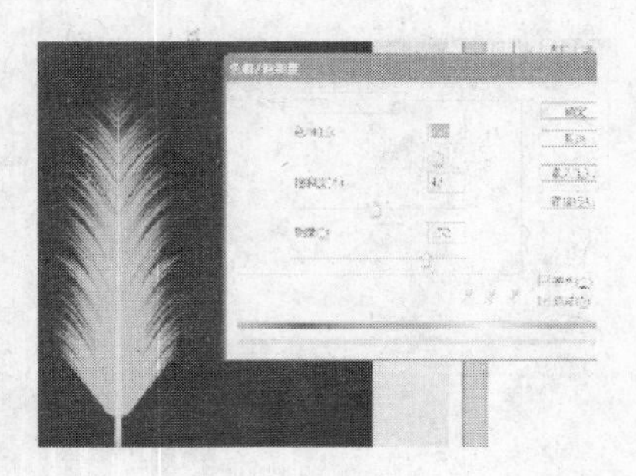

图 10.46

（10）运用用【滤镜】—【扭曲】—【切变】命令进行不同弯曲度调整，设置效果如图 10.47、图 10.48 所示。

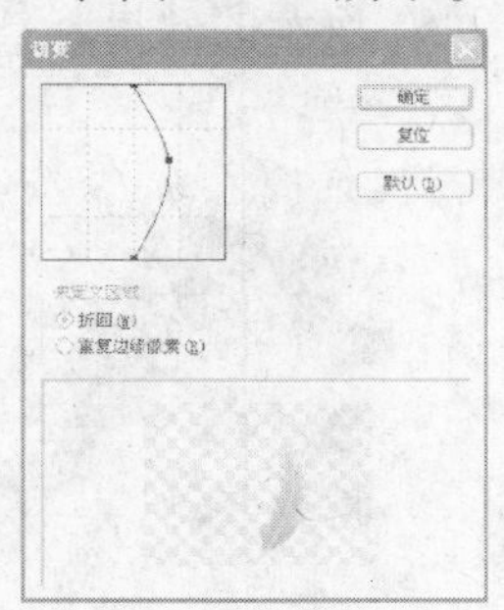

图 10.47

图 10.48

（11）将羽毛进行不同组合，再添加背景、花轴、星形，设置外发光效果，组合出优美花形图案，效果如图 10.37 所示。

实训 6　将人物照片转成铅笔画效果

实训目的与要求

本实训介绍运用 Photoshop 几种滤镜把人物照片打造成铅笔画效果的方法。重点掌握艺术滤镜的应用。

实训预备知识

本实训主要使用了彩块化滤镜和艺术效果类别下的：壁画、胶片颗粒、粗糙蜡笔等。最后做一些小的修饰处理完成最终效果。

实训步骤

（1）最终效果如图 10.49、图 10.50 所示。

图 10.49 （局部效果）

图 10.50

（2）打开原文件图片，按“Ctrl + J”复制图层，如图 10.51 所示。

（3）用黑白调整图层去色（本例选择绿色滤镜预设，再将绿色亮度值降低，使图像黑白效果明显），设置效果如图 10.52、图 10.53 所示。

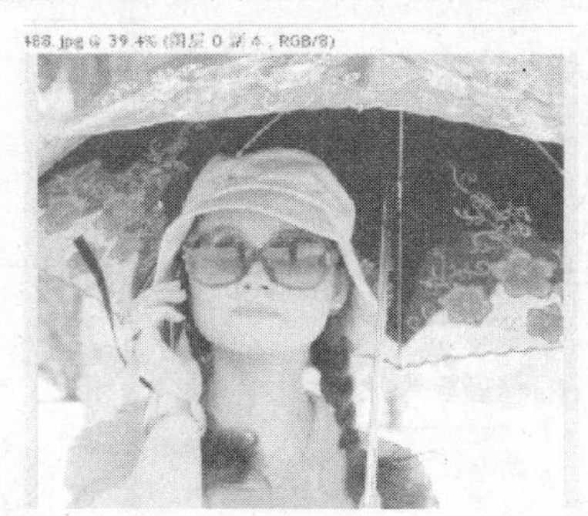

图 10.51

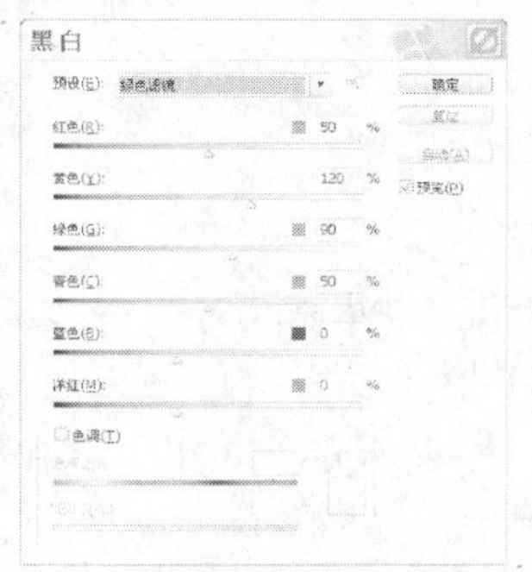

图 10.52

（4）将调整图层向下合并，执行【滤镜】—【像素化】—【彩块化】，效果如图 10.54 所示。

图 10.53

图 10.54

（5）执行【滤镜】—【艺术效果】—【壁画】，画笔大小设为0，其他默认值，如图10.55，不忙确认，在滤镜对话框右下角点击【新建效果图层】按钮，选择【胶片颗粒】，颗粒大小为4，适当调整高光区域与强度值，确定。效果如图10.56所示。

图10.55

图10.56

（6）执行【滤镜】—【艺术效果】—【粗糙蜡笔】，参数设置如图10.57所示（可根据实际情况自行设置参数，以达到较好的素描效果为佳）。

图10.57

小提示：本步骤可在上一步中直接点击“新建效果图层”添加完成。可作不同的参数设置以体验不一样的效果。

（7）最终完成效果如图10.49、图10.50所示。

实训7　滤镜打造精致水晶美女头像

实训目的与要求

本实训学习应用Photshop铬黄、照亮边缘等滤镜来打造一个精致的水晶美女。

实训预备知识

水晶给人的印象就是晶莹、冰冷、脆弱、剔透的感觉，而用水晶制作出各种形象是一种独特的艺术创作手法，当你静下心来仔细品味水晶艺术的时候，会发现它们别有一番韵味。

实训步骤

（1）最终效果如图10.58所示。

图 10.58

（2）打开两幅素材图片，如图 10.59、图 10.60 所示。

图 10.59

图 10.60

（3）用选择工具将人物选出（方法自定，可将通道和滤镜等综合运用，这里不细述），如图 10.61 所示。

（4）将人物图像作适当调整处理，以美观为原则，复制到背景图片中，效果如图 10.62 所示。

图 10.61

图 10.62

（5）按“Ctrl + J”三次，将图层 1 复制三个副本，把图层 1 调到最上层，并将其向后移动到如图 10.63 所示的位置。

（6）暂时隐藏图层 1 的副本 2 和副本 3，选中图层 1 副本，执行【滤镜】—【素描】—【铬黄】命令，在弹出的“铬黄渐变”对话框中设置细节为5，平滑度为7，如图 10. 64 所示。

图 10. 63

图 10. 64

（7）将图层 1 副本的混合模式设置为“叠加”，效果如图 10. 65 所示。

（8）选中图层 1 副本，按“Ctrl + U”弹出【色相/饱和度】对话框，勾选着色复选框，其他设置参数如图 10. 66 所示。效果如图 10. 67 所示。

图 10. 65

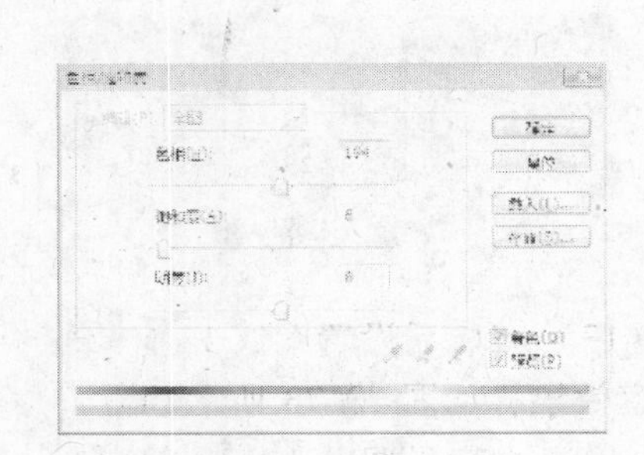

图 10. 66

（9）显示并选中图层 1 副本 2，选择菜单栏中的【滤镜】—【风格化】—【照亮边缘】命令，在弹出的【照亮边缘】对话框中设置参数，如图 10. 68 所示。

图 10. 67

图 10. 68

（10）将图层 1 副本 2 的混合模式设置为【滤色】，将“图层 1 副本”和“图层 1 副本 3”暂时隐藏，效果如图 10. 69 所示。

（11）按“Ctrl + U”弹出【色相/饱和度】对话框，勾选【着色】复选框，其他设置参数如图 10. 70 所示。效果如图 10. 71 所示。

（12）显示所有图层，选择“图层 1 副本 3”，按“Ctrl + U”弹出【色相/饱和度】对话框，勾选【着色】复选框，其他设置参数如图 10.72 所示。

图 10.69

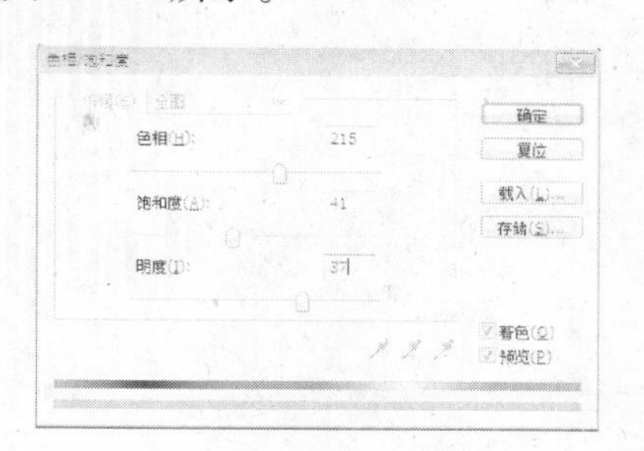

图 10.70

图 10.71

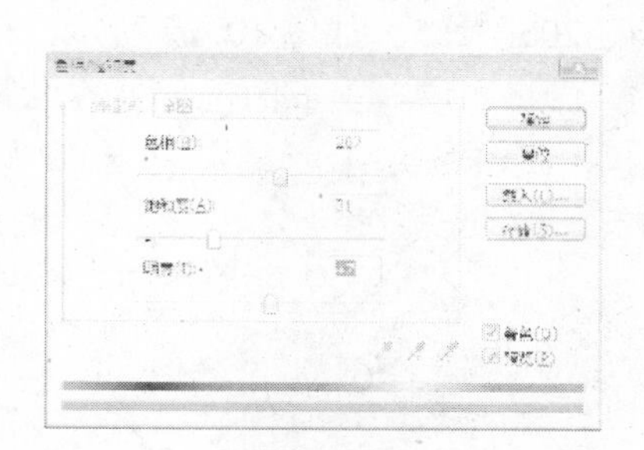

图 10.72

（13）完成后设置图层 1 副本 3 的不透明度为 25%，隐藏图层 1 副本和图层 1 副本 2 观察效果，如图 10.73 所示，设置图层混合模式为叠加。

（14）在背景图层上新建图层 2，按住“Ctrl”键，单击“图层 1 副本 3”载入选区，设置前景色的 RGB 为 200、161、75，填充前景色，如图 10.74 所示。

图 10.73

图 10.74

（15）双击图层 2，在弹出的【图层样式】对话框中设置“内发光”和“渐变叠加”图层样式，其中内发光的颜色 RGB 设置为 141、171、239，其余参数设置如图 10.75、图 10.76 所示。

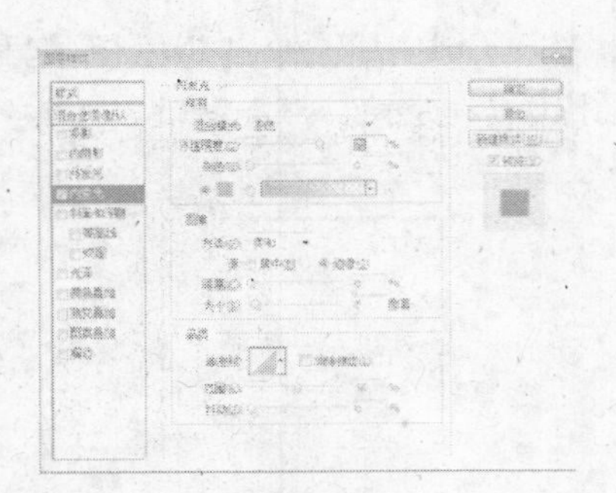

图 10.75

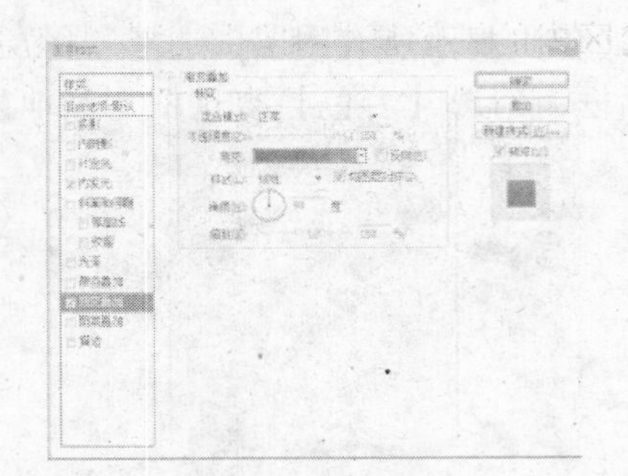

图 10.76

(16) 渐变叠加面板中的渐变色标颜色从左到右依次为 0、57、167，0、57、167 和 54、205、255，如图 10.77 所示，得到效果如图 10.78 所示。

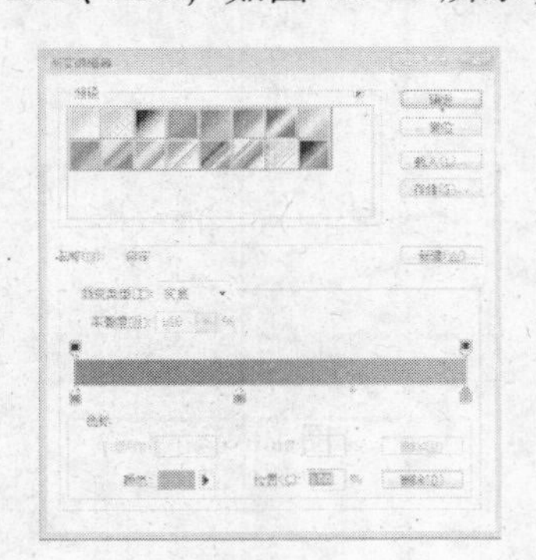

图 10.77

图 10.78

(17) 打开一张海底波纹的图片，如图 10.79 所示。

(18) 按住并将其拖动到水晶美女文件中，生成图层 3。将图层 3 拖拽到图层 1 的下层，调整大小，将人物盖完，按住“Ctrl”单击图层 1 副本载入选区，单击图层控制面板下方的【添加图层蒙版】为图层 3 添加蒙板，效果如图 10.80 所示。

图 10.79

图 10.80

(19) 确定前景色为黑色，使用工具箱中的【画笔】工具，设置画笔硬度为 0，在蒙版中擦拭，将人物头部显示出来，如图 10.81 所示。

(20) 在图层 3 中，选择工具箱中的【套索】工具，建立如图 10.82 所示的选区。执行【选择】—【羽化】命令，设置羽化半径为 20 像素，确定。按“Ctrl + J”键，

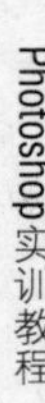

将选区内的图像复制到新图层中，生成图层 4。

图 10.81

图 10.82

（21）选择图层 4，按“Ctrl + M”键，弹出【曲线】对话框，设置如图 10.83，效果如图 10.84 所示。

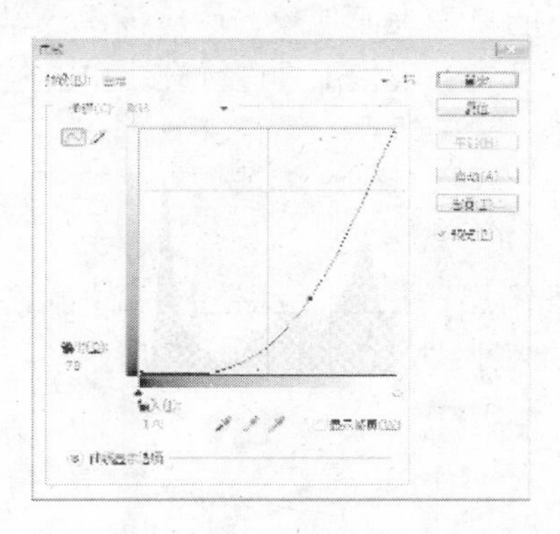

图 10.83

图 10.84

（22）为头像的颈部添加高光效果。复制图层 1 副本图层，得到图层 1 副本 4，设置该图层的混合模式为“叠加”，然后设置图层不透明度为 80%，画面效果如图 10.85 所示。

图 10.85

（23）最后检查调整，对不满意的地方适当修改，最终效果如图 10.58 所示。

实训8　马赛克滤镜把真实背景变为布景墙

实训目的与要求

本实训学习对生活照片进行简单的艺术处理，用马赛克滤镜把美女照片的真实背景变为布景墙，效果很有趣。目的在于滤镜效果的实际应用，并能举一反三地运用各种滤镜解决问题。

实训预备知识

在本教材中我们以一个个的案例学习PS的各种技法，但需要注意的是，技法毕竟是次要的，任何人只要动手都可以掌握，但是，其本质的，思维方式却不是每个人都能理解并灵活运用的，因此，我们在学习的过程中，不能只看表面现象，而应该深入学习其思维方式和解决问题的方法，从而能创造性地应用PS这一现代工具进行设计和创造。

实训步骤

（1）效果如图10.86所示。

（2）打开素材图片，按“Ctrl + J”复制背景图层，执行【滤镜】—【像素】—【马赛克】，“单元格大小”的参数可以根据图片的大小决定，如图10.87所示。

图10.86

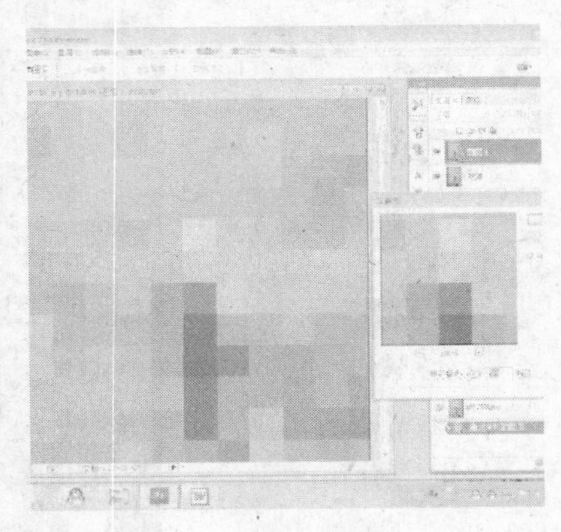

图10.87

（3）设置图层混合模式为【滤色】，降低【填充】的数值，效果如图10.88所示。

（4）为了使方块的边缘清晰，选择【滤镜】—【锐化】—【USM锐化】，设置数量为“500%”，参数设置、效果如图10.89、图10.90所示。

图 10.88

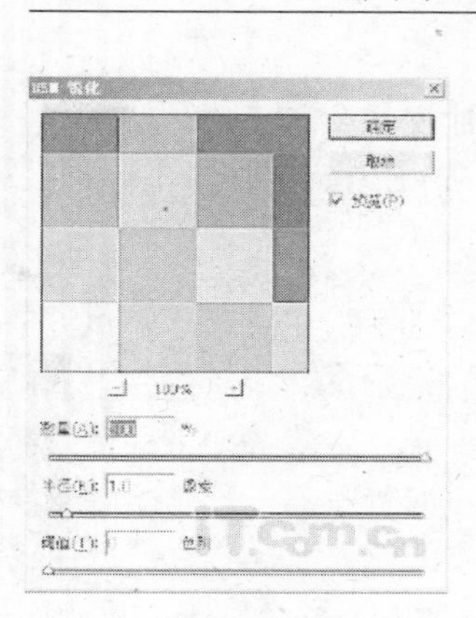

图 10.89

（5）单击图层面板中的【添加图层蒙版】按钮，为副本图层添加蒙版，然后使用黑色的画笔工具在蒙版层上涂抹人物，如图 10.91 所示。

图 10.90

图 10.91

（6）完成最终效果如图 10.86 所示。

实训 9　置换命令打造闪电

实训目的与要求

学习应用置换滤镜如何随心所欲打造闪电效果。

实训预备知识

只用分层云彩或云彩滤镜可以很简单地打造闪电效果，但是其造型或走向很难准确控制，通过置换的方式就可以较为准确地解决这一问题。本实训通过具体操作进行介绍。

实训步骤

（1）以默认值新建闪电文件，然后在新建图层中拉一个线形渐变，如图 10.92 所示。

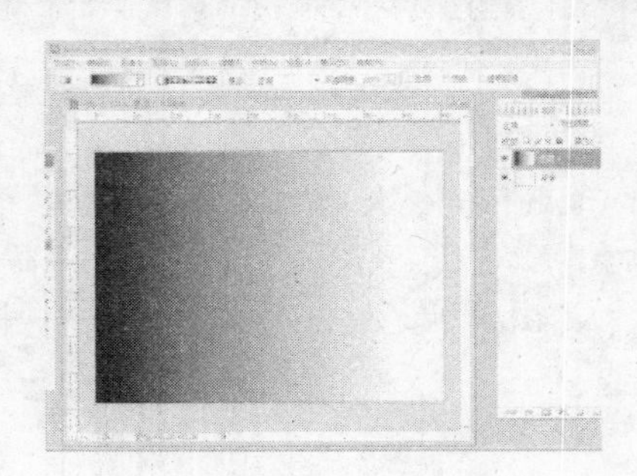

图 10.92

（2）执行【滤镜】—【渲染】—【分层云彩】，效果如图 10.93 所示。

（3）按 Ctrl + I 反相，完成简单的闪电效果，如图 10.94 所示。

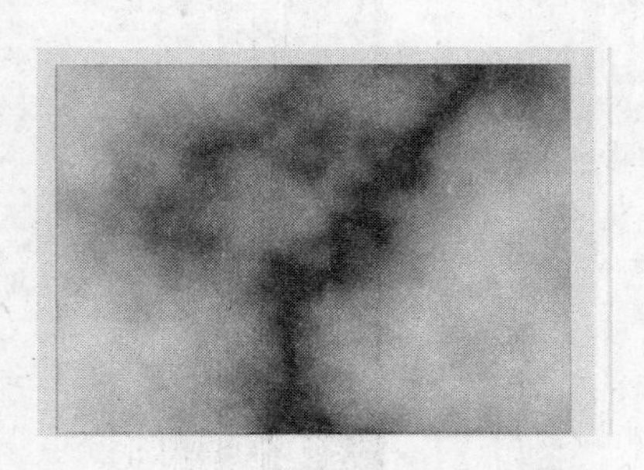

图 10.93

图 10.94

小提示：由以上的方法可以看出，闪电制作方法不难，但似乎很难控制其走向，只能多试几次。

（4）将文件保存为 PSD 模式，名字改为“闪电置换图”。

（5）保存好之后不要将其关掉，再新建一个图层，使用对称渐变模式，渐变色设置如图 10.95 所示，拉一个渐变图像。渐变填充后的效果如图 10.96 所示。

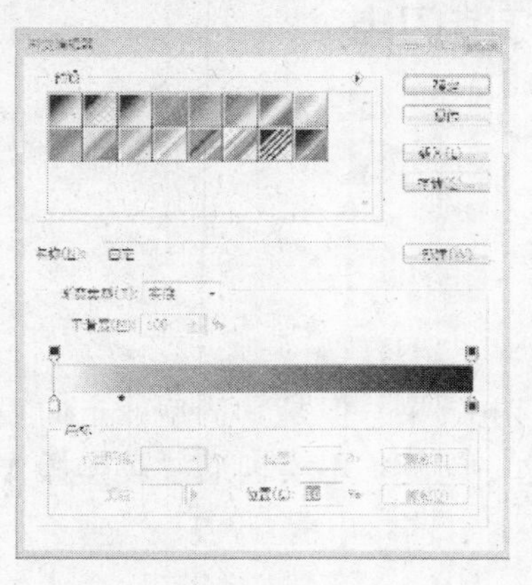

图 10.95

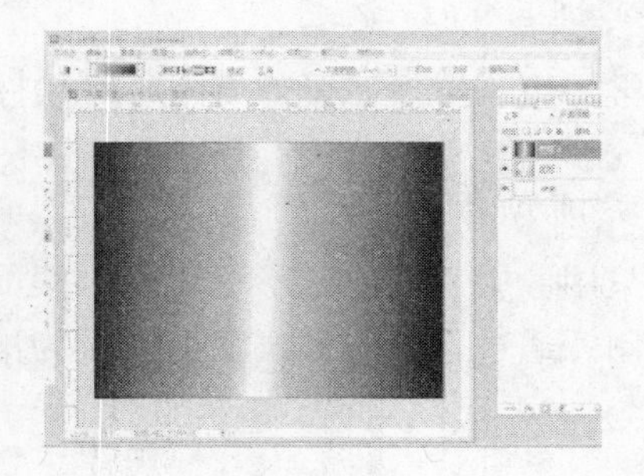

图 10.96

小提示：此渐变填充的方向决定最终闪电效果的走势，根据需要调整填充方向和宽度。

(6) 执行【滤镜】—【扭曲】—【置换】命令，弹出对话框，设置如图 10.97 所示。确定后弹出置换图选择对话框，选择刚保存好的【闪电置换图】打开。置换效果如图 10.98 所示。

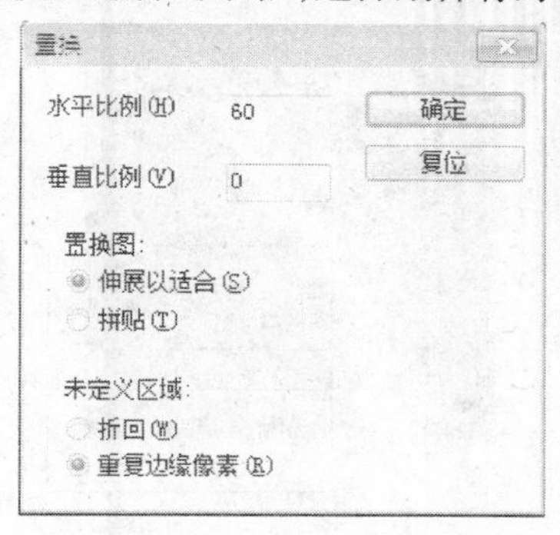

图 10.97

图 10.98

小提示：通过用对称渐变控制基本走向，用置换的方法就可以较为准确地控制闪电造型和走向。

(7) 按 Ctrl + L 调整色阶，得到闪电效果 1，如图 10.99 所示。

(8) 再新建一空白图层，点选渐变工具，设置渐变色如图 10.100 所示。

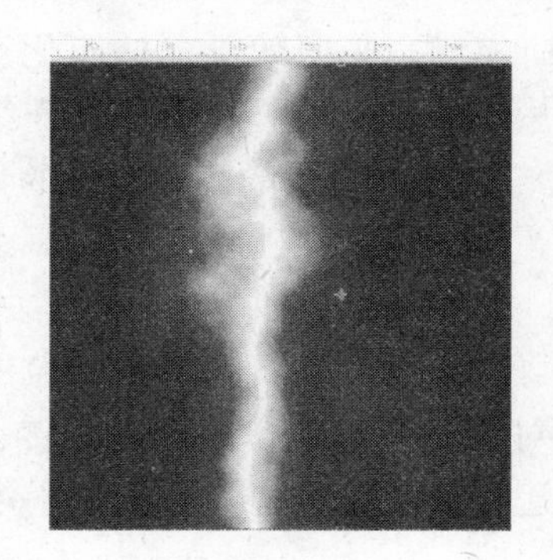

图 10.99

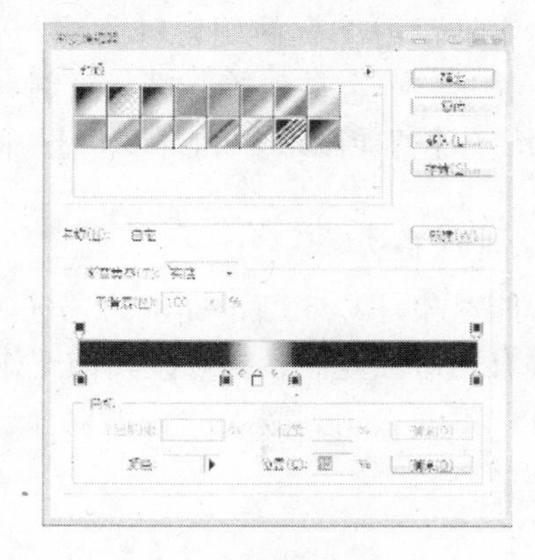

图 10.100

(9) 勾选角度渐变模式，在绘图区拉出如图 10.101 所示渐变效果。

(10) 执行【滤镜】—【扭曲】—【置换】命令，弹出转换对话框，设置如图 10.102 所示。

图 10.101

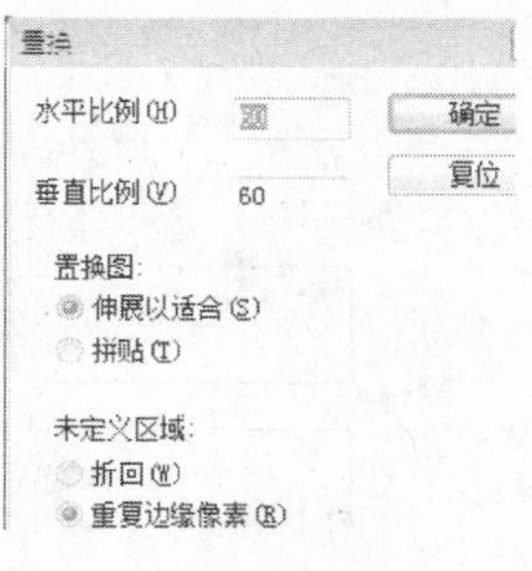

图 10.102

（11）确定后弹出选择置换图对话框，选取【闪电置换图】打开，结果如图10.103所示。

（12）调整图像色阶，得到闪电效果2，如图10.104所示。

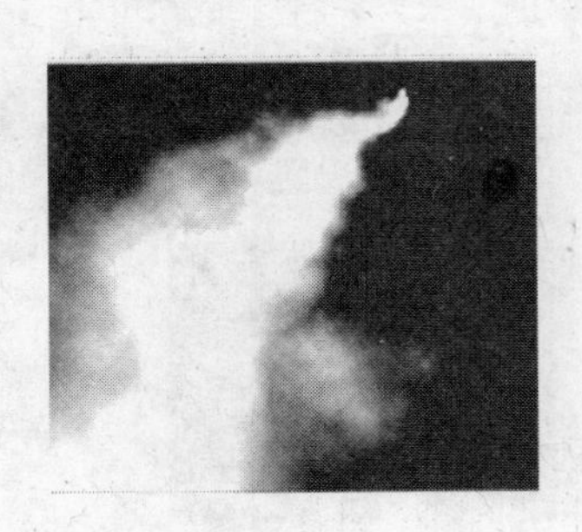

图10.103

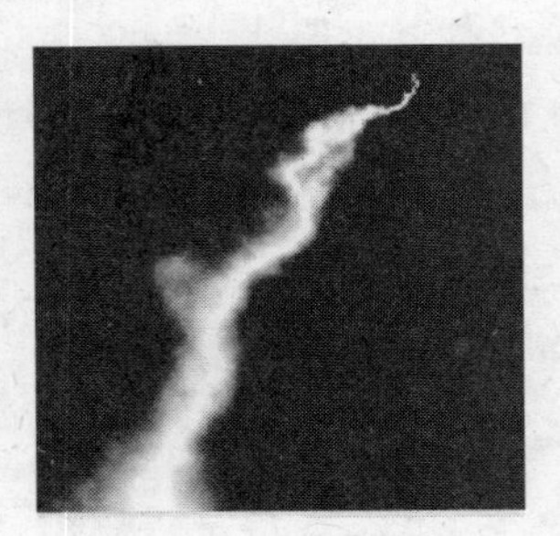

图10.104

实训10　滤镜综合运用——橘子的绘制

实训目的与要求

本实训学习综合使用各种滤镜，如：网状、高斯模糊、光照效果、球面化、分层云彩、喷溅、染色玻璃等，进行绘制真实的物品方法。通过对橘子的绘制来介绍几种滤镜命令、【智能图层】和【变形】命令的使用方法，以达到熟练的运用滤镜的目的。

实训预备知识

智能对象是CS3版本提供的先进功能，以智能对象形式嵌入PS文件中的位图或矢量图具有相对独立性，当修改当前工作的PS文件或对智能对象执行缩放、旋转、变形操作时，不会影响到嵌入的智能对象源文件，因此更具有操作上的优点，在学习中要注意体会。

实训步骤

（1）最终效果如图10.105所示。

（2）按下键盘上的Ctrl + N组合键，设置参照图10.106所示。

图10.105

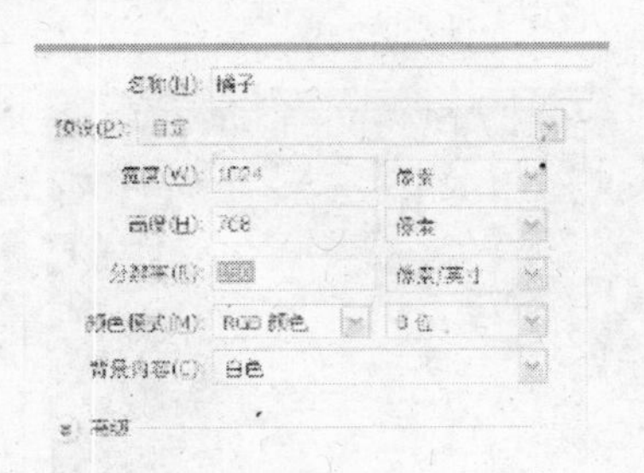

图10.106

（3）新建图层，填充 RGB 值分别为 252、121、3 的桔黄色，如图 10. 107 所示。

（4）打开通道调板，新建一个通道 Alpha1 通道，填充白色如图 10. 108 所示。

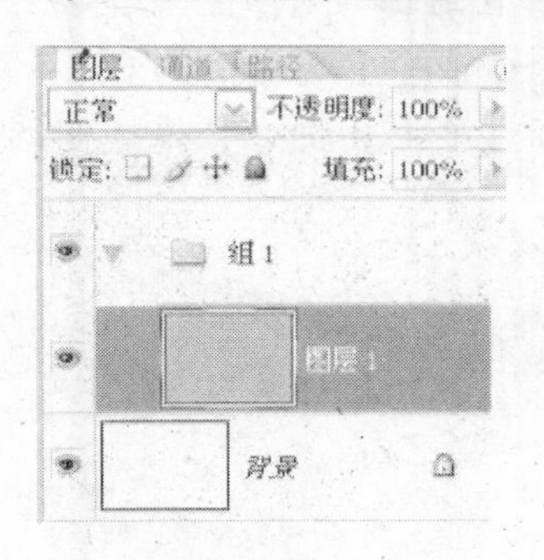

图 10. 107

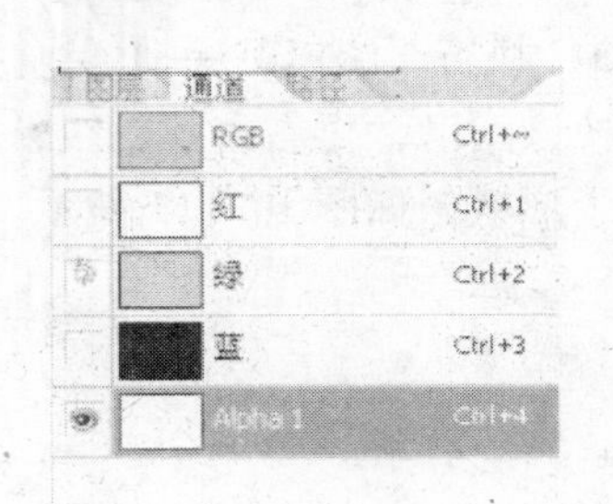

图 10. 108

（5）执行【滤镜】—【素描】—【网状】命令，在弹出的对话框中按图 10. 109 所示方式设置。

（6）执行菜单栏上的【滤镜】—【模糊】—【高斯模糊】命令，参照图 10. 110 对话框设置。

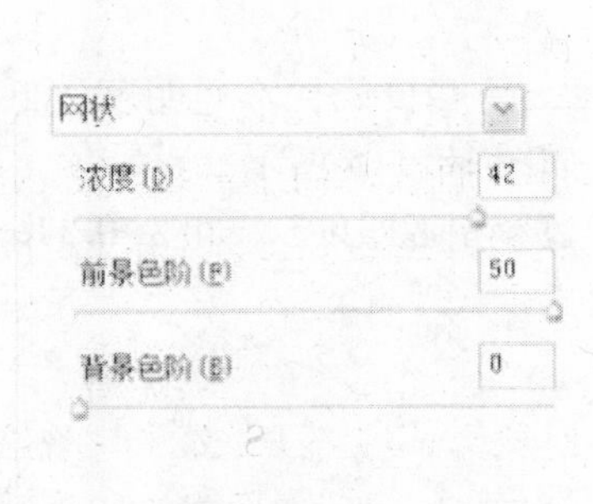

图 10. 109

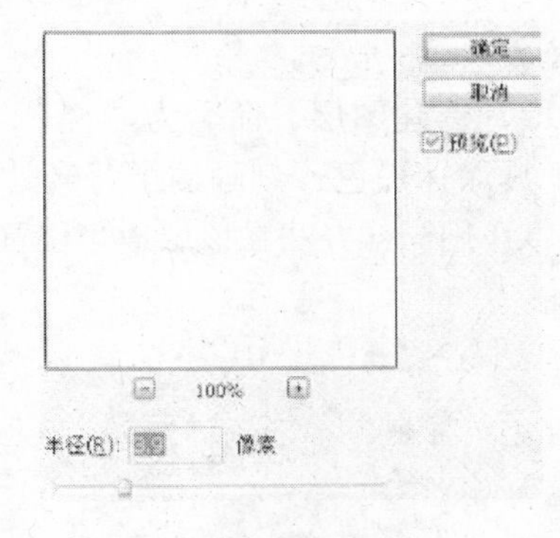

图 10. 110

（7）回到图层调板中，选择“图层 1”。执行菜单栏上的【滤镜】—【渲染】—【光照】命令，参数设置如图 10. 111 所示。

（8）通过滤镜的一系列处理，“图层 1”已经表现出了橘子表皮纹理的质感。通过观察，橘子轮廓基本可以归纳成圆形。用【椭圆选框工具】（快捷键 M）在“图层 1”上创建一个圆形选区，如图 10. 112 所示。

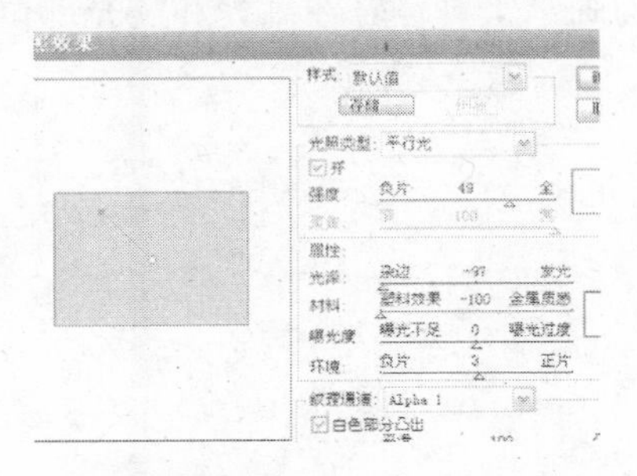

图 10. 111

图 10. 112

（9）按下键盘上的 Shift + Ctrl + I 组合键反选，删除多余的部分。执行菜单栏上的【滤镜】—【扭曲】—【球面化】命令，设置参考图 10. 113 所示。

（10）执行【编辑】—【变换】—【变形】命令，或按下键盘上的 Ctrl + T 组合键自由变换该图形，再右击控制线，在快捷菜单中选择【变形】命令，拖拽变形控制点，调整桔子形状，如图 10. 114 所示。

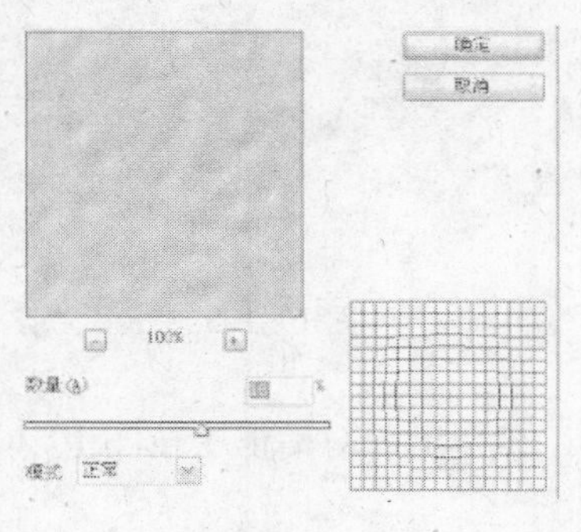

图 10. 113

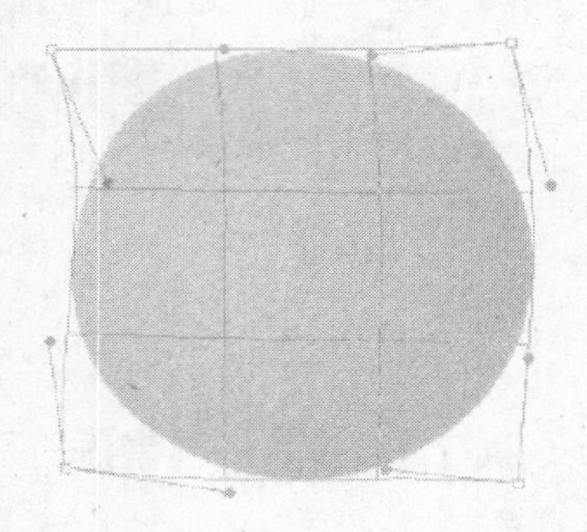

图 10. 114

（11）按住 Ctrl 键不放，用鼠标单击图层调板上“图层 1”的缩略图，载入桔子外形选区。

（12）新建图层，命名为“黑”。用主直径较大、硬度较低、不透明度较低的【画笔】工具涂抹黑色，刻画橘子背光处较暗的效果，如图 10. 115 所示。

（13）用同样办法在该层适当位置涂抹深绿色（色彩相近即可），如图 10. 116 所示。

图 10. 115

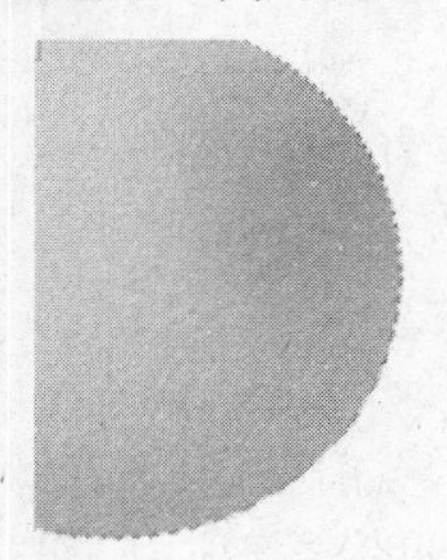

图 10. 116

（14）选择【画笔】工具用鼠标右键单击绘画窗口，在弹出的调板中设置画笔样式，如图 10. 117 所示。

（15）新建图层，命名为“高光”用设置好的画笔工具轻轻在高光和反光部位涂抹上白色，如图 10. 118 所示。

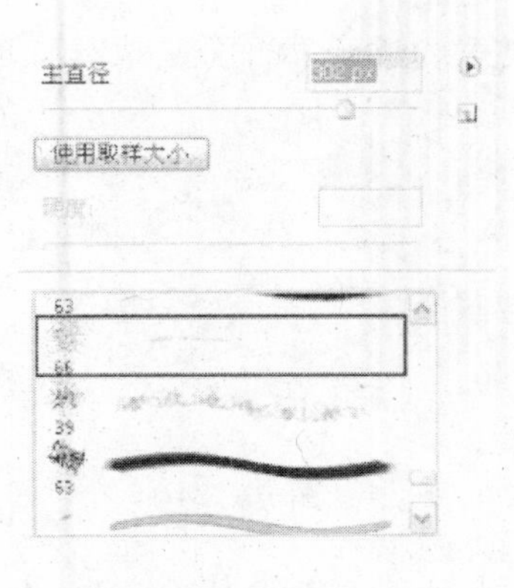

图 10. 117

图 10. 118

（16）新建图层，用【画笔】工具涂上“褐色”（色彩接近即可），如图 10. 119 所示。

（17）用不透明度较低、笔触硬度较低的【橡皮擦】工具（快捷键 E）修改褐色图形，如图 10. 120 所示。

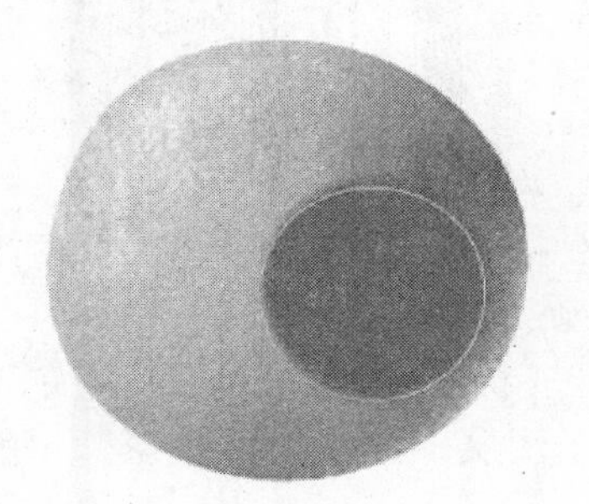

图 10. 119

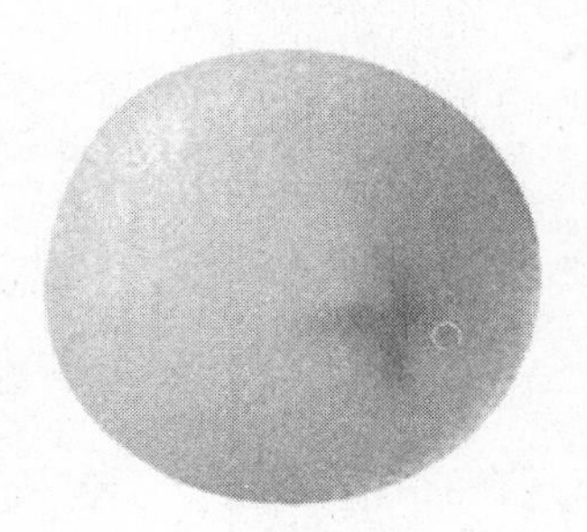

图 10. 120

（18）选择【多边形】工具（快捷键 U），在选项栏上设置相应的选项，单击如图 10. 121 标示为 1 的按钮，打开弹出式调板。

（19）设置前景色为“草绿色”（色彩接近即可），用【多边形】工具创建如图 10. 122 所示星状图形。

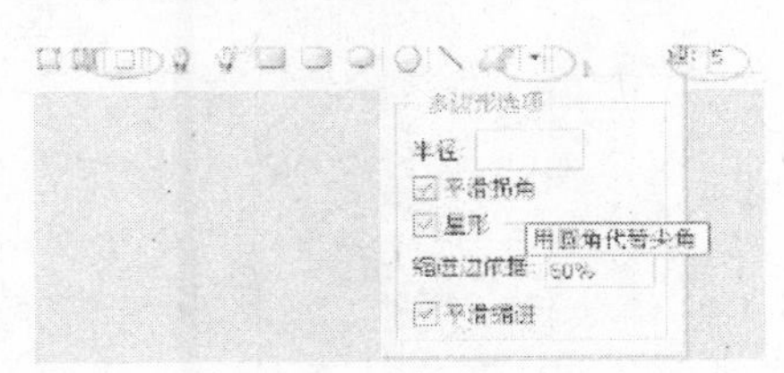

图 10. 121

图 10. 122

（20）选择【涂抹】工具（快捷键 R），在选项栏上设置涂抹的强度为 100%，设置涂抹笔触的硬度为 90%，涂抹星形图案到如图 10. 123 所示效果。

（21）用【加深/减淡】工具（快捷键 O）将图形擦至如图 10. 124 所示效果。

图 10.123

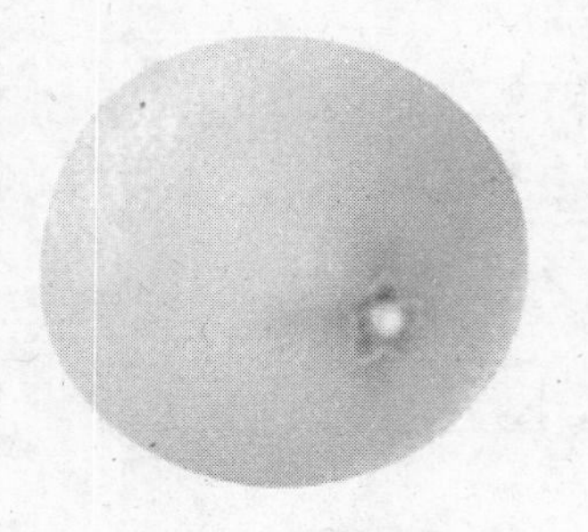

图 10.124

（22）双击该图层在图层调板上的缩略图，在弹出的图层样式对话框中为图形加上“投影”和“斜面和浮雕”图层样式，设置、效果如图 10.125、图 12.126 所示。

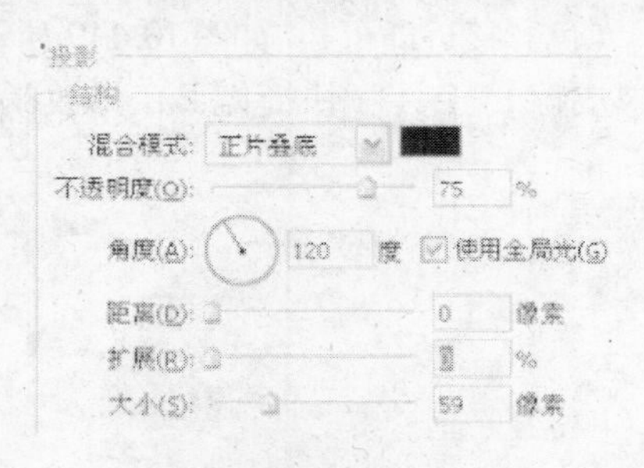

图 10.125

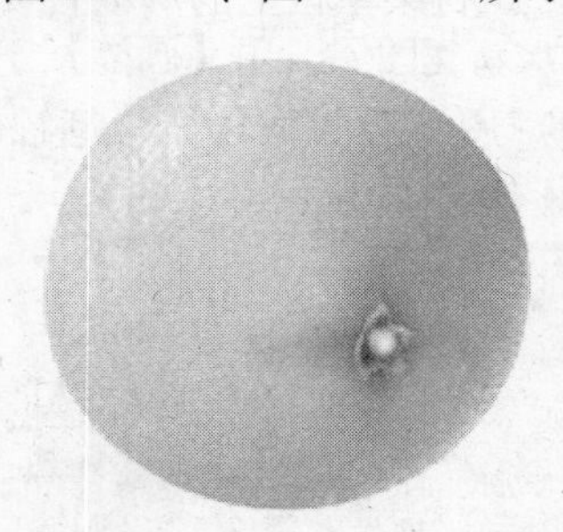

图 10.126

（23）在所有图层下（不包括背景层）新建一个图层，命名为“投影”。用【椭圆选框】工具创建一个椭圆选区如图 10.127 所示。

（24）执行【选择】—【变换选区】命令，对选区稍加移动、旋转操作后，填充“褐色”。用“主直径”较大、“硬度”较低的【橡皮擦】工具修改一下，投影的效果就完成了，如图 10.128 所示。

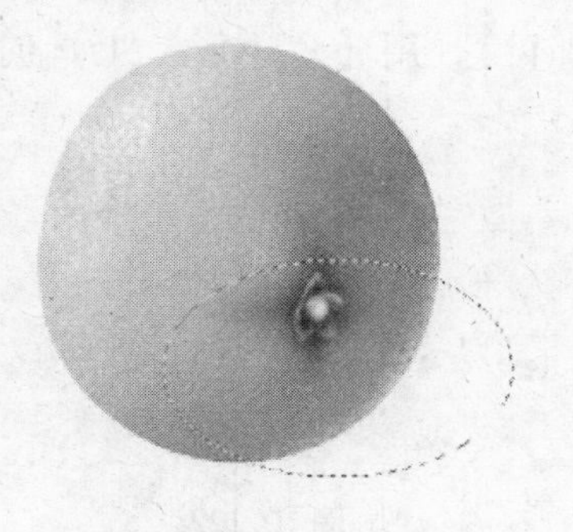

图 10.127

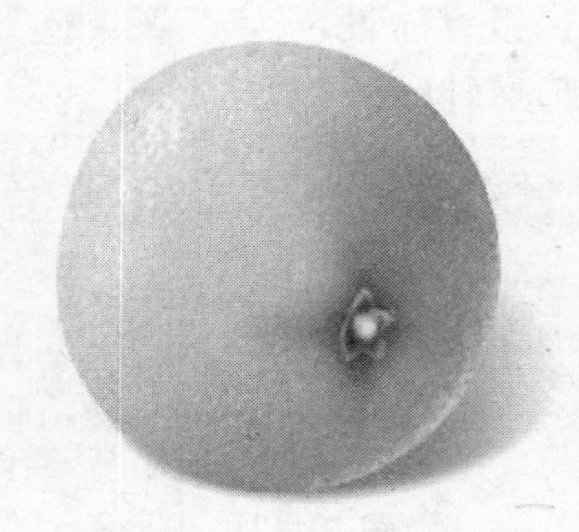

图 10.128

（25）按下键盘上的 Shift 键不放，单击图层调板上最上面的图层缩略图，再单击最下面的图层缩略图（不包括背景层），选择所有图层（不包括背景层），然后按下键盘上的 Ctrl + G 组合键，将图层编成一组，命名为“橘子 1”。第一个橘子绘制完成。

（26）下面来绘制掰开的橘子。复制“橘子 1”组，删除组中部分图层，如图 10.129 所示。

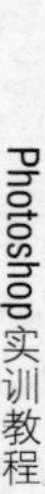

（27）新建图层，设置前景色和背景色分别为黑色和白色，用【渐变】工具创建如图 10.130 所示渐变填充图形。

图 10.129

图 10.130

（28）执行菜单栏上的【滤镜】—【渲染】—【分层云彩】命令，得到如图 10.131 所示效果。

（29）执行【图像】—【调整】—【色阶】命令打开色阶对话框，按图 10.132 所示调整色阶。

图 10.131

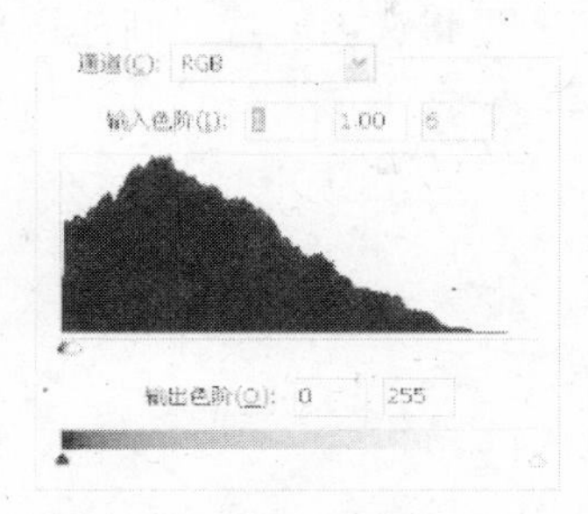

图 10.132

（30）调整色阶后的图形对比度很高，用【魔棒】工具选择颜色较浅的区域，删除多余的部分，只留下一条贯穿图像左右的不规则曲线，如图 10.133 所示。

（31）按下键盘上的 Ctrl + T 组合键，自由变换该曲线图形，将曲线纵向收缩，回车确认。选择【魔棒】工具，用鼠标左键单击图层上部空白部分，得到一个含有该曲线形状的选区，如图 10.134 所示。

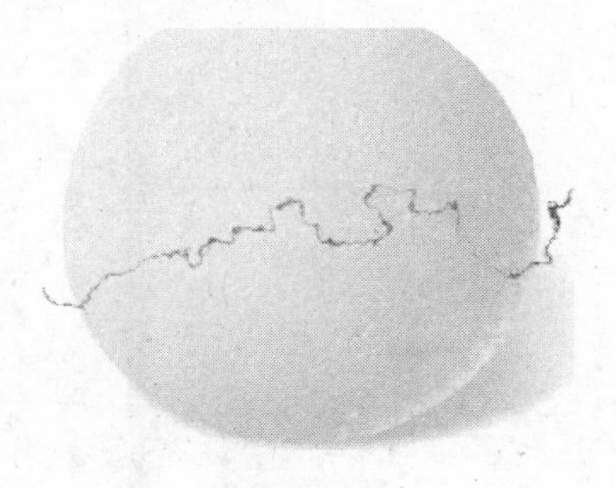

图 10.133

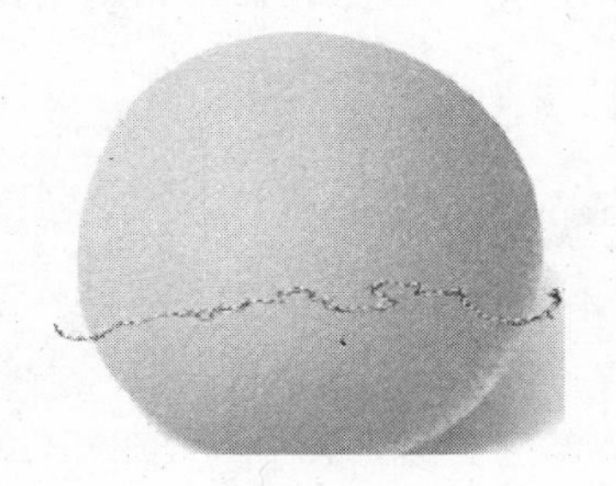

图 10.134

（32）删掉含有曲线图形的图层。确认【魔棒】工具仍被选取，右击文档窗口，在快捷菜单中选择【建立工作路径】命令，转换选区为矢量路径，如图 10.135 所示。

（33）用【直接选择】工具，选择路径中不需要部分的节点，按下键盘上的 Delete 键删除部分路径节点，然后拖拽曲线路径的节点使其成为一个封闭的曲线路径，如图 10. 136 所示。

图 10. 135

图 10. 136

（34）确认【直接选择】工具被选取，右击路径，在快捷菜单中选择【建立选区】命令，“羽化半径”为0。在各个图层上按下键盘上的 Del 键删除选区内的内容，再按下键盘上的 Shift + Ctrl + I 组合键反向选择，用【橡皮擦】工具擦掉各层上半部分，如图 10. 137 所示。

（35）再将选区反选，新建图层，填充 RGB 值分别为 254、243、223 的颜色，如图 10. 138 所示。

图 10. 137

图 10. 138

（36）设置前景色为上一步填充的颜色，背景色 RGB 值为 230、150、20 的“桔黄色”。执行【滤镜】—【画笔描边】—【喷溅】命令，设置【喷溅】对话框如图 10. 139 所示，效果如图 10. 140 所示。

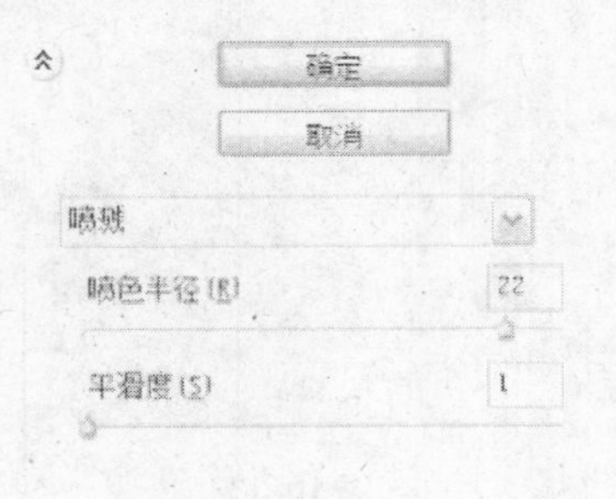

图 10. 139

图 10. 140

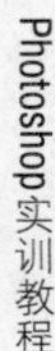

（37）按住 Ctrl 键不放，用鼠标左键单击该层在图层调板上的缩略图，载入选区。执行【选择】—【变换选区】命令，按住 Alt 将选区缩小，效果如图 10.141 所示。

（38）按下键盘上的 Ctrl + J 复制选区内的图形到新图层，用【加深/减淡】工具修改图形得到图 10.142 所示效果。

图 10.141

图 10.142

（39）执行【滤镜】—【画笔描边】—【喷溅】命令，按图 10.143 所示方式设置对话框。效果如图 10.144 所示。

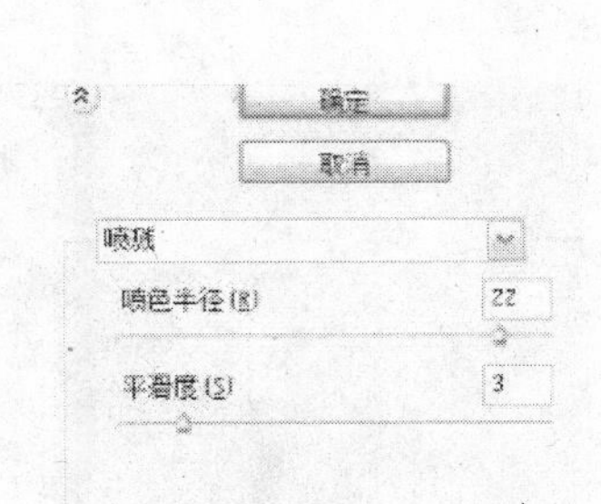

图 10.143

图 10.144

（40）在通道调板上新建一个通道，填充白色，按 D 恢复默认前景背景色，执行【滤镜】—【纹理】—【染色玻璃】命令，按图 10.145 所示设置。效果如图 10.146 所示。

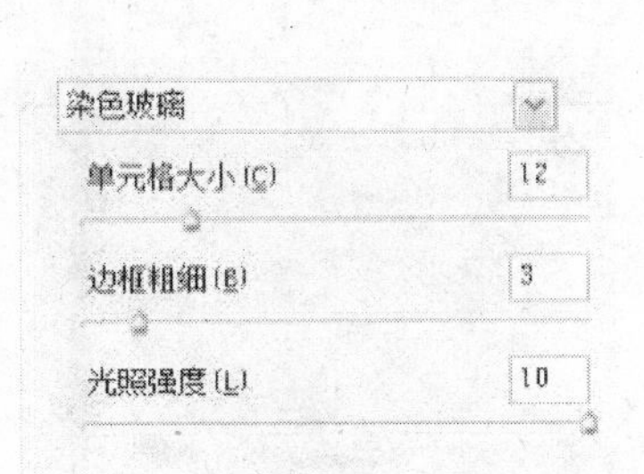

图 10.145

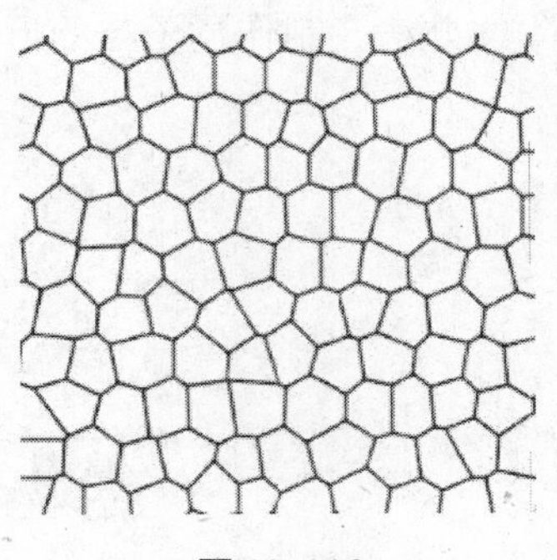

图 10.146

(41) 执行【滤镜】—【模糊】—【高斯模糊】命令，按图 10.147 所示参数设置。

(42) 按下键盘上的 Ctrl + T 组合键，自由变换该通道，将该通道上的图形横向拉伸，效果如图 10.148 所示。

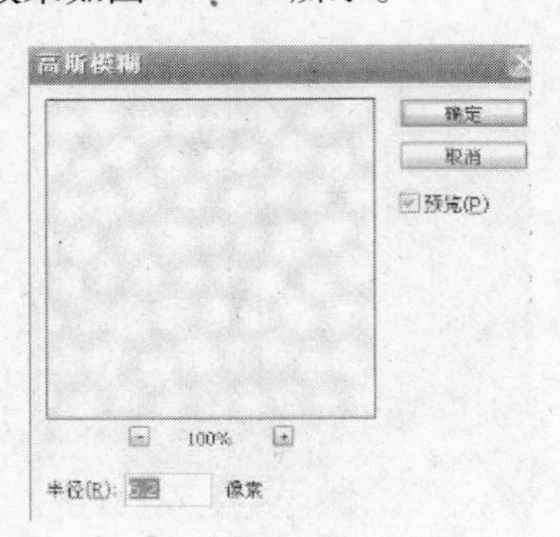

图 10.147

图 10.148

(43) 新建一个图层，命名为“橘子瓣”，填充“橙色”。执行【滤镜】—【渲染】—【光照效果】命令，参数设置如图 10.149 所示，效果如图 10.150 所示。

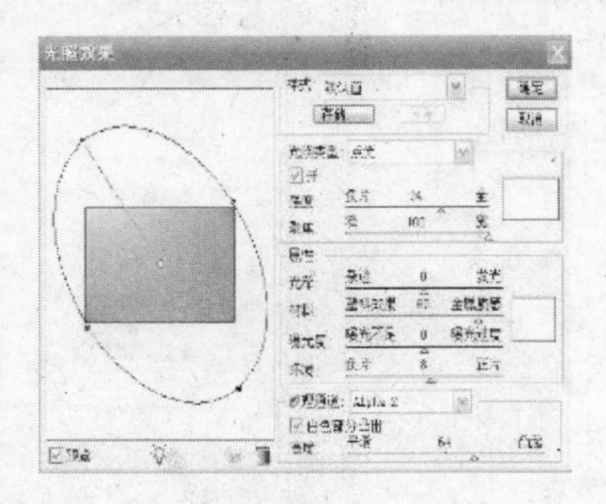

图 10.149

图 10.150

(44) 按下 Ctrl + T 自由变换该图形到图 10.151 所示效果。

(45) 选择图形颜色明度较高的部位，用【钢笔】工具绘制路径，转换为选区再用反选删除的办法，制作橘子瓣的形状，如图 10.152 所示。

图 10.151

图 10.152

（46）复制该图层，自由变换并移动到相应位置。执行【编辑】—【变换】—【变形】命令，拖动【变形】控制点，调整桔子瓣如图 10. 153 所示效果。

（47）在“橘子瓣”图层下建一个图层，用硬度较低的【画笔】工具涂抹 RGB 值为 245、70、4 的红色，如图 10. 154 所示。

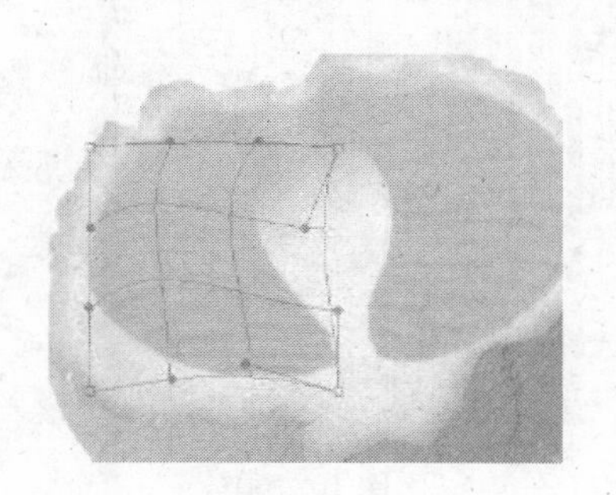

图 10. 153

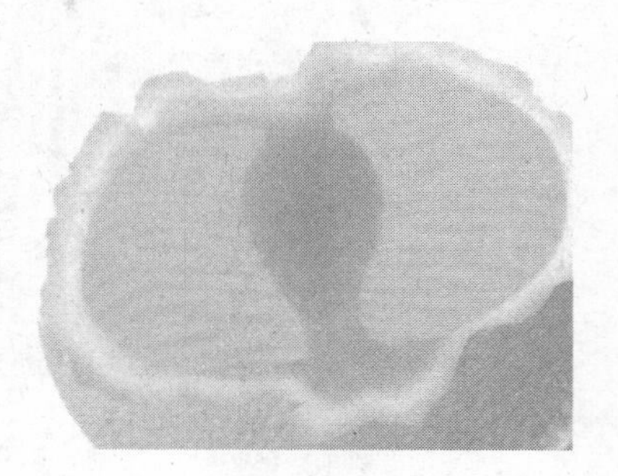

图 10. 154

（48）在“橘子瓣”层上新建图层，用【画笔】工具在“橘子瓣”图形位置上涂抹 RGB 值为 251、233、187 的颜色。如图 10. 155 所示。

（49）按下 Ctrl 键不放，用鼠标左键单击“橘子瓣”层在图层调板上的缩略图，将其外缘作为选区载入，变换正选和反选来用硬度和不透明度较低的【橡皮擦】工具修改图形，效果如图 10. 156 所示。

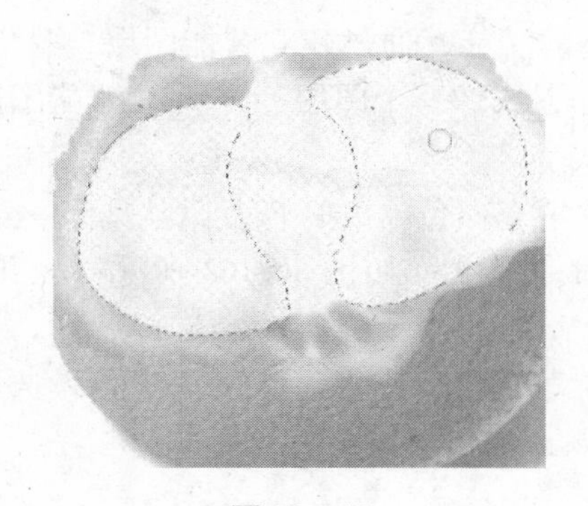

图 10. 155

图 10. 156

（50）选择“橘子瓣”层，按下键盘上的 Ctrl + B 组合键调整图层的色彩平衡，按照图 10. 157 方式设置、效果如图 10. 158 所示。

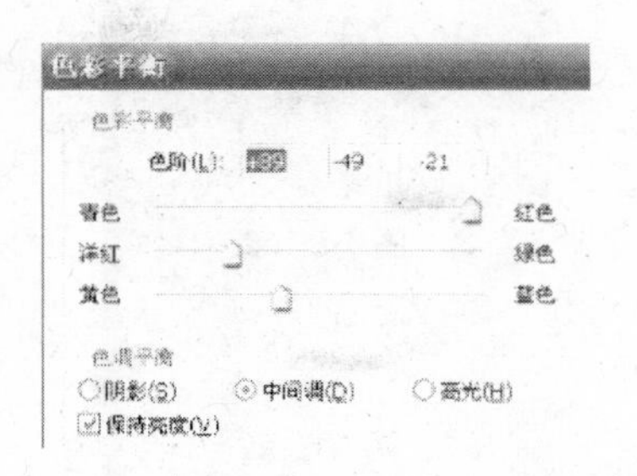

图 10. 157

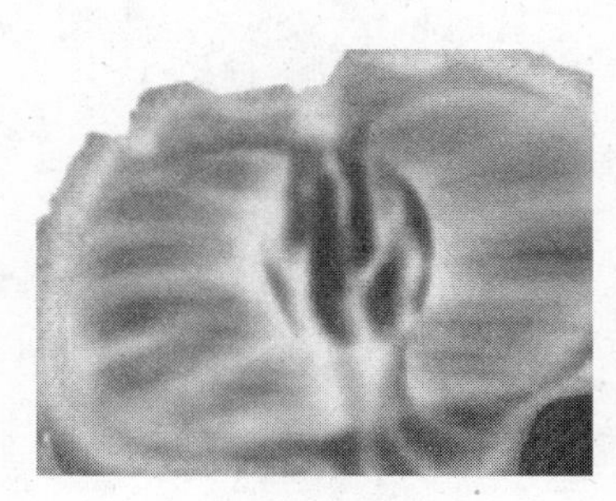

图 10. 158

（51）选择【涂抹】工具，在选项栏上设置涂抹工具的强度为 20%，用鼠标右键在文档窗口单击，设置涂抹工具的笔触如图 10. 159 所示设置。

（52）用【涂抹】工具涂抹“橘子皮”层的边缘，使其自然，如图 10. 160 所示。

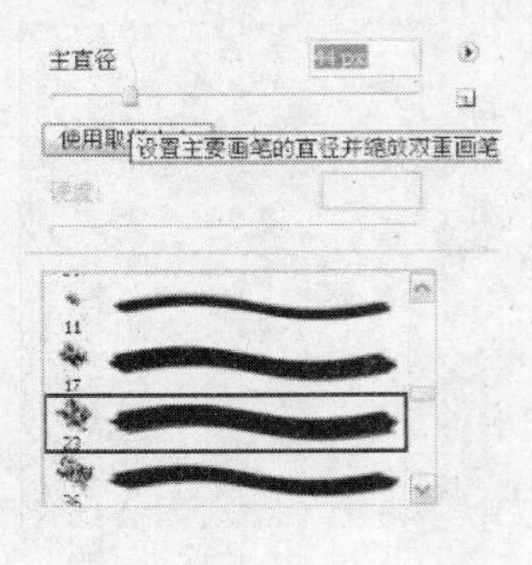

图 10. 159

图 10. 160

（53）为了方便编辑，将组成“橘子瓣”图形的几个图层编组到一个“智能图层”中，按下键盘上的 Ctrl 不放，用鼠标左键单击这几个图层在图层调板上的缩略图，同时选取这几个图层。右击其中一个图层缩略图右侧名称部分，在弹出的菜单中选择“编组到新建智能对象图层中”命令，命名智能图层为“橘子瓣”，用鼠标左键双击该智能图层，弹出一个新的文档窗口，这个窗口中只包含该智能图层中的图层和通道等信息，如图 10. 161 所示。

小提示：“智能图层”是 Photoshop cs2 后新增的功能，通过建立智能图层，我们可以很方便地对一组图层进行同时移动、缩放等操作，或像一个图层一样为“智能图层”添加图层样式、改变不透明度、更改图层混合模式等。

（54）在智能图层的通道调板中新建一个通道，填充白色。按 D 恢复默认前景、背景色，执行【滤镜】—【纹理】—【染色玻璃】命令，设置如图 10. 162 所示。效果如图 10. 163。

（55）回到图层调板中，新建一个图层，执行菜单栏上的【选择】—【载入选区】命令，设置如图 10. 164 所示。

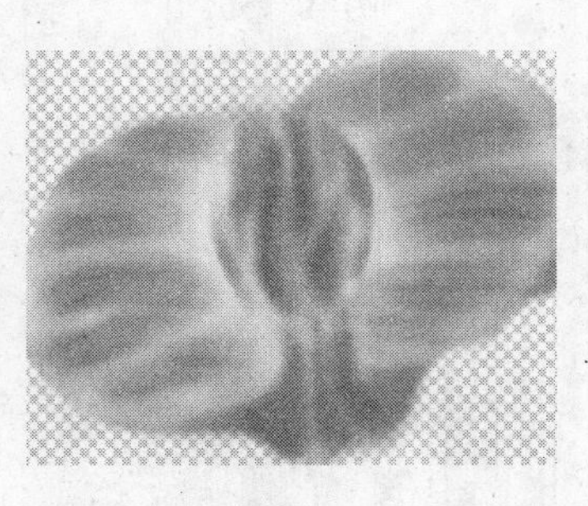

图 10. 161

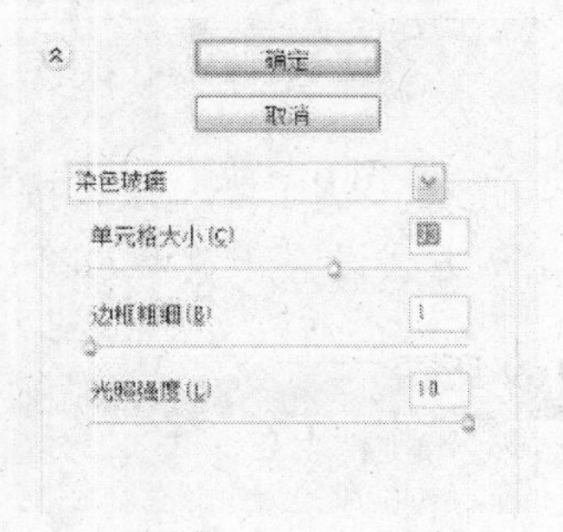

图 10. 162

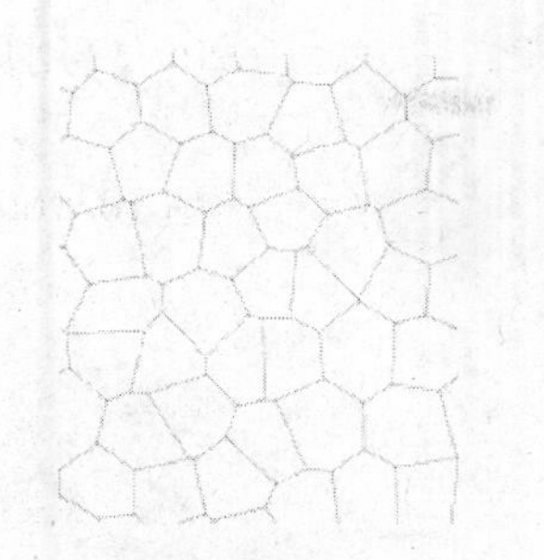

图 10.163

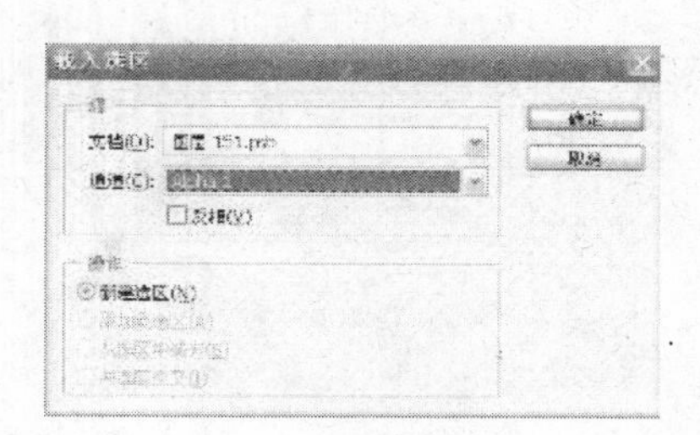

图 10.164

（56）反选选区后，填充 RGB 值分别为 251、233、187 的颜色，如图 10.165、图 10.166 所示。

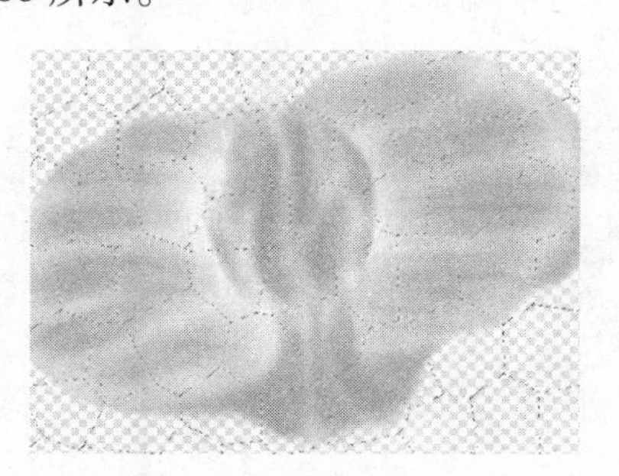

图 10.165

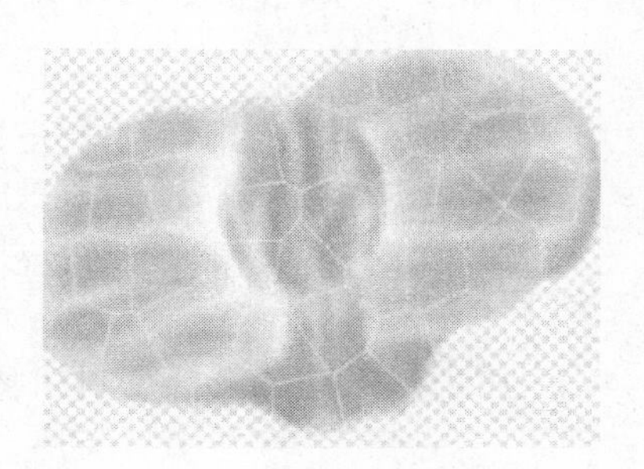

图 10.166

（57）复制图形，先隐藏。将原图形变形，使纹理显得自然，如图 10.167 所示。

（58）将复制的图形取消隐藏，自由变换后再变形修改，如图 10.168 所示。

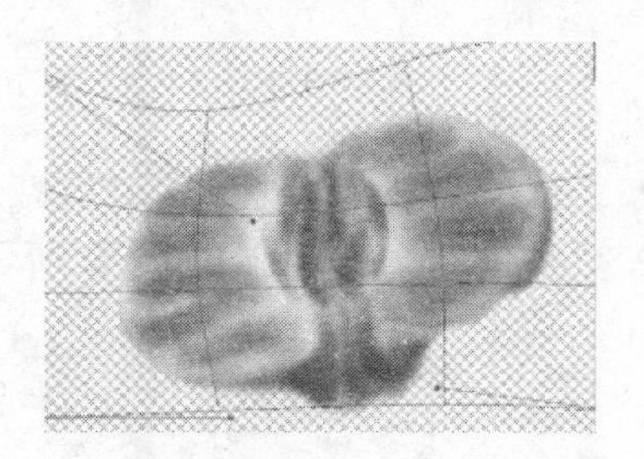

图 10.167

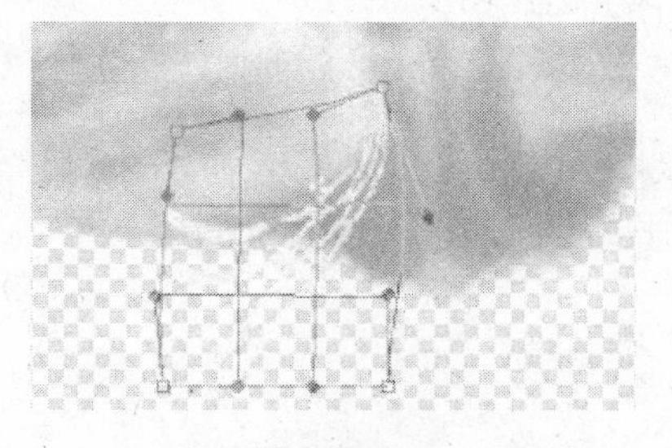

图 10.168

（59）按同样办法作出其他橘子瓣的侧面效果。用【加深】工具将图形加深处理，如图 10.169 所示。

（60）按下键盘上的 Ctrl + S 键，保存对智能图层的更改，关闭智能图层。

（61）再调整一下不妥当的地方，橘子的绘制就完成了，如图 10.170 所示。

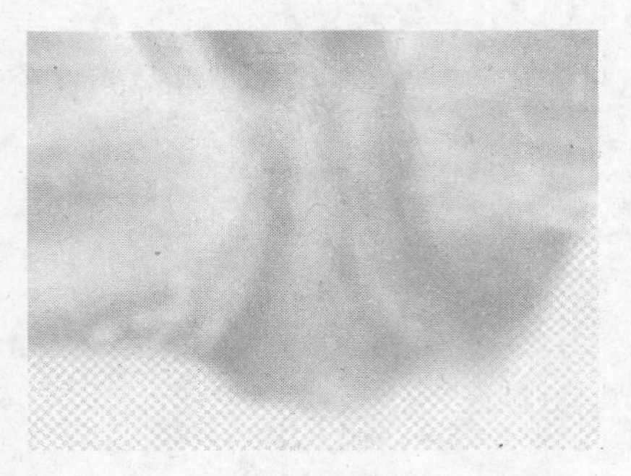

图 10.169

图 10.170

（62）对画面进行总体调整，最终效果如图 10.105 所示。

实训 11　消失点滤镜打造趣味美女图

实训目的与要求

学习应用消失点滤镜进行复制和修补的方法，并能灵活运用于图像创新。

实训预备知识

消失点滤镜允许在包含有透视的平面的图像中进行透视较正编辑。通过使用消失点，可以在图像中指定平面，然后进行诸如绘画、拷贝、仿制或粘贴及变换等操作。

实训步骤

（1）打开素材图像，按 Ctrl + J 复制图层，如图 10.171 所示。

（2）执行【滤镜】—【消失点】命令打开消失点操作窗口（或按 Alt + Ctrl + V）。点选平面创建工具（默认工具），在画面沿水平面和桥面创建平面如图 10.172 所示。

图 10.171

图 10.172

（3）点选仿制图章工具，勾选属性栏上对齐选项，按住 Alt 键在人物脚踝部位点击选取仿制颜色，在如图 10.173 所示位置开始复制人物。

（4）完成一个人物复制后，重新按住 Alt 键，在相同部位点击，选取仿制色，在如图 10.174 所示部位重新开始复制。

图 10.173

图 10.174

（5）继续选取仿制色，在后面再复制人物，效果如图 10.175 所示。

（6）确定后为图层添加蒙版，用小笔触擦除多余部份。最后完成效果如图 10.176 所示。

图 10.175

图 10.176

实训 12 旋转扭曲滤镜和变换工具制作菊花图案

实训目的与要求

旋转扭曲再加上编辑中的变换可以绘制成千上万的花卉和图案，本教程中把不同形状，可以是图形、字母、符号等等，通过旋转角度不同，中心点不同（把中心点移到任何地方），通过多重组合，会得到漂亮的图案和花纹。

实训预备知识

旋转扭曲命令可以运用快捷键“Ctrl + Shift + Alt + T”来重复使用，实际上是程序自动记录的动作命令，其只执行上一步的变换操作，虽然简单，但很实用，在图案设计和平面构成中应用很广。

实训步骤

（1）参考效果图，如图 10.177、图 10.178、图 10.179、图 10.180 和图 10.181 所示。

（2）新建文件，大小 设置 600 * 600 像素，用黑色填充背景图层。新建图层，用自定义形状在中间画一闪电形状，也可画任何喜欢的形状，如图 10.182 所示。

图 10. 177

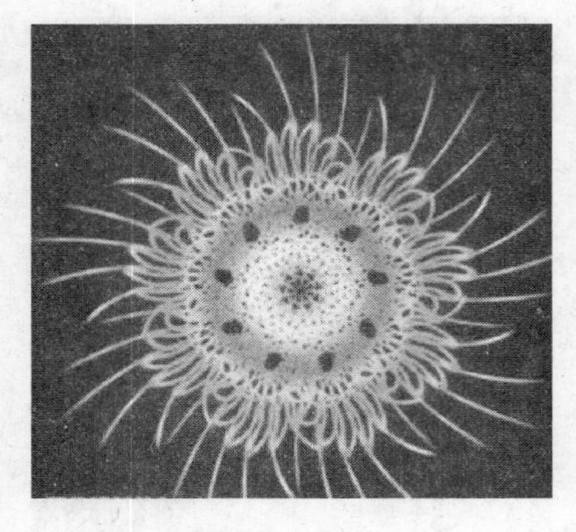

图 10. 178

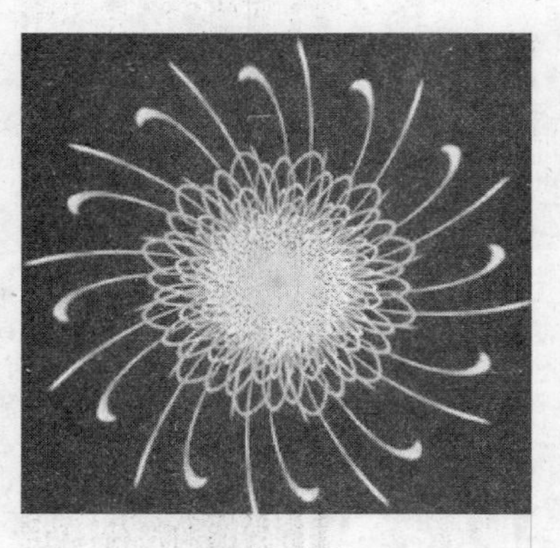

图 10. 179

图 10. 180

图 10. 181

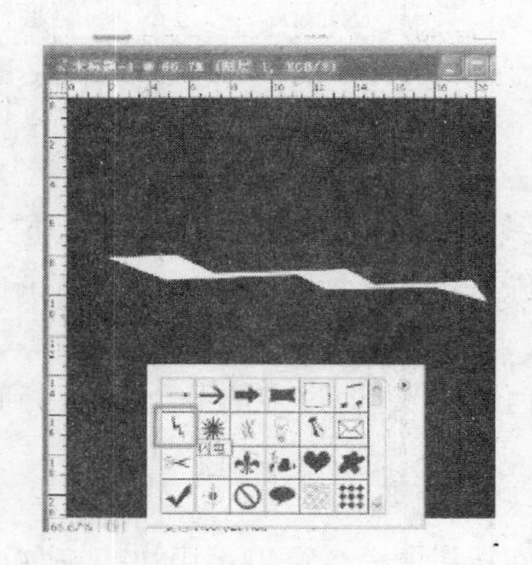

图 10. 182

（3）执行【滤镜】—【模糊】—【高斯模糊】命令，设置半径为 2.0，如图 10. 183 所示。

（4）执行【滤镜】—【扭曲】—【旋转扭曲】命令，角度为 500°，也可以自己调节，满意为止，如图 10. 184 所示。

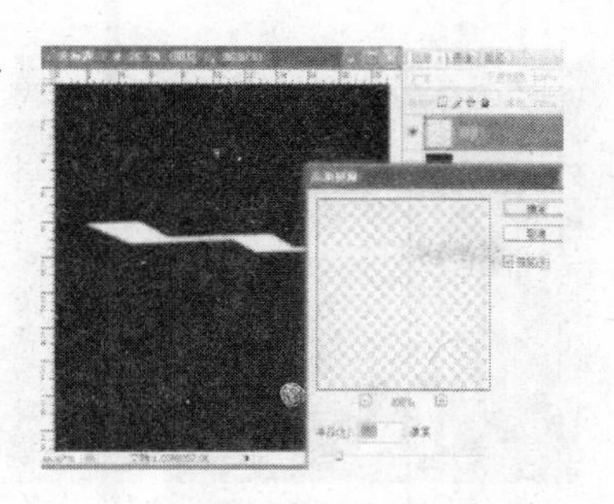

图 10.183

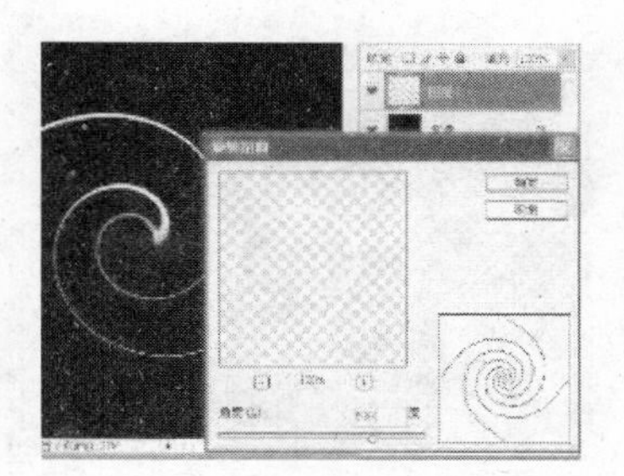

图 10.184

（5）自由变换缩小后，复制图层，然后 CTRL + T 变换，把中心点移到左上角，旋转角度 20°，确定，如图 10.185 所示。

小提示：中心点位置不同，图案千变万化（如图 10.186）。

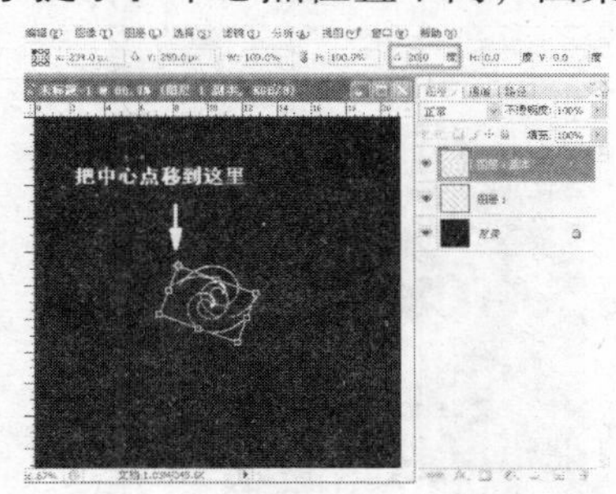

图 10.185

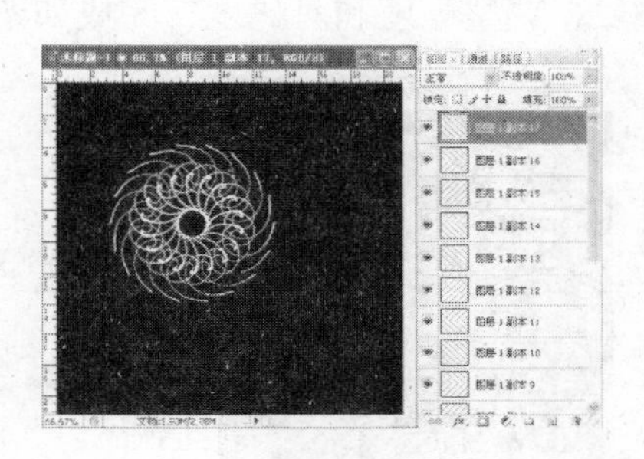

图 10.186

（6）按住“SHIFT + CTRL + ALT”键不放，不断按 T 键复制到副本 17 为止。合并除背景层以外的所有图层，执行【编辑】—【变换】—【透视】命令，把图像的下面两边向中间移，形成倒三角形，如图 10.187 和图 10.188 所示。

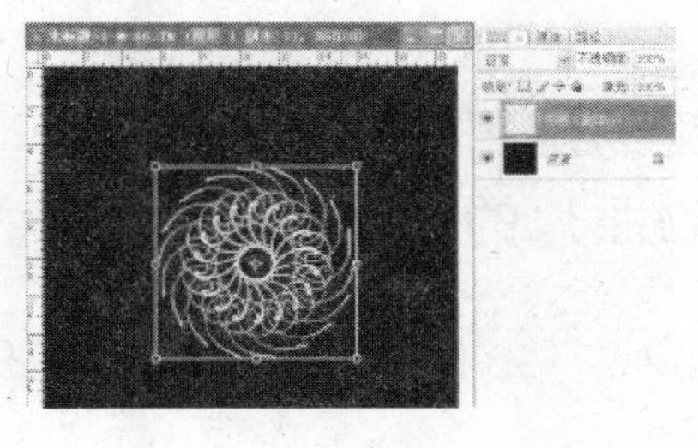

图 10.187

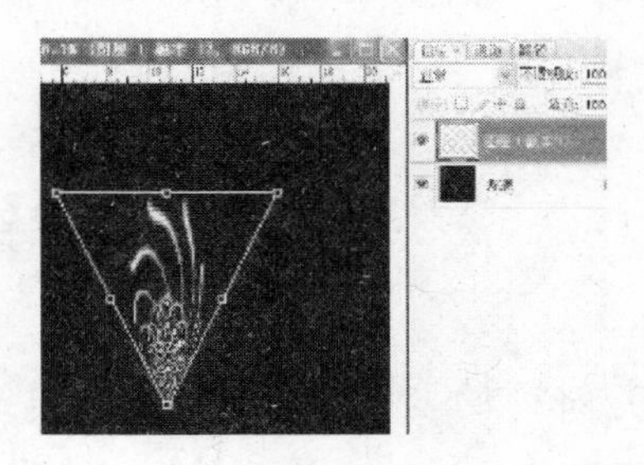

图 10.188

（7）缩小后把图像移到中间上方，确定。再按“CTRL + T”对其进行变换操作：把中心点移到下面，旋转角度 30°，确定，如图 10.189 所示。

（8）按住“SHIFT + CTRL + ALT”，再按“T”11 次，进行复制，形成一个圆周图案，如图 10.190 所示。

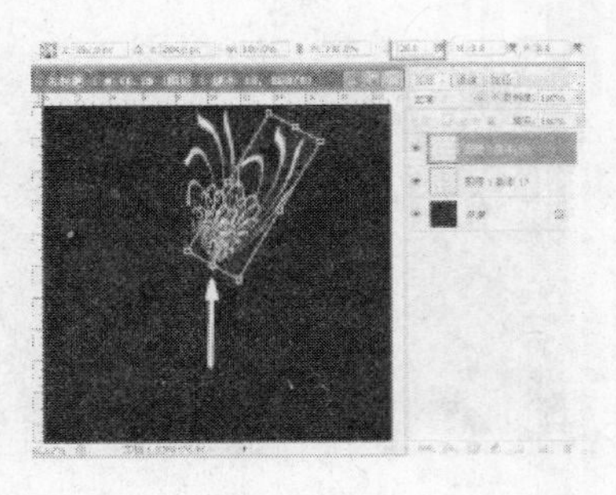

图 10.189

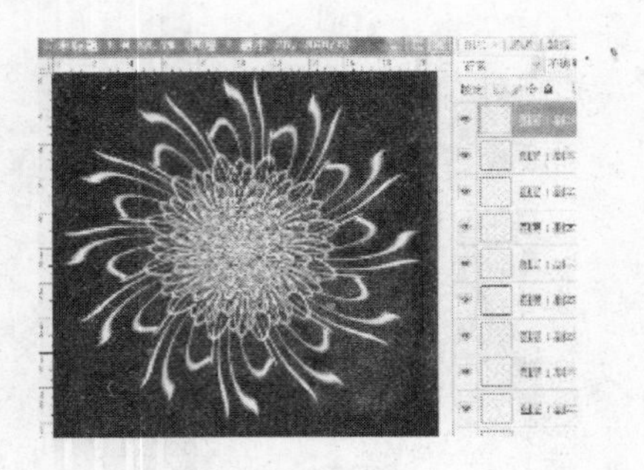

图 10.190

（9）合并除背景层以外的所有图层，然后按住 Ctrl，点选图层缩略图，载入选区，如图 10.191 所示。

（10）用渐变填充工具，执行径向渐变，编辑喜欢的渐变色，进行渐变填充。如果有必要，调整亮度和对比度，完成如图 10.192 所示效果。

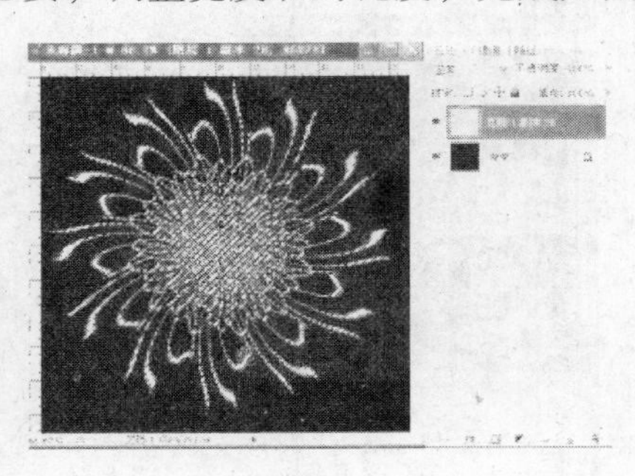

图 10.191

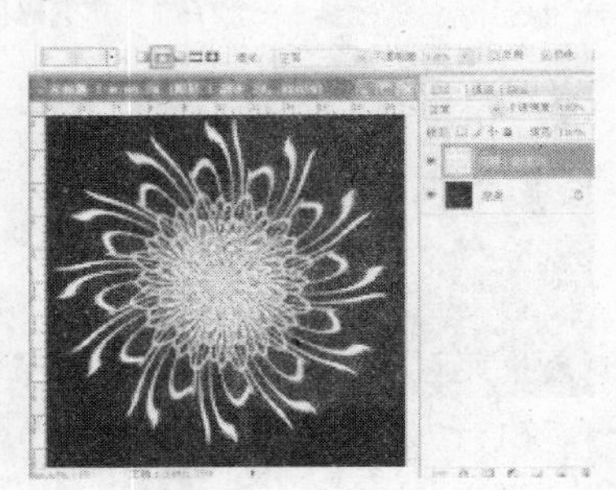

图 10.192

（11）选用不同的初始造型，进行不同的角度和旋转中心设置，可生成不同的漂亮旋转图案，效果如前面图例所示。

实训 13　外挂滤镜的运用
——TOPAZ 滤镜提高人物照片的清晰度

实训目的与要求

TOPAZ 是一款出色的锐化、降噪滤镜，在人像磨皮中也经常用到。本实训介绍了 TOPAZ 滤镜对人物照片进行锐化处理的操作方法，并通过此例学习外挂滤镜的安装和应用。

实训预备知识

TOPAZ 滤镜是一款 PhotoShop 外挂滤镜，需要另外安装，可以在网上下载。大多数滤镜下载解压后，将其 8BF 格式文件拷贝到 PhotoShop 安装路径下面的“增效工具—滤镜”文件夹下，重新启动软件就可以使用了，个别滤镜也需要单独安装，一般都会有下载安装说明。

实训步骤

（1）最终效果图如图 10. 193 所示、原图如图 10. 194 所示。

图 10. 193

图 10. 194

（2）打开原图文件，执行【图像】—【调整】—【亮度】—【对比度】，提高一点亮度，加大对比度，如图 10. 195 所示。

（3）执行【滤镜】—【TOPAZ 滤镜】分别设置 Main 和 Advanced 参数如图 10. 196 和图 10. 197 所示（注意数值不要太大，观察预览窗中的变化）。

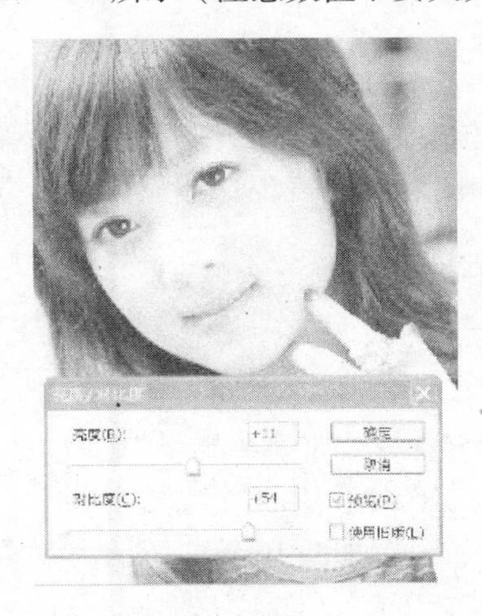

图 10. 195

图 10. 196

图 10.197

（4）确定得到如前面所示最终效果。

实训 14　滤镜综合运用——打造逼真的篮球

实训目的与要求

本实训通过使用染色玻璃、浮雕效果和球面化等滤镜的综合应用，打造逼真的篮球，要求能对滤镜的理解和灵活运用。

实训预备知识

篮球制作主要考虑其表面纹理和球面立体凸出效果，用染色玻璃和浮雕滤镜制作纹理，用球面化表现立体效果，再应用路径工具和图层样式表现球体缝合线，方法简洁且效果逼真。

实训步骤

（1）最终效果如图 10.198 所示。

（2）新建篮球文件，设置大小为 15 * 15 厘米，分辨率 150pix/英寸。

（3）新建图层，按 D 恢复默认前景色黑色，按 Alt + Del 用前景色填充。

（4）执行【滤镜】—【纹理】—【染色玻璃】，设置如图 10.199 所示。

图 10.198

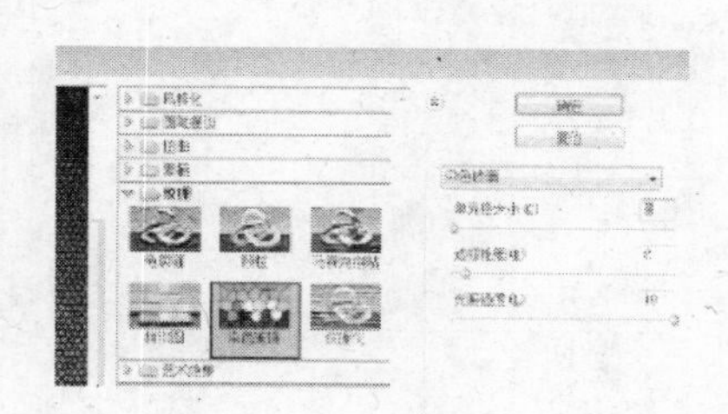

图 10.199

（5）确定后图层和效果如图 10. 200 所示。

（6）执行【滤镜】—【风格化】—【浮雕效果】设置如图 10. 201 所示。

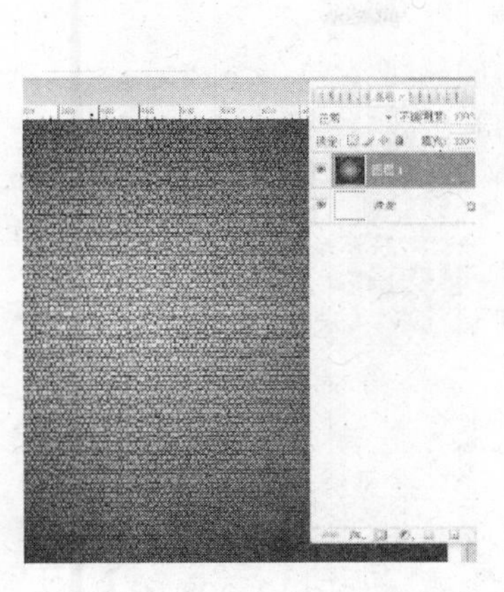

图 10. 200

图 10. 201

（7）确定后按 Ctrl + I 反相，效果如图 10. 202 所示。

（8）从标尺上拉出横纵各一条参考线，放在画面中心，取圆形选择工具，同时按下 Alt 和 Shift 键，从参考线中心交点向外拉出适当大小的正圆形选区，如图 10. 203 所示。

图 10. 202

图 10. 203

（9）执行【滤镜】—【扭曲】—【球面化】，设置如图 10. 204 所示。

（10）按 Ctrl + Shft + I 反选，按 Delete 删除后取消选区。效果如图 10. 205 所示。

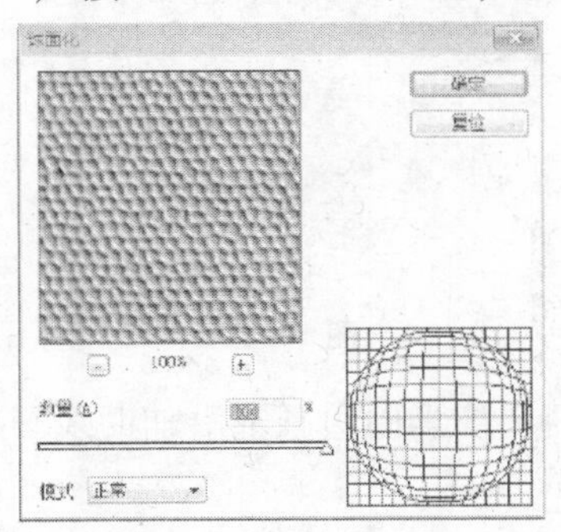

图 10. 204

图 10. 205

（11）点图层面板下面的【添加图层样式】按扭，选择颜色叠加，设置颜色 RGB 为（200，0，0），不透明度为33%，如图 10.206 进行设置、效果如图 10.207 所示。

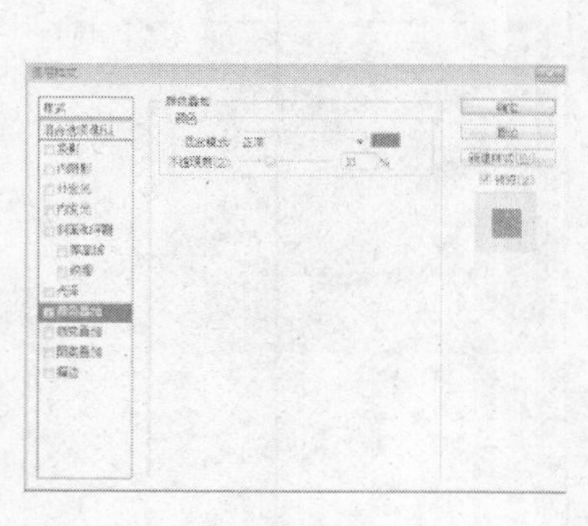

图 10.206

图 10.207

（12）新建图层2，取渐变工具，对渐变色进行编辑，如图 10.208 所示。勾选【径向渐变】，在图层 2 做如图 10.209 所示的渐变填充。

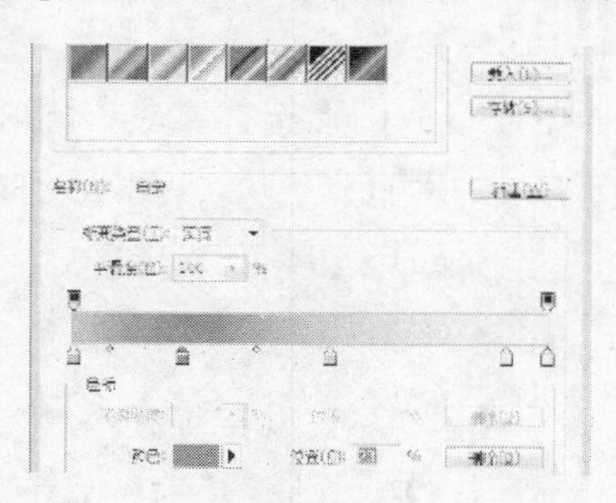

图 10.208

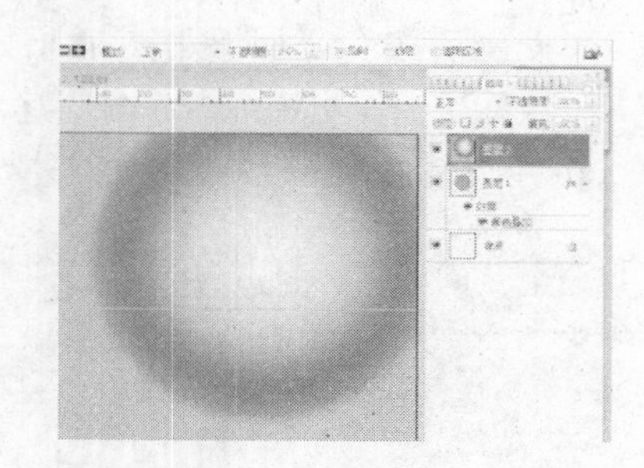

图 10.209

（13）按住 Ctrl 点击球面图层 1 载入选区，按 Ctrl + Shift + I 反选，按 Del 删除选区，取消选区，更改图层混合模式为“叠加”，效果如图 10.210 所示。

（14）关闭背景层，按 Ctrl + Alt + Shft + E 进行盖印，效果如图 10.211 所示。

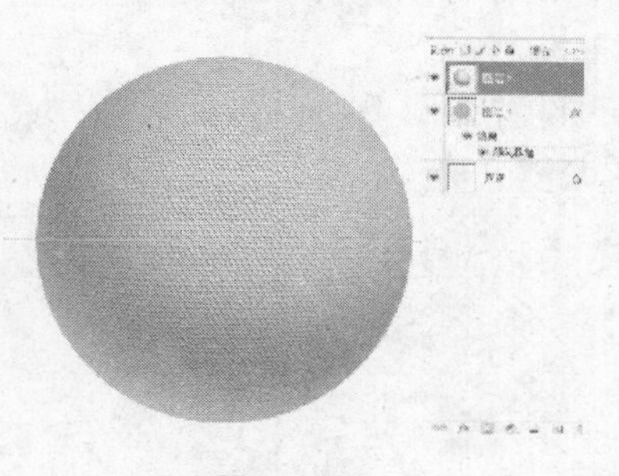

图 10.210

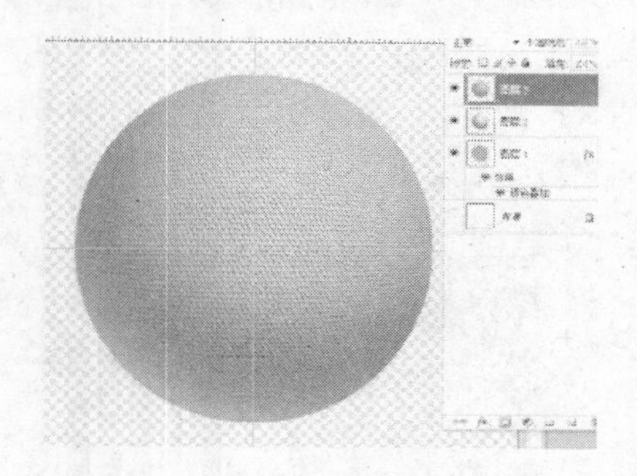

图 10.211

（15）开启背景层，再新建一层，按住 Shift 键用 8 像素硬边画笔沿辅助线画出两十字直线，如图 10.212 所示。

（16）用鼠标在标尺上拖出一垂直参考线在如图 10.213 所在位置，用钢笔作出如图所示形状路径。

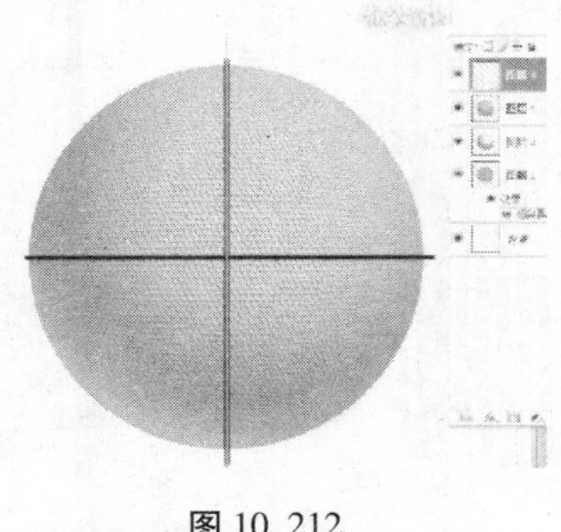

图 10. 212

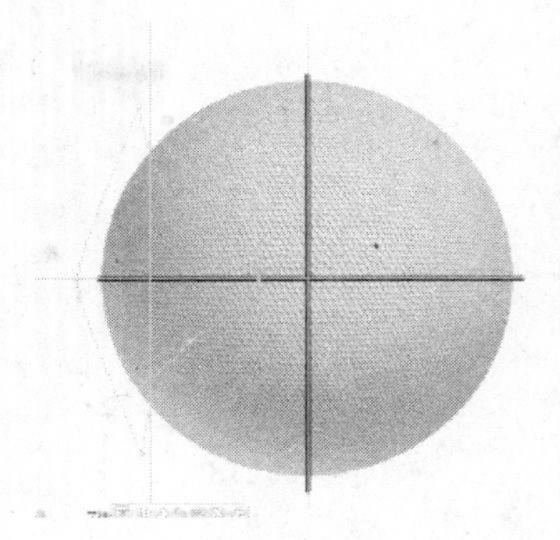

图 10. 213

（17）新建图层，确认画笔直径 8 像素，硬度 100%，用路径工具，右点击路径，弹出快捷菜单，选择描边路径，如图 10. 214 进行设置、效果如图 10. 215 所示。

图 10. 214

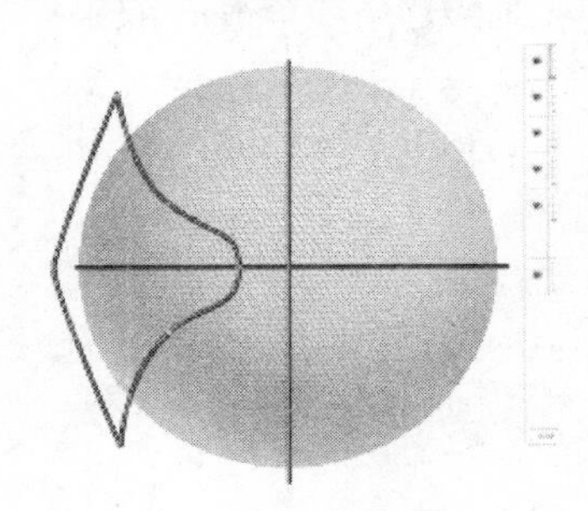

图 10. 215

（18）复制描边图层，点击控制线，将对象中心点水平移动到中心参考线上，设置旋转角度为 180°，回车。效果如图 10. 216 所示。

（19）合并两个描边层和十字层，按住 Ctrl 点击盖印球体图层，载入圆形选区，按 Ctrl + Shift + I 反选，确保在合并图层中，按 Del 键删除，效果图 10. 217 所示。

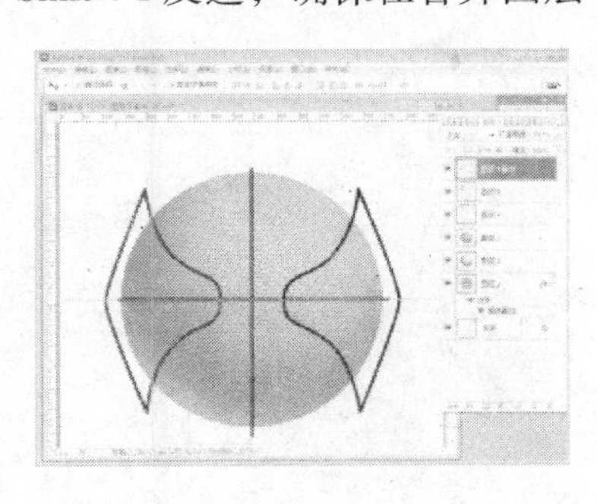

图 10. 216

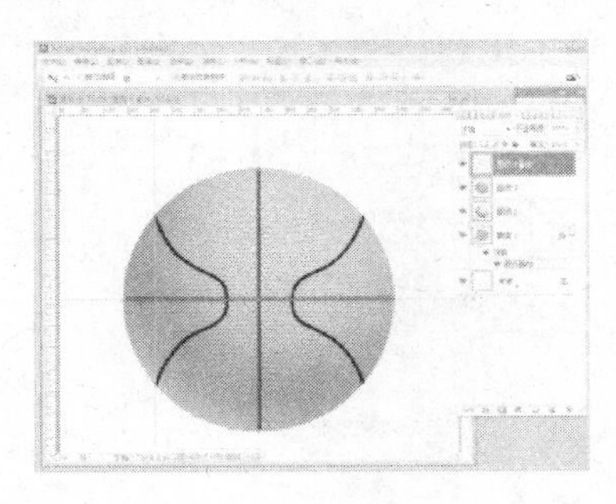

图 10. 217

（20）隐藏或删除参考线，点图层面板下面的【添加图层样式】按扭，选择斜面和浮雕，具体设置如图 10. 218 所示。

（21）按 Ctrl + E 向下合并，按住 Ctrl 键，点新建图层按扭，在其下建立一个新图层。并用圆形选择工具作出选区如图 10. 219 所示。

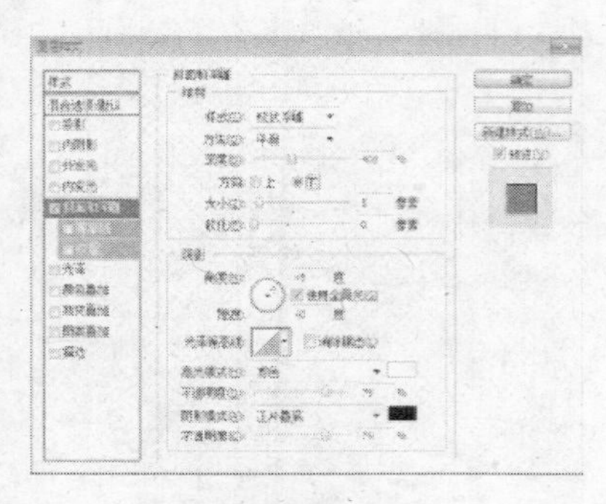

图 10.218

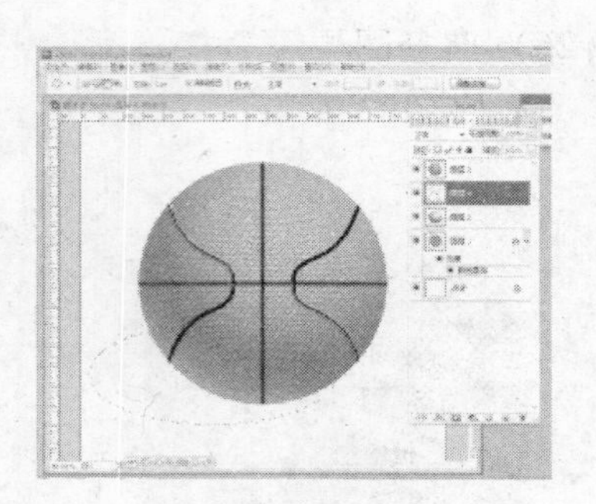

图 10.219

(22) 按 Ctrl + Alt + D 羽化选区，设置羽化值 30，按 Alt + Del 键填充黑色，降低不透明度到 80% 左右，效果如图 10.220 所示。

(23) 隐藏图层 1 和图层 2，将球体和投影稍微向右移动，用较低透明度的画笔和橡皮工具对影作适当调整，效果如图 10.221 所示。

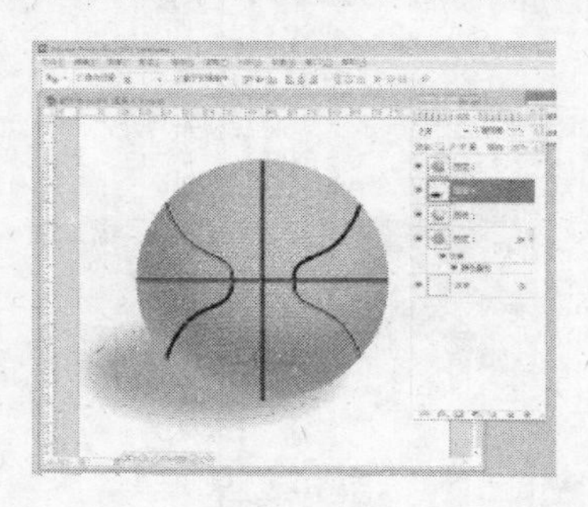

图 10.220

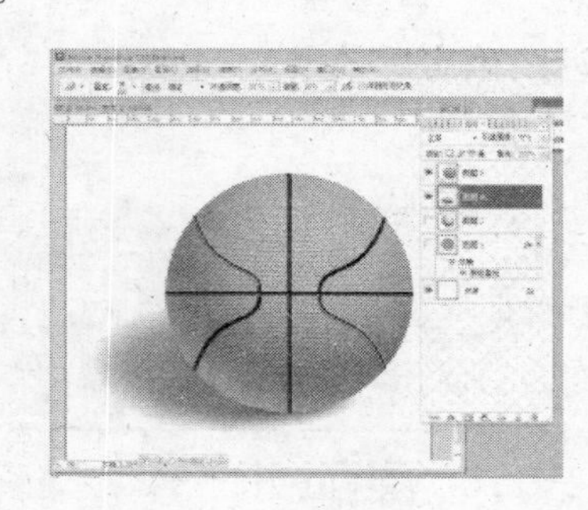

图 10.221

(24) 在背景层之上，所有图层之下新建图层，填充任意颜色，执行【滤镜】—【渲染】—【纤维】，设置如图 10.222 所示，点选随机按钮，选一个喜欢的纹理点击确定。效果如图 10.223 所示。

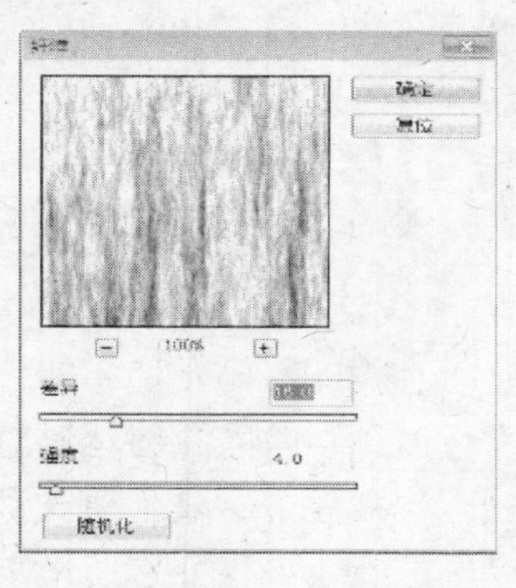

图 10.222

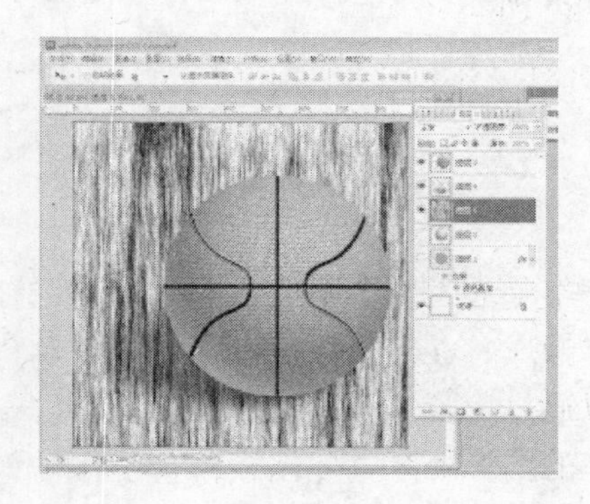

图 10.223

(25) 按住 Ctrl 键，用移动工具调整渲染的纹理图层四角，使之具有一定透视平面效果，如图 10.224 所示。

(26) 点击图层下面新建调整图层按钮，选渐变映射，编辑渐变色如图 10. 225 所示。

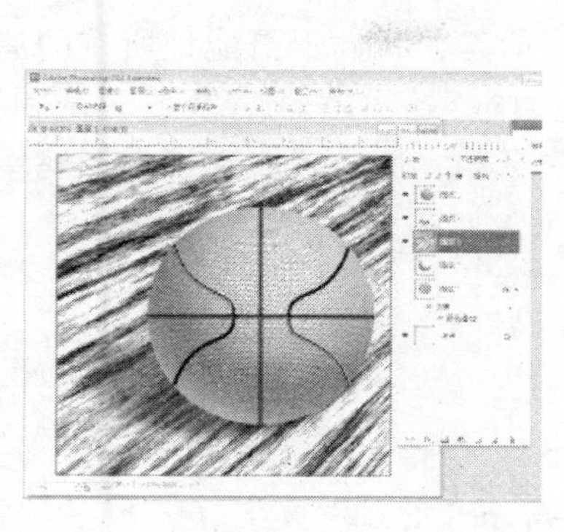

图 10. 224

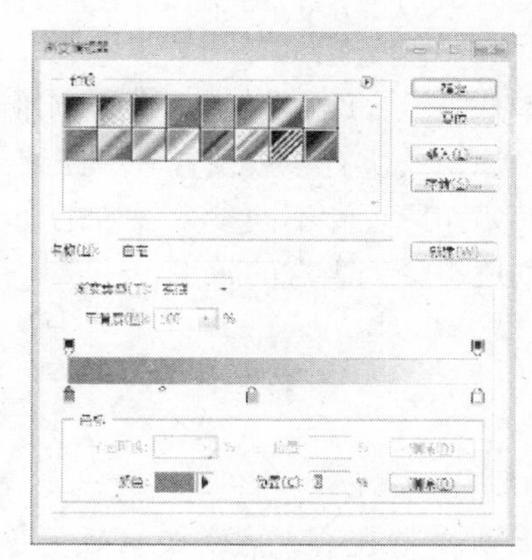

图 10. 225

(27) 确定后效果如图 10. 226 所示。

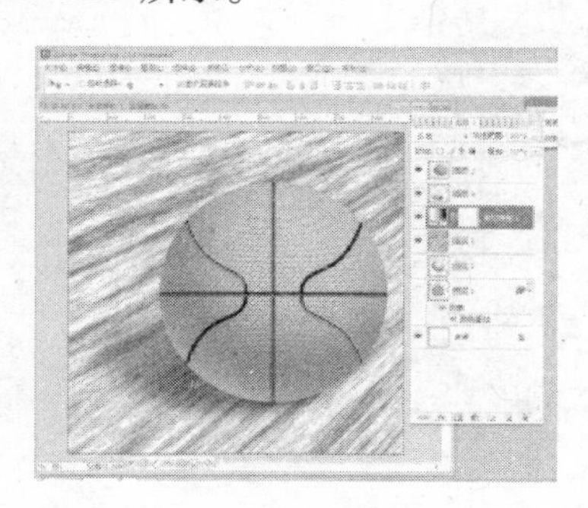

图 10. 226

(28) 再对背景层后面部份作适当模糊处理，变换球体角度，完成最终效果，如图 10. 198 所示。

本章小结

本章通过十个案例对 PhotoShop 的滤镜进行了介绍和应用，包括滤镜的工作原理和基本操作，在使用滤镜过程中，有许多需要注意的地方，这里简要介绍一些，学习者可以通过反复练习以熟练应用：①滤镜的处理以像素为单位，相同参数设置对不同分辨率的图像处理，效果不同；②除 RGB 模式可以应用全部滤镜外，其他模式都有一些滤镜不能使用；③使用滤镜时，尽量先选取图像一部份试验效果，分别使用默认参数设置，较高参数设置和较低参数设置试验，以观察和选用最合适的参数应用于需要处理的图像内容；④尽量在复制图层中应用滤镜，可以把滤镜作用的效果混合到图像中，以得到较优效果；⑤把【编辑】—【渐隐】命令与之结合应用，会有更丰富的效果；⑥在单个通道中使用滤镜，再应用于图像中，会得到许多意想不到的、令人兴奋的有趣结果；⑦许多滤镜效果非常明显，细微的参数调整会导致明显的变化，因此要慎重，先反复尝试后应用，避免变化过大而失去作品风格，应根据艺术创作需要有选择地应用。

本章虽然介绍了很多滤镜的应用方法和效果，但是，我们不可能把所有的滤镜或者每个滤镜的所有参数设置一一详细分解，读者应通过案例的学习，反复尝试和揣摩，明白其工作原理和不同参数设置的意义，做到胸中有数，这样才能真正掌握滤镜的使用，创造出令人满意的效果。

补充实训

1. 利用“风、光照”等滤镜制作如图 10.225 所示背景幕布效果。

2. 用“Cnfilter 邮票效果”滤镜制作如图 10.226 所示邮票效果（注意，此滤镜是外挂滤镜，需要下载安装，是专门制作邮票效果的，比较简单实用）。

图 10.225

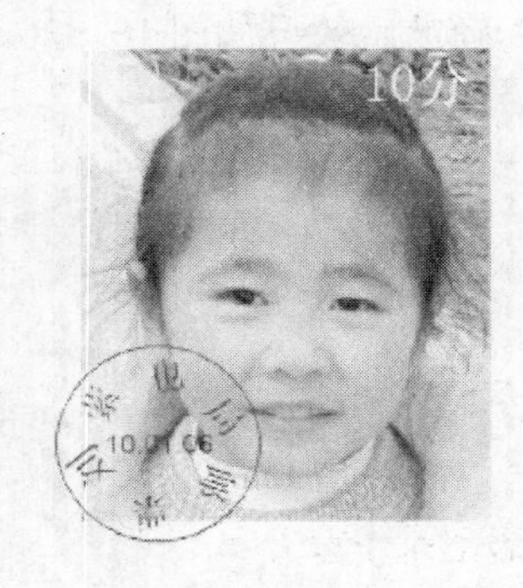

图 10.226

3. 用“极坐标、自由变形工具”绘制蚊香，如图 10.227 所示。

4. 用“云彩、塑料包装、铬黄”等滤镜和自由变换工具绘制如图 10.228 所示水笼头流水效果。

图 10.227

图 10.228

第十一章
其他工具

实训1　创建“画框效果”动作

实训目的与要求

使用【动作】面板创建“画框效果”动作。

通过本实训使学生掌握动作的基本概念和【动作】面板的主要功能，了解创建动作、编辑动作的操作，并能够灵活地应用动作。

实训预备知识

【动作】面板是Photoshop cs3中的重要功能面板，它可以将用户在操作过程中的所有步骤全部记录下来，并保存到Photoshop cs3的动作库中，以后用户需要制作同样的特效时，就可以直接在动作库中调用播放。【动作】面板的使用不仅节约了大量时间，还可以保留制作的全过程，并为用户之间的技术交流带来了方便。

1. 认识【动作】面板

动作就是处理单个文件或一批文件的一系列命令。在Photoshop cs3中，可以将大多数命令和工具操作记录下来，保存在动作中。以后如果需要进行相同的处理时，播放该动作便可以自动完成操作。

【动作】面板及其主要按钮如图11.1所示。

【动作】菜单如图11.2所示。

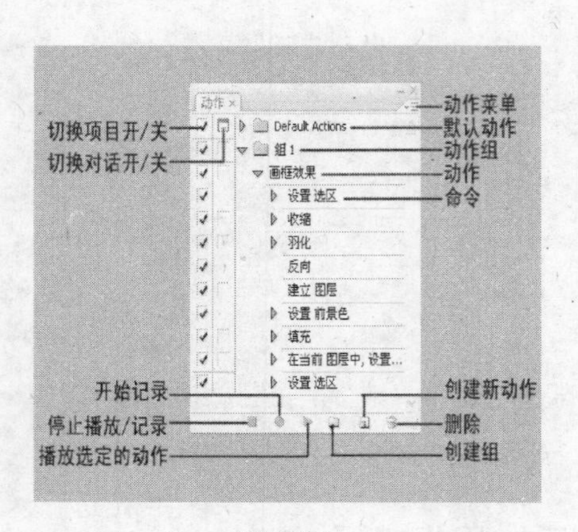

图 11.1

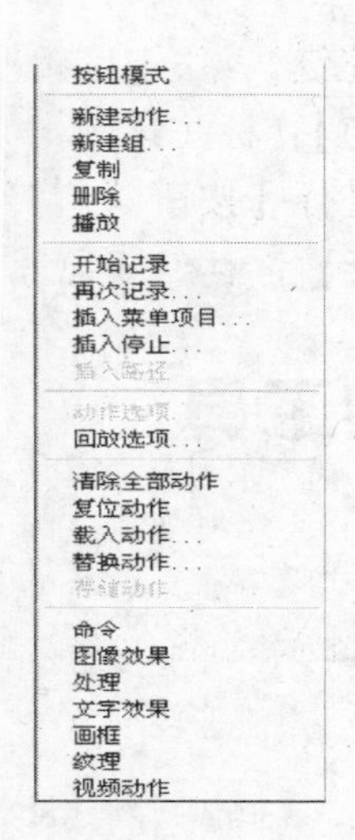

图 11.2

【动作】面板主要参数如下：

● 【切换项目开/关】：勾选上此按钮，则当前动作组、动作和命令可以执行；否则将不能被执行。

● 【切换对话开/关】：单击切换项目，如果命令前出现灰色标志，则动作执行到该命令时会暂停；如果命令前出现红色标志，则表示该动作中的部分命令设置了暂停命令。

● 【开始记录】：单击该按钮，开始录制动作。

● 【停止播放/记录】：单击该按钮，停止播放动作或记录动作。

● 【播放选定的动作】：单击该按钮，可以播放选定的动作。

● 【动作菜单】：单击打开动作菜单。

● 【动作组】：一系列动作的集合。

● 【动作】：一系列命令的集合。

● 【命令】：记录操作的命令。

● 【创建新动作】：单击该按钮可以创建一个新的动作。

● 【删除】：单击该按钮可以删除选定的动作组、动作或命令。

● 【创建组】：单击该按钮可以创建一个新的动作组。

2. 创建动作

我们可以通过【动作】面板创建自己的动作，操作方法如下：

（1）打开文件或新建一个空白文件。

（2）打开【动作】面板，点击【创建组】按钮，在弹出的对话框中输入组的名称，点击【确定】。

（3）点击【创建新动作】按钮，打开【新建动作】对话框，如图 11.3 所示。

该对话框主要参数如下：

● 【名称】：修改动作的名称。

● 【组】：可以选择动作所在的动作组，如果没有选择新的动作组，则默认将动作保存在当前动作组中。

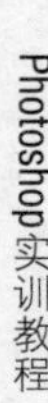

●【功能键】：决定该动作的播放快捷键。

●【颜色】：标注该动作在【动作】面板【按钮模式】下的颜色，如图 11.4 所示。如果要进行【按钮模式】，可以点击【动作】菜单，选择【按钮模式】命令。

设置完毕后，点击【记录】按钮完成动作的新建。

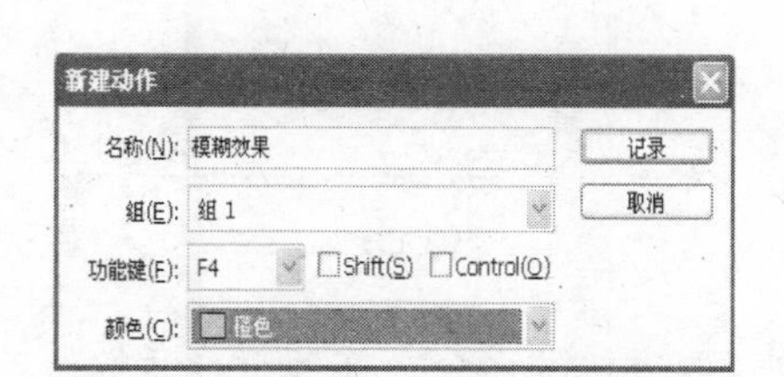

图 11.3

图 11.4

(4) 点击【开始记录】按钮，开始记录操作命令。【开始记录】按钮在记录状态下变为红色，此时【播放】按钮和【删除】按钮将变为灰色，不能使用。

(5) 用户开始操作，动作面板中将记录下操作的每一个步骤，如图 11.5 所示。

(6) 操作完成后，点击【停止播放/记录】按钮，完成动作记录，此时【开始记录】按钮变回灰色，【播放】按钮和【删除】按钮重新回到可用状态，如图 11.6 所示。

图 11.5

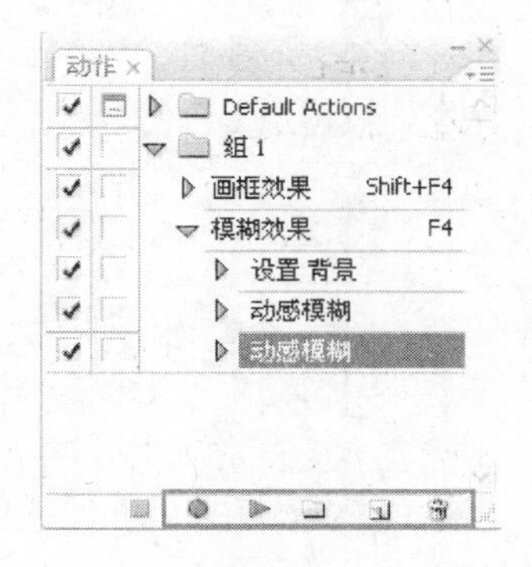

图 11.6

3. 编辑动作

录制好的动作可以进行修改和编辑。

(1) 追加命令：如果要追加命令，直接点击【开始记录】按钮，开始操作。结束后点击【停止播放/记录】按钮，完成动作的命令追加，如图 11.7 所示。

(2) 插入命令：如果要在动作中插入命令，首先选择插入位置的上一个命令，然后点击【开始记录】按钮，开始操作。结束后点击【停止播放/记录】按钮，完成插入命令，如图 11.8 所示。

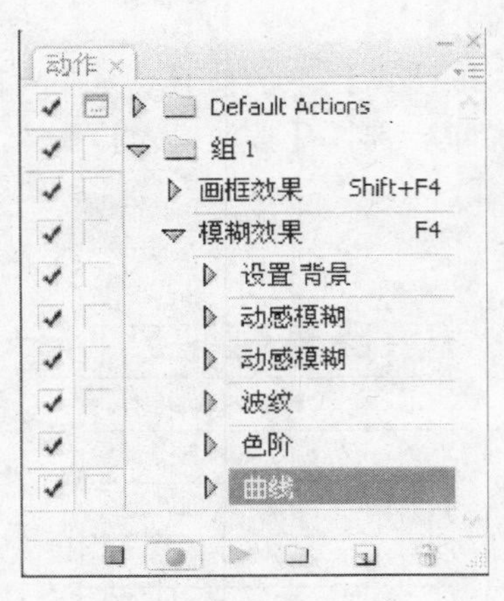

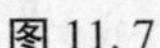
图 11.7

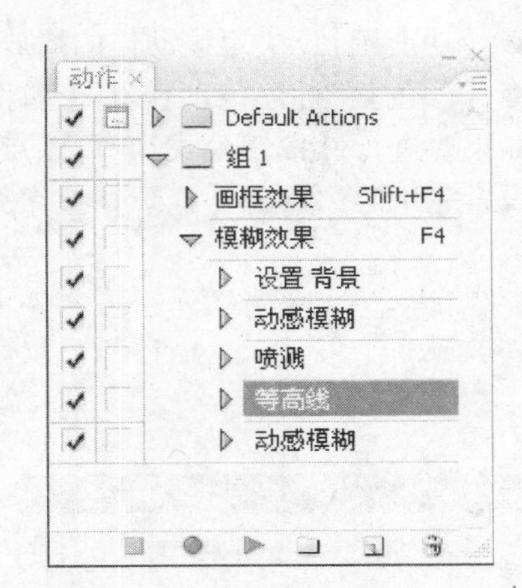

图 11.8

（3）重排命令：如果要改变命令的位置，选择要重排的命令，拖拽至合适的位置。

（4）复制命令：如果要复制动作中的命令，首先选择要复制的命令，然后拖拽至【创建新动作】按钮。

（5）删除命令：如果要删除动作中的命令，首先选择要删除的命令，然后拖拽至【删除】按钮。

（6）修改名称：如果要修改动作组或动作的名称，双击面板中该动作组或动作的名称，重新输入名称，如图 11.9 所示。

（7）修改命令参数：如果要修改某个命令的参数，双击该命令打开选项设置对话框，然后修改其中的参数，如图 11.10 所示。

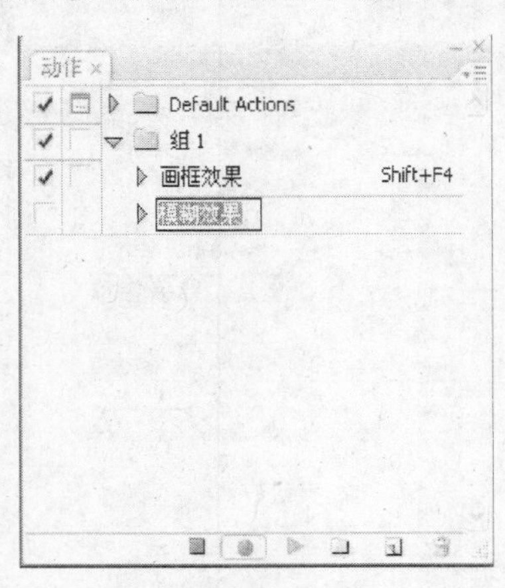

图 11.9

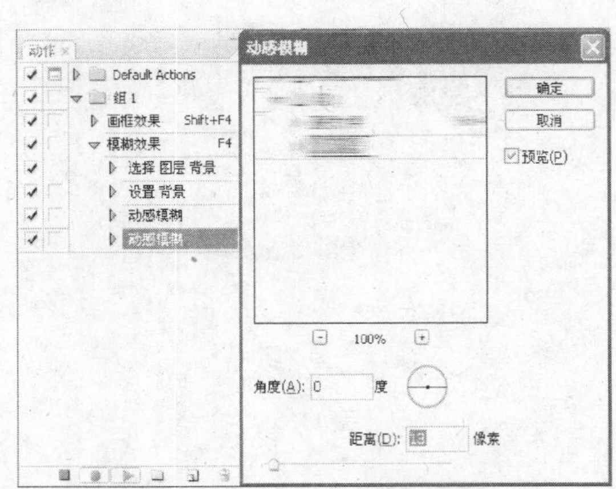

图 11.10

（8）设置回放选项：选择需要设置播放速度的动作，点击【动作】菜单下的【回放选项】命令，如图 11.11 所示。打开【回放选项】对话框，如图 11.12 所示。

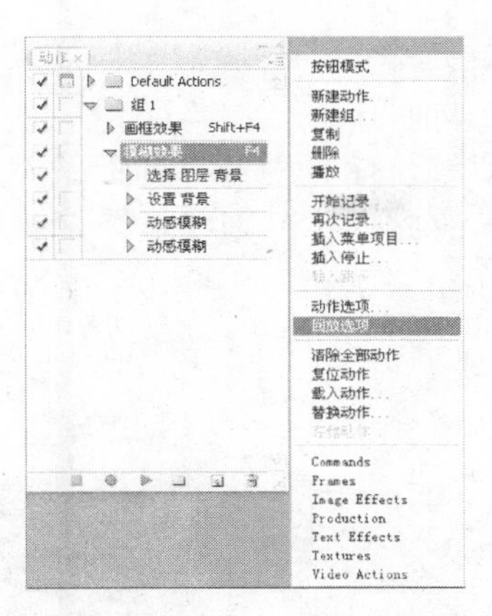

图 11.11

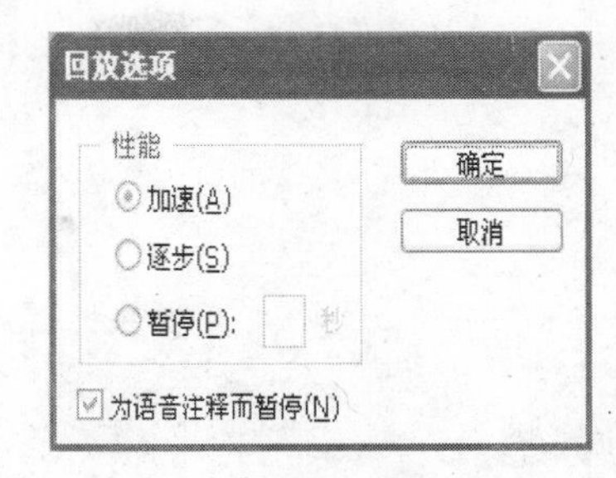

图 11.12

【回放选项】对话框主要参数如下：

●【加速】：勾选该项后，以正常速度播放动作，速度较快。

●【逐步】：勾选该项后，播放动作时，显示每个命令的效果，然后进入下一个命令，播放速度比较慢。

●【暂停】：勾选该项后，可以再设置一个数值间隔播放时间。

●【为语音注释而暂停】：勾选该项后，将播放动作中的所有语音注释后，再执行动作的下一步。取消该选项，动作的播放将不受语音注释的影响。

（9）载入外部动作：如果要应用外部动作，点击【动作】菜单中的【载入动作】命令，在打开的对话框中选择需要的动作路径，将其载入【动作】面板中。

4. 应用动作

【动作】面板的播放方法如下：

（1）应用默认动作：Photoshop cs3 中提供了一定的预设动作，放在“默认动作”文件夹中，可以直接应用。

首先打开文件，如图 11.13 所示。接着打开【动作】面板，选择“默认动作组”，在展开的动作中选择需要的动作，如图 11.14 所示。

图 11.13

图 11.14

点击【播放选定的动作】按钮▶，播放该动作，选中的图层将自动应用动作中的所有操作。播放后的效果如图 11.15 所示。

(2) 应用自己创建的动作：打开文件后，在【动作】面板中选择前面录制“模糊效果”动作，点击【播放选定的动作】按钮▶，播放该动作，则播放后的效果如图 11.16 所示。

图 11.15

图 11.16

实训步骤

(1) 打开素材库中的 11－1 原文件，如图 11.17 所示。

(2) 打开【动作】面板，点击【创建组】按钮，创建动作组“组 1”。点击【创建新动作】按钮，新建动作并命名为“画框效果”，功能键为“Shift + F4”，如图 11.18 所示。

(3) 点击【开始记录】按钮●，开始记录操作的命令。

图 11.17

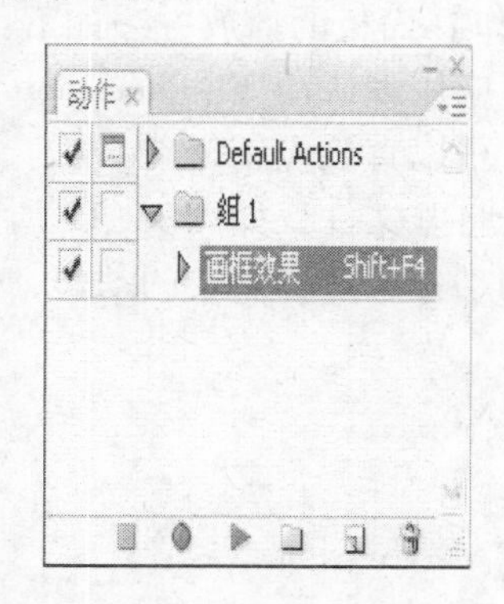

图 11.18

(4) 单击菜单【选择】—【全部】命令，设置图像全部为选区。单击菜单【选择】—【修改】—【收缩】命令，将选区收缩 40 个像素，如图 11.19 所示。

(5) 单击菜单【选择】—【修改】—【羽化】命令，将选区羽化两个像素。单击菜单【选择】—【反向】命令，将选区反选，如图 11.20 所示。

图 11.19

图 11.20

（6）新建一个图层，命名为“画框”。将前景色设置为银白色，在选区填充前景色，如图 11.21 所示。

（7）双击打开图层“画框”的【图层样式】对话框，设置“斜面浮雕”和“纹理”两项，效果如图 11.22 所示。

图 11.21

图 11.22

（8）点击【停止播放/记录】按钮■，完成动作记录，如图 11.23 所示。

（9）选择其他图像，播放“画框效果”动作，可以在其他图像中应用该动作的命令效果，如图 11.24 所示。

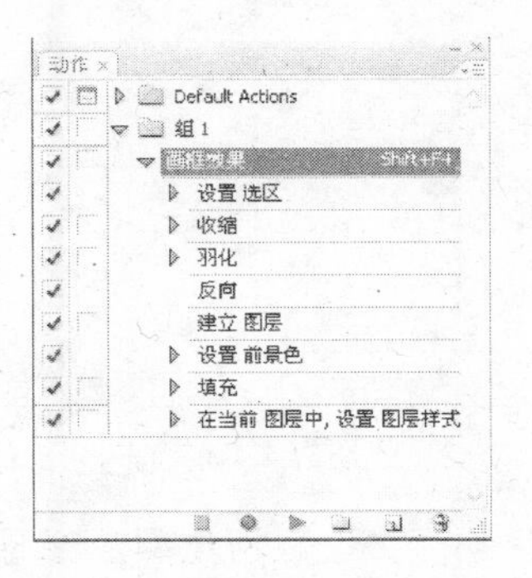

图 11.23

图 11.24

实训2　自动化工具——为图片添加“格子”效果

实训目的与要求

应用批处理命令为多张图片添加“格子”效果。

通过本项目的实训与练习使学生掌握自动化的工具，包括批处理、创建快捷批处理、裁剪并修齐照片、更改条件模式、限制图像和 Photomerge 命令。

实训预备知识

在图片处理时，如果面对大量相同的、重复性的操作，往往会浪费很多宝贵的时间。在 Photoshop cs3 中为用户提供了批处理的功能，只要用户设置好处理图像的相关步骤，系统就会自动根据用户的设置进行批量处理，提高工作效率，并实现图像的自动化处理。

1. 批处理

在批处理中，可以打开、关闭所有文件并存储对原文件的更改，或将更改后的文件存储到新位置。如果要将处理过的文件存储到新的位置，必须在批处理开始前先为处理的文件创建一个新文件夹。如果需要提高批处理性能，用户最好是取消历史记录面板中的“自动创建第一幅快照”选项。

（1）在【动作】面板中载入动作或创建动作。

（2）选择要批处理的动作，点击菜单【文件】—【自动】—【批处理】命令，打开【批处理】对话框，如图 11. 25 所示。

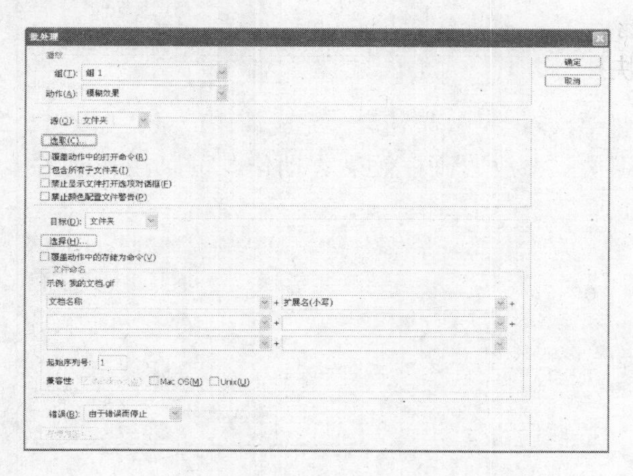

图 11. 25

该对话框主要参数如下：

●【组】：在下拉列表中选择要播放的动作组。

●【动作】：在下拉列表中选择要播放的动作。

●【源】：指定待处理的文件。在下拉列表中有四个选项：“文件夹”选项，可以点击下方的【选取】按钮打开对话框选择一个文件夹；“导入”选项，可以导入处理来自数码相机和扫描仪的文件；"打开的文件"选项，可以处理打开的文件；"Bridge"选项，可处理 Adobe Bridge 中选定的文件。

●【覆盖动作中的打开命令】：勾选该项后，批处理时会忽略动作中的"打开"命令。

●【包含所有子文件夹】：勾选该项后，批处理时将处理指定文件夹内所有子目录中的文件。

●【禁止显示文件打开选项对话框】：勾选该项后，批处理时将不会打开文件选项对话框。

●【禁止颜色配置文件警告】：勾选该项后，将关闭颜色方案信息的显示。

●【目标】：指定完成批处理后保存文件的位置。下拉列表中有三个选项："无"选项，批处理后文件不保存，仍保持打开状态；"存储并关闭"选项，可以将文件保存在当前文件夹中，将覆盖原文件；"文件夹"选项，可以点击下方的"选择"按钮，指定文件夹，保存处理好的文件。

●【覆盖动作中的存储为命令】：勾选该项后，如果动作中包含【存储为】命令时，批处理该命令将引用批处理的文件。

●【文件命名】：设置文件的命名规范。

●【错误】：指定出现错误时的处理方法。下拉列表中有两个选项："由于错误而停止"选项，出现错误时会出现提示信息并暂停操作；"将错误记录到文件"选项，出现错误时不会直接停止批处理，但会记录下错误信息，单击"存储为"按钮进行保存。

(3) 设置以上选项完成后，单击【确定】按钮即可自动完成批处理。

2. 创建快捷批处理

快捷批处理是对批处理操作的简化，它将批处理的过程集成一个小的应用程序，只需将待处理的图像或文件夹拖拽至快捷批处理程序的图标上，便可以自动实现批处理。当然，在创建快捷批处理之前，必须在【动作】面板导入或创建需要的动作。

具体操作方法如下：

(1) 点击菜单【文件】—【自动】—【创建快捷批处理】命令，打开【创建快捷批处理】对话框，如图 11.26 所示。

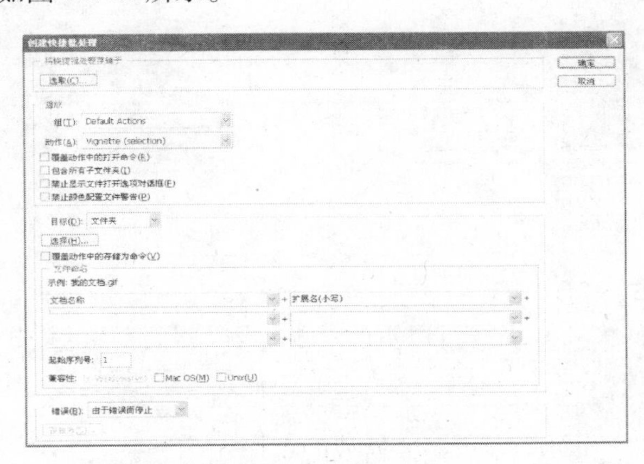

图 11.26

(2)【创建快捷批处理】对话框中【选取】按钮可以指定新建快捷批处理程序的保

存位置。其他的选项与【批处理】对话框中的选项功能基本相同。

设置对话框中所需的选项，如图 11.27 所示，点击【确定】按钮，可以创建快捷批处理程序并保存到指定的位置，如图 11.28 所示。

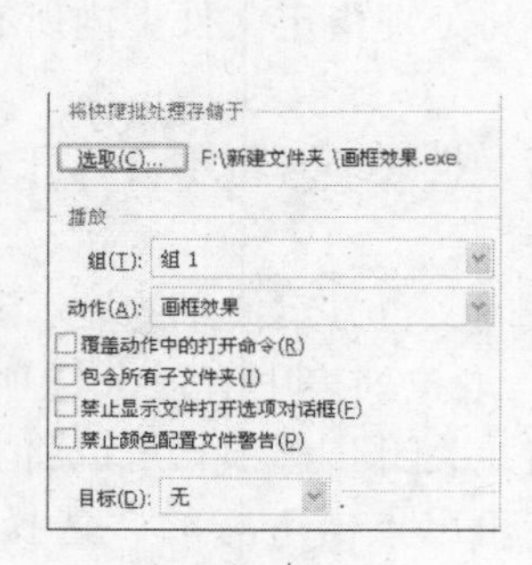

图 11.27

图 11.28

(3) 如果要应用快捷批处理，只需将待处理的图像文件或文件夹拖至图标上，可以自动实现批处理。

3. 裁剪并修齐照片

使用【裁剪并修齐照片】命令，可以将一个文件内的多个图像自动裁剪成多个单独的文件。操作方法如下：

(1) 打开文件，如图 11.29 所示。

(2) 点击菜单【文件】—【自动】—【裁剪并修齐照片】命令，分离后效果如图 11.30 所示。

图 11.29

图 11.30

4. 更改条件模式

使用【更改条件模式】命令可以更改“源”和“目标”的模式。

单击菜单【文件】—【自动】—【更改条件模式】命令，打开【更改条件模式】对话框，如图 11.31 所示。

● 【Dource Mode】：源模式，用以选择源文件的颜色模式。

● 【Target Node】：目标模式，用以设置图像转换后的颜色模式。

5. 限制图像

使用【限制图像】命令可以改变图像的大小，限制图像到指定的宽度和高度。

单击菜单【文件】—【自动】—【限制图像】命令，可以打开【更改条件模式】对话框，如图 11. 32 所示。填入指定的宽度像素值和高度像素值。此命令在改变图像大小的同时不会改变图像本身的分辨率。

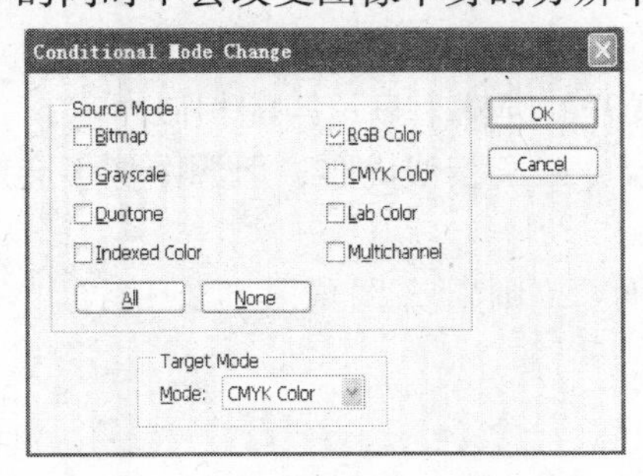

图 11. 31

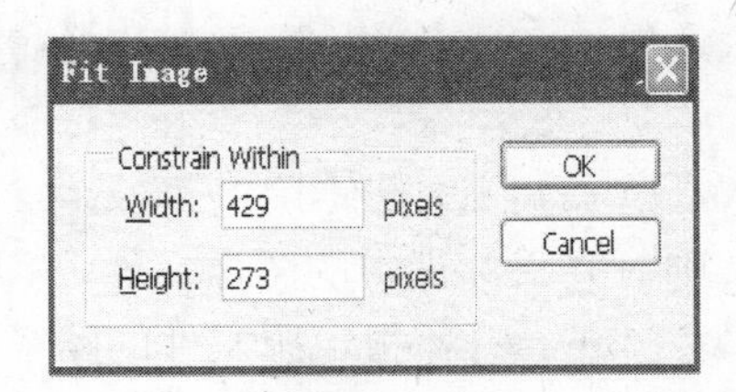

图 11. 32

6. Photomerge

使用【Photomerge】命令可以将多张图片组合成一张完整的图片。比如一组分景照片，可以合成一张完成的全景照片。

具体的操作方法如下：

（1）打开一组待处理的图片，如图 11. 33 所示。

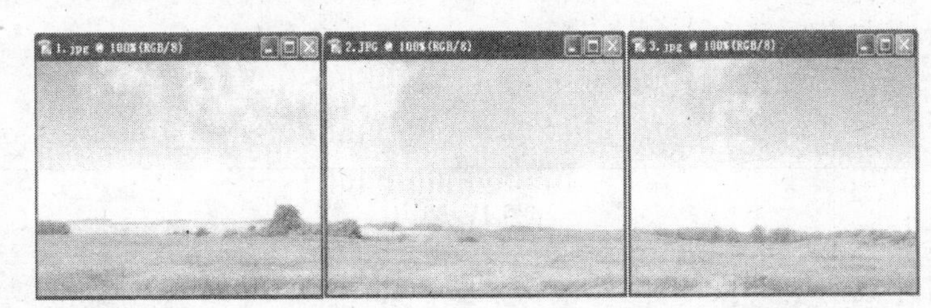

图 11. 33

（2）单击菜单【文件】—【自动】—【Photomerge】命令，可以打开【Photomerge】对话框，如图 11. 34 所示。

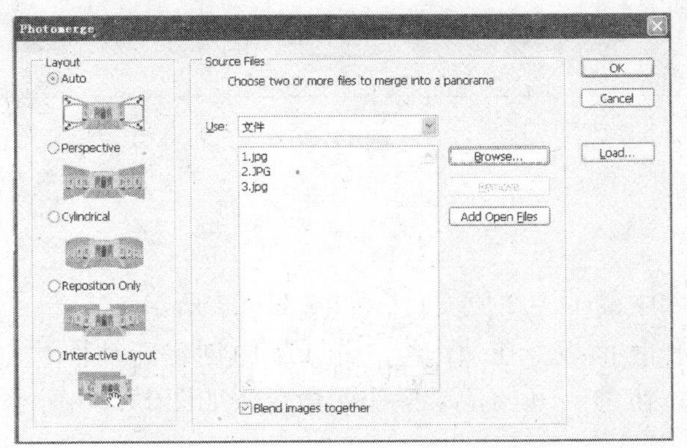

图 11. 34

设置对话框选项功能如下：

●【Layout】：版面选项，可以设置图像之间相似内容自动对齐的四种模式。

●【Auto】：自动模式，系统自动选择“透视”或“圆柱”模式并应用于源图像进行相似对齐；

●【Perspective】：透视模式，系统将源图像中的一个图像，通常默认为中间的图像作为参考图像来创建全景图，其他图层通过变形对齐相似内容；

●【cylindrical】：圆柱模式，系统将图像在展开的圆柱上显示匹配相似内容；

●【Peposition Only】：仅调整位置，对齐图层并匹配相似内容，但源图像不会产生变形。

●【Use】：设置使用的源文件。选择“文件”，则对齐图像文件；选择“文件夹”，则对齐文件夹中的图像文件。

●【Browse】：指定源文件的路径载入源文件。

●【Remove】：移除指定的源文件。

●【Add Open Files】：追加源文件。

（3）完成以上设置，点击“OK”，系统自动完成对齐图层生成一个新的全景图，如图 11.35 所示。

图 11.35

（4）使用【裁切工具】，将图像裁切平整，如图 11.36 所示。

图 11.36

实训步骤

（1）打开素材库中的 11－2 原文件，如图 11.37 所示。

（2）打开【动作】面板，在动作组“组 1”内创建新动作，命名为“格子效果”。点击【开始记录】按钮 ●，开始记录操作的命令，如图 11.38 所示。

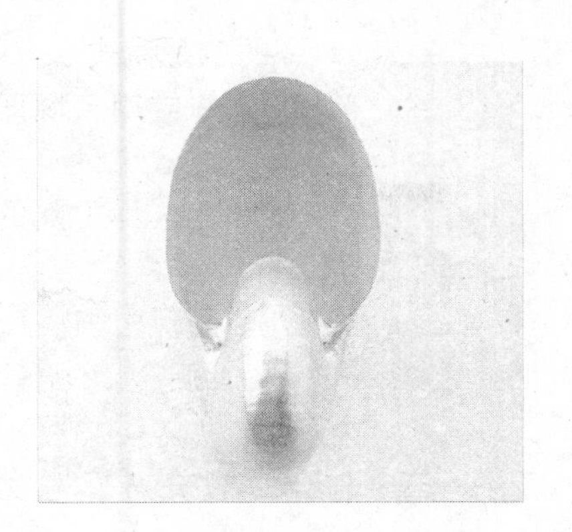

图 11.37

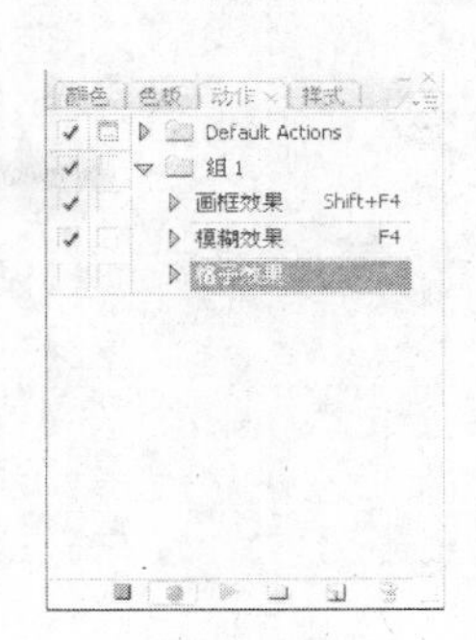

图 11.38

（3）新建图层，命名为“格子”。选择【矩形选框工具】，拖出一个正方形选区，填充为“白色”，如图 11.39 所示。单击菜单【选择】—【修改】—【收缩】命令，将选区收缩四个像素，填充为“黑色”，取消选区，如图 11.40 所示。

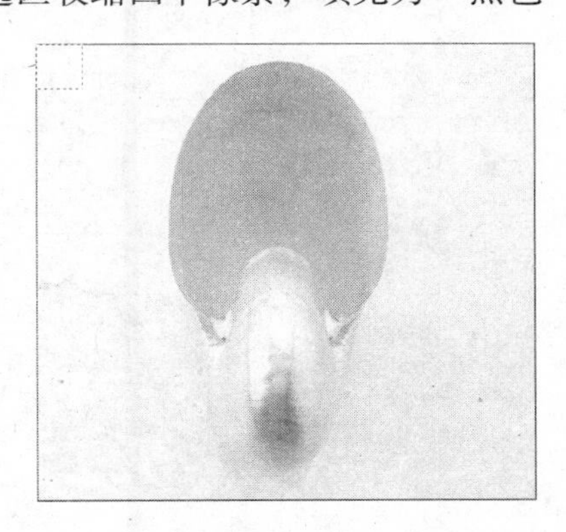

图 11.39

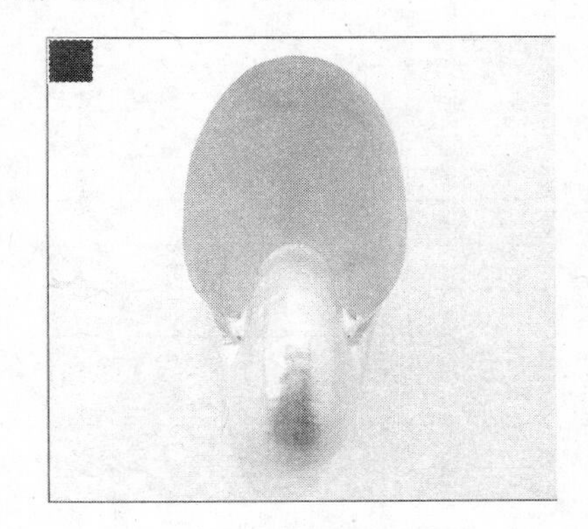

图 11.40

（4）选择图层中的黑白格子图案，点击菜单【编辑】—【定义图案】命令，定义新图案，命名为“格子 1”，如图 11.41 所示。

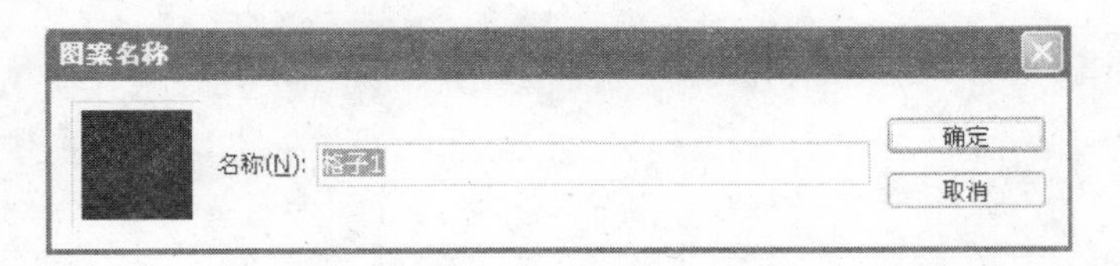

图 11.41

按“Delete”键删除“格子”图层中的图像。

（5）新建一个通道，命名为“格子轮廓”。点击菜单【编辑】—【填充】命令，填充刚才定义的图案“格子 1”，通道效果如图 11.42 所示。

（6）选择“格子”图层，点击菜单【选择】—【载入选区】命令，载入通道“格子轮廓”，如图 11.43 所示。

图 11.42

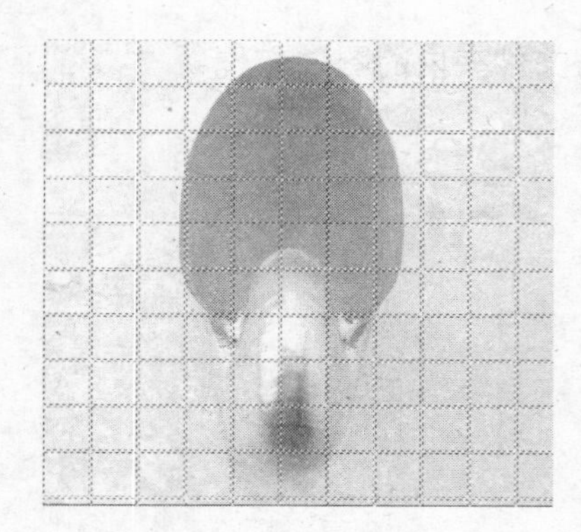

图 11.43

(7) 为选区填充“黑色”，如图 11.44 所示。接着选择【矩形选区工具】，将选区向左轻移两个像素，再向上轻移两个像素，删除选区内的像素，然后取消选区，效果如图 11.45 所示。

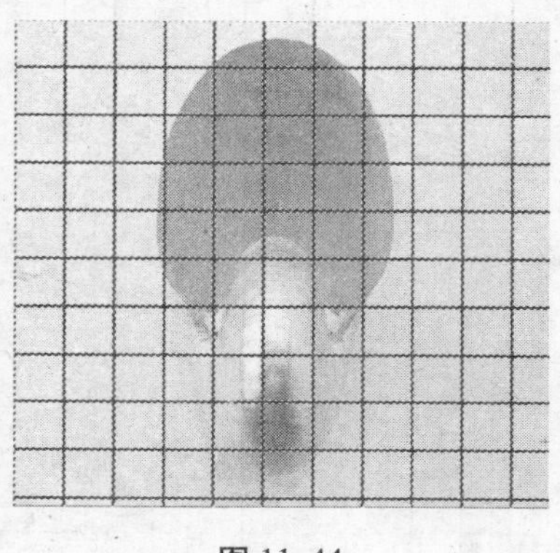

图 11.44

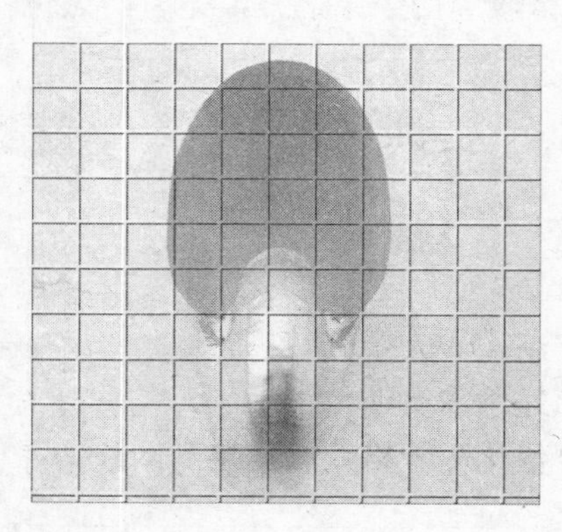

图 11.45

(8) 设置“格子”图层的填充不透明度为“15%”，如图 11.46 所示。

(9) 点击【动作】面板中的【停止播放/记录】按钮■，完成动作记录，如图 11.47 所示。

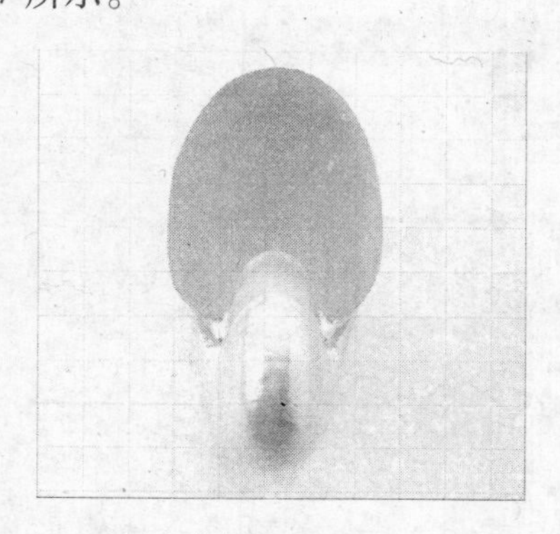

图 11.46

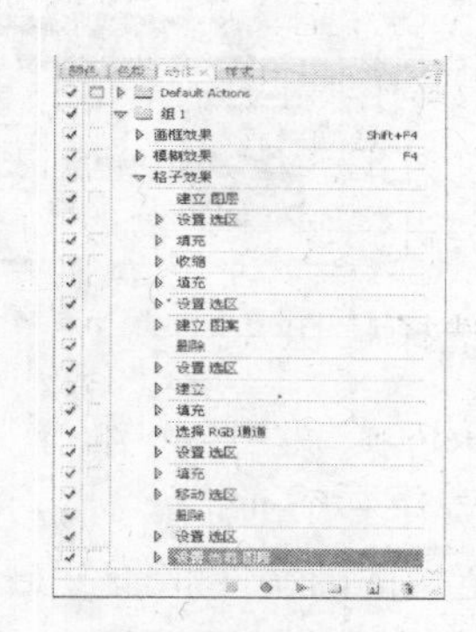

图 11.47

(10) 将要处理的文件放在“待处理”文件夹中，点击菜单【文件】—【自动】—【批处理】命令，打开【批处理】对话框，设置如图 11.48 所示。Photoshop 自动将文件夹内的图像文件处理为格子效果并保存于“处理后”文件夹中，如图 11.49 所示。

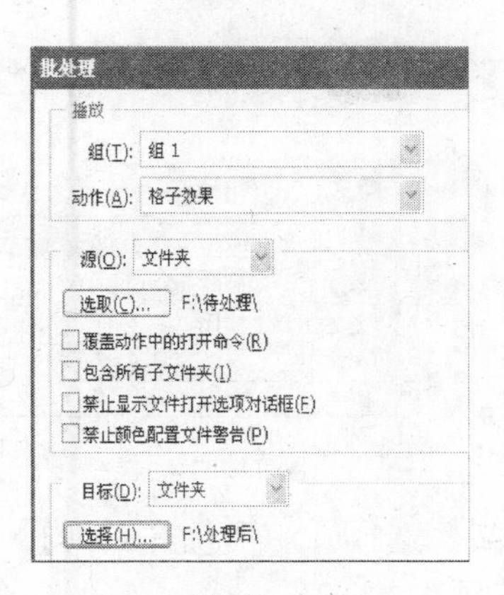

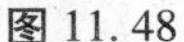
图 11.48

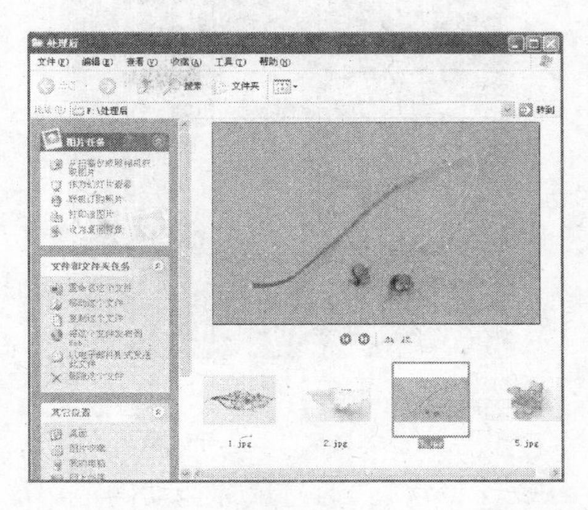

图 11.49

实训 3　设置网络图像——制作个人主页的进入图像

实训目的与要求

制作个人主页的进入图像。

通过本实训使学生掌握制作切片和优化图像的方法，主要包括创建切片、编辑切片、优化图像格式、连接到网络的操作。

实训预备知识

Photoshop cs3 提供了 Web 设计工具，可以设计并制作网络图像，也可以输出完整的 Web 网页。

1. 创建切片

使用【切片工具】可以将图片划分为多个区域，制作成切片。切片可以进行优化设置并直接制作成网页、按钮或动画。

创建切片的操作如下：

（1）打开图像文件，如图 11.50 所示。

（2）选择【切片工具】，设置上方工具选项栏中的切片样式，如图 11.51 所示。

图 11.50

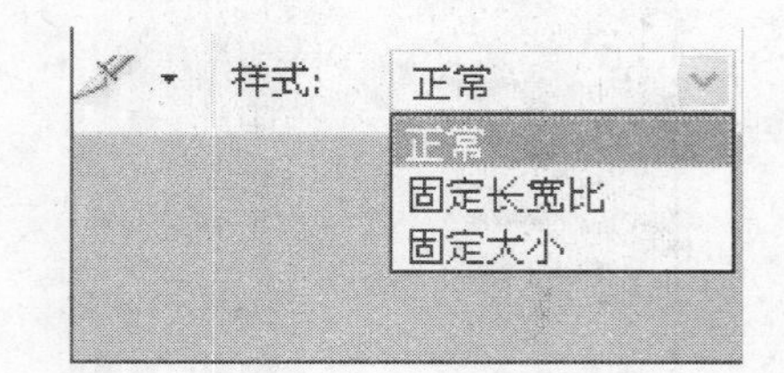

图 11.51

● 【正常】：通过鼠标拖动确定切片的位置的大小。

● 【固定长宽比】：通过设置切片的高宽比数值，创建固定长宽比的切片。

● 【固定大小】：通过设置的高度数值和宽度数值，可以创建固定大小的切片。

(3) 使用【切片工具】在图像上创建切片，如【正常】模式下，在中间图像部分拖出矩形框创建切片，其余部分将自动生成切片，效果如图 11.52 所示。使用【切片工具】创建的切片叫做用户切片，自动生成的切片叫做自动切片。

小提示：如果要创建标准的正文形切片，可以按住 Alt 键用鼠标拖出正方形创建切片。

(4) 基于参考线制作切片：如果需要进行精确定位切割，可以使用标尺制作切片。

首先按下快捷键 Ctrl + R，打开图像标尺，新建参考线确定位置，如图 11.53 所示。然后选择【切片工具】，点击【切片工具】选项栏中的按钮 基于参考线的切片 ，Photoshop 将基于参考线自动制作切片，如图 11.54 所示。

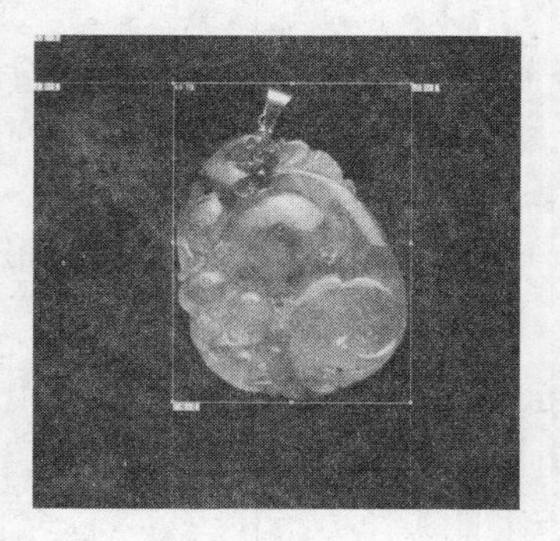

图 11.52

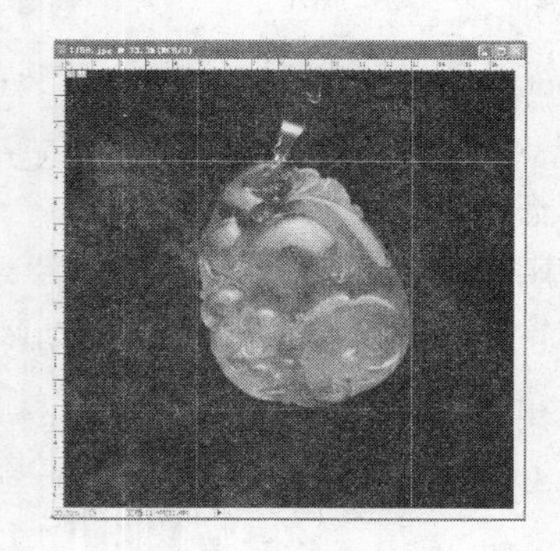

图 11.53

(5) 基于图层制作切片：如果需要切片的图像是独立的图层，可以通过菜单【图层】—【新建基于图层的切片】命令，自动创建基于图层的切片，如图 11.55 所示。

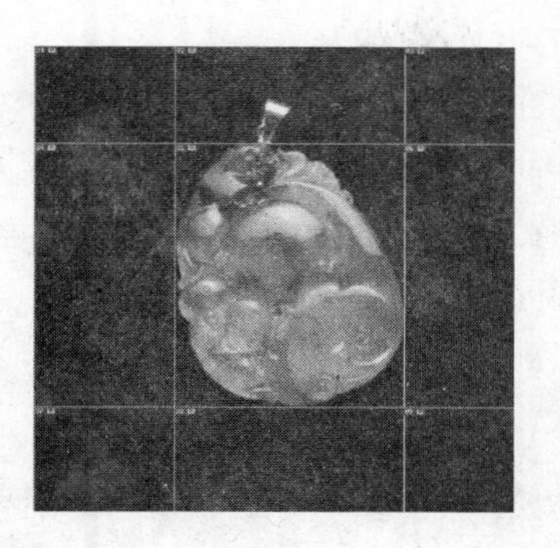

图 11.54

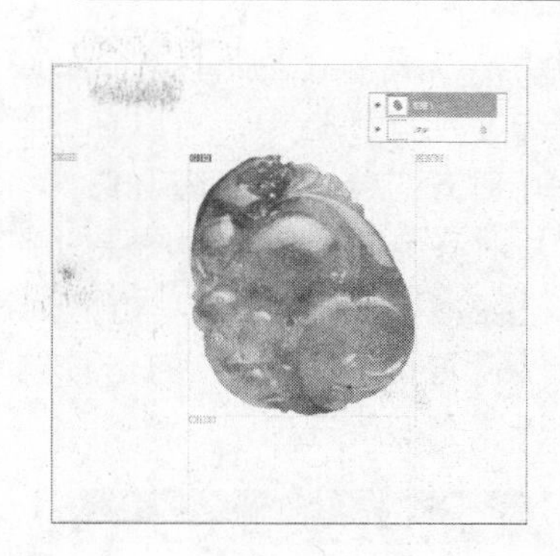

图 11.55

这种创建切片的方式不仅快捷，还具有另一个优势：当图像的大小或位置产生变化时，切片区域将自动调整，如图 11.56 和图 11.57 所示。

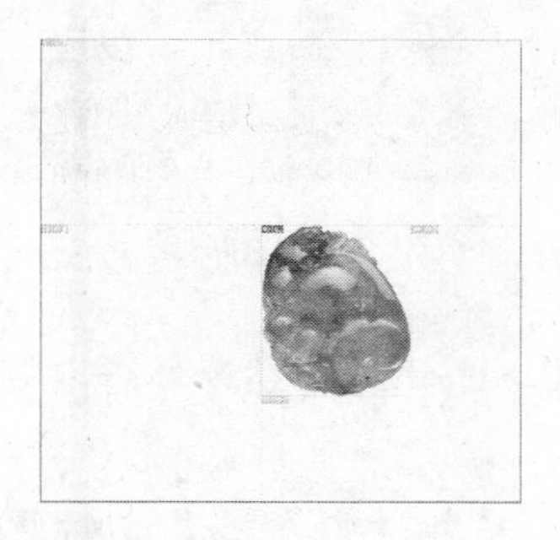

图 11.56

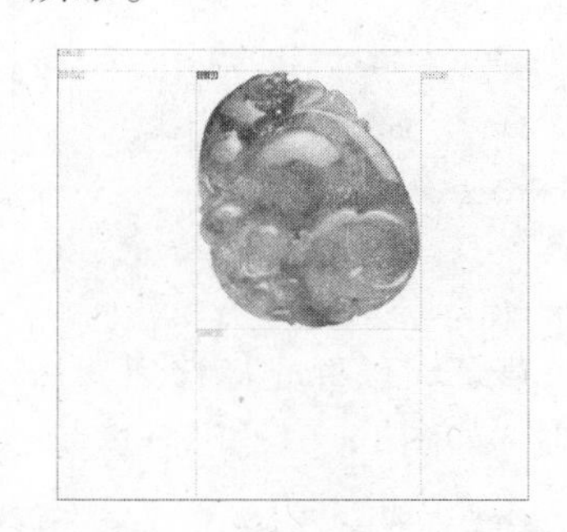

图 11.57

2. 编辑切片

切片创建成功以后，还可以调整切片大小或移动切片位置，具体方法如下：

(1) 调整切片大小。

第一步：点击选择该【切片选择工具】。如果要同时选择多个切片，可以按住 Shift 点击该切片。

【切片选择工具】选项栏如图 11.58 所示。

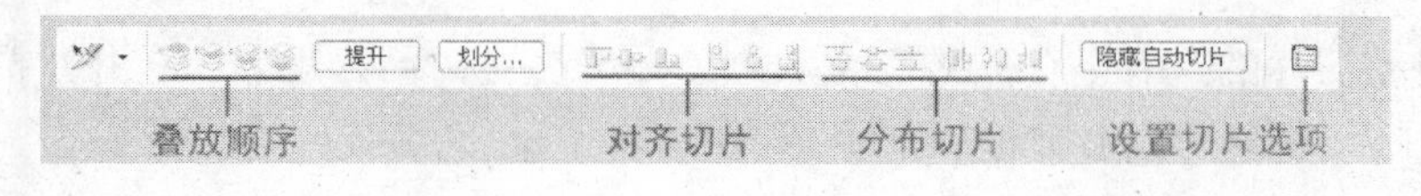

图 11.58

● 【叠放顺序】：单击选项按钮，可以改变切片的叠放顺序，设置切片的位置。置为顶层按钮：单击该按钮可以将选定的切片调整到最顶层；前移一层按钮：单击该按钮可以将选定的切片向上移动一层；后移一层按钮：单击该按钮可以将选定的切片向下移动一层；置为底层按钮：单击该按钮可以将选定的切片调整到最底层。

● 【提升】：单击该按钮可以将自动切片转换为用户切片。

● 【划分】：单击该按钮打开【划分切片】对话框。设置选项可以对选择的切片再次进行水平或垂直方向的划分。如将切片水平平均划分三个切片，垂直平均划分为两个切片，如图 11. 59 所示进行设置，效果对比如图 11. 60 所示。

勾选【预览】选项，可以在图像中预览切片划分的情况。

● 【对齐与分布切片选项】：单击该选项的按钮可以将选择的切片进行对齐或分布。切片对齐与分布模式与图层对齐与分布功能大致相同。

● 【隐藏自动切片】：单击该按钮，可以隐藏自动切片。

● 【设置切片选项】：点击该按钮，打开【设置切片选项】对话框，可以设置切片的名称、类型待选项。

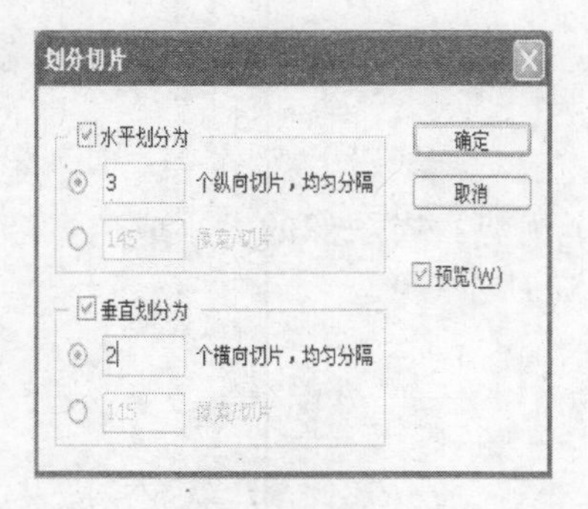

图 11. 59

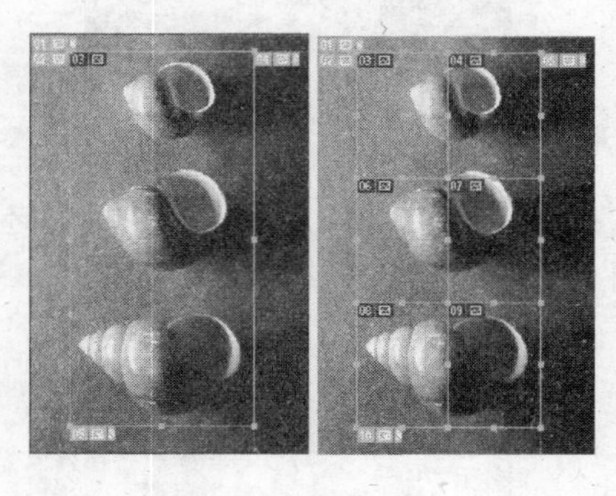

图 11. 60

第二步：将鼠标光标移到切片边界框的控制点上，单击并拖动鼠标可以调整该切片的大小，如图 11. 61 和图 11. 62 所示。

图 11. 61

图 11. 62

(2) 移动切片的位置。如果要移动切片的位置，选择该切片，单击并拖动鼠标或点击位移快捷键可以移动该切片的位置，如图 11. 63 和图 11. 64 所示。

图 11. 63

图 11. 64

(3) 组合切片。如果要组合切片，首先选择需要在组合的切片，然后点击右键菜单的【组合切片】命令，可以将选择的切片组合为一个切片，如图 11.65 和图 11.66 所示。

图 11.65

图 11.66

(4) 删除切片。如果要删除切片，首先选择该切片，然后点击右键菜单的【删除切片】命令，可以将选择的切片删除，如图 11.67 和图 11.68 所示。

如果要删除所有切片，可以点击菜单【视图】—【清除切片】命令。

图 11.67

图 11.68

(4) 锁定切片。如果要锁定切片，首先选择需要锁定的切片，然后点击菜单【视图】—【锁定切片】命令，可以将选择的切片锁定。锁定后切片将不能再进行移动、组合、删除等编辑。

3. 连接到网络

完成切片的制作以后，可以使用将图像文件进行优化，并输出为 Web 格式。操作方法如下：

(1) 点击菜单【文件】—【存储为 Web 和设备所有格式】命令，打开【存储为 Web 和设备所有格式】对话框，如图 11.69 所示。

●【抓手工具】：放大图像的显示比例后，使用该工具在视窗内移动图像进行观看。

图 11.69

●【切片选择工具】：使用该工具可以选择窗口中的切片。

●【缩放工具】：单击放大图像的显示比例，按住快捷键 Alt 键单击可以缩小图像的显示比例。

●【吸管工具】：使用该工具单击，可以拾取该点像素上的颜色。

●【颜色】：单击打开拾色器，显示【吸管工具】拾取的颜色。

●【切换切片可视性】：单击可以显示/隐藏切片的定界框。

●【原稿】：单击该按钮，窗口中显示没有优化的图像。

●【优化】：单击该按钮，窗口中显示当前优化的图像。

●【双联】：单击该按钮，窗口中并排显示图像优化前和优化后的两个图像，如图 11.70 所示。

●【四联】：单击该按钮，窗口中显示一个优化前和三个优化后的图像。优化后的图像设置各不相同，可对比选择出最优的优化设置，如图 11.71 所示。

图 11.70

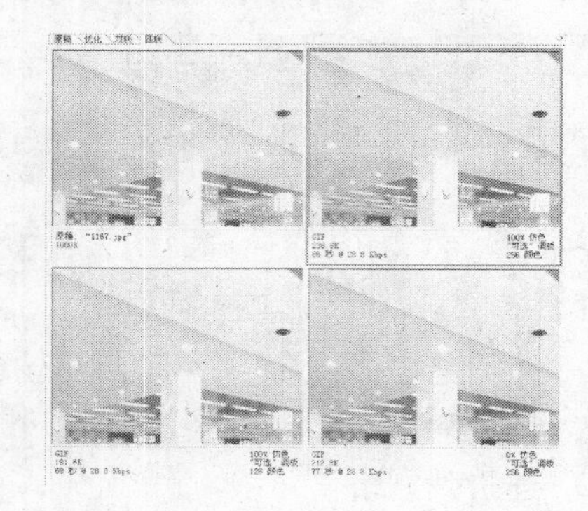

图 11.71

●【缩放级别】100%：单击按钮或输入数值可以缩放图像窗口。

●【在默认浏览器中预览】：单击按钮可以在 Web 浏览器中预览优化后的图像，如图 11.72 所示。

●【颜色表】：将图像优化为 GIF、PNG－8 和 WBMP 格式时，可以在“颜色表”

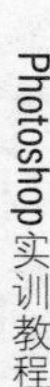

中对图像的颜色进行优化。

●【图像大小】：单击打开【图像大小】面板，如图 11.73 所示。可以设置图像像素大小或百分比例。勾选“约束比例”选项可以固定长宽比例。

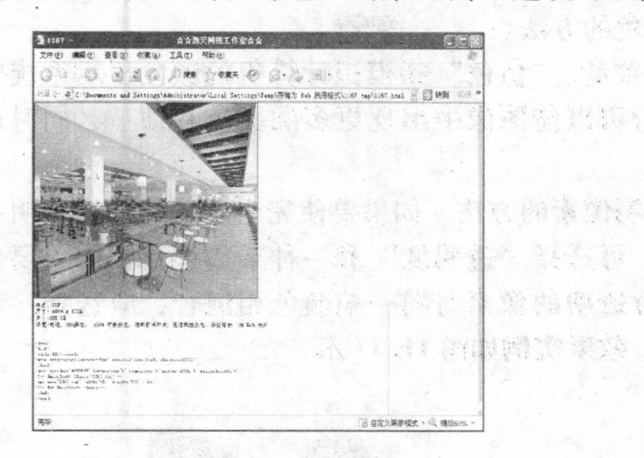

图 11.72

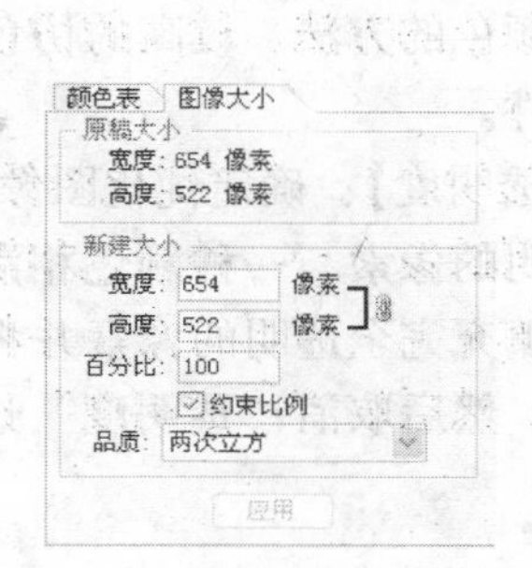

图 11.73

（2）点击【存储为 Web 和设备所有格式】对话框中的【完成】按钮 完成 ，可以完成优化设置。

点击【存储为 Web 和设备所有格式】对话框中的【储存】按钮 存储 ，将优化后的图像存存储为优化设置的格式。也可以将图像存储为网页格式，如保存类型设为“HTML 和图像”，则网页效果如图 11.74 所示。图像切片则保存在同路径的“images”文件夹中，如图 11.75 所示。

图 11.74

图 11.75

4. 优化图像格式

打开【存储为 Web 和设备所有格式】对话框，在右方的【文件格式】下拉列表中可以选择优化图像的格式。

（1）优化为 GIF 格式。“GIF”是一种无损压缩格式。在【文件格式】下拉列表中选择“GIF”选项，切换到设置面板，如图 11.76 示。

主要参数如下：

●【损耗】：通过压缩图像，有选择地扔掉数据来减小文件大小，减低超过 10% 会影响图像的品质。

●【减低颜色深度算法】：指定用于生成颜色查找表的方法，以及想在颜色查找表中使用颜色数量。

●【颜色】：指定想要在颜色查找表中使用的颜色数量。

●【仿色方法】：确定应用程序仿色的方法。

●【仿色】：确定应用程序仿色的数量。“仿色”指模拟计算机的颜色显示系统中未提供的颜色的方法。较高的仿色百分可以使图像中出现更多的颜色和细节，同时也会增大文件。

●【透明度】：确定优化图像中透明像素的方法。如果要使完全透明的像素透明并将部分透明的像素与一种颜色相混合，可选择“透明度”和一种杂边颜色；如果要使一种颜色填充完全透明的像素并将部分透明的像素与同一咱颜色相混合，应选择一种杂边颜色，然后取消“透明度”选项。效果实例如图 11.77 示。

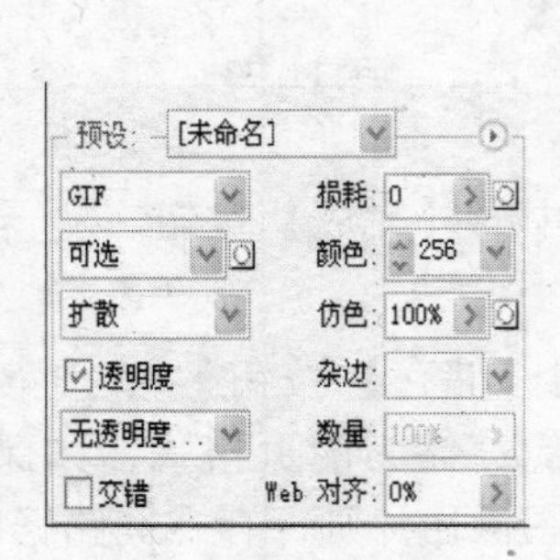

图 11.76

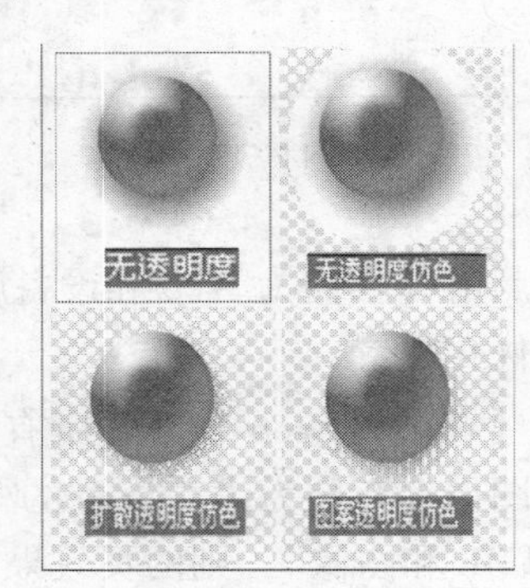

图 11.77

●【杂边】：单击“杂边”色块，在“拾色器”中选择一种颜色，可设置为杂边颜色。

●【交错】：勾选该选项，在下载图像文件时，可以显示图像的低分辨率版本。

●【Web 对齐】：设置将颜色转换为最接近的 Web 面板等效颜色的容差级别。该值越高，转换的颜色越多。

（2）优化为 JPEG 格式。在【文件格式】下拉列表中选择“JPEG”选项，切换到设置面板，如图 11.78 示。

主要参数如下：

●【压缩品质】：选择该项可以设置图像压缩程度。“品质”越高，图像保留的细节越多，生成的文件也就越大

●【连续】：勾选该项可以在 Web 浏览器中以渐进方式显示图像。

●【模糊】：设置应用于图像的模糊量。

●【ICC 配置文件】：和文件一起保留图片的 ICC 配置文件。

●【杂边】：设置透明像素的填充颜色。

（3）优化为 PNG－8 格式。在【文件格式】下拉列表中选择“PNG－8”选项，切换到设置面板，如图 11.79 示。该面板选项设置与“GIF”选项设置基本相同。

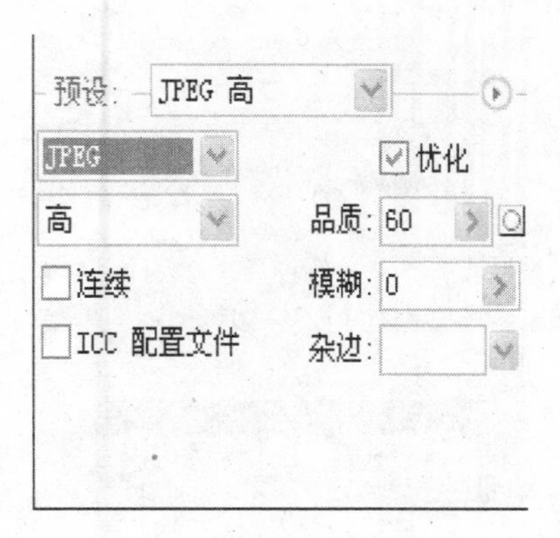

图 11.78

图 11.79

（4）优化为 PNG－24 格式。在【文件格式】下拉列表中选择“PNG－24”选项，切换到设置面板，如图 11.80。该面板选项设置与“GIF”选项设置基本相同。

（5）优化为 WBMP 格式。在【文件格式】下拉列表中选择“WBMP”选项，切换到设置面板，如图 11.81。该面板选项设置与“GIF”选项设置基本相同。

如果优化为 WBMP 格式的“无仿色”选项，仿色“100%”，优化效果如图 11.82 示；优化为“扩散”模式，仿色“100%”优化效果如图 11.83 示。

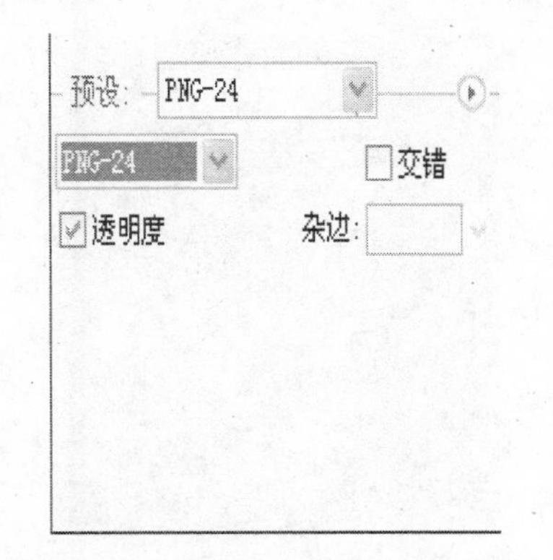

图 11.80

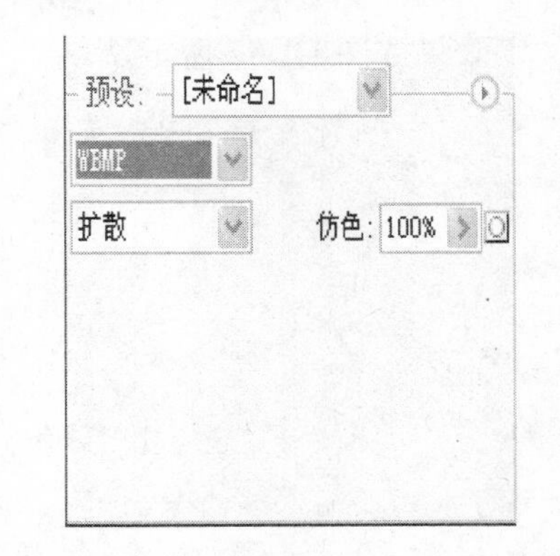

图 11.81

图 11.82

图 11.83

实训步骤

（1）打开素材库中的 11 －3 原文件，如图 11. 84 示。

（2）选择【文字工具】，设置字体为“隶书”、大小为“60 号”，在画布中添加文字“欢迎进入我的家园!”，将文字移动到适当的位置。

点击【创建变形文字】按钮 ，打开对话框，设置如图 11. 85 示。

图 11. 84

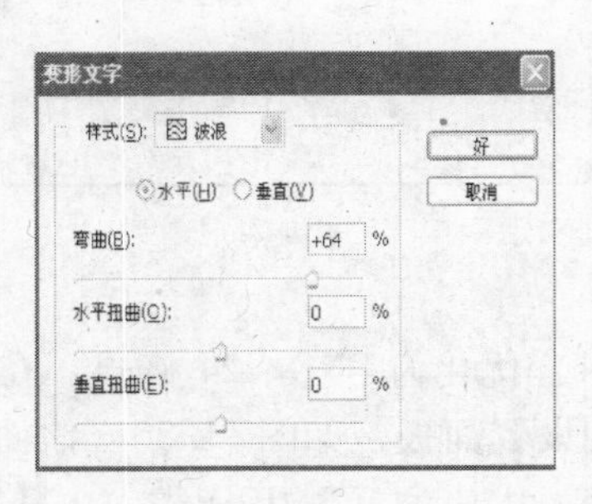

图 11. 85

双击该图层，打开【图层样式】面板，设置文字图层的“投影”、“斜面与浮雕”、“ 外发光”和“渐变叠加”样式如图 11. 86 所示。

文字效果如图 11. 87 所示。

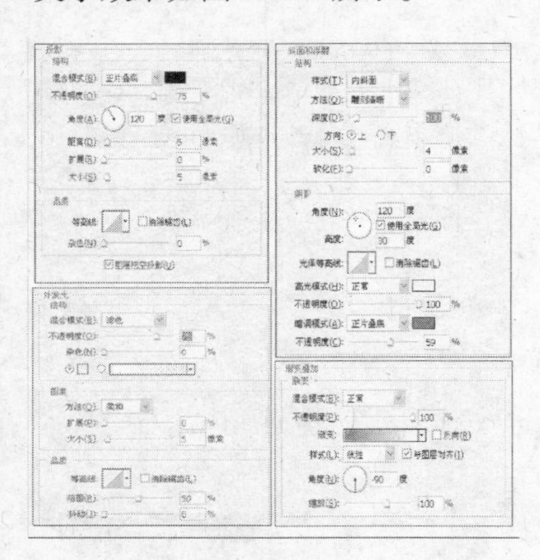

图 11. 86

图 11. 87

（3）使用【文字工具】，设置字体为“隶书”、大小为“24”号，在画布中添加文字“点击进入”，移动到适当的位置。复制前一个文字图层的图层样式，修改“渐变叠加”选项中的渐变颜色为“黄—淡黄—黄”，效果如图 11. 88 所示。

（4）选择【切片工具】 ，将图像分割切片，如图 11. 89 所示。通常将文字单独划分成切片。对较大的区域，比如切片 01，可以继续划分，如图 11. 90 所示。

（5）点击菜单【文件】—【存储为 Web 和设备所有格式】命令，打开【存储为 Web 和设备所有格式】对话框，设置如图 11. 91 所示。

图 11.88

图 11.89

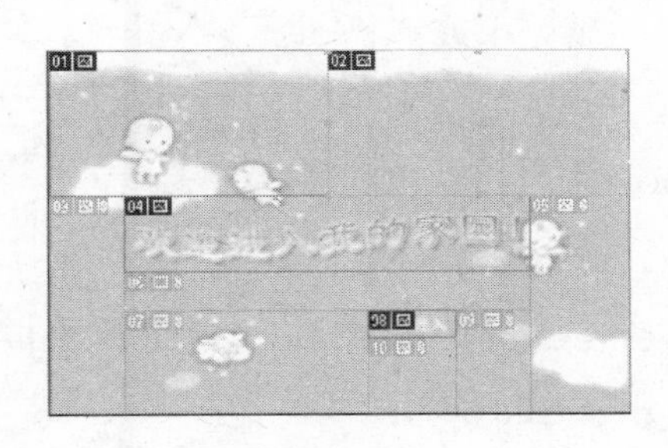

图 11.90

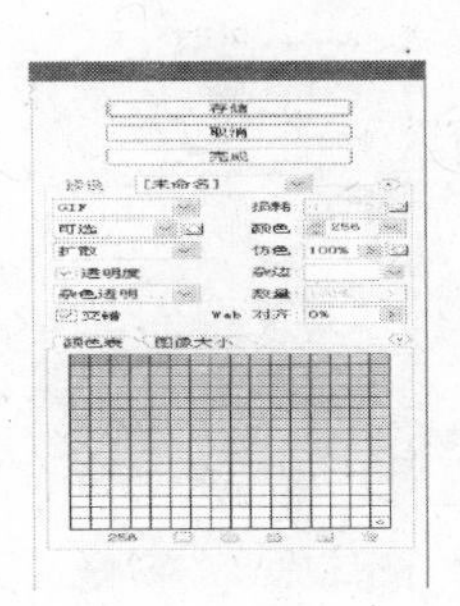

图 11.91

(6) 点击【储存】按钮 存储 ，将图像保存为“HTML 和图像”类型，点击确定。网页效果如图 11.92 所示。

图像切片保存在同路径下的“images”文件夹中，如图 11.93 所示。

图 11.92

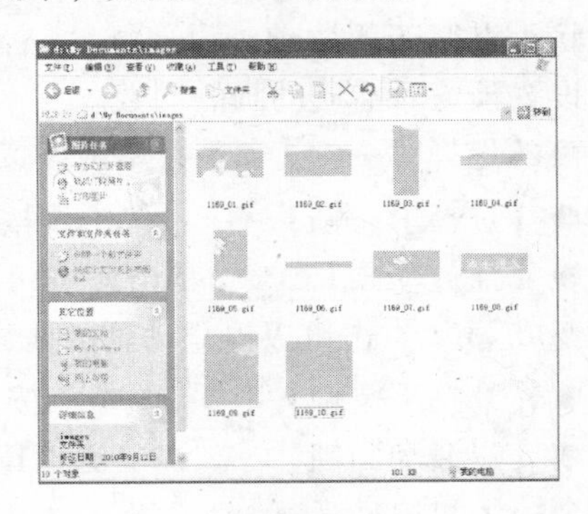

图 11.93

实训 4　制作“星空闪烁”动画

实训目的与要求

制作星空下“星光闪烁”和“流星划过”的动画效果。

通过本实训使学生掌握制作 GIF 动画的方法，包括创建动画、过渡帧的设置、动画的优化和保存的操作方法。

实训预备知识

动画是在一段时间内显示的一系列连续相近的图像。其中单独的一张图像叫做帧。动画中每一帧较前一帧有细小的变化，当连续、快速地显示这些帧时，就会产生运动变化的视觉效果。在 Photoshop cs3 可以方便快捷地制作小动画。

1. 创建动画

（1）打开文件，如图 11.94 所示。两个图层，一个背景层，一个蜘蛛图像图层。

（2）选择菜单【窗口】—【动作】命令，打开【动画】面板，如图 11.95 所示。

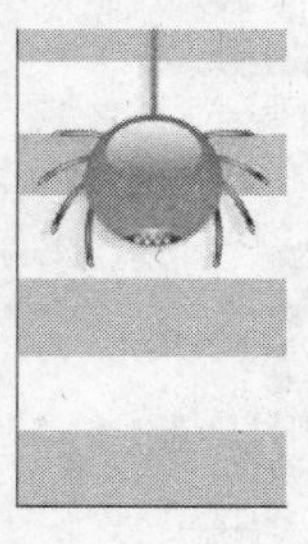

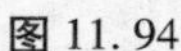

图 11.94

图 11.95

【动画】面板选项功能如下：

● 【当前帧】：单击选择当前的帧。

● 【延迟时间】：点击▼标志，设置帧在播放过程中的延迟时间。

● 【循环选项】：点击打开下拉列表，选择动画播放的次数。选择“永远”，则预览时将一直循环播放动画；选择“一次”，则预览时只播放一次动画；选择“其他”，可以设置预览时播放动画的次数。

● 【选择第一帧】◀◀：单击该按钮可以选择序列中的第一帧为当前帧。

● 【选择上一帧】◀|：单击该按钮可以选择当前帧的前一帧。

● 【播放动画】▶：单击该按钮可以在窗口中从当前帧开始播放动画。播放时该按钮变成■，点击可以停止动画的播放。

● 【选择下一帧】|▶：单击该按钮可以选择当前帧的后一帧。

● 【过渡动画帧】：单击该按钮可以打开【过渡】对话框，设置该对话框添加两个帧之间的过渡帧

● 【复制选中帧】：单击该按钮可以复制选择的帧。

● 【删除选中帧】：单击该按钮可以删除选择的帧。

● 【动画菜单】▾☰：点击打开动画菜单，设置动画相关选项，如图 11.96 所示。

根据以上选项进行设置。

（2）在【动画】面板中增加新的帧，可以点击的【复制选中帧】按钮，复制选中的帧，也可以点击【动画】菜单上的【新建帧】命令。调整第二帧的图像，设置两帧之间的播放延迟时间，可以创建动画效果。根据需要还可以继续增加帧，调整图像，增加动画的长度。如图 11.97 所示。

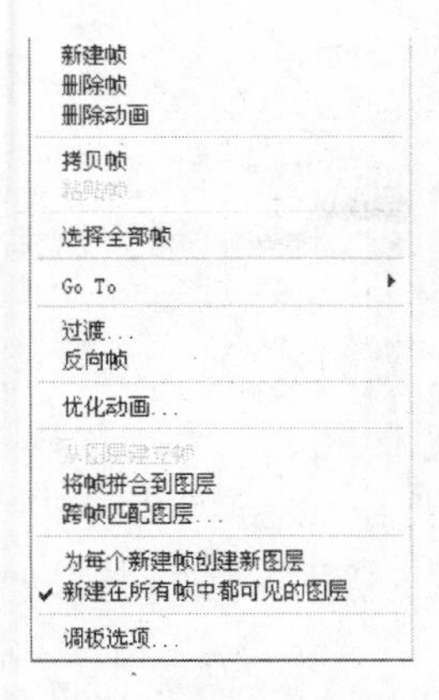

图 11.96

图 11.97

2. 设置过度帧

为了使帧与帧之间过渡更加均匀平滑，可以两帧之间设置一系列的过渡帧。点击【动画面板】中的【过渡动画帧】按钮，打开【过渡】对话框，如图 11.98 所示。

该对话框主要参数如下：

●【过渡】：单击打开下拉列表，选择“上一帧”，则在当前帧与上一帧之间设置过渡帧；选择“下一帧”，则在当前帧与下一帧之间设置过渡帧。

●【要添加的帧】：添加数值设置过渡帧的数量。

●【图层】：单击设置过渡帧应用的图层。选择“所有图层”，则过渡帧应用于所有图层；选择“选中的图层”，则过渡帧中只出现当前图层。

●【参数】：设置过渡帧应用的“位置”、“不透明度”和“效果”等选项。

设置好以上选项，点击“确定”按钮完成过渡帧的设置，则 Photoshop 将自动在两帧之间填充过渡帧，如图 11.99 所示。

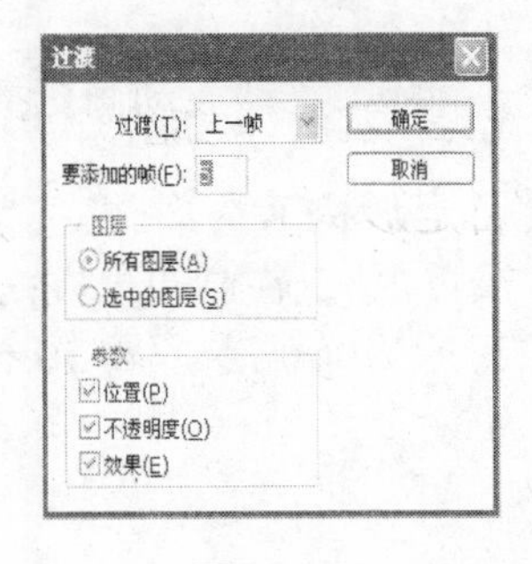

图 11.98

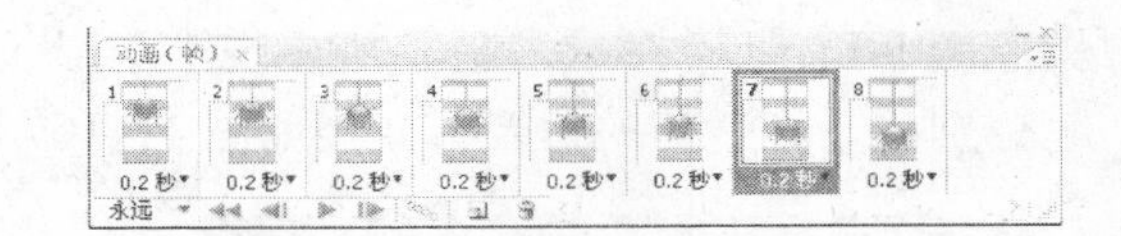

图 11.99

3. 保存动画

设置动画完成以后，点击菜单【文件】—【存储为 Web 和设备所有格式】命令，打开对话框，优化动画图像，设置如图 11.100 所示。点击【存储】按钮，将动画保存为为 GIF 格式，效果如图 11.101 所示。

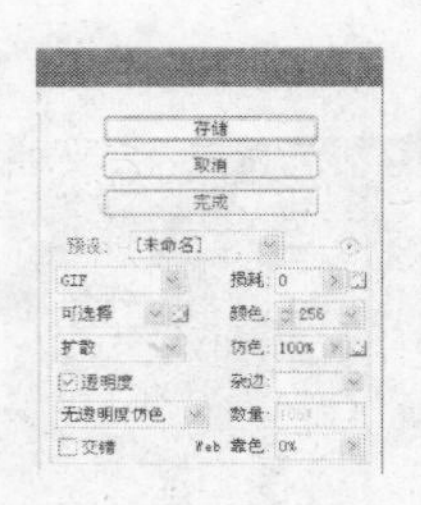

图 11.100

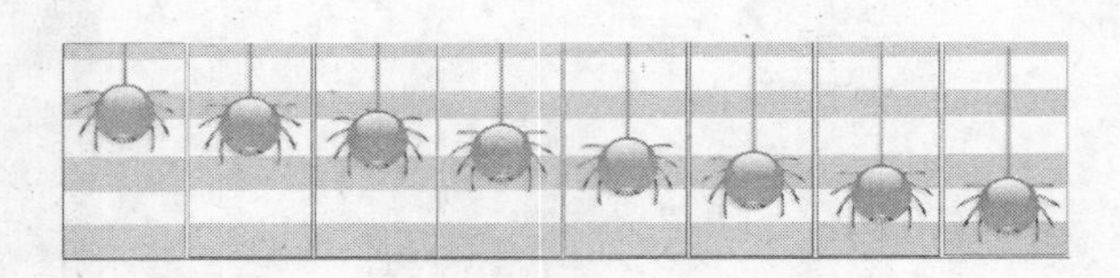

图 11.101

实训步骤

（1）打开 Photoshop cs3，新建一幅 480＊400 像素的文档，背景为“黑色”。

（2）在【图层】面板中点击【新建图层】按钮，新建图层 1。选择【工具箱】上的【椭圆选择工具】，勾勒一个椭圆选区，填充为棕黄色，如图 11.102 所示。

（3）在【图层】面板中点击【新建图层】按钮，新建图层 2。选择【椭圆选择工具】，勾勒小熊形状的选区，填充为“浅蓝色”，如图 11.103 所示。

图 11.102

图 11.103

用相同的方法新建图层 3，勾勒大熊形状的选区，填充为“蓝色”，如图 11.104 所示。

（4）选择【多边形工具】，选择选项栏上的【自定形状工具】，设置多边形选项如图 11.105 所示，设置边数为“5”，颜色为“浅黄色”。在画布上方拖出 10 个黄色的五角星，【图层面板】中出现十个形状图层，如图 11.106 所示。将 10 个五星图案分别移动到适当的位置，效果如图 11.107 所示。

图 11.104

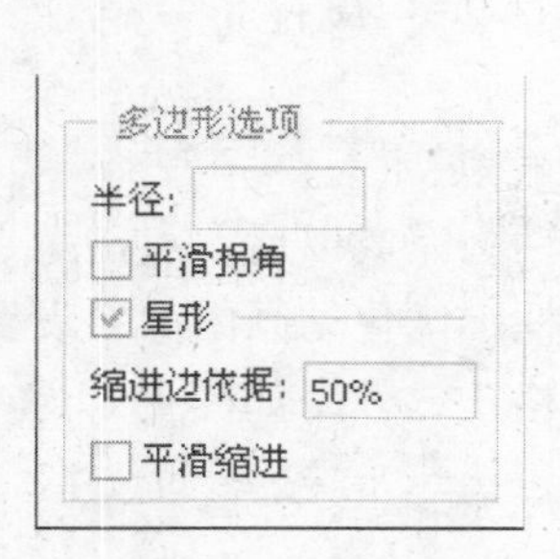

图 11.105

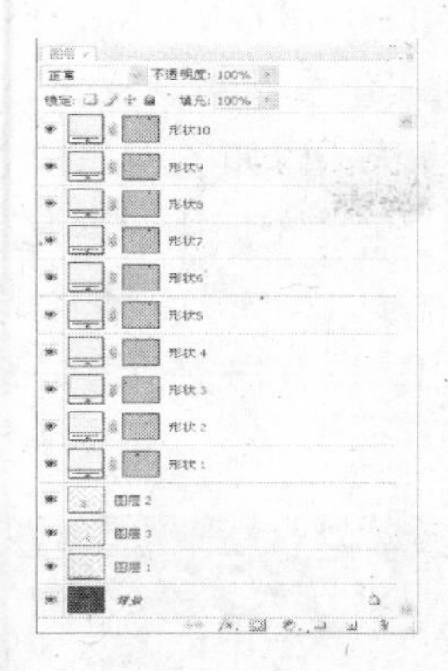

图 11.106

图 11.107

（5）将“形状 1”图层“形状 2”图层的不透明度分别设为“70%”和“60%”。选择“背景”到“形状 4”图层，点击右键【拼合图像】命令，将这八个图层合到“背景”图层。

将“形状 5”到“形状 7”图层合并为一个图层，命名为“星 1”，图层不透明度设置为“12%”；将“形状 8”和“形状 9”图层合并为一个图层，命名为“星 2”图层不透明度设置为“65%”。将“形状 10”图层中的图像移到右上方，图层不透明度设置为“0%”。其中，“星 1”和“星 2”图层将制作“星光闪烁”效果，“形状 10”图层将制作“流星划过”效果。

图像整体效果如图 11.108 所示，【图层面板】如图 11.109 所示。

图 11.108

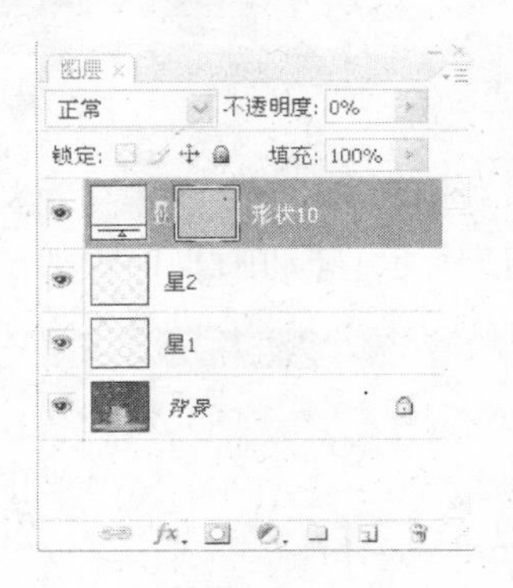

图 11.109

（6）打开【动画】面板，将第 1 帧的延迟时间为“0.2 秒”，如图 11.110 所示。

图 11.110

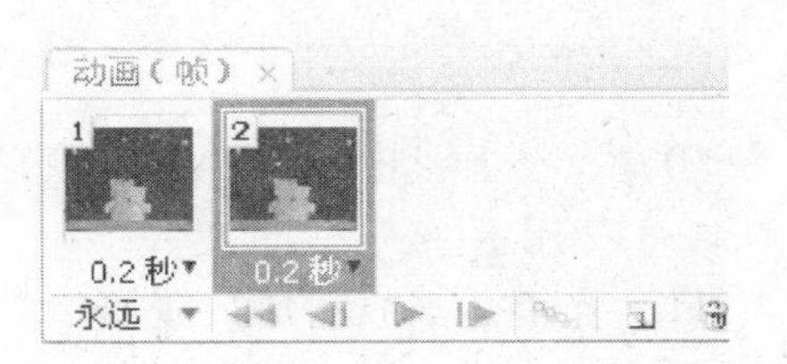

图 11.111

（7）点击【复制选中帧】按钮 ，复制当前帧，如图 11. 111 所示。在第 2 帧中将“星 1”图层的不透明度设置为“16%”，“星 2”图层的不透明度设置为“75%”。将“形状 10”图层移动到中间位置，图层不透明度设置为“75%”，如图 11. 112 所示。

（8）点击【复制选中的帧】按钮 ，复制当前帧。在第 3 帧中将“星 1”图层的不透明度设置为“75%”，“星 2”图层的不透明度设置为“10%”。将“形状 10”图层移动到左下方位置，图层不透明度设置为“0%”，如图 11. 113 所示。【动画】面板如图 11. 114 所示。

图 11. 112

图 11. 113

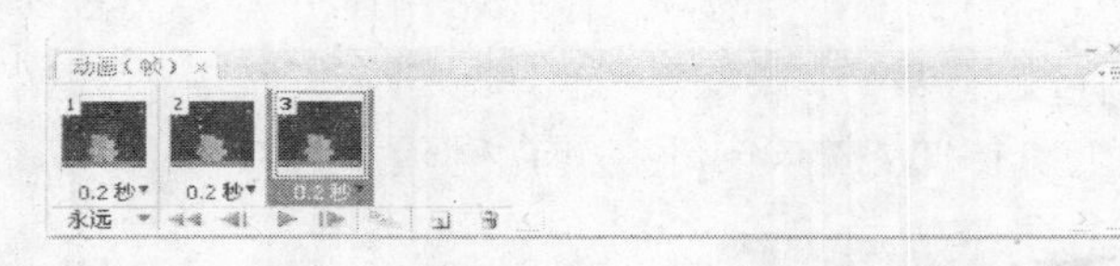

图 11. 114

（9）选择第一帧，点击【过渡动画帧】按钮 ，打开【过渡】对话框，设置如图 11. 115 所示。【动画】面板如图 11. 116 所示。

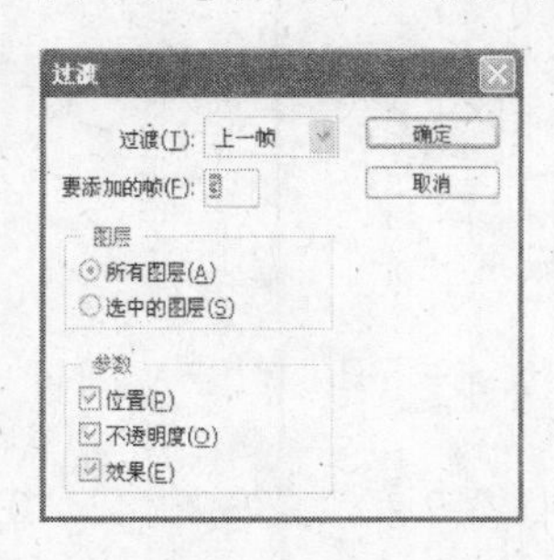

图 11. 115

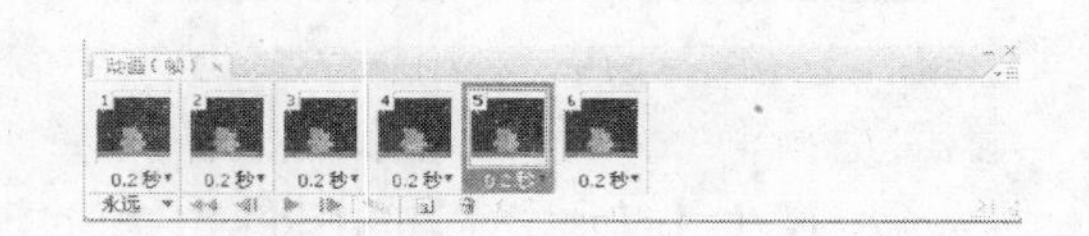

图 11. 116

（10）重复上一步的操作，在第五帧和第六帧之间创建过渡帧，【动画】面板最后如图 11. 117 所示。

（11）点击【播放动画】按钮 ▶，可以在窗口中预览“群星闪烁和“流星划过”的动画效果。

（12）点击菜单【文件】—【存储为 Web 和设备所有格式】命令，打开对话框进行设置，优化动画图像，如图 11. 118 所示。点击【存储】按钮，将动画保存为为 GIF

图 11. 117

格式，如图 11. 119 所示。

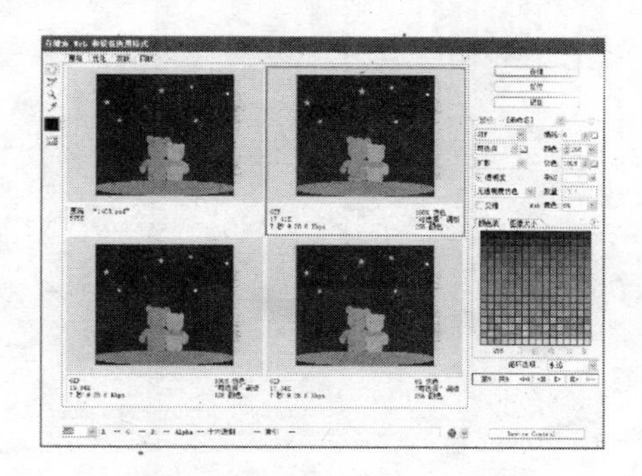

图 11. 118

图 11. 119

本章小结

本章介绍了 Photoshop cs3 中与网络、动画相关的工具和命令的使用。详细讲述了动作面板的功能和使用，并介绍通过批处理和快捷批处理等自动化工具简化重复操作，提高图像处理效率的方法。通过学习切片的创建、编辑，图像优化，然后输出 Web 格式与网络相连接，可以制作自己的网络图像或精美网页。最后介绍了使用动画面板制作简单的运动动画和图层样式动画的方法。

补充实训

1. 请创建一个“设定图像指定大小”效果的快捷批处理程序。
2. 请制作个人主页的网络图像。
3. 请制作一个文字出现再进行样式转换的动画。